The Compact City:

A Sustainable Urban Form?

国外城市规划与设计理论译丛

紧缩城市

——一种可持续发展的城市形态

迈克·詹克斯
[英] 伊丽莎白·伯顿　编著
凯蒂·威廉姆斯
周玉鹏　龙　洋　楚先锋　译

中国建筑工业出版社

著作权合同登记图字：01-2003-1663 号
图书在版编目（CIP）数据

紧缩城市——一种可持续发展的城市形态/（英）詹克斯等编著；周玉鹏等译. —北京：中国建筑工业出版社，2004
（国外城市规划与设计理论译丛）
ISBN 978 -7 -112 -06369 -7

Ⅰ. 紧... Ⅱ. ①詹... ②周... Ⅲ. 城市规划 - 可持续发展 - 研究 Ⅳ. TU984

中国版本图书馆 CIP 数据核字（2004）第 015304 号

The Compact City：A Sustainable Urban Form？/Edited by Mike Jenks，Elizabeth Burton，Katie Williams

策　　划：王伯扬　张惠珍　黄居正　马鸿杰　董苏华
责任编辑：董苏华　马鸿杰
责任设计：彭路路
责任校对：刘玉英

国外城市规划与设计理论译丛
紧缩城市
——一种可持续发展的城市形态
　　迈克 · 詹克斯
［英］伊丽莎白 · 伯顿　编著
　　凯蒂 · 威廉姆斯
周玉鹏　龙　洋　楚先锋　译
*
中国建筑工业出版社出版、发行（北京西郊百万庄）
各地新华书店、建筑书店经销
制版：北京嘉泰利德制版公司
印刷：廊坊市海涛印刷有限公司
*
开本：787×1092 毫米　1/16　印张：23½　字数：570 千字
2004 年 6 月第一版　　2016 年 7 月第四次印刷
定价：69.00 元
ISBN 978-7-112-06369-7
(28836)

目　　录

第二部分　社会及经济问题

第三部分　环境与资源

第四部分　评价与检测

第五部分　实　　施

撰稿人名单

乔安娜·埃夫里
卢埃林－戴维斯，伦敦

Joanna Averley
Llewelyn-Davis，London

乔治·巴雷特
ECOTEC研究与咨询有限公司，伯明翰

George Barrett
ECOTEC Research and Consulting Ltd，Birmingham

迈克尔·布雷赫尼
瑞丁大学地理系，瑞丁

Michael Breheny
Department of Geography，University of Reading，Reading

伊丽莎白·伯顿
牛津布鲁克斯大学建筑学院，牛津

Elizabeth Burton
School of Architecture，Oxford Brookes University，Oxford

汤尼·伯顿
农村英格兰保护会，伦敦

Tony Burton
Council for the Protection of Rural England，London

帕垂克·克拉克
卢埃林－戴维斯，伦敦

Patrick Clarke
Llewelyn-Davies，London

特萨·库布斯
英格兰西部大学，建筑环境系，布里斯托尔

Tessa Coombes
Faculty of the Built Environment，University of the West of England，Bristol

韦尔·卡曾斯
大卫·洛克协会：乡镇规划、城市设计与开发，米尔顿·凯恩斯

Will Cousins
David Lock Associates：Town Planning，Urban Design and Development，Milton Keynes

马丁·克鲁克斯顿
卢埃林–戴维斯，伦敦

Martin Crookston
Llewelyn-Davies, London

本·克罗克斯福特
伦敦大学，巴特里特建筑学院

Ben Croxford
The Bartlett School of Architecture, University College London

彼得·德拉蒙德
建筑设计合作组，伦敦

Peter Drummond
Building Design Partnership, London

斯图亚特·法辛
英格兰西部大学，建筑环境系，布里斯托尔

Stuart Farthing
Faculty of the Built Environment, University of the West of England, Bristol

查尔斯·弗尔福特
泰福斯·乔纳斯，伦敦

Charles Fulford
Drivers Jonas, London

雷·格林
已退休的城市规划官员，城镇规划协会的副主席

Ray Green
Retired City Planning Officer and Vice Chairman of the Town and Country Planning Association

艾德里安·古尼
阿鲁巴经济学与规划研究会，伦敦

Adrian Gurney
Arup Economic and Planning, London

梅尔·希尔曼
政策研究学会，伦敦

Mayer Hillman
Policy Studies Institute, London

迈克·詹克斯
牛津布鲁克斯大学建筑学院，牛津

Mike Jenks
School of Architecture, Oxford Brookes University, Oxford

吉姆·约翰逊
爱丁堡旧城复兴托管会，爱丁堡

Jim Johnson
Edinburgh Old Town Renewal Trust, Edinburgh

克里斯托夫·奈特
萨维尔斯：特许研究员和国际产权顾问，剑桥

Christopher Knight
Savills: Chartered Surveyors and International Property Consultants, Cambridge

彼得·拉克翰
英格兰中部大学，规划学院，伯明翰

Peter Larkham
School of Planning, University of Central England, Birmingham

约翰·利特勒
建筑研究小组，威斯敏斯特大学建筑与工程系，伦敦

John Littler
Research in Building Group, Department of Architecture and Engineering, University of Westminster, London

里利·马特森
农村英格兰保护会，伦敦

Lilli Matson
Council for the Protection of Rural England，London

彼得·尼坎普
阿姆斯特丹自由大学，空间经济系，荷兰

Peter Nijkamp
Department of Spatial Economics，Free University of Amsterdam，Netherlands

阿兰·彭
伦敦大学，巴特里特建筑学院

Alan Penn
The Bartlett School of Architecture，University College London

理查德·普拉特
伦敦大学，巴特里特建筑学院

Richard Pratt
School of Planning，University of Central England，Birmingham

凯特尔纳·尼·里亚恩
建筑研究小组，威斯敏斯特大学建筑与工程系，伦敦

Caitríona Ní Riain
Research in Building Group，Department of Architecture and Engineering，University of Westminster，London

塞茨·A·伦斯塔
阿姆斯特丹自由大学，空间经济系，荷兰

Sytze A. Rienstra
Department of Spatial Economics，Free University of Amsterdam，Netherlands

埃尔尼·斯科夫翰
诺丁汉大学建筑系，诺丁汉

Ernie Scoffham
Department of Architecture，University of Nottingham，Nottingham

哈利·舍洛克
安德鲁斯·舍洛克及其合作者，特许建筑师及研究员，伦敦

Harley Sherlock
Andrews Sherlock and Partners，Chartered Architects and Surveyors，London

赫德利·史密斯
牛津布鲁克斯大学，建筑与地球科学学院，牛津

Hedley Smyth
School of Construction and Earth Sciences，Oxford Brookes University，Oxford

胡·斯特顿
阿德雷德大学经济系，澳大利亚

Hugh Stretton
Department of Economics，University of Adelaide，Australia

詹姆斯·斯泰克
阿鲁巴经济与规划研究会，伦敦

James Strike
Arup Economic and Planning，London

科琳·斯温
阿鲁巴经济与规划研究会，伦敦

Corinne Swain
Arup Economic and Planning，London

路易斯·托马斯
大卫·洛克协会：乡镇规划、城市设计与开发，米尔顿·凯恩斯

Louise Thomas
David Lock Associates：Town Planning，Urban Design and Development，Milton Keynes

帕垂克 N·特洛伊
澳大利亚国家大学，社会科学研究院，城市研究项目组，澳大利亚堪培拉

Patrick N. Troy
Urban Research Program, Research School of Social Sciences, Australian National University, Canberra, Australia

布伦达·韦尔
诺丁汉大学建筑系，诺丁汉

Brenda Vale
Department of Architecture, University of Nottingham, Nottingham

迈克尔·韦尔班克
恩德克英国有限公司，伦敦

Michael Welbank
Entec UK Ltd, London

凯蒂·威廉姆斯
牛津布鲁克斯大学建筑学院，牛津

Katie Williams
School of Architecture, Oxford Brookes University, Oxford

伊丽莎白·威尔逊
牛津布鲁克斯大学规划学院，牛津

Elizabeth Wilson
School of Planning, Oxford Brookes University, Oxford

约翰·温特
英格兰西部大学，建筑环境系，布里斯托尔

John Winter
Faculty of the Built Environment, University of the West of England, Bristol

致　谢

编撰这样一本巨著依赖于众多人士的热心帮助，对于他们，我们谨献上最诚挚的感谢。我们要感谢的人士包括：所有的撰稿人，在本书截稿日期来临之前他们完成了负责的章节；格雷厄姆·福雷尔和拉马特（拜尔）贝厄迪负责 DTP 和文本格式；卡塞恩·普拉特利准备了一些注释；伊拉德耶·帕文恩负责照片工作；迈克·科纳尔负责提供研究素材；而维维安·沃克则是我们的秘书主力。我们还要特别感谢马格利特·詹克斯，乔纳桑·肯普和巴特·希翰在编著本书的繁琐工作中给予我们的大力支持与帮助。

绪　言

紧缩城市与可持续性

迈克·詹克斯，伊丽莎白·伯顿和凯蒂·威廉姆斯

公元1995年象征着一个时代的分水岭：从那时起，对死亡与衰败的担忧和焦虑逐渐被对新生与重塑的美好憧憬所取代。（Showalter，1995年，第3页）

自布伦特兰报告——《我们共同的未来》（世界环境和发展委员会，WCED，1987年）发表至今，我们才走过不到10年的时间，而1993年由联合国150多个成员国共同签署的《里约热内卢宣言》也才刚刚诞生三年。在这样一个短暂的时期里，可持续性及可持续发展已经成为当今世界发展的主旋律。对未来世界环境及资源的关注，现在已成为我们日常生活的一个主题，各国政府都热情地表达了对这一问题的密切关注与重视。实现我们这一代和子孙后代的可持续发展，其重要意义也在世界范围内掀起了广泛的讨论。这些讨论所涵盖的议题涉及到人口、农业和生物多样性、工业、能源消耗、全球气候变暖和污染、资源获取的公平性，以及城市化等多方面的内容。如今，对于地球可能遭遇的灾难甚至具有毁灭性后果这一悲观预见，已经在很大程度上被某种乐观的态度所取代，亦即，只要我们理解了所面临的问题，就有可能找到解决的途径与措施。然而，这样一种乐观主义是与某种怀疑的思想交织在一起的，因为我们仍然面临着怎样才能取得积极有效的成果，以及是否存在足够的意志去实现那些良好愿望等问题。尽管涉及到环境的一系列问题都非常重要并相互交织，但城市化问题似乎最棘手也最难应付。城市的重要性毋庸置疑。正如埃尔金（Elkin，1991年，第4页）等人所言，“城市的中心，是世界经济秩序能否正常运转的关键所在。”虽然城市所面临的问题众所周知，但城市本身的复杂性，城市居民生活体验所存在的种种差异，都产

生了一系列的难题，使得我们探索有效解决途径的道路变得愈发艰难。然而，我们又必须义无反顾地承担起这个任务：对不可持续发展问题做出反应的大部分声音，“应该从城市响起，因为正是在这里，产生了最为严重的环境破坏，也只有在这里，许多问题才能得到有效的改善与解决。”（White，1994年，第109页）。

建设可持续城市的严峻需要已经日益突显。布伦特兰曾预计，到2000年，世界上将有一半的人口会居住在城市（WCED，1987年，第235页）。这个预计可以说是非常准确的，因为在1995年的时候，就已经有超过45%的人口居住在城市范围以内了，在这26亿人口当中，更有超过10亿人生活在人口超过75万人的大城市当中（世界资源研究所，WRI，1995年）。据预测，到20世纪末，将会出现40个人口在450万（如费城）到2500万（墨西哥城）之间的超大城市（Girardet，1992年）。然而，城市人口的分布并不均衡，每个城市所处的发展阶段也不尽相同（Arty，1995年）。在北美、欧洲及大洋洲的经济发达国家，有70%以上的人口居住在城市里，但他们仅占全世界城市人口的28%。这些城市一般都发展得比较成熟，其人口增长率通常也很低，甚至呈现出负增长的态势（Van Den Berg et al.，1982年）。而在发展中国家，仅有不到19亿人居住在城市；但在这些国家，城市内部的人口，以及迁往城市的人口，却在急剧增长（WRI，1995年）。吉拉德特（Girardet，1992年，第185页）将这种差异进行过概括：“在圣保罗、开罗、拉各斯、孟买或曼谷等城市，其人口普查数据早在普查结束时就已经过期。与此相对应的是，像伦敦这样的‘成熟’城市，其人口数量持续几十年都保持不变。”因此，对于发展中国家来说，可持续性问题主要与人口增长及城市扩张等问题相联系，而在发达国家，更多的精力将投入到应付人口减少及由此造成的经济萎缩与衰退等问题上去。

人们很容易认为，发展中国家人口快速增长的城市，给环境带来了沉重的压力，既然如此，我们就应该把关注的焦点瞄准这些地区，以解决日趋严重的环境问题。但是需要指出的是，发达国家许多城市的相对富足，不仅远没有为我们减轻压力，相反，它们还加剧了不可持续发展这一问题的严重性。正是在这些城市里，对资源的透支性消耗及利用，产生了最主要的全球性效应。平均起来，北美地区的城市所消耗的能源，是所有非洲国家城市消耗量的16倍之多，也是亚洲或南美城市消耗量的8倍还多。同样，在温室气体排放的问题上也呈现出类似的现象，只是程度上有所减弱。尽管欧洲也是一个能耗相对较高的地区，但与北美比起来，其人均能耗量也只是后者的一半（联合国环境大纲，1993年；WRI，1995年）。怀特（White，1994年）指出，正是那些最发达的城市造成了全世界范围内的环境恶化，因为它们的发展，建立在“对资源的不可持续性利用和消耗”的基础之上。如果发展中国家再重蹈其覆辙，那么就将意味着，“我们很快会面临大规模的生态系统崩溃……我们必须竭力发展出另一种城市模式”（第113页）。

适宜的城市政策、管理方式及发展形态，将是解决问题的关键，如此集中的环境问题及能源消耗，再加上居住的人口众多，已经使城市成为实现可持续发展目标的最前沿阵地。如果能够找到行之有效的政策和实施方案，我们将受益匪浅。

紧缩城市

以紧缩城市这一概念为主要线索，对发达国家的城市所面临的问题及其解决措施所进行的探讨，将是本书的主题。在城市形态与可持续发展之间存在着紧密的联系，但是这种联系却并不是那么的简单和直接。有学者指出（Elkin，1991年），一个可持续性城市“必须具有便于步行、非机动车通行及建立公共交通设施的形态及规模，并具有一定程度的紧缩性以便于人们之间的社会性互动。”其他的研究者们也都提出了对城市形态的建议，这些方案既包括大型的功能高度集中的多个城市中心（由城市共同交通枢纽将各个分散的但功能高度集中的区域连接起来），又有零散分布的自足化社区（Harghton & Hunter，1994年）。在现有的城市中，“紧缩”概念的提出源自于对发展的强调，并倡导让越来越多的人参与到城市创新的进程中来，而站在这个概念之后的则是一种试图找到适应可持续性城市形态的立场与观点。

紧缩城市的构想在很大程度上受到了许多欧洲名城的高密集度发展模式的启发。这些城市不仅对于建筑师、规划人员及设计师有巨大的吸引力，而且也是旅游者们趋之若鹜的地方。对于生活在其他地区的人们来说，这里无疑是一个可以体验城市生活的精髓及多样性的理想境地。然而危险也正在于此，以为通过城市形态的改革就能实现可持续性发展并创造出幸福美好的城市生活，这只能是一种浪漫的幻想。紧缩城市的最积极的倡导者是欧共体（1990年），然而这方面的政策尚停留在理论构想阶段，由此也产生了许多颇具争议性的话题。目前的理论在一定程度上是以遏制城市扩张为前提的，通过对集中设置的公共设施的可持续性的综合利用，将会有效地减少交通距离、废气排放量并促进城市的发展。改善公共交通设施、降低公路噪声、提倡步行及使用非机动车是研究者们普遍提出的建议（Elkin等，1991年；Newman，1994年）。旨在进一步降低有害气体的排放量的措施还包括采取能提高能源利用率的土地规划策略，建设综合性电厂、采暖系统及高能效建筑（Nijkamp & Perrel，1994年；Owens，1992年）。较高的城市密度将有助于提供在经济上可行的市政设施并促进社会的可持续性发展（Haughton & Hunter，1994年）。但是从坏的方面来讲，紧缩城市将是一个过度拥挤、缺乏城市开阔地的居住环境，它是以降低城市生活的质量以及造成更多的能源消耗和污染为代价的（Breheny，1992a，1992b）。而由此产生的后果将会是，大多数的人都不愿意在这样的环境中生活。

概念与理论有时是非常错综复杂的，这就需要我们对研究及实践的结果加以综合的理解，以透析我们所面临的比理论问题更为复杂的现实状况。在城市之间所存在的差异也意味着紧缩城市并不是一个可以简单地化为某种具体的城市形态的概念，正如霍顿（Haughton）和亨特（Hunter，1994年）所指出的那样：

> 可持续性城市并非根植于对过去的居住形态的理想化叙述，也并不意味着让一个城市在追求最新的改革时尚的名义下激进地抛弃自己原有的特殊文化、经济及形态背景。

那么紧缩城市究竟是一个浪漫的幻想还是一条值得探索的确凿道路呢？现在我们急需这个问题的答案，在欧洲大陆、英国及澳大利亚，旨在提高城市密度、优化环境设计及降低对私家车的依赖度的行动正在如火如荼地开展着，而这些行动及措施很可能是在人们没有充分考虑到其后果及其可持续性的程度的前提之下就开始了的。从理论上看，也许我们应该持乐观的态度，但是不可否认的一点是，对于许多问题我们仍然没有做出令人满意的解答。

一种可持续的城市形态？

编著本书的目的在于阐述有关紧缩城市的概念性问题。接下来的章节将分别围绕这个议题中的各个方面进行探讨，以便为读者提供来自多维视野下的不同观点以及这些观点之下的共同的和不一致的立场与声音。现在我们尚不清楚紧缩城市是否就是未来城市的一种最好的或惟一的发展方向，但是通过介绍最新的研究成果及思路，相信这一研究命题将会得到进一步的澄清，并为更好地理解这一概念奠定基础。

理论将是本书首先要涉及的话题。这些理论认为，如果要改善全球变暖所造成的恶劣环境，就必须实现可持续性发展。与紧缩城市相呼应的城市形态总是与旨在降低私家车使用率的生活方式的变革相提并论的，有关紧缩城市的形态及其在实现可持续性发展中的有效性问题还没有形成一个共识。至于紧缩城市究竟意味着集中化或中心化，还是一种建立在自给自足基础之上的分散化社区便成为当前讨论的焦点，在这一方面存在着两种极端的观点和一种折衷的观点，后者试图在前两者之间寻求一种平衡——在提高城市密度的同时发展一些带有绿地的城郊区域。总的说来，研究者认为，就一种城市规划的策略而言，紧缩城市有其可取之处，但其实际的影响则应该视各地的具体情况而定。此外，研究者还就可接受性、个人舒适度及公众利益和公民责任的问题进行了论述。

本书的第二部分主要涉及社会及经济等具体化的问题，研究者认为，有关紧缩城市的探讨主要是围绕环境问题而展开的，而由此所产生的社会及经济方面的影响却没有被给予同等程度的重视，高密度的居住空间，综合利用的环境设施与高质量的生活水平之间的关系将是本部分的论述重点。研究者认为，尽管紧缩化的城市环境能够给一部分人带来便利，但并不是所有的人都能满意这种生活环境的变化。从资金来源上看，城市的紧缩化发展也许只能依靠来自民间的投资，很难得到政府的支持。为了进一步阐明自己的观点，研究者还借鉴了开发商的观点，例如开发商的投资意向以及可能阻碍高密度环境开发的种种因素。从这些论述中我们可以得出的较为明确的结论是：为了吸引更多的人返回城市居住，必须在城市的密集度与环境的舒适性及经济上的可行性之间找到平衡。

环境问题将是第三部分的主题，研究者主要探讨了城市交通与其形态之间的联系，并就紧缩城市能否产生预期的效果作了进一步的说明。研究者的观点是，紧缩化的城市环境所能产生的益处是微乎其微的，相反，城市的可持续性发展只能在低密度的、各居民区自给自足的环境中才能更好地实现。研究者进一步指出，较之城市交通模式的改革，市民交通行为的改变及适宜的环境技术的提高更能促进城市的紧缩化发展。

紧缩城市在理论上及个别内容上尚存在着许多的争议与不确定性，因此，第四部分转入对方法论问题的讨论，以期为现有的研究提供更明确的认识基础。研究者认为，紧缩城市问题的复杂性及不确定性意味着必须有一个前设性的原则来指导紧缩化城市形态的发展。总体而言，现有的理论还没有得到已有研究的证实，在回顾相关研究的基础上，研究者指出，我们需要对已有研究加以更好地整合。此外，研究者还就空间容量的最新定义以及有利于排污的复杂城市形态的研究进展状况作了详细的介绍。本书的最后一部分就紧缩城市的实施进行了探讨，并提供了一些实例及指导性建议。研究者对政府（尤其是地方行政机构）及规划部门所承担的角色与任务作了深入的探讨，而在紧缩城市的实施与管理中应采取的策略，实施的规模与水平及合法性的问题也在这一部分的有关章节中有所涉及。

本书对有关紧缩城市所达成的共识及争议作了全面的梳理及一定的总结。贯穿本书的一个核心思想是，紧缩城市的概念是复杂的，因此有关这一命题的争论还远没有得到解决。尽管如此，我们还是为下一步的研究指出了一些值得探索的道路，希望本书的出版能够为实现可持续性的城市未来做出积极的贡献。

参考文献

Auty, R. (1995) *Patterns of Development: Resources, Policy and Economic Growth*, Edward Arnold, London.

Breheny, M (ed.) (1992a) *Sustainable Development and Urban Form*, Pion, London.

Breheny, M. (1992b) The contradictions of the compact city: a review, in *Sustainable Development and Urban Form* (ed. Breheny, M.) Pion, London.

Commission of the European Communities (1990) *Green Paper on the Urban Environment*, European Commission, Brussels.

Elkin, T., McLaren, D. and Hillman, M. (1991) *Reviving the City: Towards Sustainable Urban Development*, Friends of the Earth, London.

Girardet, H. (1992) *The Gaia Atlas of Cities*, Gaia Books, London.

Haughton, G. and Hunter, C. (1994) *Sustainable Cities*, Jessica Kingsley Publishers, London.

Newman, P. (1994) Urban design, transportation and greenhouse, in *Global Warming and the Built Environment* (eds Samuels, R. and Prasad, D.) E & FN Spon, London.

Nijkamp, P. and Perrels, A. (1994) *Sustainable Cities in Europe*, Earthscan, London.

Owens, S. (1986) *Energy Planning and Urban Form*, Pion, London.

Owens, S. (1992) Energy, environmental sustainability and land-use planning, in *Sustainable Development and Urban Form* (ed. Breheny, M.) Pion, London.

Showalter, E. (1995) Apocalypse not. *Guardian Friday Review*, 27 October, pp.2-3.

United Nations (1993) *Earth Summit Agenda 21: The UN Programme of Action from Rio*, United Nations, New York.

United Nations Environment Programme (1993) *Environmental Data Report 1993-4*, Blackwells Publishers, Oxford.

van den Berg, L., Drewett, R., Klaassen, L., Rossi, A. and Vijverberg, C. (1982) *Urban Europe: A Study of Growth and Decline*, Pergamon Press, Oxford.

White, R. (1994) Strategic decisions for sustainable urban development in the Third World. *Third World Planning Review*, **16(2)**, pp.103-16.

World Commission on Environment and Development (1987) *Our Common Future*, Oxford University Press, Oxford.

World Resources Institute (1995) *World Resources 1994-5*, Oxford University Press, Oxford.

第一部分　紧缩城市理论

导　言

城市形态与可持续性之间的关系是当前国际环境研究领域最热点的议题之一。未来城市的发展模式及其对资源的匮乏、社会及经济的可持续发展所产生的影响成为此类议题中的核心内容。第一部分的各个章节将对被韦尔班克（Welbank）所喻为的“可持续的城市形态”的相关理论及观点进行介绍。从总体上看，这些章节的内容反映了当前紧缩城市理论研究的最新进展，并为我们选择最适宜的未来城市发展道路提供了思路；但是这些章节的作者在城市紧缩化所产生的收益和代价（这一点尤为重要）这一问题上往往持有各自独特的，甚至是相互冲突的观点及意见。在有关可持续的城市形态的争论中，处于极端的一方认为，紧缩城市是未来可持续发展的一个重要组成部分。其代表人物希尔曼（Hillman）就指出，城市紧缩化是缩短交通距离，进而降低废气排放量乃至抑制全球变暖趋势的一个途径。他承认居住空间密度的增加将意味着个人生活方式的某种改变，但同时他又指出，这样的变化不会产生负面的影响，相反，通过降低石油消耗，城市居民将会体验到由交通费用、取暖费用的降低及污染的减少所带来的种种裨益。

然而也有一些人持某种折衷的立场，他们既不支持城市集中化的方案，也不赞成分散化的解决途径（Breheny，Scoffham & Vale，Thomas & Cousins）。布雷赫尼（Breheny）指出，城市集中化的支持者们所声称的种种收益可能根本就经不起考验，城市紧缩所带来的在可持续发展方面的收益是否能抵消城市居民所遭受的种种不便与“痛苦”还不得而知。因此，他主张采取一种折衷的立场，将集中化方案的优点（如抑制城市扩张，实现城市更新）及分散化方案（向小城镇及城郊的扩散，并提供一系列配套的基础设施）的优势相互结合起来。

斯科夫翰（Scoffham）、韦尔（Vale）及托马斯（Thomas）和卡曾斯（Cousins）等人也持类似的折衷立场。如斯科夫翰和韦尔就竭力反对城市集中化，并主张建立一种关系亲密的邻里化社区，使居民拥有强烈的地方认同感并享有对本地资源的控制权。实际上“紧缩”在更大程度上是以社区居民对社区的自治权力而不是以物理结构上的紧缩为核心内涵的。而卡曾斯则是从当前经济发展的趋势、环境发展目标、政治现状及人们对高质量生活的追求的角度来批判紧缩城市的理念的。他的结论是，紧缩城市是一种失败的、不受人们欢迎的和不可行的理想。与斯科夫翰和韦尔一样，托马斯和卡曾斯也主张一种建立在区域内部的紧缩化基础之上的分散化的城市形态：在这种形式下，小社区的紧缩与区域间的紧缩分布互为补充，由于在城市的各个区域间建立了方便快捷的交通网络，出行的距离和时间也将大大减少。

此外，还有一些人对紧缩化理论持坚决的反对意见。认为这种方式对于城市及郊区的居民来说都是不可持续的也是令人难以接受的，理由非常简单——预期中的种种好处是以对社会、经济及自然环境的破坏为代价的。斯特顿（Stretton）对澳大利亚的城市紧缩化发展进行了批评，以为自己的观点作佐证，并进一步指出，城市“巩固”将会造成巨大的损失，实现可持续发展的解决途径在于改革城市的交通系统而不是对城市的结构进行重新的改造。

这些章节中意见迥异的观点告诉我们，对紧缩城市理念的实施必须持特别谨慎的态度。韦尔班克（Welbank）指责英国及欧洲大陆各国的一些做法，认为他们在探索一种适宜的可持续发展的城市形态时，盲信多于理性，而且还理所当然地认为，那些能够产生整体综合效益的改革措施也同样能够带来地方生活的改善特别是城市生活质量的提高。威廉姆斯（Williams）等人在对城市密集化的发展进程进行评论时指出，如果要让人们接受紧缩城市的改革举措，那么其收效必须能反映在当地居民的生活中；同时只有在理解和处理紧缩战略中所存在的根深蒂固的局限与问题的基础上，才能使城市密集化的方案为城市原住居民所接受。

这一部分的内容告诉我们，尽管人类对适宜的城市形态的探索已经经历了一段相当长的历史，但是对可持续的发展形态的研究却还是一个崭新的挑战。究竟是应该支持还是反对城市紧缩，目前的研究还不能给我们一个十分明确的答案。我们惟一可以确定的是，如果我们要理解可持续发展的意义，就只能通过严肃认真的研究与调查，并对假设进行持续的追问与验证。本部分的各章节正是向我们展示了这一争论不休的难题所具有的复杂性与生命力。

集中派、分散派和折衷派：对未来城市形态的不同观点

迈克尔·布雷赫尼

引言

可持续性发展的紧迫性使一种早已为人们遗忘或忽略的观点又重新获得了生机：即规划应该，而且也可以按照一种宏观的理念来开展。曾经有一段很长的历史阶段，城市规划以其理想主义的理念备受推崇。但20世纪60年代以后，公众丧失了对规划专家的信心，而规划人员自己也丧失了自信，随之而来的是实用主义的思想开始一统天下，成为决定城市发展方向的指导思想。然而今天，由于可持续发展的问题备受瞩目，城市规划在其中所扮演的角色又成为时下讨论最热烈的话题之一，本文所要涉及的正是这一重要主题，我们将探讨何种城市形态最能有效地实现环境保护。如果仅从环境的角度出发，城市形态的问题无疑是至关重要的，但是当我们把经济、社会和文化等更大范围的影响也考虑在内时，就不得不承认这样一个事实，没有什么东西的处境比西方化的生活方式更加危险。

对城市形态与可持续性发展之间的关系的讨论并不只是限于学术研究的象牙塔内，实际上，世界上各国政府，国家政府的内部乃至地方政府都对这个问题非常关注。自从1987年布伦特兰委员会发表报告以来(世界环境与发展委员会，1987年)，在可持续性发展思想的旗帜下，自然环境应当拥有政治上的优先地位的观念已经深入人心。在许多国家都发生了深刻的政策乃至政治态度上的变革，这种变革表现为倡导可持续性发展理念的呼声越来越高。然而这些国家都面临着一个根本性的难题，即怎样才能实现环境的改善。利用规划系统达成这些目标是一种最普遍

的解决途径；而这方面的规划方案又是以追求更大程度的城市紧缩为目标的。这样就产生了一个深刻的研究命题——这种所谓的紧缩化或紧缩城市是否真的能实现政治家们的理想。

这样的研究命题无疑具有某种政治上的紧迫性。政治家们这次跑到了学术研究者的前头，并向后者讨要解决问题的良策，而此时此刻的学术界尚无法确定究竟哪一种政策药方将会产生怎样的疗效。这样的情况是我们以前很少遇到的。而这种现象的产生也许与国家政府正急于遵守相关的国际环境保护条例不无关系。

正如我们所见，目前的讨论正集中在一种解决途径上，但是从这场讨论的内容来看，我们可以将研究者的立场大致划分为两个阵营：一方是分散派，他们主张城市的分散化发展，以解决工业城市所面临的诸多问题为目标；而争论的另一方则是集中派，他们倡导城市的高密集化发展，并主张实行城市遏制政策。

城市形态讨论中的集中论观点和分散论观点其实由来已久，只是他们在过去的初衷与时下讨论的出发点存在一定的差异。虽然以往的争论与可持续性发展的问题并没有直接的联系，但当时的学者是在一个更大的背景中去探讨城市形态的，因此这些讨论的内容即便是放在今天也有重要的价值，它启发我们，即使是针对环境问题所做出的决策也应充分考虑到对经济、社会和文化方面的影响，而目前的讨论中所呈现出来的一边倒的现象（仅仅从环境问题出发）是非常危险的。虽然对某些人来说，这才是解决问题的希望所在。

因此，这篇综述性的文章将会：（1）简要的并有选择性的对集中论和分散论的历史进行回顾；（2）勾勒出当前讨论的一般框架，主要集中在环境问题上。在第一部分，将对分散派的观点及集中派的观点分别进行历史回顾，而第二部分则会将这两派的观点结合起来加以论述。（这是因为，在时下的讨论中，支持一方就往往意味着对另一方的批评与贬损。我们无法将二者割裂开来进行考察。）这样一来，本文在呈现方式上可能会显得有些混杂，但也正因为观点之间的相互交叉，才使得本文所反映出来的思想内容更为丰富和深刻。在对分散论和集中论的观点进行评述后，我将会指出，有必要关注这场争论中的第三种立场，即一种位于前述二者之间的折衷的观点。

受笔者所获资料的限制，对每一种观点所下的笔墨可能轻重不一。总的说来，本文带有一定的英美色彩，笔者的资料也以英国的居多，而且笔者所参考的英国文献又主要集中在自己平时比较熟悉的主题上。因此本文中的一些观点难免有失偏颇，有时可能甚至是很狭隘的，但是我仍然希望这篇综述能够勾勒出当前城市形态之争的大致轮廓。

集中论和分散论的历史观点：辐射城市、花园城市还是“广亩城市”

在有关城市形态的争论中，不同时期的学者有着不同的动机与意图。当然大家主要关心的还是城市及乡村生活的质量问题，其次就是城市的美观性的问题。正如霍尔（Hall，1988年）所言，20世纪的规划史反映了人们对19世纪的城市所面临的糟糕境况的不满。对于霍华德（Howard）、格迪斯（Geddes）、赖特（Wright）、勒·柯布西耶（Le Corbusier）等人以及芒福德（Mumford）、奥斯本（Osborn）及其后来的追随者来说，这种不满的确是驱使着他们孜孜不倦地进行研究的动机。但是从一战后到1945年之间的这段时间，城市的糟糕境况似乎又变得没有那么明显了，而从那里所产生的问题越来越根植于20世纪本身的现实状况。于是这个时期的城市规划呈现出动机多元化、具体化和更加理性化的特征。然而，此时集中派与分散派的阵营界限依然十分明显，正如我们在下文中将会看到的那样，直到20世纪的70年代这两个派别依然时不时地在迸发出新的思想火花。

早在本文的写作之前就已经有了许多精彩的规划史方面的论著了。因此我将要涉及的一些重要思想和实践活动也早就在别的地方有过详尽和更专业的论述（Hall，1988年；Fishman，1977年），这篇综述在很大程度上也是建立在这些文献的基础之上的，惟一不同的一点是，本文将从对集中论和分散论进行对比的角度来叙述这段规划史。

该从何处开始追溯人们探讨城市形态的历史呢？也许我们可以确知的一点是，分散论的历史更为久远。有意识的城镇规划的实施是从欧洲和北美地区开始的。在工业革命中新生的城镇往往脏乱不堪，这激起了人们的强烈反感。最初的解决方案主要是从城市内部的问题出发的，但随后就出现了疏散城市的规划主张。在英国，从19世纪的初叶开始就出现了以民间慈善活动的形式出现的城市规划案例，如新拉纳克、萨尔泰、桑莱特港、布尔纳维尔和新厄尔斯维克等。这些规划行动都是以建设健康、高效的社区环境的名义而发起的，旨在使人民远离工业化城市中的顽疾和拥挤。在一战后到1945年的这段时期，欧洲的城市发展是以集中化为主流的，因此上述的规划行动只是这一时期城市规划历史中的一支微弱的力量。然而这样的一段历史却占有举足轻重的地位，因为它们的出现向世人表明，城市除了往集中化的方向发展之外，还可以有另外一条选择道路。

从1898年到1935年的这段时间是有关城市形态的研究发展最重要的时期，各种理论观点之间的界限也日益清晰和明显，最具有代表性的两个事件都发生在1935年的秋天；其中一个事件的主角是勒·柯布西耶，他是集中派的首要代表；另一个则是弗兰克·劳埃德·赖特（Frank Lloyd Wright)，分散论的先驱。这两个人都对霍华德的有关思想及其应用实例(莱奇沃思，韦林花园城及汉普郡花园郊区）进行了回顾，并认为有必要对他的一些颇具影响力的观点进行澄清。本文接下来的历史回顾就是围绕着这三个人的研究成果来展开的：因为他们都对城市问题提出了庞大的、全面的解决方案，并且代表了最极端的立场，城市形态论争中的其他代表人物及其思想都受到过这三个人的深刻影响。如果说拉·维勒·拉迪尔斯和广亩城市代表了城市规划的两种极端范例的话，那么霍华德的花园城市则表达了温和派的一种构想。正如下文将会提及的，笔者认为霍华德其实并不是一个集中论者，也不是分散论者，而是一种折衷立场的代言人。但也有人对此持不同看法，如简·雅各布斯，他认定霍华德是一个蹩脚的分散论者。

要安排好以上三种立场的出场顺序决非易事，一种可能的方式是将勒·柯布西耶和赖特所代表的两种极端观点放在前面，因为这样才能更好的解释霍华德的折衷立场（而不是分散派的代表），还有一种安排是以时间为序，这样可以反映出这些观点出现的先后顺序，并能让读者认识到勒·柯布西耶和赖特的相关论点其实在一定程度上是建立在霍华德研究的基础之上的。在经过一番考虑之后，笔者采取了后一种论述顺序，首先回顾霍华德及赖特等分散派的研究成果；再评述勒·柯布西耶，这个典型的集中派的重要观点。

规划史中的分散派

正如我们将会了解到的，赖特和勒·柯布西耶两人都试图对埃本尼泽·霍华德——“在这个领域中最重要的人物”（霍尔，1988年）的一些具有深远影响的观点进行修正。霍华德虽是速记员出身，却成为了一个业余的社会改革家，并对19世纪80–90年代的一些重大的社会及经济问题进行了深入的思考，而他最为关心的一个内容就是急速发展的工业化对城市所造成的破坏。他甚至指出，城市是“生长在我们这个美丽岛屿之上的疮疤”。

霍华德认为“实现合作化文明的激进理想只有在那些根植于分散化的社会形态的小社区才能实现”（费希曼，1977年）。不过他也承认，城市的确具有一些诱人的特征，因此他一直在寻找一种能够将小城镇和大城市的优点完美地结合在一起的城市形态。著名的“三磁图表”中就提出了这样的问题：“人民：他们将会去向何处?”。答案是去往“乡镇”，或者“花园城市”。霍华德所构想的花园城市可以容纳32000人，人口密度约为1英亩25–30人；费希曼认为这个人口密度值是从理查德森博士

(Richardson）在1876年对休吉尔——“一个健康的城市”的规划中借用过来的，霍尔（1988年）还指出这比伦敦古城的人口密度都要高。1898年出版的霍华德的著作为我们展示了数组花园城市的范例，这些城市通过铁路彼此连接，共同组成了一个多中心的社会城（Hall，1988年）。每一个居住区都围绕着一所学校建造，并且与工业区相分离，市中心则分布着市政设施，一个公园和一个拱廊式的购物中心。一个小镇占地1000英亩（约405公顷），其四周被一个面积为5000英亩的农业带所包围。这个农业区既可以为小镇提供必需品，又可以作为分隔邻近小镇的绿化带。这样一来，尽管霍华德的理想是使“每一个男人、每一个女人和每一个儿童都享有居住、活动与发展的充足空间”（费希曼，1977年），但实际上他所提出的规划方案是一种遏制的分散化主张。理解这一点尤为重要，因为这使得霍华德与主流的分散论者在某种程度上区别开来。

霍华德的贡献是有目共睹的。莱奇沃思及韦林花园城市实际上就是直接套用其思想，并且最终获得了巨大成功的案例。由他创立的花园城市协会曾组织了一个旨在倡导花园城市原理的论坛，如今，他的理想在乡镇规划协会的努力下得以发扬光大。战后在英国及世界的其他地区所实施的新城镇方案都与霍华德的规划思想有着直接的联系，就是20世纪80年代在英国被广为推崇（Breheny，Gent & Lock，1993年）的私人投资的新住宅区计划也可以追溯到霍华德的著作中去。

在20世纪的很长一段历史中，霍华德思想的积极倡导者们仍然坚定地传递着他所留传下来的思想火炬。刘易斯·芒福德（Lewis Mumford）和奥斯本（Fredric Osborn）是这些人中的杰出代表，他们决心在这场有关适宜的城市形态的长期论辩中接受所有参与者的挑战。从两人出版的可读性极强的通信集（Hughes，1971年）可以看出，他们的思想是在相互的碰撞中得以发展起来的。这两个人除了对住宅密度持有不同意见之外——奥斯本倾向于更小的住宅密度——都一直主张实现适中的分散化城市规划，新建小城镇并对城市进行改造；与此同时又反对极端化的集中论者及分散论者的观点。他们在各自的国家都享有盛誉，但都感到自己是在打一场注定失败的战斗。

也许对于集中论者而言，霍华德及其追随者们是分散论阵营中的成员，但是，赖特却代表了一种更为极端的分散论观点：

> 赖特希望整个美国都变成一个个人化的国度。他所构想的被称之为“广亩”的城市，把城市的分散从小社区推演到了每一个家庭。赖特相信个性必须建立在个人所有权的基础之上，而正是分散化使得“个人在自己的土地上按照自己选择的方式去生活”变为可能（费希曼，1977年）。

赖特的思想来自理想与现实状况的综合。在20世纪20年代，赖特发现机动车及电的应用可能导致城市结构的松动，使得它们可以向乡村蔓延开去，而这正是一个让人们在新技术的帮助下重返土地，回到自己本原的生活状态中去的绝佳机会。在他看来，一个基本的居住单位将是一份属于自己的田产，与其配套的是在一片广阔的农田上零星分布的工厂、学校及商店。新技术的产生将使美国人从城市中解放出来：每一个公民都将在方圆10~20英里的家园上享有生产、分配及自我改善和享受的各种条件及机会（Wright，1945年，由霍尔节选，1988年，第288页）。与霍华德和勒·柯布西耶一样，他也憎恨工业化城市及工业资本。但是与这二者不同的是（前者主张合作化的社会秩序，后者则倡导中央集权化），他继承了杰菲逊尼恩（Jeffersonian）的先锋派传统，希望通过乡村化的生活与工作将个人解脱出来。正如霍尔（1988年，第287页）所指出的，赖特所希望的并不是城镇与乡村的联姻，而是后者对前者的占领与吞并。

“广亩”的理想并不意味着绝对自由的分散化，相反它是建立在缜密的规划及审美的考虑之上的。赖特对自己的分散化构想的预期是正确的，他曾说过：以为这种规划方案会被采纳是一种错误的想法。从20世纪20年代开始，诸多的因素导致了大量城郊区域在美国的出现，而后又掀起了逆城市化的浪潮。

在这一时期的规划史中还有另外一个重要的分支，即区域规划。从本质上看，区域规划既非集中论又非分散论。然而在激进的集中论者看来，区域规划运动实际上体现了分散论者的主张。这场运动可以追溯到法国19世纪的地理学家，包括帕特里克·格迪斯（Patrick Geddes）及许多后来的支持者，如帕特里克·阿伯克龙比（Patrick Abercrombie）和刘易斯·芒福德及美国区域规划协会的相关活动，其主旨在于把任何的地方性都放到一个更广阔的经济、社会及形貌的背景中去考虑。于是便出现了区域调查及以城区为背景的规划理念。区域规划思想的典型范例是托马斯·亚当斯对纽约城的规划（1927－1931年）及阿伯克龙比在1945年提出的大伦敦规划方案。总的说来，区域规划的思想反映了当时城市离心化发展的必然趋势。然而，以简·雅各布斯为代表的集中论者却批评这种观点令人难置可否，你也很难认为他们走的是一种中间路线。这样看来，由于区域规划中包含了分散论的思想，其支持者们就应该被划为分散论阵营中的一员。

规划史中的集中派

近年来，因为在20世纪60年代为摩天大楼项目高唱颂歌而备受责骂的勒·柯布西耶，势必将以一个集中论的先驱者的身份而重新受到人们的接纳。勒·柯布西耶是城市规划领域的一个特色鲜明的独行者，与霍华德，赖特及其他一些人的看法不同，他认为解决维多利亚时代城市问题的途径是提高而不是降低城市密度："通过提高他们的密度来缓解城市的拥挤状态"（Hall，1988年），而高耸的塔楼将会扩大开阔地的面积并改善交通状况。要实现这种改革方案就必须对城市进行彻底的清理，实施"城市手术"（在20世纪60年代这种观点被人们趋之若鹜之前，简·雅各布斯就提出了异议）。勒·柯布西耶的思想在1935年的拉·维勒·拉迪尔斯的城市规划中得到最充分的发展与体现。这是一种集体主义城市，每个人都居住在庞大的高楼中，公寓住宅的修建是依据严格的空间划分规则来进行的，其时，勒·柯布西耶不仅在关注"城市手术"的问题，还对在开阔的乡村中新近出现的高耸城市予以了特别的重视。

尽管勒·柯布西耶算不上是一个成功的实践型建筑师，但他的思想却深刻地影响了昌迪加尔的建筑，并对巴西利亚——巴西新都的城市设计产生了影响。霍尔从理论及实践两个方面就勒·柯布西耶的思想对英国城市规划所产生的影响进行了总结。在二战后的一段时期里，伦敦建筑师协会的教师及学生都采纳了勒·柯布西耶的观点（这些观点曾被奥斯本认为是一种"动物性的非理性"，Hugh，1971年），这使得高层建筑成为20世纪60年代的主流：出自AA毕业生手笔的纪念碑式建筑广泛地分布在英格兰的城市上。（Hall，1988年）

其实，集中化运动所波及的范围还远不止于此。在战后的英国，为这一理论助阵呐喊的人还有伊恩·奈恩（Ian Nairn），他是一名建筑专栏撰稿人，在20世纪50年代的《建筑评论》上曾发行了两期颇具影响的专刊，它们都直指"似霉菌繁衍般的城市扩张"现象。其中第一期被命名为"暴行"，对城市未来的发展命运进行了预言：

> 如果按照现在的速度一直发展下去的话，到20世纪末期，在英国的土地上将会出现一个个被视为珍宝的孤立的绿洲，它们被点缀在一个由电线网络、水泥路及精心规划的平房所组成的荒漠之上。到那时，城镇与乡村的区别将不复存在。（1955年）。

除了郊区的不断蔓延之外，奈恩还担心由于各地都纷纷披挂上这种新式的但又尚嫌粗糙的郊区化外衣——郊区生活的产物——而造成城乡差别的消失。他批评规划人员对这种"城乡一体化"（subtopia）的推崇，指出这种规划方案所反映的是一种以英国具有无限宽广的国土面积的幻想为前提的低密度化的分散策略。他担心"城乡一体化"（subtopia）将会带来"城乡一体化了的居民"，这些居民在新的生活方式的诱导下将会失去自己最关键的心智能力。

继《暴行》之后，奈恩又在第二年刊发了一组题为“反击城乡一体化”（subtopia）的论文，这些论文都表达了抵抗“城乡一体化”（subtopia）的“暴行”的观点。出于审美的考虑，奈恩以A，B，C来为这组论文命名。A论文题为《过度扩张》，其作者伊丽莎白·登比（Elizabeth Denby）对一些重要的城市所呈现出来的扩张之势的长期效应提出了具有前瞻性的质疑。她的这番劝诫可能是从一个当代集中派的考虑出发的：重归城镇，尤其是老的工业区的时机已经酝酿成功，并且应该根据人民的需要对城市进行再开发——也就是说，实施“与民规划”，而不是“为民”（甚至是反民）的规划（Denby，1956年，第427页）。

重归城镇的哲学在《建筑评论》上得到了进一步的发展。1971年该刊物又出版了一本名为《城市化》（Civilia，德－沃夫勒，1971年）的书，在其中提出了对高密度的城市形态的构想，它体现了对“城乡一体化”及分散化规划理念的驳斥与修正。《城市化》无视当时分散论所占据的主流地位，对芒福德和奥斯本进行了抨击，并以一种极其激进的口吻指出社会原本就具有一种自然的向心发展趋势，但这种趋势却由于维多利亚式城市的衰微而频频受挫。苏吉奇（Sudjic，1992年）把她的这种看法喻为“在这场有关城市的拥挤状况的论争中最荒谬的观点；此时此刻，除了个别目光短浅的人士之外，所有的人都已经认识到，任何限制城市外围区域发展的做法都只会使房价平白地飚升，而拥有‘体面的住宅’的郊区生活则是在人们的偿付能力之内的一种最受欢迎的居住选择”。

尽管有苏吉奇的批评在先，今天的集中论者依然视《城市化》为一部建树斐然的专著。贯穿全书的那套思想在今天看来也非常入时：遏制城市扩张及小汽车的发展，促进城市再生，并提高城市密度。在该书中还提到了一个被当今规划界所鼓吹的发展“多中心化城市”的观点——根据这一构想，所有新建的密集的交通网络及活动中心都设在城郊区域。《城市化》的有关思想在丹齐克（Dantzig）和萨蒂（Saaty，1973年）有关紧缩城市的建设方案中以更为极端的形式体现了出来。该方案旨在遏制城市扩张及保留乡村的开阔土地，他们建议修建一个可以容纳25万人居住的有2英里宽，高8层的圆锥形建筑，其内部装备气温调节器，并将水平面上和垂直面上的交通距离缩短到实现最低能耗为止。但是斯特德曼（Steadman，1979年）在对城市形态和能源消耗的相关研究进行评述时指出，他怀疑丹齐克和萨蒂所提出来的方案是否真的能达到节约能源的效果。

简·雅各布斯是20世纪60年代集中派的主要代言人，作为一个当之无愧的城市主义者，她所阐述的集中论观点却有着特殊的渊源和背景，她的反对者主要都是传统的分散派，如芒福德和霍华德等人。霍华德的“花园城市”论中就表达了对城市论的“摧枯拉朽”式的抨击。但是集中论的支持者中主张进行“城市手术”，对城市进行一次彻底的清洗的代表人物，如勒·柯布西耶也是雅各布斯所要批判的对象。她批评这些人所提出的城市改造方案实际上映射了一种自我中心的权威心态。在她看来，纽约城所散发出来的生命力与丰富性是最为珍贵的东西。因此，她主张提高城市密度，并且深信正是密度造就了城市的多样性，也正是这种多样性创造了像纽约那样多姿多彩的城市生活。她的这些看法在当时的确产生了一定的效应。在20世纪60年代的城市更新运动的浪潮过去之后，恢复旧城原貌及保留已有的社区开始成为城市规划的时尚。但是苏吉奇认为，雅各布斯有关城市生活的观点是片面的，明显受到了雅各布斯本人所处的优越的社区环境的影响（在苏吉奇看来，即使那里真的像她所描述的那样舒适和安逸，但也绝对只是个例外，并不能代表全局），并且还渲染着一种不合时宜的浪漫倾向：“哈德逊街可不像是雅各布斯所描绘的那种温馨而闲适的美好家园。”

在雅各布斯的研究中存在着一个根本性的矛盾，她拒绝承认一些重要的问题，如城市的衰微及城市扩张的主流趋势等问题需要从宏观上加以解决。不管我们怎样保护社区环境并促进多样性的发展，都无法阻止城市的分散化趋势。她的研究也许会对这些问题有所启示，但其作用恐怕也就仅限于此了。

费希曼（1977年）在对勒·柯布西耶、霍华德及赖特的思想进行简要的评述后指出，可以将这三个人的活动联系在一起的一个事实是，到20世纪70年代，城市规划专家们已经对能否找到一种解决城市问题的方案失去了信心，他们开始沦为实用主义者，也不再对任何“宏大的构想”感兴趣，或者说他们实际上认识到世界上根本就不存在所谓的“宏大构想”。费希曼的这段结语充满了智慧。他预料到，能源危机和失去控制的城市扩张到最后只会导致一个严格的、宏大的城市规划方案的出台；而雅各布斯及其他人所主张的“反规划”策略也不可能奏效：

> 勒·柯布西耶、霍华德及赖特等人的城市形态理论并不是因为出现了新的城市问题解决方案而退出历史舞台的。相反，它们只是被这样一种信念所取代了：即没有所谓的“解决方案”的存在……现在人们普遍对大规模的城市规划持反对意见。这种思想最深刻的根源，我认为是对一种可能构成生活的基础的“共同利益”或“目的”的现实可能性缺乏必要的信心。（1977年）

也许我们现在已经找到了这个共同利益：可持续性发展！这将是一个意义非凡的命题，在某种程度上甚至可以与19世纪的人们所面临的工业城市问题相提并论。作为这一命题的直接回应，紧缩城市的宏大构想出现了。

当前的争论：城市紧缩，抑或是分散?

当代对城市形态的论争始于20世纪80年代，人们逐渐认识到城市规划及由此形成的城市形态将是促进可持续性发展的关键所在。一时之间，城市紧缩成为了主宰我们今天生活的主要秩序。而分散论的观点，则丧失了此前一直拥有的支配性地位，在环境的可持续性成为关注的焦点的今天，它们显然已经过时了。尽管如此，持分散论观点的依然大有人在。这些人大致可以划分为两个阵营（这样的划分有可能将问题简单化了）：

• 自由市场主义者：他们声称正是规划人员对“土地市场”的干涉导致了问题的发生。而市场化的解决方案将会促使城市形态的优化发展。

• 优质生活主义者：他们主张一种从地理上及制度上都分散化了的生活方式，并认为这是对“乡村价值观”的回归。

相比之下，集中论者的观点则摇摆不定。不同的国家和地区会存在不同的理论出发点，但可以确定的一点是，它们都是由“可持续性发展的紧迫性”所驱动的。有两个问题是引发集中论的主要原因：一是由全球变暖所激发的降低污染的愿望，另一个则是可供城市开发利用的乡村开阔地的缺乏。

支持第一种动机的内在逻辑是，进一步遏制城市大扩张将会降低人们的交通需要——城市交通是发展最快却又最少得到控制的导致全球变暖的元凶——缩短交通距离，提供更方便的公共交通设施是降低交通需要的重要措施。这样一来，不可再生能源的使用量将会减少，并进一步降低尾气排放量。这种观点把环境的可持续性发展的焦点聚集到了全球变暖之上，并因此而关注导致二氧化碳或其他污染物的排放量持续上升的交通问题。第二种动机往往处于补充性的地位。它认为城市遏制政策会带来其他的环保效益，如减少对开阔土地的利用，保护有价值的生活方式等。有趣的是，还有一种观点认为城市生活质量的改善是通过提高城市密度而实现的，这种观点一直都以集中论的面孔出现，但正如其在过去的际遇一样，直至今天它仍然备受争议。

如今集中论的观点正受到学术界及政治界的重视，因为讨论的焦点是技术性的问题，而不是难以触及的历史性问题，因此人们更重视收集或反驳论据。观点固然重要，但寻找站得住脚的论据却是一件最棘手的事情。

分散论的证据

这方面的证据有许多都是从紧缩化的优缺点出发的。布雷赫尼（Breheny，1995 年 b）却认为，有一些带有根本性的重要问题在很大程度上被人们所忽视了。这些问题涉及到分散化在影响城市的发展趋势中所占有的地位。对分散化所造成的后果的理解将会决定任何旨在减缓或阻止这一发展进程的意图。城市的迅速分散化是大多数西方国家在二战后所呈现出来的发展特征之一，当然在美国这一特征表现得更早一些。这一分散化过程的本质在不同的国家也是各具特色。在美国、加拿大、日本及澳大利亚，它是以大规模的郊区化运动的形式出现的，并创造出了像“一百英里的城市”这样的极端范例（Sudjic，1992 年）。而如今在美国，也正是这种大规模的城市扩张遭到了集中派的激烈反对。在欧洲国家，分散化过程既体现为大城市及小城镇的郊区化发展趋势，又以小镇及乡村按照城市的轨迹持续发展为特征：这个过程有时被称为“逆城市化”，在这些国家所呈现出来的双向互逆的过程在一定程度上是由大城市周边的“神圣”的绿化隔离带所造成的。

有趣的是，20 世纪 80 年代在欧洲的人口普查结果表明，这个分散化的过程已经不再占据主导地位了，在一些国家，这个过程依然在持续，但是在其余的很多国家它却已经遭到了一种温和的城市改造运动的抵制。这对于当代的集中论者来说也许是一个好消息。然而在英国，却有证据显示，分散化的过程仍在继续，虽然总体的发展速度在减缓，但不同地区之间的发展特征的差异却依然显著。英国官方就城市的类型进行了专门的划分以识别不同级别的城市的发展变化过程。图 1 所呈现的就是 1981 - 1991 年各类城市的就业变化，体现在图中的基本线索再清楚不过了，就业率降低最多的往往是那些历史悠久的老工业城，而开化程度越小的地方就业率提高得越多。这种规律或多或少地可以从人口变化趋势中反应出来。因此在英国，集中派的主要任务就是去扭转这种明显的分散化趋势，但这似乎是一个不太可能的任务，尤其是当我们考虑到隐藏在这种变化着的空间经济背后的强大的市场支配力量，而规划系统本身也常被人们指责为除了干扰正常的市场秩序外，一无所成。

总之，目前所表现出来的对上述分散化问题的忽视实在令人惊讶，因为我们有一大堆研究分散化问题的资料，特别是有关“逆城市化”这种极端观点的（Cheshire & Hay，1986 年；Champion，1989 年），而且人们也很少将这类文献与有关城市紧缩化的文献相联系起来加以考虑。

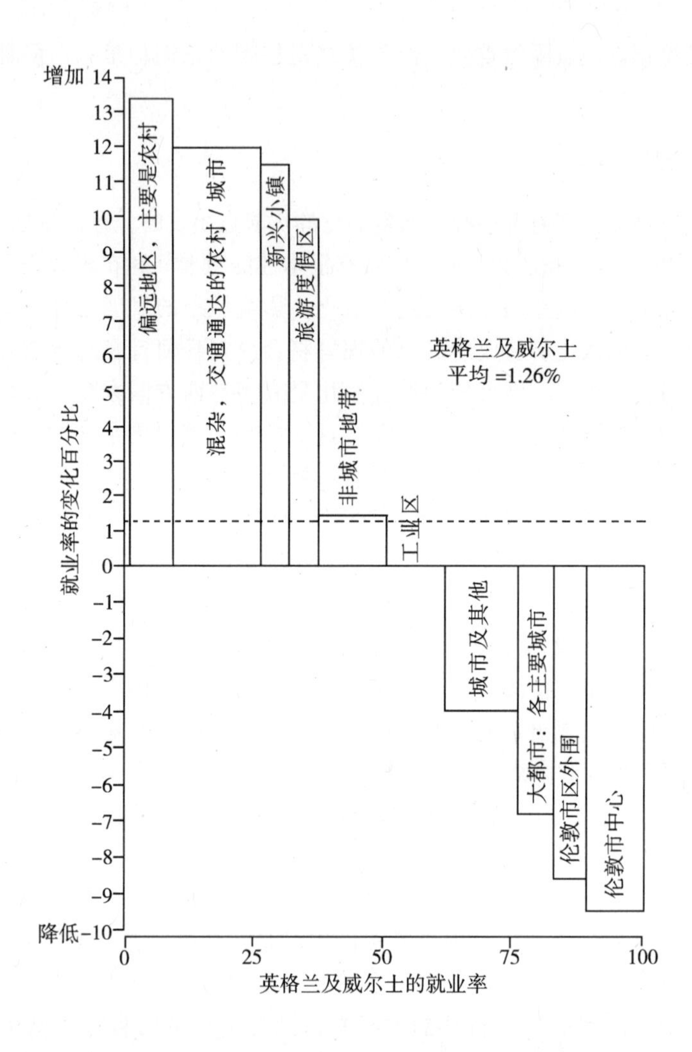

图1 1981－1991 年，英格兰及威尔士地区不同类型的城市中就业率的变化情况

城市密度

对紧缩化问题的讨论主要集中在以下两个方面（与分散化发展方向及发展能力有关的问题较少涉及）：城市密度及城市规模对交通及尾气排放量的影响。换句话说，也即是否存在某种特殊的城市形态，可以降低人们的交通需要；或者更进一步说，紧缩城市能否减少交通行为。如果有证据表明，城市越大，密度越高，人们对交通的依赖就会减少，那么城市分散化就可能成为众矢之的，而紧缩化则会被奉为解决问题的最佳途径。

有关紧缩城市的许多学术性研究都是围绕着由城市的高密度所带来的交通依赖性的降低及燃料消耗和尾气排放量的减少等问题而展开的。在这些研究中，澳大利亚学者纽曼（Newman，1992 年）和肯沃西（Kenworthy，1989 年 a，1989 年 b）的工作最为重要。在对全世界各大城市进行研究的过程中，他们将人均石油消耗量与人口密度进行了比较，并发现城市密度与人均能耗量之间存在着某种规律性的联系。密度最低而能耗量最高的城市往往在美国，欧洲的能源使用效率则相对较高，但是香港这个人口密度较高的城市，却依靠庞大的交通系统的支撑，产生了最经济的能效。由此他们得出结论，如果要减低能耗及尾气排放量，就必须采取措施提高城市密度并改善交通。ECOTEC（1993 年）为英国政府所做的一项研究也传递了类似的信息。它证明城市密度与交通距离之间存在着负相关。表 1 以简单明了的方式说明了城市里每周的交通距离与人口密度之间的关系。小汽车的行驶路程是造成差异的主要因素。在人口密度最低的地区，人们每周的驾车行驶里程是密度最高地区的两倍。考虑到全球变暖问题在可持续性研究中占据着重要的政治地位，而且交通行为是造成二氧化碳排放量持续上升的主要元凶，纽曼和肯沃西及 ECOTEC 的研究成果为人们欣然接受了。然而，虽然已经获得了政府的接纳，但在学术领域，ECOTEC 的研究报告仍然存在争议。

表 1　人口密度及各种交通方式下每人每周的交通路程（1985 年/1986 年，英国）

资料来源：ECOTEC，1993 年。

人口密度（每公顷）	总计（各交通方式）	小汽车	公车	火车	步行	其他
1 人以下	206.3	159.3	5.2	8.9	4.0	28.8
1—4.99	190.5	146.7	7.7	9.1	4.9	21.9
5—14.99	176.2	131.7	8.6	12.3	4.3	18.2
15—29.99	152.6	105.4	9.6	10.2	6.6	20.6
30—49.99	143.2	100.4	9.9	10.8	6.4	15.5
50 及以上	129.2	79.9	11.9	15.2	6.7	15.4
总计	159.6	113.8	9.3	11.3	5.9	19.1

注：表中数据不包括 1.6 公里以内的交通行为，并仅按一次出行时的主要交通方式来统计。

当然，自由市场论的积极倡导者——进一步讲，持分散化观点的人——都来自美国。在规划界，戈顿（Gordon）、理查德森（Richardson）及其研究伙伴是这个阵营中最活跃的分子，同时也是对目前在美国盛行的城市发展管理事业及反扩张运动持最强烈的反对意见的人（1993 年）。在这场争论中，他们一方面主张发挥市场效能，一方面又批驳纽曼和肯沃西的研究工作。他们指出，市场机制本身就完全有可能形成多中心化的城市，并相对地降低能源消耗。他们认为分布在全世界的庞大的交通网络系统必须依靠大量的资金补贴来支撑，但他们非常怀疑这种巨额的公共投资在交通系统的运行中可能发挥的作用。

戈顿和理查德森也对纽曼研究的实证基础表示了质疑。他们发现，尽管在美国近年来的上下班往返交通距离正趋于稳定或下降的态势，但这种现象是以城市分散化进程的持续发展为背景的。他们解释说，这是因为人们将住所和工作地点进行了调整，使之更为协调与合理的缘故。如此一来，大部分的上班族（再加上现在流行的在家办公人士）每天就只需要在郊区内部往返，从而极大地缩短了交通距离（Gordon，Kumar & Richardson，1989 年；Gordon，Richardson & Jun，1991 年；Bae，1993 年）。他们的这一观点得到了利维森和孔马的支持（Levinson & kumar，1994 年），这两个人发现，交通时间之所以会保持稳定是因为人们都选择了“理性置业”的缘故。相反，斯彭斯（Spense）和佛罗斯特（Frost）却发现，在英国，尽管人们的住所和工作地点都发生了变化，但是每天花在上下班上的时间却依然很长，而且平均每次的交通路程也正在延长。

纽曼和肯沃西的研究因为过于关注“密度”变量而受到不少人的批评。这些反驳者认为，还有另外的一些因素（其中可能有一部分是与密度联系在一起的）也有可能解释人们的交通行为。戈梅斯－伊班尼斯（Gomez-Ibanez，1991 年）在对纽曼和肯沃西的研究资料进行分析时就提出了这种论断。他特别指出，家庭收入和汽油价格也是影响交通行为的重要因素。而收入与人口密度之间的复杂关系将会使我们难以判断在密度与汽油消耗量之间究竟存在着怎样的相关。1995 年，布雷赫尼曾就这个问题进行了初步的研究。戈梅斯－伊班尼斯（1991 年）也提出了一个难能可贵的重要观点：激进的城市遏制政策的耗价——以经济蒙受损失、生活质量的下降来计算——是其预期的环保效益难以企及的。对于那些坚定的绿色环保主义者来说，也许还可以不计得失，但大部分的决策者，是不会不考虑收支平衡的。霍尔（1991 年）作为乡镇规划协会的领导人，就曾对纽曼和肯沃西的若干疏漏进行过批评。他指责这二人将城市密度的问题简单化，并指出交通距离不仅与城市密度有关，还与城市的结构脱不开关系。他认为，他们对“盎格鲁—撒克逊式的田园风光或逆城市化传统”的批评是幼稚可笑的，况且他们还无法验证自己所声称的“低密度的生活环境将阻碍人类社会生活向更高水平发展”的论断是否可靠。霍尔指出，更重要的是，这两个人——当然也包括其他持同样观点的人——都没有认识到即使有城市的高密度形态为后盾，未来仍将有相当一部分的住宅会被安置在现有的城区之外，而这也是布雷赫尼、亨特（Gent）及洛克（Lock）等人所持的观点（1993 年）。

作为回应，纽曼和肯沃西强调，城市规划在他们的构想中扮演的重要角色。他们的观点是，土地开发与利用的规划——以密度为重心——将有可能成为降低城市能耗的重要工具，因为政府可能会担心如果采用经济手段（如调控价格）将会产生负面的效果。这种思想在英国得到了充分的实践——城市规划在其中发挥了核心作用，政府也不愿动用价格调控的机制（尽管每年的油税都保持了5%的增幅，这个比率甚至超过了通货膨胀的指标）。实际上，最直接的决策法案——《规划政策指导13》(Planning Policy Guidance 13，PPG13)，就是以降低人们的交通需要为目标的。政府决策上所存在的矛盾相当于在承认，如果价格不提高，交通意愿就不会降低。因此，在这个两面政策中还存在着这样一种逻辑：交通需要是可以被降低的，但价格机制也必须随后跟进。纽曼和肯沃西显然对其批评者所提出的数据资料毫不在意。他们表示，只关注美国的城市问题将会对人们产生误导；如果洛杉矶也能够被视为范例的话，那么“老天会帮我们说好话的”(Newman，Kenworthy，1992年，第360页)。

赫什科维茨（Herskowitz，1992年）和伯恩（Bourne）则对这两个澳大利亚学者表示了支持。前者指出，尽管戈顿和理查德森提供了充分的论据，但城市扩张只会加剧而不是减缓交通问题。伯恩则不愿意看到由市场的规划去决定城市的未来形态及健康发展。他甚至怀疑，城市的持续扩张和蔓延将只会使一种越发无效和社会配套失调的城市形态愈演愈烈(Bourne，1992年，第513页)。

城市规模

相对于城市密度的问题而言，城市规模与交通能耗的关系算得上是一个冷门的话题。但ECOTEC（1993年）对这个问题倒是有所研究。在对来自英国的实证数据进行分析的基础上，他们研究指出，城市规模与交通能耗之间存在着负相关。在英国，随着城市级别的下降，人均的周交通距离在上升，生活在最偏远地区的居民的交通距离是最大城市的居民的两倍。当然，这种差异显著性是由小汽车的行驶距离造成的。此外，尽管公共交通耗资只占全部交通费用的很小份额，但大部分的公共交通补贴都花在了城市。这实际上是鼓励城市遏制的一种措施。因为这样将有助于减缓城市扩散的速度。从理论上看，城市扩张的过程具有不可持续性，在这个过程中，居民及工作机会将涌入那些私家车使用量最高的地区，而公共交通设施最为完备，私家车依赖性较低的地区却遭到冷落。

很明显，解决这个问题的办法是与纽曼和肯沃西的观点一脉相承的，即促进城市紧缩，阻止低级水平的城市的进一步发展。然而，布雷赫尼却对此持有异议，他试图描绘出1991年英国的交通能耗的全景，将与城市类型相对应的人口水平，人均里程数及每公里的能耗率也计算在内。然后，他又假设从1961年起始的30年间没有发生城市扩张现象，并据此又绘出另一幅能耗图——这与在未来的30年内采取严格的措施遏制城市扩张的结果相似。对比的结果是，后者每周只能节约2.5%的能耗，这个比率远低于政府的预期，此前，政府曾希望规划系统能够在实现可持续发展的过程中发挥主导作用。布雷赫尼甚至还担心，实施紧缩政策的收益与它们所带来的负面影响（如，严格地限制人们的行动空间）相比只是凤毛麟角。在这场争论中也许还存在这样一个重要的问题，政治家及学术研究人员都不愿意评估紧缩政策所能带来的环保效益。

尽管如此，各国政府及欧盟都在实施城市遏制政策。英国政府在公布的《英国的可持续发展战略》（1994年）及针对交通问题拟定的《规划政策指导13》（PPG13，交通部及环境部，1994年）中都表达了这种政策取向。后者以ECOTEC（1993年）的研究报告为基础。它特别倡导提高城市的综合密度，尤其是公共交通网络的密度。除了其余的一些决策外，这份文件还以“减少交通的规划”为标题，做出了以下指示：

发展规划应以降低交通需要，尤其是私家车的需要为宗旨，为此应该：

- 根据交通设施的状况来安排各类开发项目的位置（反之亦然）。
- 鼓励开发便于步行、非机动车通行及利用公共交通工具的各类项目。

PPG13为减少交通需要所制定的一套详细的政策指令，可能会推翻政府在城市规划及交通问题上的许多决策，实施的结果将是促进城市的进一步遏制，并最终形成“紧缩城市”形态。

还有一些集中论者就城市遏制政策提供了更广泛的建议。他们知道，遏制政策在节约能源方面确有其效，但同时又指出这个政策还能带来其他的效益，如农村英格兰保护会（The council for the Protection of Rural England，1992年，1993年）就一直抱怨：政府规划正以惊人的速度吞噬着农村的开阔土地，仅目前的新住宅区开发计划一项就有可能导致严重的环境灾难。卢埃林－戴维斯（1994年）也认为，城市密度的提高是保护珍贵的农村开阔地的必要措施。他们还试图就如何确保在提高住宅密度的同时不降低生活质量的问题出谋划策。有趣的是，他们的研究显示，住宅密度取决于街外停车场的数量，而街外停车场越少则“当街停车道”越多，反过来，当街停车道的多少又是取决于私家车的拥有量的。按照这种逻辑，高的居住密度就只能在私家车拥有量较少的贫困地区才能实现。如此一来，一个似乎放之四海而皆准的政策——城市高密度——却产生了地域分布上的不同效应。需要指出的是，城市的可持续发展战略能否有效还得取决于“城市密度、小汽车停放标准、综合利用”等几项措施能否得到一以贯之。

英国的城市形态讨论将会转向对住宅选址问题的关注。近年来，中央政府已经要求地方规划人员根据政府做出的家庭预测报告对各地的住户安置进行规划。这个安置过程一直备受争议，尤其是在人口拥挤的英格兰南部地区，人们对于进一步的开发产生了很强的抵触情绪，直至如今，尽管地方各郡的议会都提出了反对意见，但政府的这一计划依旧得到了贯彻执行。按照规定，所有的郡都必须按照区域规划指导纲要中所部署的住宅水平制定本地的规划方案。而在1995年，环境部又对1991－

2011年期间可能增加的家庭数进行了重新的预测，在原有的250万增加数的基础上又追加了100万户家庭。为了让这些新增家庭找到安置之所，各地的规划人员及官员都急得焦头烂额。环保人士曾指出这项预计可能过高估计了增长状况，而且即使预计准了，那些新增的家庭也未必都会重新购买房产。不过，这种观点已经被过去10年的事实所推翻了，因为政府的预计从来都只会低估而不会高估了家庭的增长速度。所以，我们惟有承认这项预计的准确性，并必须考虑新增住户的安置问题。

当然，最棘手的还是到哪里安置这些家庭的问题。环保的集中论者们肯定会主张在城里就地安置，以保护农村开阔地。而一个温和的分散派——来自城镇规划协会——则会认为应该开辟新的居民点（这儿不会有极端的分散派的声音）。那些对这个问题较为敏感或是感到恐慌的政府正在鼓励人们就家庭数量及住宅空间的问题展开讨论，相信这会是英国的集中派与分散派之间的一次真正较量。

城市紧缩与市场

上文针对城市分散化的发展方向及势头所提出的问题仅仅只是规划决策与市场之间存在冲突的一个表现而已。原则上，这种冲突无论是集中派的政策还是分散派的政策都有可能碰到。而由于目前在事实上还是由分散化的发展趋势占据主导地位，所以集中派的观点更容易与自由市场主义发生矛盾，这一点戈顿和理查德森早就指出了（1989年）。然而在有关城市形态的讨论中，几乎没有人曾就政策与市场的实际冲突进行过评估。目前仅有的两个研究是由布雷赫尼等人（Breheny，Strike，Gurney，1995年）和弗尔福特（Fulford，1995年）发起的，前者从地方权利机构及公民个人的角度出发，就PPG13的实施对土地利用和交通所带来的影响进行了探讨。

就个体而言，存在着对违背了房地产市场规律的政策的某种抵触情绪是很自然的，人们主要担心的是，PPG13中提出的那些可持续发展战略能否得到长期的贯彻。因此，任何对PPG13的妥协都有可能使投资者在政策松懈的时候陷入地皮贬值的困境（如减少停车场地，实施综合利用政策等）。对许多地产商来说，上述的问题也许并不会立马出现，因为有大量的规划许可早在可持续发展战略提出之前就签署了。有趣的是，那些承受较小的地皮风险的人（如零售商）在抵制政策变革的同时，又在积极采用新的营销策略（如开设新的市内地下商店）。弗尔福特（1995年）采访了许多住宅项目的开发商，以听取他们对城市紧缩政策的意见。意外的是，尽管这些人都承认绿地的重要性，但他们对城市的就地填充式开发的发展前景的预期远没有我们想像的那么消极。布雷赫尼等人却发现，写字楼开发商对城市的“棕色土地”的开发前景持非常谨慎的态度，他们甚至表示除非得到有力的资助，否则绝不会对这些地段加以考虑。

分散派中的自由市场主义者们肯定会说，来自房地产市场的抵制是不可避免的，而且这也是好事一桩。对他们而言，市场是最好的也是最有效的解决城市问题的工具。这些人在主张放松规划政策的同时也间接地起到了支持分散化的作用，他们认为规划只会导致土地及房产价格的上升（戈顿和理查德森的论点之间已经有所叙述，这里就不在赘述了）。而埃文斯（Evans，1991年）、切歇尔（Cheshire，1995年）和谢泼德（Sheppard，1995年）及西米（Simmie，1993年）等人所代表的阵营就与紧缩化的问题没有必然的联系了。他们主张放松规划政策的目的是希望借此降低土地及房产的价格。这种观点完全是从经济学的角度提出的，它反对一切由英国的规划系统所提出的决策。该系统从根本上是建立在应该对土地开发加以控制的假设之上的，它的根基就是1947年规划法案赋予政府的各项权力，此后这种模式就在全世界范围内得到推广。规划者们承认，土地及房地产价格的攀升是一个令人遗憾的结果，但也并不是不能接受。而主张放松规划控制的经济学家都存在这样一种倾向，即忽视规划系统所带来的效益，同时又对自己的建议可能产生的分散化后果不加考虑。这是他们与戈顿和理查德森等自由市场主义者的不同之处。

生活质量

除了在寻找能够支持其立场的实证论据之外，今天的集中论者还在试图宣扬高密度的城市生活的优越性。他们能否证明高密度能够带来高质量的城市生活，并让那些对低密度的郊区生活方式或城外生活方式举双手赞成的公众相信这一事实将是一个非常关键的问题。

这种对城市文化及生活质量的回归很容易使人联想到简·雅各布斯。她的思想在今天的确值得关注，尽管其中不乏浪漫主义的城市理想，但也有许多观点具有现实的意义。简单地讲，城市居住密度的问题也正是如今紧缩问题的研究的一部分内容。对综合利用的讨论似乎在一夜之间就热烈了起来，但这也不过是一种新浪漫主义的表现而已。

《欧洲的使命》（欧共体，1990年）一文曾试图阐明实施城市遏制政策能够带来环境和生活质量两个方面的收益，但这份报告却遭到一部分学者的质疑，他们指出很难将明显存在于报告作者头脑中的意大利山城的景象与欧洲现实中的城市及郊区景貌相联系。这份报告的不成熟性还体现在，作者对郊区生活的鄙夷无法改变这样一个事实——大多数的城里人都会继续选择生活在郊区。还有一些评论家（Yanarella & Levine，1992年）也认为意大利山城只是我们在关注紧缩城市时的一个诱人的梦想。建筑师理查德·罗杰斯（Richard Rogers）在1995年的雷斯（Reith）演讲中也带着对城市“路边咖啡馆”式的美好生活的赞美之情积极地倡导的紧缩城市的概念。城市文化，包括多样性的张扬（Parkinson & Bianchini，1993；Montgomery，1995年）业已成为一个十分严肃的政治问题。森尼特（Sennett，1970年）有关“城市居民理应感到‘不适’”的论断如今又得到了新的印证，有一种观点指出，正是这种置身边缘的感觉让城市变得如此美丽动人。这似乎构成了一个巧妙的文字游戏，因为对许多人来说，反倒是城市边缘性的存在将他们推到了“边缘城市”中去生活（Garreau，1991年）。

新建或重建小型的关系亲密的邻里也是这个重获新生的话题在社区水平的解决方案之一。这些建议包括英国的城市化村庄或自由住宅区（城市村庄小组，1992年；Breheny，Gent & Lock，1993年）及美国的新传统主义开发项目等，而由后者所掀起的运动已经在“新城市主义”的标签下获得了强大的发展动力。由杜安尼（Duany）及普拉特-齐伯克（Plater-Zyberk）等人在佛罗里达海岸设计的小型社区也引起了人们的浓厚的兴趣（Mohney，Easlerling，1991年），它被认为吸取了卡尔索普（Calthorpe，1993年）的思想，这个人既提倡进行区域规划，以解决城市日渐衰微而郊区又不断蔓延的问题，又主张开发以转型为导向的项目——这是与达奇（Dutch）在一段时期内的思想一脉相承的。伯恩（1995年）指出，“新城市主义”在北美地区只不过是一种昙花一现式的风尚，不过，我却认为它确实反映了当前规划论争的一种新的转向。

生活质量是前述的现代分散论阵营中优质生活主义者的主要宗旨，他们的观点大致可以划分为两类：一类更像是出于建筑师的立场，其代表人物是柯林·伍德（Colin Ward），他把自己的思想追溯到克罗普特金（Kropotkin），早期的莱奇沃思“胡须与草鞋”居民及散布在英国的战区居民（这些战区中尚有一部分保留至今，不过最近位于艾塞克斯的杰维克萨茨遭受了地理及社会性的破坏），也许“新时代的旅行者”就代表了这些逍遥派的立场。

第二类观点的代表人物则更像是主流的“优质生活主义者”（如Robertson，1990年）。他们认为问题的答案就在于分散化的生活方式——这既表现在地理区域上，又体现在社会制度上——并强调“乡村的价值观”。在这里所关注的问题不是花园城市，他们只是主张从空间上分散社区，同时让每个家庭可以拥有足以满足自身需要的田产；这更像是一种赖特式的主张，而非克罗普特金的观点。而今，又有人设想着让这种分散化的居住方式在保存“传统的乡村价值观”的作用之外，还实现对电子通讯设施的优化利用。这是一种议论颇多但又进展缓慢的“电子村社”生活模式。电子通讯的增加固然是事实，但不少人却对此颇有微词，认为这种新技术的使用将会最终拆分了城市。不过，理查德森等人却认为这种观点未免有些夸大其词；但汉迪（Handy）却在美国发现了电子通讯所带来的许多令人费解的结果。

小结：集中派、分散派还是折衷派？

对适宜的城市形态的讨论已经经历了一段漫长的历史了。在整个20世纪所出现的这些论断基本上都是沿着集中论和分散论这两个极端的阵营而分布的（见表2)。从20世纪之初，这些派别就开始从霍华德、赖特及勒·柯布西耶三个人的思想中分化出来，大约在60年代末和70年代初的这段时间，这些阵营之间的界限逐渐变得清晰起来。“宏大构想”在这个时期也开始推上了历史的舞台。而今，既然另一个意义深远的问题——可持续发展及其解决途径（紧缩城市）——已经产生，就有必要对由此展开的争论进行一下回顾。旧的派别被重新加以划分，而它们今天正像在60年前那样严肃认真地阐述着自己的立场。但是我们真的要争个你死我活吗？答案一定会非此即彼吗？难道城镇和乡村就只能要么按照分散化的道路，要么按照集中化的方向发展下去吗？它们能否在一种折衷的发展模式下完美地生存呢？

折衷的立场无论在什么时候都不会占据主流。这也许就是为什么站在集中派和分散派的观点之间的那个立场出现得较晚的原因吧。然而，这种姗姗来迟却仍然出乎意料，因为很明显，前述两种极端化的立场都各有优点值得借鉴，又各有缺点有待抛弃。折衷的立场并不是从理想主义的角度提出的，相反，它来自于对现实的接纳——对于任何愿意接受现实主义的立场的人来说，它避免了极端的立场可能带来的激进的态度。

表2　集中论及分散论的代表人物及其建议方案

年代	集中论者		分散论者	
	解决方案	代表人物	解决方案	代表人物
1800年			新拉纳克	罗伯特·欧文
1850年			萨尔泰 布尔纳维尔 桑莱特港	泰特斯·萨勒特 乔治·凯德伯利 威廉·利弗
1900年			花园城市运动	埃本尼泽·霍华德
1935年	拉·维勒·拉迪尔斯	勒·柯布西耶	广亩城市：一种新的社区规划	弗兰克·劳埃德·赖特
1955年	反击“城乡一体化”	奈恩	新城镇运动	芒福德，奥斯本，TCPA
1960年	城市多样性	雅各布斯，森尼特		
1970年	城市性	德－沃夫勒		
1975年	紧缩城市	丹齐克和萨蒂		
1990年	紧缩城市	国家政府 纽曼和肯沃西 ECOTEC, CPRE, FOE	市场解决 优质生活	戈顿，理查德森；埃文斯，切歇尔，西米 罗伯特森，格林和霍华德

反对集中论的理由主要有四个：其一，它可能不会产生预期的环保效应；其二，似乎不太可能阻止城市的分散化进程；其三，即使有紧缩政策，绿地的开发也在所难免；其四，城市高密度并不可能带来集中派所承诺的高质量的城市生活。就第一点而言，尽管可能通过紧缩政策来降低能源的消耗，但有证据表明，这种收益相对于该措施所造成的不良影响是非常有限的。正如布雷赫尼所说的那样，旨在减少交通的政策最好能"物有所值"，他认为，也许根本就不值得采取这样的措施——所节约的能源及降低的废气量简直就少得可怜。第二个原因是从发生在英国的现实情况出发的，在这里，尽管遏制城市扩张的规划政策得到了长期的贯彻，但城市分散化的进程却依然没有停滞。在 1981 – 1991 年期间，有 120 万人口迁移到了乡村或半乡村地区。尽管这不能完全表现出人民的居住偏好，但它无疑反映了大众对类似的生活方式的向往。它同时也在暗示我们，苛刻的城市遏制政策并不是那么受人喜欢。

再来看原因三，尽管最极端的集中派认为，未来城市的发展区域应该限制在现有的城市边界之内，但事实上，绿地开发是不可避免的。布雷赫尼等人（1993 年）在对住宅项目的多种形式进行评论后得出结论：除非政府采取更严密的遏制政策——而且与此同时表达出对城市密集度的关注——否则在英国必然会出现大型的绿地开发项目。支持这一论断的人认为，城市生活的质量将会随着密度的增加而愈发恶化，这绝非是集中派所预计的那种结果。这表明，至少在英国，绝大多数人都对低密度的生活环境更为满意。只要条件允许，他们绝不会选择集中派所推崇的那种居住密度。当然，也会有一部分人——他们代表了一个特定的年龄群、职业及收入水平——可能会选择高密度的城市生活。况且，在这片国土上还存在高密度的城市区域，尽管经历了时间的冲刷，却仍然深受人们的喜爱——这些地方通常是历史名胜或是某个著名的建筑体，并代表了一种独一无二的社会生活习俗。然而，这些人和地区仅仅只是例外而已。有许多人的确是居住在内环线以内的城市高密集区，但他们更多是为环境条件所迫才做出这种选择的（如工作机会，可供租赁的房屋等）。现在有一种意见认为，在某些城区，主要是郊区，以往的遏制政策已经造成了"城镇拥挤"现象。这说明，旨在限制农村地区开发的政策已经将压力转嫁回了城市，从而使城市拥挤不堪，绿地面积也在减少。因此，我们至少可以认为，对农村及其居民生活质量的保护反而降低了城市居民的生活质量。

对极端的分散论提出反对意见的是集中派（尽管又走向了另一个极端）。如果能源消耗的问题站不住脚——如布雷赫尼所言，那么土地减少的论断总还比较可信吧。虽然 CPRE（1992 年，1993 年）总是倾向于夸大每年可供开发的土地的缩小量，但开阔地在减少却也是不争的事实。而且就算分散化的“电子村庄”模式与集中派所反对的“郊区化发展模式”之间存在一定的差异，但前者也未必就能多几分获胜的筹码。让数百万人都在农村开辟一亩田地，这似乎并不是一个好主意。而且，我们也尚不清楚电子通讯的全部优势（这是现代分散论的基点所在）是否能在每一个小村镇都得以实现。此外还有一种深刻的见解认为，持续的分散化将会吸干城市赖以生存的血液（Jane Jacobs）。有足够的证据表明，如果得到了政策的允许，将会有更多的商业活动从城市撤出，如果还不对分散化现象加以控制的话，我们就只能坐待城市的灭亡了。

由于分散论及集中论都是优缺点并存，采取折衷的立场也许就会显得更有说服力。从集中论那里，它可以吸纳遏制政策、城市更新策略及全套的新内城环境更新工程。这将会取得一定的环保效益，但又不会以降低生活质量为代价。就分散论而言，它又可以对自发的分散化过程加以有效的控制——如让人们迁移到公共交通及其他设施都完备便捷但又不会对环境造成破坏的地区。它考虑到了市场的收益，而又不会完全听命于市场的支配。这将有可能形成一些具有环保功能的社区。

这种折衷的立场在当前以紧缩化为主流的争论中很少得到人们的支持，然而仍然有为数不多的几个人是这条“第三战线”的积极拥护者。TCPA（Blowers，1993年）在倡导“可持续的社会城”概念时，正是坚持了这种折衷的主张（这令我们想到了霍华德）。

事实上，尽管霍华德被简·雅各布斯等人划分为分散派，但他的许多观点却更代表了折衷的立场。他支持“城市更新”，也赞成保护农村土地；但他又提倡城市遏制，并期望实现城镇与乡村的完美联姻。胡伯（Hooper，1994年）及洛克（1995年）也是这个立场的代言人。胡伯对城市形态问题的论断代表了一种非主流的声音。洛克则把对城区土地的高密度利用的得失成败进行了重新的评估，并指出“目前尚没有从‘过度拥挤’中得到丝毫的好处。”（“过度拥挤”是为霍华德设计莱奇沃思的建筑师雷蒙·德安文的一本名作的书名中使用过的一个词语。）

霍尔曾一针见血地指出，规划史的重要代表人物都忽视了生活世界中的现实问题。现在，由于那些易走极端的倡导者（尤其是集中派）不愿面对当前的现实状况，我们很可能又要走到历史的老路上去。构筑“宏大构想”的风潮虽又再次兴起，但今天的世界却比霍华德的那个时代要复杂得多，政治色彩也浓厚得多。即使“可持续性”给了我们追求“宏大构想”的动力，但这种理想必须与现实主义的药剂调和起来服用。折衷主义的观点虽然看似渺小，但如果给予适当的包装，它或许也可以变得“宏大”起来。

参考文献

Bae, C-H. (1993) Air quality and travel behaviour - untying the knot. *Journal of the American Planning Association*, **59 (1)**, pp.65-74.

Blowers, A. (ed.) (1993) *Planning for a Sustainable Environment*, Earthscan, London.

Bourne, L. (1992) Self-fulfilling prophecies? decentralization, inner city decline, and the quality of urban life. *Journal of the American Planning Association*, **58 (4)**, pp.509-13.

Bourne, L. (1995) *Reinventing the Suburbs: Old Myths and New Realities*, paper presented to the annual conference of the Institute of British Geographers, Newcastle-Upon-Tyne, UK.

Breheny, M. (1995a) *Urban Densities and Sustainable Development*, paper presented to the annual conference of the Institute of British Geographers, Newcastle-Upon-Tyne, England, January.

Breheny, M. (1995b) Compact cities and transport energy consumption. *Transactions of the Institute of British Geographers NS*, **20 (1)**, pp.81-101.

Breheny, M. (1995c) The housing numbers game - again. *Town and Country Planning*, **64 (7)**, pp.170-72.

Breheny, M., Gent, T. and Lock, D. (1993) *Alternative Development Patterns: New Settlements*, HMSO, London.

Breheny, M., Gurney, A. and Strike, J. (1995) This Volume, pp323-338.

Breheny, M. and Rookwood, R. (1993) Planning the sustainable city region, in *Planning for a Sustainable Environment* (ed. Blowers, A.) Earthscan, London.

Calthorpe, P. (1993) *The Next American Metropolis: Ecology, Community, and the American Dream*, Princeton Architectural Press, New York.

Champion, A. (1989) Counterurbanization in Britain. *Geographical Journal*, **155 (1)**, pp.52-9.

Cheshire, P. and Hay, D. (1986) The development of the European urban system, in *The Future of the Metropolis* (ed. H-J. Ewers) Walter de Gruyer and Co., Berlin, pp.120-41.Commission of the European Communities (1990) *Green Paper on the Urban Environment*, European Commission, Brussels.

Cheshire, P. and Sheppard, S. (1995) On the price of land and the value of amenities. *Economica*, **62 (246)**, pp.247-67.

Council for the Protection of Rural England (1992) *The Lost Land*, Council for the Protection of Rural England, London.

Council for the Protection of Rural England (1993) *The Regional Lost Land*, Council for the Protection of Rural England, London.

Dantzig, G. and Saaty, T. (1973) *Compact City: A Plan for a Liveable Urban Environment*, Freeman, San Francisco.

Denby, E. (1956) Oversprawl, in *Counter-Attack Against Subtopia* (ed. I. Nairn) The Architectural Press, London, pp.427-34.

Department of the Environment (1994) *PPG13 Transport*, HMSO, London.

Department of the Environment (1995) Projections of Households in England to 2016, HMSO, London.

de Wofle, I. (ed.) (1971) *Civilia: The End of Suburban Man - A Challenge to Semidetesia*. The Architectural Press, London.

ECOTEC (1993) *Reducing Transport Emissions Through Planning,* HMSO, London.

Evans, A. (1991) Rabbit hutches on postage stamps. *Urban Studies*, **28 (6)**, pp.853-70.

Fishman, R. (1977) *Urban Utopias in the Twentieth Century: Ebenezer Howard, Frank Lloyd Wright, and Le Corbusier*, Basic Books, New York.

Fulford, C. (1995) This volume, pp.131-43.

Garreau, J. (1991) *Edge City: Life on the New Frontier*, Doubleday, New York.

Gomez-Ibanez, J. (1991) A global view of automobile dependence - review of Newman, P. and Kenworthy, J. *Cities and Automobile Dependence: A Sourcebook. Journal of the American Planning Association,* **57 (3)**, pp.376-79.

Gordon, P. and Richardson, H. (1989) Gasoline consumption and cities - a reply. *Journal of the American Planning Association,* **55 (3)**, pp.342-5.

Gordon, P., Kumar, A. and Richardson, H. (1989) Congestion, changing metropolitan structure, and city size in the United States. *International Regional Science Review*, **12 (1)**, pp.45-6.

Gordon, P., Richardson, H. and Jun, M. (1991) The commuting paradox - evidence from the top twenty. *Journal of the American Planning Association*, **57 (4)**, pp.416-20.

Green, R. and Holliday, J. (1991) *Country Planning - A Time For Action*, Town and Country Planning Association, London.

Hall, D. (1991) Altogether misguided and dangerous - a review of Newman and Kenworthy (1989). *Town and Country Planning*, **60 (11/12)**, pp.350-51.

Hall, P. (1988) *Cities of Tomorrow*, Basil Blackwell, Oxford.

Hall, P. (1992) *Urban and Regional Planning*, Third Edition, Routledge, London.

Handy, S. and Mokhtarian, P. (1995) Planning for telecommuting: measurement and policy issues. *Journal of the American Planning Association*, **61 (1)**, pp.99-111.

Herskowitz, D. (1992) Letter to the editor: the commuting paradox - a reply. *Journal of the American Planning Association*, **58 (2)**, p.244.

Holliday, J. (1994) The new urban realm. *Town and Country Planning*, **63 (10)**, pp.259-61.

Hooper, A. (1994) Land availability and the suburban option. *Town and Country Planning*, **63 (9)**, pp.239-42.

Hughes, M. (ed.) (1971) *The Letters of Lewis Mumford and Frederic J. Osborn: A Transatlantic Dialogue*, Adams and Dart, Bath.

Jacobs, J. (1962) *The Death and Life of Great American Cities*, Jonathan Cape, London.

Levinson, D. and Kumar, A. (1994) The rational locator: why travel times have remained stable. *Journal of the American Planning Association*, **70 (3)**, pp.319-32.

Llewelyn-Davies (1994) *Providing More Homes in Urban Areas*, SAUS Publications, University of Bristol, Bristol.

Lock, D. (1991) Still nothing gained by overcrowding. *Town and Country Planning*, **60 (11/12)**, pp.337-39.

Lock, D. (1995) Room for more within city limits? *Town and Country Planning*, **64 (7)**, pp.173-76.

Mohney, D. and Easterling, K. (1991) *Seaside: Making a Town in America*,

Princeton Architectural Press, New York.
Montgomery, J. (1995) Urban vitality and the culture of cities. *Planning Practice and Research*, **10 (2)**, pp.101-09.
Nairn, I. (1955) *Outrage*, The Architectural Press, London.
Nairn, I. (1956) *Counter-Attack Against Subtopia*, The Architectural Press, London.
Newman, P. (1992) The compact city - an Australian perspective. *Built Environment,* **18 (4)**, pp.285-300.
Newman, P. and Kenworthy, J. (1989a) *Cities and Automobile Dependence: A Sourcebook*, Gower, Aldershot and Brookfield, Victoria.
Newman, P. and Kenworthy, J. (1989b) Gasoline consumption and cities - a comparison of US cities with a global survey. *Journal of the American Planning Association,* **55 (1)**, pp.24-37.
Newman, P. and Kenworthy, J. (1992) Is there a role for physical planners? *Journal of the American Planning Association,* **58 (3)**, pp.353-62.
Owens, S. (1995) Transport, land-use planning and climate change: what prospects for new policies in the UK? *Journal of Transport Geography*, **3 (2)**, pp.143-45.
Parkinson, M. and Bianchini, F. (eds) (1993) *Cultural Policy and Urban Regeneration*, Manchester University Press, Manchester.
Richardson, H. and Gordon, P. (1993) Market planning: oxymoron or common sense? *Journal of the American Planning Association*, **59 (3)**, pp.347-52.
Richardson, R., Gillespie, A. and Cornford, J. (1995) Low marks for rural home work, *Town and Country Planning*, **64 (3)**, pp.82-84.
Robertson, J. (1990) Alternative futures for cities, in *The Living City: Towards a Sustainable Future* (eds D. Cadman and G. Payne), Routledge, London.
Sennett, R. (1970) *The Uses of Disorder: Personal Identity and City Life,* Alfred A. Knopf, New York.
Simmie, J. (1993) *Planning at the Crossroads*, University College Press, London.
Spence, N. and Frost, M. (1995) Work travel responses to changing workplaces and changing residences, in *Cities in Competition: The Emergence of Productive and Sustainable Cities for the 21st Century* (eds J. Brotchie, M. Batty, P. Hall and P. Newton) Longman Cheshire, Melbourne, pp.359-81.
Steadman, P. (1979) Energy and patterns of land use, in *Energy Conservation Through Building Design* (ed. D. Watson) McGraw-Hill, New York, pp.245-60.
Sudjic, D. (1992) *The 100 Mile City*, Andre Deutsch, London.
UK Government (1994) *Sustainable Development: The UK Strategy*, Cmnd 2426, HMSO, London.
Urban Villages Group (1992) *Urban Villages*, Urban Villages Group, London.
Yanarella, E. and Levine, R. (1992) The sustainable cities manifesto: pretext, text and post-text. *Built Environment*, **18 (4)**, pp.301-13.
World Commission on Environment and Development (1987) *Our Common Future*, Oxford University Press, Oxford.

支持紧缩城市

梅尔·希尔曼

引言

在20世纪的最后几十年里，人类活动模式在地理位置上的扩张呈现出一种令人担忧的加速度增长。这既反映了机动车辆拥有者的影响越来越大，又反映了规划设计与这种现象相互作用而发生的变化。它反映了容易到达的人流汇聚地区那种过于公共的感觉：在人们准备开始出行的时候，那些以自己的机动车为交通工具出行的人们和以前那些选择范围仅限于非机动车交通结合公共交通为出行工具的人们相比，能够选择距离更远一些的地方。而商业和工业已经能够扩大它们批发商店的规模而减少批发商店的数量，为了达到内部规模经济的目的，它们不仅要发展自己的区域交通行为模式，还要发展它们的顾客的区域交通行为模式。

这些最新被采用的模式——尤其是在郊区、城市边缘和乡村区域——大部分是依赖于小汽车和运货卡车的，因为实际上是不能依赖于公共汽车和火车交通运输方式的。在很大程度上，它们是和诸如自给自足以及遏制政策、能源效率和社区计划等概念相对立的。毫无疑问，它几乎已经成为一种剥夺人们选择转变生存行为模式和生活方式的阴谋。

在半个世纪以前的英国，乘客乘坐公共汽车出行的行程是乘坐小汽车出行行程的两倍，而现在，乘坐小汽车出行的行程是乘坐公共汽车出行行程的14倍。那时，骑自行车出行的行程也是超过小汽车的，而现在汽车超过了它，并且达到了75倍。同时，尽管没有同一时期内有关步行出行行程的变化记录，而仅仅是考虑它本身，在最近的20多年里，在总的行程上它从40%下降到了30%。此外，据交通部门最新的统计表明，交通占所有主要能源消费的三分之一，而且这个数字正在以一种惊人的速度增长。

破坏性的结果

拥有和使用小汽车的数量增加、步行和骑自行车的逐步减少以及越来越衰败的公共交通设施，已经导致大部分经济领域的情况恶化，社会和环境的措施可以用于监控公共政策在这个领域的发展。在评价公共政策的时候，不利的影响仅仅有一部分得到肯定，因为它们中的许多影响是不容易以金钱的方式被计算出来的，因此也不会受到明显的关注。这些不利的影响表明它们在一些至关紧要的范围影响到了生活的品质：

• 那些没有小汽车的人们——占人口的大多数——在满足日常需要方面的困难，因为他们日常需求的满足是依赖于非机动车交通和公共形式交通的。

• 拥挤堵塞出现在更多的道路上，每天堵塞的时间都很长，随之而来的是出行时间和资源的浪费。

• 不断增加的交通噪声和速度使人产生恐惧和焦虑，因为人们能够感觉到交通事故带来的死亡和伤害的危险；然后需要锻炼或者不断提高对步行者的警惕性，还要防止有可能突然出现在路上的骑自行车的人。

• 阻碍并切断了交通对社区生活的影响，限制了从前的街道功能划分，使街道仅仅成为机动车辆的一个通道。

• 不断增加的活动范围分散化，超出了区域性邻里关系的范围。

• 来自所有交通——公路、铁路和航空——的噪声传播。

• 暴露于空气污染中，会对身体健康造成影响，尤其是易患呼吸系统疾病。

• 对骑自行车和步行的活动有妨碍，而如果骑自行车和步行的活动构成日常生活中主要部分，那么对于大部分的人们来说都不失为一条保持健康的有效途径。

社会两极分化的趋向更加严重，有更多的弱者容易受到影响。这是由经济收入带来的事实，较为贫穷的人们好像不太能够支付得起拥有并使用一辆小汽车的费用，而公共交通的费用上升速度也比小汽车使用代价的上升速度更快。此外，贫穷的人更可能生活在最不令人愉悦的邻里中：在远离市中心的郊区、在交通量非常大的公路旁，以及在受到公路建筑或者道路拓宽影响的市内区域。两极分化还体现在性别方面。比如，妇女，尤其是那些年纪较大的妇女，更不喜欢在黄昏以后外出。人行道逐渐被步行者磨损掉，他们可能会对“安全性能指数”（safety in numbers）表示放心，我们对此一点也不感到惊讶。

我们还可以见到社会在年龄方面的两极分化。通过一个明显有效的测试可以用来举例说明这个问题，这就是考虑生长在现代社会里面的孩子所受到的影响。许多生活在有车家庭里面的孩子从他们父母的成功那里受益匪浅，和从前的那一代相比较机会变得更多，比如选择学校、学习特殊的课程以及休闲活动。然而，父母感觉到他们有责任限制他们孩子的自由，因为这是出于对外面的危险在增加、且从学校到休闲场所的距离也更远的考虑，而这些活动在以前是比较本地化的。孩子们的生活日益变得受到成人的监督，这也许会对他们的身体、社会和情感发展造成烦恼，也会对他们具有深刻印象的时期造成烦恼，给父母亲——通常是母亲——的生活造成沉重的负担，因为她们将护送她们强壮健康的孩子看作为一个不可推卸的责任，在孩子背后一直持续许多年。

对这种结果的解释

这些令人极为不满意的结果——它们和文明的社会背离得是如此之远——如何能够、又有什么理由得到绝大多数人的默许认同呢？很明显的，这里有四个至关重要的原因。

第一个原因是现在做出出行到什么地方以及使用何种方式出行的判断所依据的理由完全是出于利己主义的考虑，而不会考虑对其他人的生活、对社区的健康或者自然环境产生什么样的影响。公共的利益并没有作为一个适当的因素进行考虑——事实上在最近的几十年里它衰退得很快。

问题的根源在于——同时这些结果中的任意一个所造成的负面影响都仅仅是微不足道的——这个国家有3000万的小汽车许可证，它们平均每天行驶30公里。难道这是微不足道的影响吗？而且，我们还会产生一种错误的判断，那就是小汽车仅仅是作为从前其他旅行交通方式的替代品。但我们可以看到的事实是，小汽车的拥有者改变了他们对那些容易到达的、可以进行活动的地理聚集地的感觉，随之又导致了非常远距离的行程，也许这只能是采用小汽车方式出行才能到达的。

第二个原因是——尽管尽可能地通过步行或者骑自行车进行旅行有明显的好处——这些方式被认为是交通政策的外围部分。那么如何才能解释交通部长在最近几年反复提到的由小汽车造成的出行行程达到90%的欺骗性数据呢？很明显，因为非机动车的出行是非常短距离的，它们是没有被作为重点来考虑的。

与这种判断的错误同属一类的是夸大公共交通在解决因依赖小汽车增长而造成的困境方面的作用。可以看一下这样的事实，例如在最近的20年里，对于每一位乘客乘坐公共交通出行1英里而言，就有多于18英里的出行是由小汽车完成的；而在最近的10年里，每1英里的公共交通出行，则对应于多于28英里的小汽车出行行程。换句话说，现在大部分的小汽车出行行程都不是由以前的公共交通完成的。然后这个错误导致了对一种短视目标的追求，它相信这种情况可以通过非常巨大的公共交通投资而得到转变：从许多地区发出了在铁路方面投入巨额投资的倡议，希望提供一种小汽车的替代品，尽管铁路的交通量还占不到总出行里程数的百分之二。

第三个原因是在这个领域用于度量成功的指标在总体上是不太适合的——增加汽车的拥有量、延长高速公路的长度、减少公路的伤亡（好像可以被解释为来自于较为安全的公路上的阻塞），一个繁荣的机动车辆制造工业、更多的远距离的旅游度假，也许在更为通常的情况下是以国内生产总值（GDP）来衡量繁荣的程度的。

公众已经被说服，政府能够找到走出困境和危机——这种困境和危机是由于机动交通方式带来的对更远和更快的旅行出行需求所造成的——的出路。这是假定交通投资应该在很大程度上去满足提升较短的和较为地方性的出行交通的目标。仅仅是在最近，在国家经济能够负担的时期，相信政府能够建造更多的高速公路和辅助公路的想法已经被认识到是错误的——也许通过约翰·亚当斯（John Adams）简单但是非常严谨的计算就可以了解到，交通部对2025年的预期交通增长量可能需要建造一条从伦敦到爱丁堡的相当于250多条行车道的高速公路——这还仅仅是提供汽车首尾相接的停车空间。

第四个原因，和第一个原因同属一类，就是乘坐汽车的人以及在很大程度上还包括非乘坐汽车的人好像都没有认识到我们生活中不断增长的机械化所带来的危害，也没有认识到逆转这种进程比仅仅是减慢这种进程更能带来绝对压倒性的好处。他们主要是因为“较大量的交通反映了有活力的经济和社会的发展进程”而被说服的。而且，相反的比较明显的证据却是高度的空气污染情况，还有和此相关联的看医生、去医院和死亡率的增加，他们并没有看到这些现象和他们自己的结论发生明显的逻辑关系。相反的，在公众能够认识到这种情况可能会导致不健康和损害环境的情况下，可以从政府没有公开发表带有任何程度警报的情况得到安慰，而且采取这种减慢汽车交通发展速度也是一个为了确保交通事故不会失控的足够的、充分的措施。

根据新开发住宅区的密度和尺度、位置不同而控制和调整规划被认为是中央和地方政府的职责。如果政府纵容默许，公众就能够逃避过任何对依赖于小汽车的生活方式的严重质询。许多对它们的益处进行度量的方式用于使这些生活方式的不利影响被抵消掉——每一计量单位的交通行为所带来的损害在代价上已经远远超出一个计量单位：全部社会和环境受到的损害在持续增长。

作为这种公共思想倾向的一部分，在我们的生活方式中，明显不可持续发展的部分被极大地忽视了。对有限能源资源的高水平消费——以及能够导致温室效应气体的产生和排放——是问题的核心。廉价的燃料，以及缺少适当的政策去减少对环境的损害，它的这种消费原因也导致了更多的无计划的蔓延、在原产地和目的地之间更远距离的旅程、更多的交通以及与之相关的环境退化和对环境的掠夺，这将会一直不断地要求在交通运输基础设施上面进行投资、从城市内部向郊区和乡村地区增加移民，全面失去了社区的感觉，以及随之而来的更多的犯罪和社区疏远。

紧缩城市的合理性

好像这种冗繁的介绍还不能充分地表达对以需求最低的能源密集型的活动方式来开发聚居地的倡议，而现在全球变暖的讨论可以赋予它最终的合理性；它是一个包罗万象的、包含可持续的未来政策的各个方面的要求。气候改变政府间组织（IPCC，Inter-Governmental Panel on Climate Change）在1990年和1992年强调，在1995年又再次强调。它的气候问题科学家工作小组一致同意，为了避免我们的星球在下个世纪遭受非常的危险和有可能的生态灾难，将碳元素的排放量减少60%和80%是非常重要的。

该组织没有说出来的是，这样一种缩减尺度将不得不按照一个不同寻常的原则进行改变。第三世界人们的贡献远远不及富裕的西方人，而他们在任何时候对资源的消费也同样只是西方人的一小部分。从人均基数——而且这既不是从道德层面上也不是从政治前景上，而是从所有其他基数上面得到的国际认同——上来看，英国将不得不将它的排放量削减90%以上。而且即使是这样，面对发展中国家造成的相当可观的世界人口增长，这也许仍然是不够的，这些国家正处于他们的经济工业化进程中，需要大量消耗矿物燃料，因此也大量排放二氧化碳、甲烷等导致温室效应的气体。

说明一下如下的问题是有好处的，在快速发展经济的中国、印度和印度尼西亚的原始能量的消耗量仅仅是在最近的十年内就增加了60%。我们也不能肯定没有国家会拒绝执行已经做出的任何限制气体排放的国际性决议。

牵涉到的政治家

世界上的各国政府是如何对气候改变问题做出回应的呢？某些政府就比另外一些政府更认真对待这个问题。大部分的政府看起来好像是相信或者希望它仅仅是需要实行某些紧缩政策而已。另外一些则坚持认为气候科学家的观点能够证明这是一个错误，而且我们将能够沿着“诗坛的韵律”（*gradus ad parnassum*）走向不断发展的经济和快乐的生活方式，这是他们最根本的政治目标，而他们不管他们的不可持续发展是多么明显，不管他们造成的破坏性后果。当受到压力必须接受的时候，政治家们就将他们隐藏到一纸声明的背后，声明认为这项必须坚持的行动不能强加到不愿意接受的公众头上，因为他们还没有准备好改变自己的生活方式。他们的本能使他们不会承认必将长期存在的严重问题。比如，考虑到人均基数小的家庭的能量效率低的观点，近些年来家庭数目持续增长，并且可以预见到在未来的20年中还会增加（原因并不是人口增长）。我们能够坚持下去，这暗中的含义是，忘掉日益增加的实施——如果气候真的发生了改变，我们将没有选择。

和政治家属于同一个问题的是，要想成功不得不面对另外一个目标，那就是经济增长。假设完全否定这种经济增长和矿物燃料消耗之间的联系，那么气体排放的人均减少量看起来更加令人难以置信。因为他们的时间性，政治家更愿意认为经济增长和消费主义（consumerism，一种认为社会消费力愈大对整个经济愈有利、逐步增长的商品消费有利于经济发展的理论）是这样一种模式——我们有超过几十年的证据支持，它是提高公共福利、保护环境的主要手段，而且这和他们作为这个星球的管理者的责任也是相符的；对他们来说要在短时期内维护这个捏造的事实是比较容易的，而他们却不能看到他们在较长时期内的责任——他们的决定造成的一些影响。

为了避免因为采取激进的方式完成气候改变政府间组织（IPCC）的目标而疏远了公众，欧洲政府设法表明他们共同的解决办法，承诺在90年代末将二氧化碳气体的排放量保持在1990年的水平——用一个0%来回应90%以上的要求！在英国，这个目标看起来好像太容易达到，由于切断了发电用的煤和燃气等燃料以及经济衰退的影响，工业在燃料方面的需求减少——更多的活动从制造业转向了服务业，而更可行的是从提高燃料的使用效率入手，比如使一加仑的汽油能够跑更远的距离。

如果欧洲政府假定当前的世界经济衰退——按照传统的GNP（国民生产总值）指标来衡量——是一个警报信号的话，他们需要准备迎接更多的灾难。“当便士跌落的时候，声音必将是震耳欲聋的”。很明显的是，和改变必需的可持续发展来比，我们更愿意适当地改变我们当前的生活方式，比如那些依赖于小汽车和飞机出行、保温性能很差的住宅和办公室的采暖，以及那些所谓的具有耐久性的、使用期限短的和能源效率低的消费品都在要求之列，他们只能采纳，因为在它们极大地忽略了生态的实质。这也许不会太令人吃惊，但仍然会令人烦恼，政府避免将这些事实公之于众，因为他们讨厌改变政治，这就阻碍了我们将我们自己的想法展示出来的通道。

牵涉到个体的生活方式

假如政府看起来越来越可能在不需要民众大范围的支持就采取行动、改变民主社会的生活方式会受到何种影响呢？富裕程度的提高产生了更多的闲暇时间和过剩的金钱，它促使营利社会（acquisitive society）的形成。人们被鼓励接受安逸享乐的观点并实践它，这是一个为了提高生活质量而坚定不移的路线方针——通过扔掉旧的再买新的来提高物质生活水平。

就我们个体而言，无论减少多少数量的温室气体排放都需要巨大的改变，都是经过特殊的环境教育和公共的信息程序才能得到的，如果政府的强制命令（*diktat*）不能说服民主的决策程序，尤其是当这种失败可能导致给未来的几代人留下一个骇人听闻程度的气候改变的时候。

对于典型英国家庭的初期生活方式——就当前二氧化碳年平均排放量大约为 27 吨而言，超过 90%的气体排放减少量我们能够做什么呢？很明显的，家庭的“排放量限额”大约为 2.5 吨，这仅仅能够满足最基本的、能源消耗量大的一些活动。目前，一个中等家庭对电力生产所分担的气体排放量仅仅是 10.8 吨；对工业分担的为 5.7 吨；对运输，主要是小汽车的使用，为 4.3 吨；而对家用，主要是采暖，为 3.4 吨。为了在这种预算的框架内生活，就需要有保温性能非常好、能源效率非常高的住宅，如果有也是非常少地使用汽车往返、多半不能乘坐飞机旅行，还有日用品的购买和使用——无论是在制造厂还是在用户那里，日用品对能源的消费都是非常节省的，除非它的资源是不可再生的。

很幸运的是，这种需要减少气体排放量的改变需要各种各样的理由：减少我们对矿物燃料的消耗将会提高我们的生活质量。这种减少将会唤醒我们可持续发展的生活方式：带来更少的交通支出、降低采暖和照明费用、更多地依靠自己、减少污染、有更多的社区活动、大大减少机动车的出行，同时大大增加骑自行车和徒步的出行，因此也就更加健康和长寿。

牵涉到规划工作者

任何一个被赋予一项任务——为我们的城镇和城市（它们都有悖于我们前面所提到的生态学的强制性规则以及未来经济、社会、健康和当地环境目标的要求）的居住区制订一个合理的结构、模式以及运转系统的政策——的人都将会认识到，促进工业和商业实践的发展以及采用有益于快速和显著削减矿物燃料使用的个人生活方式无论在什么地方都是有可能实现的。这里面包含着紧缩城市的优点，它的特征尤其和低能耗的运输和采暖目的有关系。

我们很可能很少对如下的观点产生怀疑，即：要使我们的城市在未来变得更加可持续发展，需要一种全面的方法来减少对空间和水暖、电力和照明以及机动运输的需要，同时还要增加自给自足式的生活方式。令人激动的是，许多方法的原理都存在着一些共同的思路。这些原理包括：

• 具有低能耗要求的居住区模式和住宅形式：多样性的土地用途以及考虑到集中供暖和废弃物处置设施具有经济性的住宅密度和规划布局。

• 规划控制，它把对从能源消费的前景进行开发的任何本质内容的评估作为它最主要的功能之一。

• 一定尺度和位置的公共设施和足够开放的空间能够减少使用机动车出行的需要（密度最低的区域和密度最高的区域相比较，前者的燃料消耗量是后者的三倍，这部分是因为它们不同的社会经济环境，而且还因为每一辆小汽车的消耗量要高50%以上）。

• 交通政策要给步行和骑自行车出行者以优先权，而且还要促进公共交通的使用，这必须要降低速度并更加严格地限制噪声和污染，而且要认识到街道还有作为一个社会生活聚集地的功能。

这些方法的原理必须包括改善供人们日常生活中使用的设施的便利性，更加灵活地使用建筑，更加多地循环利用资源，以及更加多地使用土地去生产食物。在紧缩城市中，这些原理可能会更加容易得到满足。在绿色的田间，它相对容易设计一些，实际上本文的作者在将近40年以前就提出来了，它受到这样一个早期信念的启示：如果机动车出行的需求被减少到最低的程度，城市生活的品质就会得到提升。在逻辑上可以提出这种线性形式（linear form）——具有居住人口密度高的区域、这些地区周边遥远、广泛的土地使用、混合的土地用途、一个在步行距离内的以步行轴线为导向的运动系统，沿着这条轴线布置着公共设施和商业设施，而且它还承载着公共交通系统。非常遗憾的是，它在对自行车所担任的角色上的认识是失败的。

包含在这样的一种原理里面的模式是：它应用于对现有城市的重新建造——以相似的目的沿着相似的路线，考虑它的居民对矿物燃料的节约消费以及相关的对人类资源的最佳利用，培育社区的价值、愉悦和通常的生活品质。

小结

我们的行动可能会降低或者提高其他人的生活和世界的状态。我们使我们自己感到迷茫的是，在一个对排放出的温室气体的吸收非常有限的世界里，不管提供了多么无限的资源，独立个体的集合宁愿选择最佳的结果：在这样一个世界里的事实是，如果某些人分享的美好事物比他们应该分享到的多，那么其他人就不可避免地要分享得少一些。这个气候改变的问题是一个生态上的强制性问题，它可以被描述为对所有职业的最严重的挑战，只要他们的工作对城市居民的能源特征产生了影响。

我们大多数人都愿意相信我们对未来的担心。然后的考虑就是为了子孙后代，我们要对我们的行为或者不作为负责。20世纪的历史，以及早期对气候改变的影响积聚起来的明显证据和它悲惨的生态后果，将会导致对于“我们不知道正在发生着什么”这样的回应统统是不能允许的。现在，我们必须开始彻底降低我们生活的物质标准，以便能够使我们这个星球走出危机，至少是使它在我们的手里处于有益于身心的状态。紧缩城市是我们对“全世界的思考和局部的行动”（thinking globally and acting locally）这一挑战的作出的回应方式之一。

参考文献

Texts used in the preparation of this chapter:

British Petroleum Company (1995) *BP Statistical Review of World Energy 1995*, BP, London.

Elkin, T., McLaren, D. and Hillman, M. (1991) *Reviving the City: Towards Sustainable Urban Development*, Friends of the Earth with The Policy Studies Institute, London.

Elkins, P., Hillman, M. and Hutchison, R. (1992) *Wealth Beyond Measure: An Atlas of New Economics*, Gaia Books Ltd, London.

Harman, R. and Hillman, M. (1983) Getting about locally, in *Decision-Making in Britain: Transport*, The Open University Press, Milton Keynes.

Hillman, M. (1957) Project for a linear new town. *Architects' Journal*, 4 April; *Community Planning Review*, **Vol.VII, No.3**, September, pp.136-140 Community Planning Associations of Canada.

Hillman, M. (1970) *Mobility in New Towns*, PhD Dissertation, University of Edinburgh.

Hillman, M. (1984) *Conservation's Contribution to UK Self Sufficiency*, Heinemann Educational Books, London.

Hillman, M. (1992) *The Incompatibility of Growth in the Transport Sector and Environmentally-Sustainable Futures*, The Cambridge Econometrics Annual Conference on Transport, Communications and the 21st Century, Fitzwilliam College, Cambridge.

Hillman, M. (1992) Cities, transport and the health of the citizen. *Environment, Traffic and Urban Planning*, European Academy of the Urban Environment, Berlin.

Hillman, M. (1992) *Cycling: Towards Health and Safety*, a report from the British Medical Association, Oxford University Press, Oxford.

Hillman, M. (1993) Social goals for transport policy, in *Health and Wellbeing: A Reader,* Macmillan, in association with The Open University, London.

Hillman, M. (ed.) (1993) *Children, Transport and the Quality of Life,* Policy Studies Institute, London.

Hillman, M. (1994) Curbing car use: the dangers of exaggerating the future role of public transport. *Transportation Planning Systems,* **Vol. 2** No.4, pp.21-30.

Hillman, M. (in press) *Environmental Perspectives and the Quality of Life, 1995-2010, United Kingdom,* A report for the European Foundation for the Improvement of Working and Living Conditions.

Hillman, M. and Bollard, A. (1985) *Less Fuel, More Jobs: The Promotion of Energy Conservation in Buildings,* Policy Studies Institute, London.

Hillman, M. and Potter, C. (1978) Movement systems in British new towns, in *International Urban Growth Policies: New Town Contribution* (G. Golany ed) John Wiley and sons, USA.

Hillman, M. and Whalley, A. (1983) *Energy and Personal Travel: Obstacles to Conservation*, Policy Studies Institute, London.

Joint Memorandum by Political and Economic Planning and the Council for Protection of Rural England (CPRE) to House of Commons Select Committee Inquiry on Energy Conservation, First Report on Science and Technology, Session 1974-75, May 1975, HMSO, 1975.

澳大利亚城市的密度、效率和公平性

胡·斯特顿

引言

澳大利亚城市交通的安全性、公平性和环境效益正有待改善。但问题是，我们是直接地改革城市交通，还是通过对城市的改造以促进其紧缩化，从而间接地实现改善交通的目的呢？

有一部分人主张通过建设更为紧缩的城市形态来间接地降低人们对机动车交通的需要，这种看法的依据主要得自于彼得·纽曼（Peter Newman）及其研究伙伴在默多克大学所进行的深入细致的比较研究（Newman，1992年）。澳大利亚城市的人口密度是欧洲城市的1/4，而且平均起来，他们每个人：

- 私人驾驶里程是欧洲的2倍；
- 拥有4倍于欧洲的公路长度；
- 所占有的公共交通道路总长虽然只有欧洲的3/4，但乘坐公共交通工具的里程却只是欧洲的1/2，平均乘次甚至还不足欧洲的1/2；
- 徒步或骑自行车的交通次数仅为欧洲的1/4。

总的看来，我们采取徒步、骑自行车及乘坐公共交通工具的路程占总交通路程的12%，而在欧洲这个数字是46%。

从表面上看，这组数据似乎表明，相比之下，澳大利亚的交通系统的耗费更高，但效率却更低；但仔细斟酌却可以发现，情况可能并没有我们想像的那么糟糕：我们每个人享受了4倍于欧洲人均水平的城市空间，但花费的交通时间却只不过多出18%，交通距离也只比欧洲多64%。也就是说，我们仅用较小的代价（交通时间和距离的延长）就换来了人家所占空间面积的4倍。尽管这多出来的面积中有一部分是公路及停车场，但大部分的空间却是被私人住宅和花园、学校操场、公园、游乐场、高尔夫球场、网球场及其他的娱乐设施所占据了的。所以，如果我们把空间的价值也计算在内的话，那么我们每公顷的交通时间及基础设施的造价可比欧洲要低多了。

然而，澳大利亚不断扩展和蔓延开去的城市却正在受到人们的谴责，其罪名就是环境的不可持续性发展、经济效率低、发展不均衡和群居性差。下面，我将会对这些指责一一做出回应。

环境

在澳大利亚，10%的能源消耗在了私家车的身上。如果要把私人交通减少一半，则必须相应地增加公共交通工具的使用，这样算下来全国可以节省3%的能耗。但如果我们把城乡所有私家车的能效提高30%（照目前的技术水平完全可以达到），所节约的能源可能比前一个措施还要多。

通过限制小汽车的规格及动力水平，我们还可以进一步降低能耗。如果把小汽车加以改造，并使城市的人口密度达到欧洲的水平，那就可以节省6%－7%的能源。不过提高城市密度所节省的能源还不到全部节省额的一半，而且考虑到改建城市及高层建筑时所须耗费的能源，以及因为家种水果和蔬菜的减少所造成的环保损失，这个节能量可能就更小了。而且也有证据表明，拥有私家花园的居民比公寓居民更加关心自然环境，其下一代也表现出同样的特征。

看起来，减少私家车的能源消耗的确可以为可持续发展做出一定的贡献，但提高居住密度可能并不是最妥善的解决途径（甚至连一种可能的途径都算不上）。

经济

那种认为澳大利亚的城市比密度更高的城市缺乏经济效率的看法是建立在儿童的数学计算游戏的基础上的。由于忽视了住宅及城市基础设施的生产力，澳大利亚政府及大部分的经济学家总是理所当然地认为这些东西不产生经济效益。首先，公共基础设施是每一个私人生产者和家庭都必须依赖的一部分资本——但是却没有一个来自公共领域或私域的声音替它说过好话。由此产生的一个结果是，所有针对私人资本的生产力及增长率所进行的评估都过高地估计了私人资本自身的力量，而低估了公共资本对私人的产出所做出的贡献。其次，家庭资本——住房、用具、花园和小汽车也同样是资本，它们甚至占到了全国物资及服务业的产出的三分之一还要多。算下来，这部分资本的生产力与来自“公共资本”和“私人资本”的产出是旗鼓相当的。但我们的政府却并没有计算过这部分的产出，他们不知道随着资本量和分配比例的变化，产出会发生怎样的变化，也不会把这部分产出统计在国民生产总值之内，更不会将它与外国的家庭产出状况进行比较。他们还没有计算过一个居住在车辆随意停放、塔楼高耸的高密度英语家庭的产出与让这些人搬迁到郊区的花园洋房后的家庭产出相比，又会有怎样的差距。

卡斯特尔斯就曾对 OECD 提出的日本比澳大利亚更为富裕的说法表示了怀疑，他用家庭经济消费及时间使用状况这两个指数对比了澳日两国城市的生产率和物质生活水平（Castles，1992 年）。东京的人口密度是悉尼的 5 倍，日本工人和澳大利亚工人的生产效率如何？他们的工资购买力又是怎样的一种状况？研究结果表明，一直以来，澳大利亚就比日本的生产效率高（日本人高出来的那部分人均收入是以延长工作时间来换取的，而且其购买力还更低）。我们来看看两国人民的收入购买力状况。卡斯特尔斯对比了悉尼和日本的家庭必需品（主要是食品）的价格后发现，如果要赚取一个澳大利亚家庭全年的必需用品的话，东京人将比悉尼人多工作 1.5 倍的时间（以 1987 年的工资水平及价格来计算）：东京为 600 小时，悉尼却是 245 个小时。而如果以一个日本家庭全年的必需品价格来计算的话，差异会相对小一些，但也不会小得太多。“东京人的工作时间将是悉尼人的 2 倍。”就其他用品而言，差异虽然没有那么大，依然十分显著，而且都显示出悉尼所占据的优势。粗略计算的话，在悉尼工作 1 个小时所赚的工资的购买力，是日本人在同样时间内的工资购买力的 1.5 倍。难道这就是人们所谓的城市紧缩度越高，市场上商品的生产就越有效率吗？

接下来，卡斯特尔斯又对比了两国的私人空间、公共空间和相关设施（人们用以在闲暇时间为自己和他人提供“非商品”性的服务，以便使自己过得更加充实和有意义）的情况。大部分的日本人同澳大利亚人一样都偏好独门独院带有花园的住宅。但是在城市，却很少有人能实现这个愿望，而且即使有人拥有了这样的院落（不管是房子还是花园的面积都比悉尼的小），他们在上面所花费的金钱也比澳大利亚人要多得多。有 74%的悉尼家庭拥有此类住宅，而在日本这个数字是 35%。在悉尼，新建住宅的平均面积是日本的 2 倍，而那些拥有私人花园的住宅的面积更是达到了日本的 4 倍。要知道，日本的房地产价格可比悉尼高多了。

再来看人们是怎样利用城市的公共空间和设施来休闲娱乐的。在悉尼，每一百万人口享有 2040 个公共娱乐场所，东京只有 260 个。悉尼这种场所的平均面积超过了 2 公顷，而日本的娱乐场所平均起来却不到 1

公顷。悉尼的游乐场所及网球场分别是东京的10倍和19倍。

当谈到日本未来的发展方向时，不同的经济学家［如美国的李斯特·瑟罗（Lester Thurow）和澳大利亚的谢里登（Kyoko Sheridan）］及一些来自日本国际贸易和工业部（MITI，日本“经济奇迹”的主要策划者）的官员都认为，日本接下来所面临的挑战是，以西方的居住舒适度和效率为标准来规划国内的家庭与社区住宅：看来，是东京在模仿悉尼，而不是悉尼去模仿东京。但MITI可能不会让日本像西方国家那样以公共交通使用率的降低为代价来换取这些成就。

最近，又有一份经济评论认为，澳大利亚已经不可能再有足够的经济实力去修建新的郊区了。评论指出，每一个新的郊区住宅的花园的耗价都在40000－70000美元之间，相比之下，将一个城市住宅与城市的在用服务设施相连接起来的费用就会显得微不足道；考虑到未来的几十年来将会增加的家庭数量，前述二者之间的差异将会以幂级数增长。

我不知道这样的评论怎么竟会没有遭到别人的讥讽。我只知道，如果你要比较郊区扩张和城市建筑紧缩化这两种方案的损耗，就必须在新的郊区服务设施的花费与将城区的数百户甚至数千户新增家庭和城市服务设施连接起来（这就需要对老城区进行改建与扩建，其耗价可比将人们安置在郊区绿地上居住的费用多多了）的费用之间进行比较。任何促使城市密度增加的措施都必然包括旧城的拆毁、搬迁和回迁。而搬迁的费用也必须计算在内，此外，如果我们考虑到将会有越来越多的人使用现存的有限娱乐设施及学校的话，一些服务设施的质与量的损失也应该计算在内。只有在对花费进行客观的评估的基础上，才能检验我们是否有能力去支付这些费用。我们的祖父母辈们，都能够在生产效率不足今天的1/2的情况下，让澳大利亚的工人阶级首度享受到郊区花园住宅的舒适；而如今，在生产力提高了两倍的背景下，又怎么会没有充足的经济实力满足市场对高质量的居住条件和服务设施的需求呢？

主流的理论也告诉我们，降低对住房及基础设施的投资将会提高在其他领域的金钱和人力投资，而且这种影响通常都是负面的。一项合理的公共投资方案，如果得到了充分的财政支持，将会有效地促进私营企业的发展（就业率及综合效益）。在过去的半个世纪的时间里，几乎所有的发达国家的经济增长率都是与其国民收入在住房项目上的投资率成正比的。

总而言之，以澳大利亚现有的城市密度而论，它的市场生产力、家庭生产力和城市对工业发展及家庭需要的满足程度都保持了良好的发展态势。但是，社会公平性（或者说城市所能容纳的文化与生活方式）的情况也是如此吗？

社会公平

对公平性的判断肯定会依价值观的不同而不同；要对城市的社会公平问题进行评判则是难上加难。我上述针对城市密度提出的两个问题都与公平性的问题没有太大的联系。

欧洲的城市是以一种欧洲式的社会民主政治来加以管理的，大部分的居民都可以方便地使用城市的交通设施。与澳大利亚不同，那里有更多的人在上班、购物、上学及休闲娱乐时采取步行、骑自行车及搭乘公共交通工具的方式，约 1/4 的家庭及一半左右的居民没有自己的私家车。因此，较之完全依赖于小汽车的国家，他们的开销要少得多。对于生活在那里的穷人来说，他们在经济和交通上的状况都比澳大利亚的穷人要好。相比之下，从城市通往其他地方的交通便捷性的情况就稍微复杂一些。澳大利亚有许多郊区都背靠着海滨或林区，但也有一些没有，而且其中一部分连通往海滨或林区的公共交通设施都没有。而在欧洲，如果要走出城市就会方便多了，那里交通行程短，公共交通四通八达，并且还有许多小型的城市。但是他们出行的频率可能会更高：欧洲人必须走出城区才能有娱乐设施，而在澳大利亚的城区内就设置了许多活动空间。与日本和欧洲的城市相比，澳大利亚家庭的小汽车拥有率（包括一些贫困家庭）更高，而且他们的市内也有种类更加繁多的开阔的娱乐场地。也许我们可以做一个大胆的判断，密集化的城市可以为穷人提供更便捷的生活渠道，但设施门类却较少。而澳大利亚的城市却可以为人们提供种类齐备的服务设施，但对那些没有汽车的居民来说，可获得性也较差。

欧洲最好的城市为他们的一部分居民提供了多姿多彩的群居化城市生活，不过，我们澳大利亚在某些方面可能还有过之而无不及。但是越来越多的证据表明，大部分的澳大利亚人（各种生活层次的都有）都希望拥有比在密集的城市里更广阔的公共和私人空间，而且澳大利亚及新西兰在空间分配的公平性方面比其他国家都做得好。一个国家大部分的家庭都能够在足够的空间内享受到该国最受欢迎的生活方式，这自然是一件好事。而且对于那些低收入的家庭而言，花园式住宅无疑可以帮助他们改善自己的生活条件。但如果你很穷，又买不起小汽车，还不得不居住在城市的一栋周边没有开阔场地的高层公寓里——特别是对小孩或正在抚养小孩的人来说，肯定不会像住在郊区那种有园有棚，周围还附设了公园、学校及活动设施的住宅里那么舒适。如果政府真的采取切实有效的措施提高城市密度，那么富裕阶层和中产阶级家庭肯定蜂拥到自己的花园洋房中去，到最后，只能是那些最穷困的家庭失去自己的私人空间。

社区生活

我们来看第四个反对郊区化的理由，私家花园、私家车和交通距离的延长真的会让人们养成一种孤僻、隔绝的生活习惯吗（看看电视，开着小车去拜访为数不多的几个亲友）？而文明程度更高的欧洲人和日本人就可以在更拥挤的邻里和公共空间中获得更多的相互了解吗？

事实并非总是如此。研究表明，收看电视的时间越长的人，享有的户内外活动空间反而越少。如今澳大利亚人在外面吃饭、饮酒的次数比以前多多了。他们和朋友一块儿参加体育运动和娱乐活动的时间比日本人和欧洲人都要长。霍尔格特（Ian Halkett）的研究表明，在20年前，公共空间及设施的多少与私人活动空间（住房及花园）的使用状况之间呈现着互为促进的作用：家庭内部资源最丰富的人，出行和利用公共资源的总量也最多。（Halkett，1976年）

在20世纪90年代，人们又进行了几项无论是研究对象的范围，还是统计技术的复杂性都空前的调查研究，主要的调查内容是澳大利亚城市居民的物质生活水平、居住偏好及其影响因素（Stevens & Hassan，1990年；Stevens，Baum & Hassan，1991年；McDonald，1993年；Traver & Richardson，1993年）。这些研究也获得了与霍尔格特的研究相同的结论。虽然，人们的经历及偏好都会随着生活环境及品位的不同而不同，但调查却发现，绝大多数的家庭都对自己的居住环境和生活方式感到满意，而且都表示比起城市的密集化住宅条件来，他们更喜欢自己在郊区的住宅和周边环境。他们大都有一种强烈的社区感和邻里情怀，并且非常珍视这种感情。他们还表示，城市的公寓式生活方式中没有什么东西能够代替他们目前视之甚高的生活条件。

紧缩城市的提议中始终都存在着两个疑点：首先，这个方案的倡导人从来就没有把账算清楚过。随着经济水平和收入水平的提高，人们会购买更宽阔的住宅空间。许多家庭在置换住房之前，都是五口人住在一起（外加1辆车），而到了郊区之后，平均每户住宅里只住了不到两口人（另有超过1辆的汽车）。而且，随着收入的增加，人们也要求住房周边有更多的购物中心、服务设施、停车场地和娱乐设施。只有在没有新建住宅区的地方，人口密度才会增加。我们必须认识到，灰浆石砖和小汽车的密度与人口密度之间并没有必然的联系。

其次，还没有一个政治家试图采取强制性的措施来实现民众意志的团结统一，以便对交通能耗和尾气的排放产生显著的影响。他们不可能配给新的城市土地资源，也不会强制性地迫使住房或庭院往密集化的方向发展。同样，也不可能像战争时期那样，采取强制手段分配空间，让住在大房子里的小家庭把房子腾出来接济投宿者或者甚至让人家搬进来住。他们也许可以把一些多余的学校变卖之后修建住房，但却无法变卖那些正在使用着的学校的操场，或是公园和游乐场等。惟一能强迫的也就是那些无家可归的租户了。

我们还能做什么

到现在，政治家们总该清楚了吧，无论是游说还是劝说都不可能让城市居民万众一心地支持紧缩化的改革方案，更不用说采取强制性的手段了。所以，城市还会按照既定的模式和特征继续发展下去。我不认为这是一种奢侈、愚蠢的败坏文化或阻碍经济发展的事情。但是，目前的这种能耗量和污染状况以及频频发生的交通伤害事故的现状的确应该有所改观了。既然已经产生了改善城市交通状况的强烈愿望，那么具体应该采取怎样的措施呢？

• 我们应该制定规划及交通政策，以进一步促进区域内的就业、购物、服务和娱乐设施的集中化。

• 我们可以改善老郊区人行道和自行车道的路况，并规划开发新的此类项目。

• 我们可以在一段时期内利用提高税收所获得的收入来改善城市的公共交通条件，以便让人们可以心甘情愿地接受政府限制私人交通的强制性措施。

• 为了实现这种交通方式的转变，我们将不得不实行燃料配给政策。配给制度向来就不太受欢迎，但却不失为一种善意和合理有效的尝试。尽管可能会使耗费上升并招致刁难，但配给终将能够在大体上满足家庭和商业活动的需要。

• 最后，我们还可以改造汽车。如果能够使能效上升30%，那么我们完全可以在节约能源的同时达到减少尾气排放量的目的。

我的构想

在这里，我有一个大胆的设想，说不定可以同时带来经济和环保上的收益：把对公共交通系统的财政支持与对汽车工业的严格规划结合起来。具体如下：

在一个10年期内，要求汽车制造商在公共财政补贴及科研成果的协助下，生产一系列科技含量高的清洁型汽车，如装有马达的自行车，轻便的节能摩托车，电动小汽车及功能最小化的小汽车（如节能型迷你迈诺斯和米瑞斯1100s），以充分实现经济、清洁的目的；按照电池置换标准设计电动汽车；给每一个服务站配备一分钟电池置换装置和充电设备。这些新车辆可以根据市场的需求状况装配不同价值的设施，但必须节能、耐用。同时，制定一个阶段性的计划，要求那些不符合上述标准的进口车也要进行改造。

在这个转型期结束之时，我们会发现一个怎样的景象呢？此时，V8型的耗油大户们早已被陈列在博物馆里了，而优良的公共交通系统也在顺利运转。而且，这里将产生一批提倡安全和绿色的乘客（也许为数不多）和一个便捷的交通系统，而对那些无车族而言，交通状况也比以前有了明显的改观；从好的方面来看，我们的汽车制造商将成为环保汽车的开拓先锋，到时候全世界都将以我国为榜样，由于我国的汽车更便宜更耐用，汽车制造商们将会在亚洲或其他地区找到巨大的出口市场。

我知道这个梦想多少有些荒谬和不切实际，也知道主流的经济学家、支持削减税收的政治家还有那些商界的佼佼者们（在销售6公升级的梅塞德斯和雅瓜V12s时有逃税嫌疑）根本就不可能采纳这个建议。但这个构想却的确可以使我们的城市变得舒适、可爱和高效，并能为穷人带来更多的方便。这个构想是从战前的墨尔本那里得到启迪的，当时大部分的交通都得仰仗于公共交通设施；它与战后英国的情况也有些相似，当时大部分的私家汽车尽管很难称得上节能，但都长得娇小玲珑，行驶速度缓慢，跟我所设想的环保型的功能最小化的小汽车差不多。我们需要像爱西格尼斯（Issigonis）这样的设计师，他完全依照人体尺寸来进行设计，绝不会向某种自我膨胀的私欲妥协。

澳大利亚人宁愿不要小汽车，也不愿意同时失去房子和车子。让他们用自己的大车去交换小型汽车和配给（或者二者同时放弃）也许是件难事，但无论如何也比让他们首先放弃自己的花园洋房、社区公园和游乐场来得容易。我认为，无论从社会生活的角度还是经济的角度出发，市民的这种选择都是正确的。没有私家车的郊区生活也许会很难熬，但这种环境氛围也总比密集城市要来得强吧。

不要再为自己的无所作为而寻找任何借口了，对现有的能耗高、污染严重、事故频发的城市交通进行彻底的改造是澳大利亚的子孙后代义不容辞的责任，也是旨在进行全球环境变革的地球公民应尽的义务。

小结

如果我们和政界人士都真诚地希望改善澳大利亚的城市交通，那么：(1) 我们应该直接地改革交通系统本身，而不是以税收和价格调控，或促进城市的紧缩化等间接的方式来达到目的；(2) 这需要采取更为激进和革新的，甚至是不那么受欢迎的行动；但是，(3) 我们应该认识到，以澳大利亚目前的条件而论，改革交通系统本身是一种花销最少、公平性最高的途径，而且它可能也是一种不受欢迎的程度最小的降低交通危害的方法。

备注：得到澳大利亚规划局的许可，本文节选自长篇论文《澳大利亚城市的交通与结构》。

参考文献

Castles, I. (1992) Living standards in Sydney and Japanese cities - a comparison, in *The Australian Economy in the Japanese Mirror* (K. Sheriden ed.) University of Queensland Press.

Halkett, I. (1976) *The Quarter Acre Block*, Canberra AIUS, and unpublished studies of the uses of public and private space in 'medium dense' housing.

McDonald, P. (ed.) (1993) *The Australian Living Standards Study, Berwick Report, Part 1: The Household Survey*, revised edition, Australian Institute of Family Studies, Melbourne.

Newman, P. (1992) The compact city: an Australian perspective. *Built Environment,* **18**, pp.285-300.

Rooney, A. (1993) *Urban Transport and Urban Form: Planning for the 21st Century*, IIR Conference Paper, 22 March 1993.

Sheridan, K. (1993) *Governing the Japanese Economy*, Polity Press, Cambridge.

Stevens, C. and Hassan, R. (1990) *Housing and Location Preferences and the Quality of Life in Community Environments*, Flinders University, Adelaide.

Stevens, C., Baum, S. and Hassan, R. (1991) *Housing and Location Preferences Survey, Stage 2 - A Report*, Flinders University, Adelaide.

Thurow, L. (1993) *Head to Head,* Nicholas Brealey, London.

Travers, P. and Richardson, S. (1993) *Living Decently*, Oxford University Press, Melbourne.

紧缩城市：一种成功、宜人并可行的城市形态？

路易斯·托马斯和维尔·卡曾斯

引言

就不同的城市形态在促进环境的改善中所发挥作用的争论已经持续了很长一段时间了。从最早的开拓殖民地以供人类居住的策略，到今天由研究主导和政策驱使的对有环保意识的活动的倡导，居住形态的利弊问题已经积累了相当丰富的研究材料了。

如今发生在英国的这场争论（强调“可持续发展”的紧迫性）在一定程度上可以称得上是20世纪末的人类对上述议题所做出的一个贡献。自从布伦特兰报告提出“可持续性发展”的定义以来（一种既能满足当前的需要，又不以损害子孙后代的需要和理想为代价的发展，世界环境与发展委员会，1987年），这个概念已经获得了最广泛的理解。该定义成功地抓住了可持续性行为的本质，不过现在，有越来越多的人引用这个定义来界定“可持续性”（Sustainability）一词，意指一种持久的状态（而不必做任何未来的考虑）。可持续性发展目标的一层重要含义是，我们今天的生活方式也必须在未来具有可行性并与之相适应——能够体现我们子孙后代乐意继承的观念和期望，且不会耗尽不可替代的资源。因此，我们应该把可持续性理解为在现在与未来，同时也是与过去之间寻找一种平衡的行动：“根基牢固才能持久永恒”（环境部，1990年）。

从这个观点来看，企图寻找一种理想化的土地使用规划模式（能满足既定的社会生活、经济和环境的标准）的努力正陷入一种将复杂的、逐渐显露的问题过于简单化的危险之中。因此，针对“紧缩城市”的讨论仅仅只能代表这个问题的一个方面而已。

紧缩城市

什么是“紧缩城市”，乍一看，这应该是一种属于中古时代的密集化城市，其边界清晰可见，日常活动的喧嚣都被隐藏在了城市的墙围之中（见图1），这是结合了某种形态、规模和多样化活动的综合体。

图1 一个紧缩城市的景貌？
资料来源：Girouard. M.（1985年），Cities and people，第16页。

很少有支持紧缩城市的人能够明确地描述出它的形貌。麦克拉伦（McLaren，1992年）在《紧缩还是分散？调和并不是解决的办法》中论述了紧缩城市的人口密度所能带来的裨益。埃尔金（Elkin，1991年）等人也指出要通过提高居住密度和集中化来增加城市空间的使用效率，他们写到，“规划应以实现土地利用的整合化和紧缩化为目的，并达到一定程度的‘自我遏制’”。纽曼（Newman）和肯沃西（Kenworthy）也主张更密集化的土地利用方式、集中化的活动方式和高密度。布雷赫尼（与布洛尔斯，1993年）曾巧妙地将紧缩城市解释为一种高密度的、综合利用的城市，它鼓励在现有城区的界限之内所进行的开发，但这种发展不可以超出该边界。

还有一些人通过与其他居住形态的对比来描述“紧缩城市”。欧文斯（Owens）和里卡比（Rickaby）提出了两种重要的城市形态：集中化和分散了的集中化。布雷赫尼（1992年a）则对比了集中论、自由主义的小镇填充论及分散论等几种观点。他们（DoE，1993年a）还描述了五种用以满足新增住户需要的居住方案：城市内部填充、城市扩展、开发重要村庄、多样化的村庄扩充及新建居民区。就“城市填充”而言，还存在着城市密集化（高密度的土地利用）与开垦棕色土地（即荒废土地）的区别。图2为我们呈现了五种方案的具体形态。

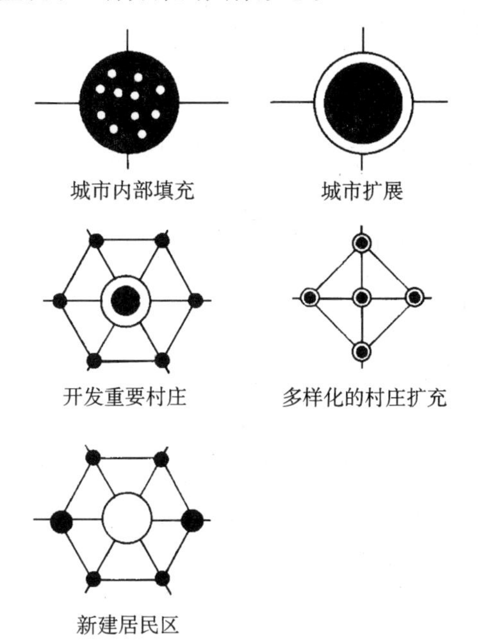

图2　五种应对城市发展的方案图
资料来源：David Lock Association。

布雷赫尼认为，由欧共体公布的《城市环境绿皮书》(CEC，1990年）是目前为止对“紧缩城市”作为一种解决居住和环境问题的途径，阐述得最为清楚、最具启发性，也最有意义的文章。“它倡导紧缩城市的依据并不局限于能源消耗和废气排放量的环保标准，它还提供了包括生活质量方面的论据。”(Breheny，1992年b)。其目标在于“避免因城市边界的不断延伸而逃避目前城市所面临的问题；在现存的边界内解决城市问题”(CEC，1990年)。

巴顿（Barton，1995年）等人还曾指出，有关紧缩城市的争论实际上是在CEC及乡镇规划协会（他们把战后英国城市发展的辉煌业绩与维多利亚时代城市的拥挤污秽相对比，以反对紧缩城市的主张）的支持者之间展开的。本文并非旨在通过对现有研究资料的评析来对紧缩城市究竟是优是劣发表评判。相反，我们希望概括而又不失重点的对紧缩城市的提议——这是对环保问题兴致勃勃的规划人员、设计人员和政治家们所推崇的目标——提出质疑。

我们可以从多种角度对“紧缩城市”的漏洞之处进行批驳。本文将主要从经济和环保方面的指标，以及公众和政治领域对可持续发展理念的反应等几个角度对紧缩城市的优劣进行评价。我们参考了有关经济发展的趋势、资源利用的效率以及该理念在公众和政治家中的受欢迎程度等方面的文献资料。

无论是怎样的城市发展形态都不可能回避以下几个问题（排序不分先后）：居民数的增加、能源消耗、交通便捷性、经济活动、生态的整合与保护、政治上的可行性、群众对生活质量的期望以及该形态发展成功的标志。

紧缩城市的理念早已是声名远扬，一般说来，人们认为它的优势主要体现在：小汽车依赖度低、废气排放量低、能耗小、公共交通设施完善、市内四通八达，实现对原有土地资源的再利用，使旧城区重获生机，生活质量高，保护了绿色空间，为商业贸易活动提供了更完善的社会环境（CEC，1990 年；Elkin，1991 年；Engwicht，1992 年；Jacobs，1961 年；McLaren，1992 年；Newman in Breheny，1992 年 b，Newman & Kenworthy，1989 年；Owens，Rickaby in Breheny，1992 年 a；Sherlock，k 1991 年）。

然而，有证据表明，上述的几点优势只不过是大家的一种浪漫而又危险的梦想，并没有反映经济的需要、环境的可持续性和公众的期望等残酷的现实问题。紧缩城市的首要问题在于它使我们完全忽视了城市分散化发展的起因、结果以及其可能带来的利益。

经济需求

就业

福瑟吉尔（Fothergill，1983 年）等人在《城市、小镇与农村地区的工业空间及就业状况的变化》中指出，随着工业中心从城市逐渐转移到小城镇或乡村地区，工业的空间分布越来越呈现出网络状的结构。机器的体积与精密性的提高使得工人密度开始降低，如此一来就形成了一个对“人员”的需求逐渐减少，而规模却空前壮大的工业分布空间（这种情况不会在城市里发生）。其后，德尔纳姆·图森和钦纳克斯（Debenham Tewson & Chinnocks，1987 年）对 1974 – 1985 年间的工业活动所呈现出来的衰微之势及仓储业、商务办公、零售业和休闲业的蓬勃兴起进行了论述。尽管工厂的规模在减小，但仓储业、商务办公、零售业和休闲业对置业空间的需求却大大增加了。

普莱斯姆（Prism）研究发现（DoE，1993 年 b）：影响英格兰东南部商务办公地点迁移的因素主要有两个，一个是经营场所发生了彻底的变化，另一个则是商业活动的联合。新置的办公楼通常都位于环境舒适、优雅的地带，而且距西部、北部及西北部的航程不超过 2 小时。搬迁的动机往往在于躲避城市的交通拥堵，减少日常开支，扩大活动空间以及改善周边的环境、出入的交通状况及公司形象等。符合这类条件的地区还有很多，再加上员工薪酬和日常开支的减少，相应的技术也日趋进步，从“东南部地区”或城市化程度很高的地区迁出的计划因而变得可行，商人们又何乐而不为呢？

电子通讯技术的进步改变了企业的办公模式。尽管欧文斯和科普（Cope，1992年）预计电子化的工作方式并不会成为一种影响交通和土地利用的重要因素，但我们不可否认的是，电视、电话和传真机的使用，的确降低了商务活动中心化和集中化。自从这些调查开展以来，建筑业发展的蔓延之势丝毫没有减缓，对城市外围的开发也仍在进行。每天我们都可以在英国的马路上发现物流行业的汽车穿梭的轨迹（伴随着物流货车停车点的增多），在欧盟所规定行驶时间内，它们永不停息地奔跑着，从欧洲的各大海港，穿越英格兰的南部和中部，最后到达目的地。很明显，在所有的行业中，流通业将针对自身运转的需要不断地提出新的置业要求。

除了对活动空间和便捷的流通途径的需求和企业间的经营竞争等因素外，还有一些因素也在影响着就业空间的分散化趋势。加罗（Garreau）提出了一种发生在美国的“边缘城市”律。这里其实暗示了两个重要的决定一个新兴行业的置业地点的因素——靠近合适的员工群（住在郊区的员工）及一个轻松的工作环境，以吸引和挽留住最优秀的员工。“皇家艺术社团”所描绘的“明天的公司”的景象向我们表明，生活质量将会成为一个越来越重要的决定因素。

放眼望去，大型超市业已成为小城镇里的一道亮丽风景。虽然仍然有人对“城外超市”的发展持反对意见，指出其种种的不是，但英国创下的一周一百万英镑的食品零售额的神话至今仍在演绎着。这些商业巨头的才能和受欢迎度让“紧缩城市”也不得不暂时放它们一马。要是如苏吉奇所言，“就业，从广义上讲，是能够塑造城市的伟大力量“（1992年，第122页）。那么，我们又怎能说企业的需求与紧缩城市之间没有紧密的联系呢？

环保的需要

可持续性需要我们采取以下两个关键的措施：保护资源、降低污染。这主要是指发展高能效的交通系统及建筑业，保护自然的生态环境等。

交通

人们认为，高密度化的紧缩城市在促进可持续性发展方面的主要作用体现在，通过城市的紧缩化和贯穿城区的公共交通网络来降低居民对小汽车的依赖性和燃油消耗。在对城市密度与燃油消耗的关系进行研究的过程中，纽曼和肯沃西（1989年）指出，传统的高密度城市比低密度的乡村地区更能有效地使用能源。影响小汽车依赖度和石油消耗的四个关键因素是：密度、集中性、道路设施及停车场的容量。

然而，麦柯拉伦也承认，一个集中化的大城市有时可能也会导致更严重的交通拥挤，而且由于交通时间的延长和速度的减慢，燃油的能效也会极大地降低。本迪克斯逊（Bendixson）和普拉特（Platt）在米尔顿·科尼斯的研究也表明："交通堵塞的现象一旦消失，汽车的行驶速度就会随之加快，从而带来燃油能效的提高和尾气排放量的减低，而分散化的城市土地利用格局，……可以减少行驶时间"（1992年）。麦柯拉伦援引了博泽特（Bozeat）等人的话："交通堵塞问题让我们清楚地认识到，能否降低尾气排放量取决于我们提高公共交通的吸引力的措施的力度"（1992年）。

戈顿和理查德森为了批驳纽曼和肯沃西的观点，对他们的许多研究结论提出了质疑，特别是"辐射式的铁路交通网的有效性问题"。由于郊区内部的交通系统越来越复杂，距离不足5英里的出行次数不断增加（75%都驾驶小汽车），再加上与工作无关的交通出行的增加（77%驾驶小汽车），传统意义上的上下班（工作地点在市中心）往返时的交通问题与"紧缩城市"之间已经没有太大的关系了（Cervero，1991年；Owens，Rickaby in Breheny，1992年a；Pharoah，1992年）。布雷赫尼就此作出总结，支持"集中化城市"的论据尚无法自圆其说。（DoE，1993年a）

建筑业

> 能源效率的问题将会在许多方面引起人们的重视，包括规划及景观设计，建筑设计，节能设备及一系列的能源管理服务。（Owens，1986年）

在《能源规划与城市形态》中，欧文斯探讨了新能源与建筑开发的角色，并提出后者可以有效地利用（主动或被动的）太阳能，并借助技术含量低的节能性景观实现水能和风能的采集。这些措施所需要的空间密度意味着：彻底依赖于可再生资源的建筑方案是与高密度的城市空间结构水火不容的（1986年）。她提倡灵活使用能源的土地利用形式，以便使人们从"综合的热能系统"及技术含量低的设施中受益。

埃尔金等人也承认，可供再利用的富余商务楼及工厂（主要在市中心）是有限的。导致这种现象的原因是，这些建筑也就只适合那些刚刚从这里搬出去以寻求宽敞的办公环境的公司。VAT对物资和劳动力市场的改造与创新方案所进行的惩处也告诉我们，新的开发项目通常更成功也更加低廉。

布雷赫尼深信，对现有基础设施和市内用地的再利用往往需要很好的创意，而且耗价不菲，这会挫伤发展商开发此类项目的积极性。卢艾琳—戴维斯（1994年）也列举了几个可能会让开发商打消对那些倍受污染，又难以开发的土地进行利用的念头的原因。

赖丁（Rudin，1992年b）也认为，对绿色开发的追求至多也只是影响投资方、开发商和购房人的投资决策的一个因素而已："开发的时间表与城市可持续性发展的需要并不会步调一致。"环保型建筑的需求状况取决于这是否是开发商或购房人的市场，以及购房人对绿色环保问题的兴趣究竟有多大。但是在目前，这种兴趣明显不占据优先地位。

绿色城市

布雷赫尼一针见血地指出，紧缩城市的提议中存在着一个主要的矛盾——既希望实现"绿色城市"，又要对城市的现有土地资源进行更密集的开发。这两种压力至今尚未得到解决。进一步地遏制城市扩张以及开发城市荒地的做法常常导致了对富饶的城市野生生物栖息地的破坏。

一方面，CPRE主张保护农村土地，进行城市开发；另一方面，居民住宅又在日益分散化，私家花园的面积也在缩小，这二者之间的矛盾据大卫·贝拉（David Bellamy）所说形成了"当今对英国的自然环境最大的威胁。"（CPRE，1993年）城市绿地的重要性是不言而喻的。对今天的许多城市居民来说，这是他们在日常生活中所能见到的惟一的自然生命了。正因为如此，它已经成为许多人保持身心健康的一种非常珍贵的资源。

公众及政治家的期待

> 紧缩城市的提议中确实存在着一个问题，它试图彻底地扭转过去50年来在城市发展过程中的最不可抵挡的趋势：分散化。（Breheny，Rookwood，1993年）

图3描绘了1992年以前的分散化趋势的发展状况，它显示了居住人口及英国主要城市中的就业机会向更小的省级镇和村庄迁移的现象。这个趋势必定会持续到下个世纪，到那时会有越来越多腆着大肚子的退休老人和富裕居民（GLAMMIES，灰白头发、现实、富裕的中年人）从城市搬到海滨或"市集镇"中居住。

人们的休闲时间在不断地增加，还有越来越多的人为了"自我价值感"而辞掉了工作，再加上个人对生活方式的选择有了更大的决定权，追求优质生活的人肯定会越来越多。民意调查的结果显示，大部分的人都希望有机会生活在乡村。亨利预测中心（Henley Centre for Forecasting）预计，到2000年将有更多的人实现自己的这一愿望。（McLoughlin，1991

年；Robertson，Begg & Boore in Cabman & Payne，1990 年）

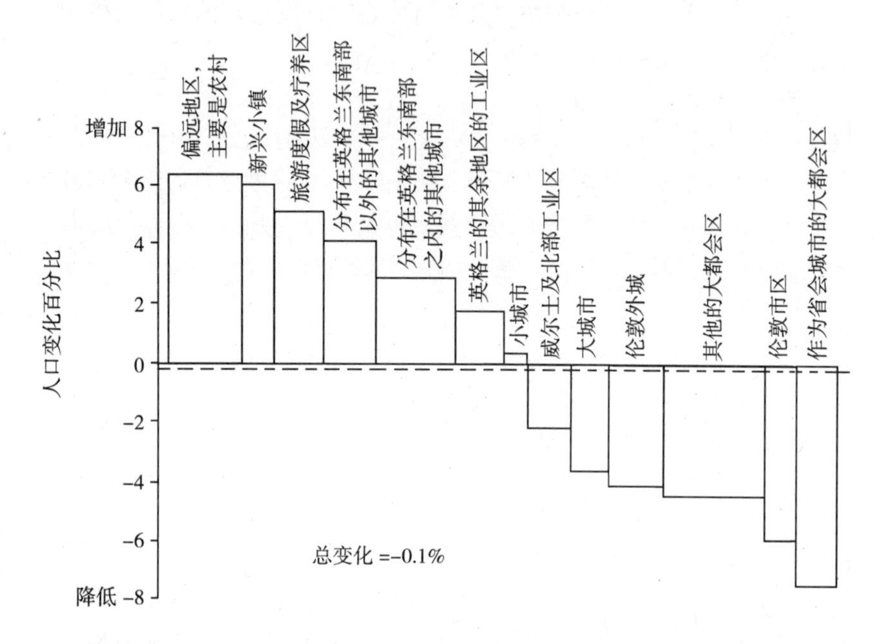

图 3　分散化趋势，OPCS（1992 年）
资料来源：Blowers，1993 年，Planning for a Sustainable Environment，第 153 页。

沃波尔（Worpole，1992 年）和索金（Sorkin，1993 年）则指出，一旦集中化的城市形态发展成熟，人们的休闲娱乐活动将转变为私人室内活动的形式了：光碟取代了电影院和戏院；比萨店送来了咖啡和餐点，唱片播放着音乐会上的曲目，甚至连可怜的洗衣店也大都被家庭洗衣机所取代了！沃波尔描述了城市夜晚的魅力是如何被城市恐惧心理的阴影所掩盖的；还需要大量的论据才能让人们相信紧缩城市是具有生命力的。

最近，在英格兰进行的家庭数量预测报告显示，在一些地区曾推算的家庭增长率可能还会提高 29%（1991 – 2016 年），增长率的上升一方面是人口增加的结果，另一方面也是因为一些传统的大家庭逐渐分裂成更小的家庭单位（DoE，1995 年）。如果让紧缩城市去应对这种状况，必然会给现有的城市土地资源造成更大的压力。卢艾琳—戴维斯（1994 年）对城区的住宅容量进行了评估，其结论是，完全有可能在现有的基础上极大地提高居住密度，只不过某些地方可能会因此而失去“公共的开阔场地或路旁的树阴”。舍洛克（Sherlock，1991 年）描述了多种利用现有的及新建的建筑形式去提高居住密度的办法，但是在他的研究中，却没有把由此带来的损失与代价计算在内。如果我们再也看不见鲜艳诱人的“胡萝卜”，也失去了舒适、安逸的公共开阔空间，那么一味地提高城市密度又有什么意义呢？

甘斯（Gans，1991 年）也认为，美英两国的人们对郊区生活的热爱仍然在持续地高涨，而且对很多人来说，这象征着一种对优质生活的追求与向往。这种观点值得我们加以重视，我在前文中也曾提到，只有让环保成为人们发自内心的愿望，可持续性发展才能真正得以实现，并最终达到社会公平的状态。

布洛尔斯（Blowers，1992年b）也曾怀疑，让大部分的人与自己的郊区住宅和小汽车说拜拜的做法是否具有政策上的可行性。一旦人们意识到“可持续性”的理念中暗含的激进的目标，高涨的热情就会消失殆尽。环保主义者要求他们做出牺牲，这就意味着，只要大家还想拥有现代消费社会的自由与舒适，就必须“准备好忍受日益严重的交通堵塞、污染及综合环境的恶化”。

赖丁也考虑到，争取利润最大化的压力将迫使许多开发商坚持自己原有的策略，只有当相应的环保标准，如建筑研究组织制定的环境评估办法（BREEAM）被投资商（他们得有长远的眼光）看作是有用的市场竞争武器，绿色环保的问题才会受到关注。对于他们来说，车库和私家花园是首要的选择标准，而是否节约能源充其量只能排到最后去考虑。

麦克诺顿（Macnaghten，1995年）则从别的层面考察了这个问题，他通过民意调查发现，公众对可持续性战略的必要性普遍持怀疑态度，“他们将你置入一片谜团，然后又提出可持续性这么个名词”。对于生活在欠发达地区的人来说，可持续性的理念是他们根本就无从考虑的奢侈品。他们首先要考虑的是找到一份工作，然后过上某种有质量的生活。

我们怎样才能让这些人相信，CPRE的提案是言之有理的——“规划不应该总是以破坏环境为代价来换取开发利润，……为了让社会保持在目前的发展水平上，我们应该将某些项目挤出开发名单，而不必计较他们目前所能带来的利润。”

看来，为了让占据主流的消极“绿色意识”转变为积极的“绿色意识”，政府还有很长的一段路要走，而此时，应该由绿色团体来制定（而不是支持率有保证的政党）某种长期的环保政策（Jowell，1992年）。

小结

综上所述，紧缩城市的成功率、可行性与可取性还值得我们慢慢推敲。当然，紧缩城市的提议的确有诱人之处：提高徒步行走和节能型公共交通工具的便捷性，增强流动性，小汽车不再是日常活动和旅行的基本交通工具，而偏远地区的自然生态区也得到了更好保护。彼得·卡尔索普（Peter Calthorpe，1993年，见图4），杜安尼和普拉特·齐伯克（Duany，Plater-Zyberk，1991年，见图5）以及城市村庄小组（Aldous，1992年）的研究都表明，通过对不同密度的空间进行有效的综合利用和开发，将可以在追求高质量的生活方式与温和的节能设计方案及严格规划的开阔空间之间找到某种平衡。然而，这些开发项目的成果并不能很好地满足就业空间分布的要求（见上文，Audirac & Shermyen，1991 年），能源消耗的状况也是如此。图 6 表明，在交通方面并没有一以贯之的策略可以使城市里的村庄群有效地运转起来。

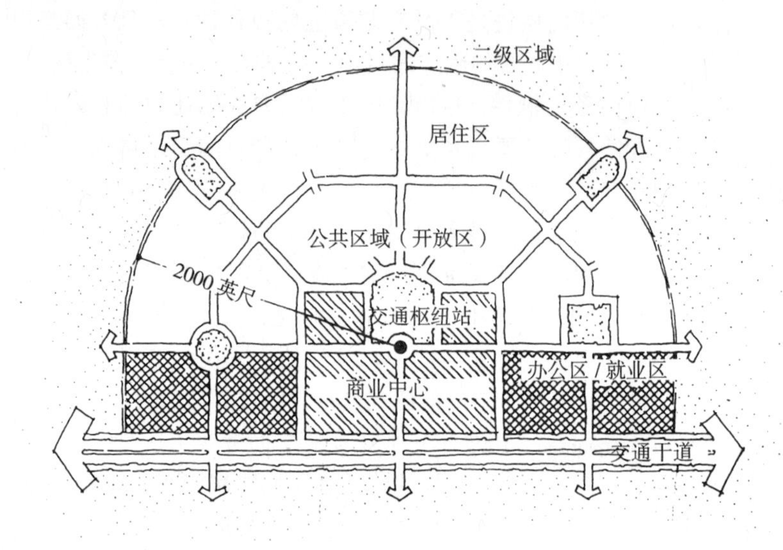

图 4　卡尔索普的"以转型为导向的开发模型"
资料来源：Calthorpe，p.1993 年，The Next American Metropolis，第 56 页。

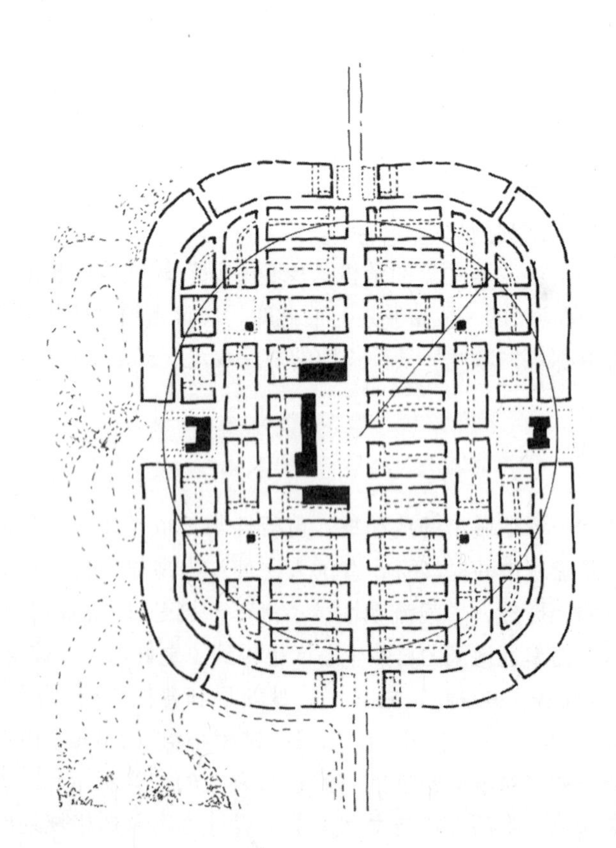

图 5　杜安尼和普拉特·齐伯克的"传统邻里开发模型"
资料来源：Jennings Group Ltd（1992 年），Cranbourne Lyndhurst charette，第 7 页。

图 6　城市里的村庄群落

资料来源：Aldous（1992 年）Urban Villages。

但是，这种空间分布上的紧缩化能带来实质上的紧缩吗？是否存在一种可以使区域内的紧缩化与区域间的紧缩化互为补充的居住模式——在这种情况下，连接各开发区的道路畅通无阻，可以有效地缩短交通距离与时间？

里卡比通过对土地利用模式及交通能源利用状况的研究发现，高密度的线性开发还不如"村庄的分散化发展格局"的能效高。他们提出，一种将分散分布的各个集中化开发项目连接起来的高速的轻轨交通系统可能会提高这种城市形态的吸引力和能源效率。实际上，许多紧缩城市的支持者都纷纷表示，这种形式可能比紧缩城市更加现实可行。

> 我们最终的目标是要构建这样一种城市，在这里，人们不再如此频繁地使用机动车，以至于竟使它们构成了一个社会性的和环境性的问题。（Thomas，1978 年）

参考文献

Aldous, T. (ed.) (1992) *Urban Villages - A Concept for Creating Mixed-Use Urban Development on a Sustainable Scale*, Urban Villages Group, Morgan

Grampian Plc, London.

Audirac, I. and Shermyen, A. H. (1991) *Neo Traditionalism and Return to Town Life: Post Modern Placebo or Remedy for Metropolitan Malaise?* Unpublished paper given in Oxford Polytechnic AESOP Conference July 1991.

Barton, H., Davis, R. and Guise, R. (1995) *Sustainable Settlements. A Guide for Planners, Designers and Developers*, University of the West of England and The Local Government Management Board, Bristol.

Bendixson, T. and Platt, J. (1992) *Milton Keynes. Image and Reality*, Granta Editions, Cambridge.

Blowers, A. (ed.) (1993) *Planning for a Sustainable Environment. A Report by the Town and Country Planning Association.* Chapters 1, 7, 9, Earthscan, London.

Breheny, M. J. (ed.) (1992a) The Compact City. *Built Environment,* **18(4).**

Breheny, M. J. (ed.) (1992b) *Sustainable Development and Urban Form*, Pion, London.

Cadman, D. and Payne, G. (eds)(1990) *The Living City -Towards a Sustainable Future*, Routledge, London.

Calthorpe, P. (1993) *The Next American Metropolis. Ecology, Community, and the American Dream,* Princeton Architectural Press, New York.

Cervero, R. (1991) Congestion relief: the land use alternative. *Journal of Planning Education and Research*, **10 (2)**, pp.119-129.

Commission of the European Communities (1990) *Green Paper on the Urban Environment,* EUR 12902 EN, CEC, Brussels.

Council for the Protection of Rural England (1993) *Sense and Sensibility. Land Use Planning and Environmentally Sustainable Development,* CPRE/CAG Consultants, London.

Debenham Tewson and Chinnocks (1987) *The Geography of Commercial Floorspace 1974-1985*, Debenham Thorpe Zadelhoff, London.

Department of the Environment (1990) *This Common Inheritance. A Summary of the White Paper on the Environment,* Command 1200, HMSO, London.

Department of the Environment (1993a) *Alternative Development Patterns: New Settlements,* M. Breheny, T. Gent, and D. Lock, Planning Research Programme, HMSO, London.

Department of the Environment (1993b) *Migration and Business Relocation: The Case of the South East, Executive Summary,* A. Fielding and Prism Research Limited, Planning and Research Programme, HMSO, London.

Department of the Environment (1995) *Projections of Households in England to 2016,* HMSO, London.

Duany, A. and Plater-Zyberk, E. (1991) *Towns and Town Making Principles,* Harvard University Graduate School of Design/ Rizzoli, New York.

Elkin, T., McLaren, D. and Hillman, M. (1991) *Reviving the City; Towards Sustainable Urban Development,* Friends of the Earth, London.

Engwicht, D. (1992) *Towards an Eco-City: Calming the Traffic,* Envirobook, Sydney.

Fothergill, S., Kitson, M. and Monk, S. (1983) *Changes in Industrial Floorspace and Employment in Cities, Towns and Rural Areas,* Industrial Location Research Project Working Paper 4, University of Cambridge, Dept. of Land Economy, Cambridge.

Gans, H. J. (1991) *People, Plans and Policies. Essays on Poverty, Racism and other National Urban Problems,* Chapters. 1-4, 8, Columbia University Press/ Russell Sage Foundation, New York.

Garreau, J. (1991) *Edge City: Life on the New Frontier,* Doubleday, New York.

Girouard, M. (1985) *Cities and People. A Social and Architectural History,* Yale University Press, New Haven and London.

Gordon, P. and Richardson, H. W. (1989) Gasoline consumption and cities. A Reply. *Journal of the American Planning Association, 55, Summer,* pp.342-46.

Guardian, The (1993) *Shopping Shift that Changed the Townscape,* Various authors, 6 October 1993, p.17.

Jacobs, J. (1961) *The Death and Life of Great American Cities,* Vintage Books/ Random House, New York.

Jennings Group Ltd (1992) *Report of the Cranbourne Lyndhurst Town Planning Charette,* Victoria, Australia.

Jowell, R., Brook, L., Prior G. and Taylor, B. (eds)(1992) *British Social Attitudes: the 9th Report,* Dartmouth, Aldershot.

Katz, I. (1993) Homo shopiens, outlook. *The Guardian,* 30 October 1993, p.25.

Llewelyn-Davies (1994) *Providing More Homes in Urban Areas,* in association with the Joseph Rowntree Foundation and Environmental Trust Associates, SAUS Publications, Bristol.

Macnaghten, P., Grove-White, R., Jacobs, M. and Wynne, B. (1995) *Public Perceptions and Sustainability in Lancashire. Indicators, Institutions and Participation,* Centre for the Study of Environmental Change, Lancasti University.

McLaren, D. (1992) Compact or dispersed? dilution is no solution. *Bui Environment,* **18 (4)**, pp.268-84.

McLoughlin, J. (1991) *The Demographic Revolution,* Ch. 1-4, 8, 10, Faber ar Faber, London.

Newman, P. W. G. and Kenworthy, J. R. (1989) *Cities and Automobile Dependency. An International Sourcebook,* Gower Technical, Aldershot.

Owens, S. (1986) *Energy Planning and Urban Form,* Pion, London.

Owens, S. and Cope, D. (1992) *Land Use Planning Policy and Climate Change,* HMSO, London.

Pharoah, T. (1992) *Less Traffic, Better Towns,* Friends of the Earth, London.

Royal Society for the Encouragement of Arts, Manufactures and Commerce (1995) *Tomorrow's Company. The Role of Business in a Changing World,* London.

Sherlock, H. (1991) *Cities are Good for Us,* Transport 2000, London.

Sorkin, M. (1993) The politics of propinquity. *Building Design,* 14 May 1993, pp.22-4.

Sudjic, D. (1992) *The 100 Mile City,* Andre Deutsch, London.

Thomas, J. M. in Gakenheimer, R. (ed.)(1978) *The Automobile and the Environment. An International Perspective,* Part III, Chapters 9-14, MIT Press, Cambridge, Mass.

Webb, C. (1995) England: watch this space. *The Times,* August 2 1995, p.16.

Whyte, W. H. (1988) *City: Rediscovering the Centre,* Chapters 20 and 21, Doubleday, New York.

World Commission on Environment and Development (1987) *Our Common Future,* OUP, Oxford.

Worpole, K. (1992) *Towns for People,* Open University Press, Buckingham.

紧缩能有多大的可持续性
——可持续性又能有多紧缩?

埃尔尼·斯科夫翰和布伦达·韦尔

引言

> 对1英亩内的住宅数量加以限制的法律，尽管深受花园郊区的拥戴者的欢迎，却构成了对真正的郊区精神的最致命的伤害。而这个精神的本质在于，郊区是一个自我界限分明的独立的世界，更重要的是，它须是紧缩的，这样的空间并不是一种财产，而低密度也只会使美丽的郊区风光变得黯然无光(Richard，1946年)。

在概念中明显存在的这种矛盾向我们提出了这样一个问题，紧缩性究竟意味着什么？是指建筑物，以及与之相联系的城市生活的功能应当在空间上紧靠在一起；并且是比现在的空间还要紧密？还是指人口密度的提高，这样在一个限定的区域内，将出现更多的人，乃至更多的城市功能？这个问题突出了密度与开发密集度之间的区别，因为这两个概念并不是一回事。密度是对一个区域内某种事物的数量的度量，而密集度则反映了对建筑物或城市状态的更主观化的衡量。密度就其本身而言，如果不与建筑形式相联系的话，是没有什么意义的；同样，紧缩性如果不与某种现象或数据相对应，也不会有任何的意义可言。

20世纪见证了人类探索密度与建筑形式之间的关系的奥秘的历程。为了更好地理解二者之间的关系（特别是在住宅方面的关系，尤其是在英国），人们从不同的立场出发进行了大量的尝试。那些挑剔的批评家可能会觉得这些尝试始终都难逃责难。但我认为，在对这些努力与尝试进行评价时，应该首先把居住密度放到与各种城市建筑形式相对应的理论和观点中去加以考虑。埃本尼泽·霍华德（Ebenezer Howard）的“花园城市”是针对19世纪的城市拥挤与污秽状况而提出每公顷修建45套住宅的理论的，以每套住宅4口人计算，一公顷内的居住人口为180人（1898年）。雷蒙德·昂温（Raymond Unwin）也曾指出，我们从“过度拥挤”中一无所获，而他在都铎·沃尔特报告中所提出的住宅密度是30套/公顷，或者说120个居住人口/公顷（1912年）。该方案对战区400万人口（占全英格兰和威尔士人口的1/3）的花园式住宅进行了规划。阿伯克龙比·帕特里克在战后伦敦设计的重建方案中则提出了一个金字塔状的居住密度空间，每公顷的人口为247，336，494（Abercrombie，1944年）。“可居住人口”往往反映了预计的或规划的最大人口密度。而平均密度，则反映了空间占有率。在今天，这个值通常比实际的可居住人口少得多，而在“过度拥挤”时代，则比实际的可居住人口要多得多。

在这里，为了让读者准确地理解我们衡量英国的密度及拥挤状况的尺度，我们对照一下国外的情况。在新加坡，20世纪70年代的规划平均人口密度为每公顷1000个居住人口，而香港九龙的实际人口密度甚至达到了5000人/公顷。

足够的空间

二战结束以后，人们怀着对一种新的社会及新的生活方式的美好憧憬，开始了战后重建工作。而此时，登比（Elizabeth Denby）却在这一片乐观主义的声浪中发出了不和谐音，她指出，由于19个世纪遗留下来的过度拥挤和脏乱不堪问题，由伦敦郡议会针对某些地区的重建工作提出的“综合开发政策”中所规定的人口密度几乎难以实现。她对位于切尔西的保罗顿广场和拉姆特的克利弗广场的研究显示，这些地区的净住宅密度分别为每公顷40.2和42.7套住宅，而且由于这些住宅都是分布在空旷地带上的大三层或四层的楼房，其居住人口密度达到了321人/公顷和341人/公顷（Denby，1956年）。

在高密度的高层公寓楼充斥着英国城市的时期，由错误的成本预算标准和租金补贴政策所推动的高层建筑项目令成本不降反升，因此，对英国住宅部来说，应始终不移地提醒官方注意，高层公寓楼只能作为一种针对个别居民而实施的提高城市密度的辅助手段，而低层住宅项目才应该是建筑开发的主角。但是，在租金补贴及由住房统计数据所呈现出来的良好态势的驱动下，政府对这种说法始终无动于衷。在那些高层公寓楼中，只有寥寥几个项目的居住密度被控制在了阿伯克龙比所规定的最大值以内（494人/公顷），而无论从技术还是社会生活的角度来讲，这些项目屡遭失败的故事却一直在上演。它们的失败在于混淆了高楼层与高密度的关系：新加坡与香港的住宅密度尽管是阿伯克龙比所规划的“市中心密度”的2到3倍，但它们反而没有遇到这么多的麻烦。理查德（Richards，1946年）的论述可谓一针见血，“贫民窟问题的真正元凶不是拥挤，而是贫困。”

为了确保综合开发中的所有住宅都达到规定的直射光和昼光标准，开发商只能将高层公寓的楼间距扩大，以便留有足够的楼间开阔空间。在经历了战争时期的幽闭恐怖症后，人们怀着对“开阔、阳光和空气”的向往，热切地期盼着能够开辟开阔的绿化带，让阳光和绿色回归城市。剑桥大学的土地利用和建筑形式研究中心提供了一些研究结论，也许可以帮助我们澄清这些现象：他们指出，阿伯克龙比提出的市中心人口密度可以通过修建环形的住宅楼群来实现，这样每一个人都可以一眼望到楼宇中央的平地。这种论断向我们证明，那种认为高密度就意味着高楼层，乃至紧缩化的观点是靠不住的。这引起了人们的思考，平房式住宅究竟能合理地实现多大的人口密度，还有一个至今尚未解决的问题是，在土地利用和建筑形式之间——建筑规划及结构组织之间——存在着怎样错综复杂的关系？（Martim，March，1972年）

在这里，我可以列举一些先例。在1952年“金色的航线”竞赛中，大卫·格雷戈里－琼斯递交了一份未获成功的参赛作品。在摘要中，他几乎是全部用文字介绍了自己的方案，他把居民楼设置在建筑场址的四周，从而形成了一个可供娱乐和休闲之用的开阔的中心广场，这样一来，它的建筑高度就低于所有获奖方案中设计的建筑高度，并达到了规定的494人/公顷的人口密度。之后，他在伦敦郡议会工作期间，又提出了一个跨越式独立公寓的设计方案：一幢六层高的住宅楼环绕着一个61米×55米的中心广场，居住密度可达495人/公顷；但是该方案在实施时却没有完全遵照设计思路：几乎所有依据该方案开发的建筑项目后来都按照综合开发的原理，采纳了不同的建筑高度。（Scoffhan，1984年）

另一个类似的方案尚未付诸实践，它来自特纳·伍德鲁小组为住宅部所进行的一项有关福尔瀚的研究。该方案以336人/公顷、494人/公顷的居住密度和618人/公顷的居住密度为例，设计了一种呈连续式排列的六层楼住宅群。这种建筑形式甚至可以与布卢姆斯伯里的乔治时代风格的四层联排式楼房相媲美。（Tetlow，Goss，1965年，第171页）

理查德·麦科马克（Richard MacCormac）为伦敦默顿区的波勒德希尔和伊斯菲尔德所设计的规划方案可以称得上是这类方案的一个重要突破。他设计了回旋式连续并排的三层住宅楼，自带花园和车库，其人口密度分别达到286人/公顷和237人/公顷。在伊斯菲尔德的设计方案中，他本来还试图把一所位于开发场址之外的小学搬到设计图样的中央，如果这个构思可以实现的话，就可以以较小的排列弧度实现同样的人口密度，而且每一套住宅都可以望到学校的活动场地。换句话说，在人口密度保持不变的情况下，它的建筑密度可以不必那么紧缩。

与之相对应的是伦敦郡议会的罗汉普顿·伊斯特（Roehampton Estate）所设计的一个人口密度可达247人/公顷的板楼住宅方案，这些楼房分别为2层、4层、8层和11层。所有的住宅都没有配套的私家车库。只有一小部分的2层住宅拥有私家花园。威廉·卡伯恩则从另一个极端出发，提出了半分散化的郊区住宅，并配备私家花园和车库。通过对设计图样的研究，他计算出这类住宅区可以达到193人/公顷的人口密度。(1968年)

从战后重建运动开始之后的30年里，我们的城市究竟发生了怎样的变化呢？莱昂内尔·马奇（Lionel March，1967年）认为，我们获得了一种"源自对有限的空间进行了聪明的组织与规划的智慧的喜悦。"遗憾的是，这样的喜悦还得继续。尽管理查德告诉我们空间并不是郊区精神的一种财富，但有一点看来是十分清楚的，拥有充足的空间才是可持续性发展的本质。

但是怎样才能称得上"充足"呢？很明显，对居住密度所做的规定与这个问题无关，因为在相同的密度下，我们可以设计出在物理空间与心理空间上或松或紧，或城市化或郊区化，或集中或分散的各种建筑形式。这里的关键问题是，应如何安排住宅的功能使之实现长期的灵活性与适应性。家庭构成、生活圈子及生活方式总是处于不断的变化之中；住宅结构必须能适应持续的变化，并能进行有效的组织以满足居民的需要：学校、商店、交通以及工作等。而且，从广义的可持续性的外部环境来讲，城市结构也必须能支持满足个人及群体的自主需要并减少对不可持续的和昂贵的资源的依赖性的各种活动。一直以来，人们都是根据划定好了的边界对区域内的人口密度进行测算，而很少注意到有助于维持该密度的公共基础设施及资源。未来的研究者再不可以如此狭隘的目光来思考人口密度的问题了。我们需要的是一个充分考虑到资源来源的分析框架。

灵活的框架

1976年，莱奇沃思花园城市公司主办了一个以"适于居住的地方以及如何构建之"为主题的设计思想大赛。大卫·丹尼斯在本次大赛中的获奖作品是一个城市重建方案。该方案依据"我们在伦敦城里可以发现的公园及公共设施"来设置相应的中央开阔场地，而每一个这样的居民广场的四周则居住了426个居民，其外围是购物和工作地点，公共交通线路可直达该中心。从居民点到工作地点和公交车站的步行路程也不超过5

分钟。其实，正是20世纪70年代中期的欧佩克石油价格动荡所引起的能源危机激发了丹尼斯从资源的优化利用和社区自治的角度提出自己的城市构想。丹尼斯的这个框架所具有的优势是，它通过保留一些令居民倍感亲切和熟悉的设施使公众产生了对改建后的城市景观的认同和理解，所以这是一种渐进的和最优化的改革方案，而不需要进行某种深刻的变革。（Rabeneck，1976年）

同样是在1976年，约翰·锡德也试图挖掘“一个城市结构的潜在的空间特性，以便在一种遏制能源消耗的新环境中，保留城市的宜居性、便捷性、有效性和可观性。他以米尔顿·凯恩斯（Milton Keynes）为例，提出了一种相互作用的邻里关系模型——城市村庄，与尼古拉斯·泰勒（Nicholas Taylor）的提法相似——每一个村庄“都在拥有所有必需的城市公共设施的前提下保持相对的独立。”锡德非常支持环形住宅区的概念，认为它“不仅可以满足每一个城市广场的居民对住房数量的需要，而且还能容纳所有的必需设施，如学校、娱乐场所、市场园地及其他种类的土地，甚至一些轻工业。”（Seed，1976年）

约翰·特纳（John Turner）与锡德的观点可谓一脉相承，他认为应该重新评价中世纪新镇园区的规划方案。该方案提倡根据“自治社区及其居民的意愿”进行渐进的开发，在这里，个人在不危害公共安全的前提下可以享有自主选择住所并从事贸易活动的自由。特纳主张“合法的规划”，并提出应对个人的自由行为划定清楚的界限，而不是强制他们遵守一些标准化的规章制度。（Turner，1976年）

这种灵活的框架说明，传统的城镇或村庄发展、延续并最终形成自己独有的风貌的过程实际上是一个充满着偶然性的过程。它在建筑形式、密度及土地利用中所采取的方法简单直接，不由得让人回想起乔治时代的街道和广场、大学的四边形建筑和中等市集镇等，它们比起许多近期的开发项目来，无论在人口密度还是土地利用形式上都丝毫不会逊色。19世纪的联排式建筑也因为自己得天独厚的优势最终得到了人们的认可，1969年的住宅运动为这种解决方案的进一步革新筹措到了足够的资金，新的规划设计包括：每套住宅的入口处都与街道直接相通，私家小花园，房间结构灵活，建筑牢固，形状简洁大方。由于面积大、空间及形状的设计简单，要对这种住宅进行改建或调整会非常方便。这种针对室内空间的灵活有效的利用的设计思路有必要推广到城市形态的创建中去：由于没有合理的规划与组织，有许多城市空间都没有得到充分的利用，也无法适应人们不断变化的需要。

可持续性的良方

20世纪70年代中期爆发的一场石油危机第一次引发了人们对有助于

保护资源的城市形态的探索。时隔20余年，可持续发展的理念又再度兴起。能源消耗、各种类型的污染和浪费问题越来越成为衡量一个城市的发展是否合理有效的尺度。由欧共体（CEC）发表的《城市环境绿皮书》（1990年）中所提出的这些建议正逐渐在英国的环境立法中找到自己的位置，并正在影响英国（也已经积极的影响了欧洲大陆）的城市发展战略。英国的城市在很多方面还滞后于德、法等国，后者由于区域自治化、企业化的程度更高，在公共设施及环境改革方面已经取得了许多宝贵的经验。不过，如果只是把这些地区的规划方案照搬到英国来，又难免只取其表，过于草率。这些城市从土地利用的角度上讲都是非常紧缩的，如格拉斯哥和爱丁堡，这都是由其公寓式的居住方式和居民以户外公共活动为主要活动形式的历史传统所致。对于生活在这里的人来说，可持续性的居住方式究竟意味着什么呢？

现在，城市规划越来越强调赋予社区自给自足的权利。因此，我们有必要进行一项详尽的调查，以了解人们的居住偏好，以及怎样才能吸引他们接受生活中的种种改变以形成一种可持续的生活方式。城市的环境与结构并不是导致资源和污染问题的罪魁祸首，其实，恰恰是人们的生活态度——以为城市生活复杂繁琐，需要消耗更多的资源才能使个人获得所有可能的信息与活动——让减少资源利用、降低污染的美好愿望化为泡影。这样一种“即时即地”的生活方式的质量似乎从来就没有受到过人们的质疑，同样，消费者的选择本身对个人是否真的有益的问题也很少有人考虑过。

这些问题是与这样一种现象相联系在一起的：人们已经不再亲自加工原材料以满足个人的生活需要了，烹饪、编织、缝制衣服，所有这些在20世纪初期最为普通的家务劳动已经逐渐被各种熟食和成衣所取代。在整个社会的零售业中，原材料和样衣的存储量远低于成衣的存储量。与此同时，衣服加工点和售卖点之间的距离也在成倍地增长，因为人们所需要购买的是成品而不是用来加工衣服的布料。然而，家庭自制的衣服通过布料和款式的不同组合却可以搭配出更多的花样，这是在市面上可供购买的成衣不可比拟的。在20世纪初，那些既无技术又无时间的人往往会请本地的裁缝师傅给自己裁制新衣，这样，衣服的加工点就被控制在了当地的一定范围之内：这恰恰是可持续性发展的一个主要特征。诺丁汉的跨国成衣制造业是其传统的“蕾丝”加工业的组成部分，这里拥有一批技艺精湛的女工匠，在当地的消费市场中，以专人定制为主的私人制衣业占有举足轻重的地位。

人们普遍认为，只有由一个集中的供货源所提供的产品才是最好的，全然无视在本地就能获得的产品，这种观念可以解释为什么人们对信息和资源的获取渠道有了越来越大的需要。人们开着车去中央图书馆查阅资料，完全没有意识到，如果邻里之间的关系更紧密一些，大家就可以聚在一起了解各自所拥有的图书资源，于是，许多原本需要开车才能办到的事，只需要在住所附近走几步路就可以实现了。人们总是认为集中化更便于获取资源，这忽视了一个事实，信息实际上是分散在整个人群之中的，我们需要了解的是，这些信息在哪里，以及它们是什么。这样一来，社区居民之间的相互信任就可以构成保证信息安全畅通的最关键的因素。这种信任感通常更容易在相互熟知的本地居民之中形成，而较大的社会群体则不太容易产生这种信任。现在，一个集中化的图书馆必须具备复杂的监视系统才能防止图书被盗，而一个小地方的学校图书馆则根本不会存在此类问题。

正如信息问题一样，人们同样也认为能源的生产应该采取集中化的方式，以便产生出所谓的经济效应。其实，能源作为光能与风能的自然界再生物，同样也是分散分布的。因此，它更适于采取地方化的而不是集中化的利用形式。水资源的情况也同样如此。从诺丁汉的郊区住宅的屋顶所流下来的雨水就已经达到了 WHO 对饮用水的要求（Fewkes & Turton，1994 年）。在一个诺丁汉的自足化家庭里，每天的用水量降到了 150 升，这刚好是泰晤士水厂的中央供水系统每天摊在每户家庭上的泄露水量（Vale，1995 年）。一个可持续的居住方式应重新考虑对资源和能源的集中管理是否真的适宜。

自治

当然，正是交通问题引发了人们对紧缩性的探索，以期降低居民对机动小汽车的依赖性，减少污染，限制能耗，并提高公共交通系统的使用率。与大多数的欧洲大陆城市不同，英国城市中的电力交通并不是首要的、清洁无污染的交通设施，因此要对这些城市进行规划的话还得从头开始。由于不具备清洁高效的公共交通系统，英国的城市居民只能依靠私人小汽车（这些汽车的大部分生命都消耗在了停车上），而且如果可以选择的话，他们宁可去那些道路没有阻塞并可以免费停车的地方。商业区和住宅区的开发都是根据人们的这些需要来进行的。要阻止这种现象的发生就只能对市民征收带有惩罚性的小汽车使用税，并制定相应的政策抵制来自商界的压力。公共交通设施是靠消费者维持的（尤其是当它被私营企业控制时），要实现正常的运转，并同时保持安全和有效，就必须保证在相同的交通行程内，公交车的收费比小汽车的耗费低。但是就目前的情况来看，我们可能还办不到。

因此，必须另辟蹊径，寻找更适合英国国情的解决途径。方法有三：其一，减少人们的交通需要；其二，只在运营经济效率较高的社区之间建设公共交通线路；最后，在小汽车的发展尚未成熟的时期，对社区结构进行调整。雷本·新泽西的发展情况也许可以为我们提供一些思路。在这里，从最远的住宅到社区学校的安全步行时间不超过 10 分钟，到公交车站的步行距离也在可以接受的范围之内，你很难看到有人走得过快或过远。在这样的区域半径之内，居民自治得到鼓励，一系列的配套设施也得以维持。如前文所述，只要在土地利用和建筑形式之间找到合适的平衡，我们就可以在不产生过度拥挤的前提下使净居住密度达到 500 人/公顷，所以，半径以步行距离为准的社区居住形式还有相当大的容纳潜力。

每一个这种规模的自治社区都可以根据当地的人才资源、地形、教育、体育及文化状况构建各自的独特风貌与优势。社区之间的往来将有助于形成各个相互依赖的优势文化中心，而市中心就是一个最大的文化区，它可以在目前提供最集中的公共设施，但当各地方性社区实现自我发展以后，这些市中心的设施将会被取缔。公共交通系统则会把各社区连接成一个多中心化的城市（Kurokawa ，1994 年）。

这种城市从物理结构上讲并不是紧缩的。社区的分布呈分散状，相互之间保持着相当的距离，以提供经济高效的直线公交线路。从空间结构上看，整个城市沿着交通路线呈线状分布，城际铁路也分散地连接到本地的机场。其实，诺丁汉现在完全可以沿着从东米德兰兹机场延伸出来的铁路线进行重新的规划，以使荒废的北部矿区得到开发，并满足人们到舍伍德森林休闲度假的需要。这些地区都在该市的行政区划之内，却从未进入政府规划的视野，当地政府最近所进行的行政改革也没有注意到这些可供开发的项目。

一个城市要成功地实现这些转型，就必须拥有足够的地方权力、更大的自主性、决策能力和充足的资金以谋取本地的独一无二的长期的发展利益——一种着眼于维护地方特色的利益，而不是服务于遥远的全球市场的利益。如今，城市之间都在为吸引资金而展开竞争，没有一个城市具有绝对的控制力和竞争力；每一座城市都有自己的能力与特性，具备独特的城市人格、文化及生活方式；每一座城市都可以根据本地居民的意愿制定自己的战略；地方性的社区也有独立自主的自由。以可持续性的名义提出的城市紧缩意味着让城市从那些自己无从控制的外部力量中解脱出来，从而独立；也意味着对城市赖以生存的本地资源拥有更大的独立控制权。这是一种控制上的紧缩，而不是规模或形态上的紧缩。可以更准确地描述这种状态的词语是——“自治”。

参考文献

Abercrombie, P. (1944) *Greater London Plan*, HMSO.

Commission of European Communities (1990) *Green Paper on the Urban*

Environment, CEC, Brussels.

Cowburn, W. (1968) The context of housing. *Architects' Journal*, **147**, 25 September pp.638-41.

Denby, E. (1956) Oversprawl. *Architectural Review*, **120**, December pp.424-30.

Fewkes, A. and Turton, A. (1994) Recovering rainwater for w.c. flushing. *Environmental Health*, February, pp.42-46.

Howard, E. (1898) *Tomorrow: A Peaceful Path to Real Reform*, Swan Sonnenschein, London; later published as *Garden Cities of Tomorrow*, Faber, London.

Kurokawa, K. (1994) *Intercultural Architecture, the Philosophy of Symbiosis*, Academy Editions, London.

March, L. (1967) Homes beyond the fringe. *Architects' Journal*, **146**, 19 July pp.156-58.

Martin, Sir L. and March, L. (1972) *Urban Space and Structures*, Cambridge University Press, Cambridge.

Rabeneck, A. (1976) Two competitions. *Architectural Design*, **46**, June pp.364-5.

Richards, J. M. (1946) *The Castles on the Ground*, Architectural Press, London.

Scoffham, E. R. (1984) *The Shape of British Housing*, George Godwin, London and New York.

Seed, J. (1976) Sustainable urban structure. *Architectural Design*, **46**, September pp.564-6.

Stein, C. S. (1958) *Towards New Towns for America*, Reinhold, Amsterdam.

Taylor, N. (1973) *The Village in the City*, Temple Smith, London.

Tetlow, J. and Goss, A. (1965) *Homes, Towns and Traffic*, Faber and Faber, London.

Turner, J. F. C. (1976) Principles for housing. *Architectural Design*, **46**, February pp.99-101.

Unwin, R. (1912) *Nothing Gained by Overcrowding*, P. S. King, for Garden Cities and Town Planning Association, London.

Vale, B. (1995) The autonomous house. *Proceedings of the XVth International Home Economics and Consumer Studies Research Conference, Part 1*, September, pp.7-19.

可持续性城市形态的研究

迈克尔·韦尔班克

引言

作为全球可持续性发展运动的一部分，可持续的城市形态的研究充满了变动和不确定性。可持续发展运动的每一方面在城市环境问题上都有所体现，因此无论是城市环境、可持续性城市还是紧缩城市都不是自成一体的完整的系统，我们不能将它们单独地抽离出来进行孤立的分析与研究。

规划人员发现，自己正处于研究的前线，从四面八方袭来的压力要求他们在实现可持续发展的道路上充当领路人，并在可靠研究（这些研究在社会和经济方面都被接受）的支持下，为城市环境寻求一种可持续发展的形态，同时，还要提供一些解决方案用以发展出一个复杂的、理论化的可持续发展城市的概念。这个概念的应用性究竟怎样尚不明确，而且它还应能体现所能想像到的城市中的各种利益、力量、观念之间的最复杂的关系。在这种纷繁复杂的情况下，最好的解决方式似乎只有求助于大胆的构想了。但危险的是：一个拙劣、没有经过理性思考的构想也许比“无所作为”更加可怕。事实上，针对规划师构想的远景提出的建议一点也不少，而他们也必须注意，作为专业人员，他们过去一些建立在不合理的根据上远景规划所造成的后果至今还受到人们的诟病。

如果说规划师们真的被要求站在远景构想的最前沿，那么他们现在正处于一个比过去更艰难的时代。除了个别短期的特别的规划能幸免于难外，他们的规划将面临来自方方面面的压力：包括那些本来就反对“本地发展”的居民（NIMBY，“不在我的后院”组织），极其苛刻的媒体和那些战战兢兢、对此极为敏感的政客们等等。回顾城市规划师过去取得的一些成绩，人们不禁怀疑，自信和充满想像力的构思是否真的能为规划服务？克里斯·雪佛利（Chris Sheply，1995年）将规划师们的设计历程划分为三个清晰的阶段。每个阶段都反映了一些不同的特点。

- 自信而敏感的时期（1950年以前）
- 专制的时期（20世纪60年代）
- 不确定和防御的时期（20世纪70–80年代）

自信的时期

显而易见：战后的重建计划和那些接受过现代设计理论熏陶的一代规划师的作品都受到了埃本尼泽·霍华德和此后的纽曼的影响。基于将世界变得更好的愿望，这些规划师提出了一些诱人的规划口号，如“英雄之家”、“为长者的新家园”等等，这些口号引起了极大的社会关注。现在看来，霍华德的著作不仅涉及土地的利用，同时还包含了社会和经济计划、健康和福利等更广泛的内容。人们认为居民从伦敦东区迁移到绿阴围绕的位于霍姆郡的新区的行动是健康和理想的，人们几乎一致认为这些规划的理由是正当的，其内容也是无可挑剔的。因此，那时的规划是富于幻想和想像力的——同时也是自信和卓有成效的。然而，当时的规划对公众压力更为敏感，并且规划实施的环境也比今天更宽松。在规划问题的周围，似乎没有今天这么多的政治争论、也没有受到公众和媒体的对实施过程的详细审查。世界已经变了，因此，那些仍希望规划者充分施展想像的人要记住：那个时代的规划是建立在自信和敏感的基础之上的。

专制的时期

20世纪60年代，关于城市形态的讨论依然在继续，区域规划运动出现了。但是，尤其是在城市中，规划已经明显站到了专制的峰尖。与其他职业一样，那些设计道路的工程师和设计塔楼的建筑师都在面临着新一代规划师的反对意见。这个时期的规划仍然是自信的，但对公众的需要已不那么敏感了。

不确定的时期

接下来的这个不确定的时期在一定程度上可以说是规划师们在20世纪60年代所犯下的错误的某种后遗症（这样说也许是不公平的，但却有一定的道理）。同时，还有一些其他的变化影响着规划，尤其是1979年以后，设计师们的每一步规划所受到的详细审查都在不断增加。随着规划心理和地位的改变，城市规划逐渐变得官僚化了。由此，规划体系的复杂性也显露出来：官僚的朋友不是规划人员自身，而是极少数忽视、回避和阻挠广大民众的需要与愿望的人，他们建立起一套官僚的上层建筑去处理公民的权益问题。

当前的状况

现在，规划师们已经由自信变得犹豫不决，由过去的广为接纳变为倍受敌视；由自由变为官僚化，他们的生活从规划的世界中被挤了出来。

然而，就在此时，20世纪90年代，可持续发展的概念登上了历史舞台。规划师们将成为一部未完成剧作里的英雄。对于规划师来说，了解他们自己现在的角色就够他们欣慰的了，而这也恰恰是最令人兴奋的地方。规划师们如今得到了一个机会——回到过去那个充满自信和灵感的时代，不过这必须建立在一系列被全国乃至全世界都认可的理念上。这些理论中有很多都是有关自然领域的，但是对规划师来说，他们眼前最重要的事就是为未来设计出适宜的城市形态，这一形态必须是可持续的和可能实现的。因此，新的理论模式必须在我们当今的社会中具有操作性和可行性，同时这种新的城市形态还能创造出可以在未来的数十年内都具有可持续性的城市环境。然而，从全世界的规划来看，不管理论有多么确信无疑，如果规划实施过程会带来：经济衰退、不公正、不公平现象的发生或生活质量的下降，那它肯定会失败，社会就不会接纳它。因此，理论和其在实践中的可操作性必须是并行的。

当前，关于可持续性的城市形态的理论多如牛毛。作者在这一部分的目的就是要梳理这些理论，对他们在理论基础和在实践中的可操作性进行考察，从而进一步推动这一研究命题的发展，并找到一条实现可持续城市形态的道路。然而，这条道路将会通向“紧缩城市”吗？

城市的环境

这个国家对紧缩城市的关注可以追溯到欧共体（CEC）的《城市环境绿皮书》（1990年）。这份报告的发表早于1992年的里约热内卢会议，早于1992年的《第五次环境行动方案》（欧共选举委员会），也早于1994年《英国的可持续发展战略》（英国政府，1994年）。显然，报告的作者对不断增长的环保压力和刚刚诞生的可持续发展的概念有深刻的认识。从那时起，对环境问题的关注就一直是欧共体提案中的重要内容。对可持续发展的考虑也通过国际性的协议而得到了欧共体的接受。但就在此时，城市规划和城市环境的问题却还未在欧共体成员国内达成一致性的意见。

随着《欧盟条约》（1992年）的诞生，这种情况在一定程度上得到了改变，或者说变得更加规范了。在条约的第2款规定：实施可持续发展和保护环境是全欧洲的一个重要的共同目标。条约的第130款规定：政府所有的政策都必须有利于高水平的环境保护，第130款同时规定：本国环境政策要同时有利于区域或全球环境问题的解决。这些条款都体现了一个重要的思想：即关于环境保护的考虑应成为所有政策中的核心部分。然而这些条款都只限于将城市环境问题作为欧洲范围内的一个适宜的政策内容。只是在第3款出现了一个附加条约，规定所有的相关决议都要尽可能让受到牵连的公民参与。

《城市环境绿皮书》是作为欧盟决策的一个附属性文件而出现的，并不是最核心的部分，更不可能成为指导性的纲领或国家的正式法规，因此这份报告的出现显得十分有趣。尽管这样，其影响还是值得注意的，它所提出的紧缩概念引起了人们的广泛关注，并业已成为我们国家有关紧缩城市讨论的基础性文件。

《绿皮书》的内容来源于六个国际会议，这些会议主要围绕以下一些主题展开。

- 废弃工业区的问题（两个会议）
- 城市的外围部分
- 城市环境，公共开阔地和绿地的质量
- 北欧和南欧的城市污染（两个会议）

尽管这些都只是一些主题性的会议。但与会的人士都已经认识到这种建立依照某个主题或城市分区来解决城市问题的方式是不够充分的。例如，尽管有关政府已经在分区解决的问题上做足了文章，但旧城区的人口仍然有增无减，无论是这些地方的原住民还是后来新迁进来的人口似乎都不会轻易离开。通常社会中收入较低的人不是生活在市中心的犹太人区就是生活在城市边缘区的廉价房里，他们不会因为政府的鼓励而随便离开原居住地。

这一过程显示了一个无情的事实：即作为个人而言，人们选择自己住在哪儿、在哪儿工作是出于个人的动机，他们所住的地方要有利于他们的家庭成员与工作、朋友和各种城市职能机构保持密切联系。因此，那些为解决社会或环境问题所带来的严峻后果而采取的分散性的补救措施都不是重振城市生机的有效办法。绿皮书因此提出，城市作为一个整体必须拥有一个完整的规划方案。

> 是否城区的蔓延或生活方式的改变已经使“城市”这一概念发生了巨大改变呢？事实上除了一小部分以外，今天的城市和18、19世纪那些鼻祖形态的城市已经很不一样。在欧洲过去几十年里，人们更加关注城市生活本身价值的复苏，也更意识到生活质量的重要性，这在一定程度上意味着郊区生活的失败

（没有公共生活；缺少文化气氛；景象单调；交通往返费时等等）。相反，城区生活则提供了密集而丰富多彩的生活：这种生活意味着高效率，它在实现社会和经济功能的结合时，节约了时间和精力；同时也有利于恢复过去优秀的建筑传统。（CEC，1990年）

城市，相对于统计学上"城区"的概念，是有关一种新的生活、工作方式的方案。绿皮书假设：城市就意味着紧缩（这一概念在早期就呈现出来了），它有很多益处，实施的方式也正在逐步明确。尽管该假设充满了吸引力，我们仍要审慎地对待这份报告。因为作为主题性会议的结论，其合法性和权威性还有待商榷。虽然以分区的方式来解决城市问题被证明是无效的，但由此跳跃到紧缩城市的概念上似乎更显得盲目和缺乏证据。

过去的几十年里，我们很难在英国找到有关重新发现了城市居住的价值的证据。事实上，倒是有证据显示：战后建立和鼓吹起来的发展模式在证明"重新发现"的意义的问题上没有丝毫的改变。人们大量地迁出城区（这意味着分散而不是集中的过程）就是过去50年里我们所能找到的证据，产生这一现象的最根本的原因是它符合人们的个人愿望，在一个奉行不干涉主义和自由市场原则的社会，这种愿望是占据主导地位的。在这个时期，人们自愿地、大批地撤出城市的进程远胜于其他任何的规划过程。

对于战后英国数百万离开了城市的人口来说，绿皮书提出的假设的正确性很难不让人产生怀疑。在英国要想让人们大规模地接纳"城市是生活和工作的中心"的概念，必须要保证这一概念符合英国现实的环境和人们的个体需要。并在社会和政治层面上获得支持。作为一种"假设"，无论它在理论上被证明是多么准确和富有吸引力，英国人都不会接纳它。

因此，到目前为止，绿皮书上关于紧缩城市的论证在英国没有造成什么影响，人们更倾向于把这种推论当成是一种臆想而非理性的观点。尽管城市环境问题作为全球可持续发展问题的一部分，其基础概念的正确性不容置疑，但是把这种基础当作推行紧缩城市的根据却仍然不成立。

可持续性发展

尽管其他的欧洲国家都表示紧缩城市的概念与可持续发展相关。但对英国而言，二者之间的联系似乎并不明显。这方面关键性文件是1994年的政府报告《英国的可持续发展战略》。这份报告提供了一个对如何利用公共政策来解决城市环境问题的建议的理解，以及它与紧缩城市概念的关系。但仍有一些疑问它未能阐述清楚，例如，它没有就环境与发展问题的讨论的相互整合发表意见；它没有表明是否因此而倾向于拥护紧缩城市的概念等等。事实上，无论是城市环境还是紧缩城市的问题，该报告都没有提及，它的确强调了提高城市生活质量的需要，但这只是一些泛泛的条文，与其说它是一份切实可行的策略，还不如说它只是体现了一些愿望。事实上它不是战略规划，而只是一份报告，而且是一份优秀的报告，它几乎囊括了所有政府或部门为实现可持续发展而做的工作和相关义务条款，尽管可持续发展的概念还不那么明确。因为如果作为一项治国战略来讲，这份报告至少应该包括一系列相互关联和相互协调的具体的行动方针（体现一定的目标、资源和政策等等）。

由于其本身的特点，这份报告没有对可持续的城市形态提供任何清楚的、明确的指导：它只是对未来城区生活的组成匆匆瞥了一眼，例如，在第 24 章（《城市和乡村的发展》）中（英国政府，1994 年），它蜻蜓点水似地提到：

在可持续的形态中，城市规模的扩大是值得鼓励的。这种密集的形态十分重要，发展密集的城区可以节约很多土地资源……（第 24 段 20 行）

城区内的可持续发展跟城区居民生活的质量有很密切的联系。……（第 24 段 21 行）

通过提高密度，现有城区内的建设将有可能促进可持续发展，但这样做的收效可能是有限的……（第 24 段 22 行）

从生活舒适度和娱乐性上讲，城市的质量取决于城区内绿地的开辟和保护……（第 24 段 24 行）

城市生活的质量在本质上也受到居住位置和工作的空间等因素的影响……（第 24 段 24 行）

不可否认，英国的这份报告有很大的价值：它有良好的意图和全盘综合的考虑；它对提升人们对环境问题的关注和意识所做出了一定贡献等等。但从城市环境的角度来看，它却没给出任何具体的政策或指导思想。它承认城市的发展对取得可持续性发展有重要影响，也认为城区环境和未来的居住形式已成为可持续发展的策略中一个很重要的方面，人们必须对他们进行详细的研究从而得出一个完整的理论体系。这份报告提出任何进展都应通过一个规划体系来完成，但却没有给出具体做法，这就给我们留下了大量难题。幸而在过去的几年里，已经有人做了许多重要而有趣的研究来寻找到这些问题的答案。当我们在解释可持续发展在城市领域里的具体概念，尤其是阐述紧缩城市的相关概念时，这些研究工作都具有重要意义。

紧缩的城市

那么，关于可持续城市形态的研究、尤其是对紧缩城市的探索到底会走向何方，它的价值有多大？对这样一种问题的反应取决于你看到的是这个品脱杯中的半品脱水，还是另外那一半的空杯。

从 1994 年《英国的可持续发展战略》发表至今，已经有许多的研究、探索和讨论工作在城市领域开展了，这是一个令人鼓舞的积极的迹象。从《21 项地方议事日程》开始，大量的人力、物力资源投放到了这个项目上。利用不到 4 年的时间就把可持续发展运动中可运用到复杂的城市领域中的理论提炼了出来，人们以这样的时间和步骤来解决问题真是鼓舞人心。因此，规划师们一定要避免屈服于个别新闻媒体的要求而陷入将问题简单化、表面化处理的泥潭。必须意识到，这将是一条伴随着成功与失败艰难道路。

在关注自然环境变化的环保主义者和更关注城市的具体情况的规划师的之间所存在的紧张关系可能会加强甚至激化，这种紧张状态会使城市规划者被一冠冕堂皇的理由所驱动，去寻找一种快捷的、容易确定的方案，却不考虑这些方案在实践中的可行性，以及是否得到公众的接纳。

到目前为止，还没有一套明确的、权威的理论基础可以为实现可持续发展城市理论提供指导。那些以生态学理论来作为理论基础的尝试也似乎不能成功。以下事实证明了这一点。《城市环境绿皮书》（CEC，1990年）出版以后，欧共体紧接着就建立了一个有关城市环境的专家研究小组。这个小组在 1993 年开始实施可持续城市形态项目的研究，并于 1994年发表首篇研究报告（欧共体城市环境专家研究团，1994 年）。这个项目试图从整体的角度来对城市规划和实践进行研究，并提倡用生态学的理论来发展和提供相关的理论依据。他们的观点是：通常人们用来理解自然界现象的生态理论可以迁移到城市，因为城市本身就可以被看成是一个生态系统。

然而，对生态学理论的信任未能为城市规划提供任何实际的方法。它只是暗示了一种充满睿智的框架，却没有给出任何行动框架。此外，生态学的理论体系也不太可能适用于紧缩城市的研究。最关键的问题是：用来构建一座居住城市的生态学观点具有多样性，这种多样性使得各种因素之间相互交织、充满了变动性，并易受无法预料的外部因素的干扰，这样的理论显然是不利于用来指导实践的。

绿皮书里提出的紧缩城市的方案既源于信心，也来自于欧洲的传统文化价值。这些东西都富有吸引力，让我们对历史产生了听觉和视觉上真实的体验。例如，当英国人走在欧洲传统的紧缩城市的硬鹅卵石道路上时，他们会回忆起过去沐浴在日不落帝国的辉煌中的美好感觉，因此他们会被很快打动。

绿皮书里关于紧缩城市的另一个讨论内容是人们通常都渴望和寻求的社会凝聚力。我们现在的社会有各种各样的特征，唯独缺乏凝聚力，这让我们感到很不快。然而，在这种凝聚力建立起来之前，强迫人们取得物理空间上的亲近是不现实的。事实上，在没有精神上的凝聚力之前，这种空间上的拥挤反倒可能带来破坏性的结果。在英国，人们大规模地迁出城市就证明：相对于对社会凝聚力的追求：人们更愿意住在郊区和低密度的城市社区，因为这些社区能提供良好的科技和交通条件。

小结

当前，关于紧缩城市的主张还无法自圆其说，也无法使人信服。现在出现的种种变化还没有得到社会的支持与欢迎，而这些理论还需要有坚实的基础以便支撑任何建立在它们之上的政策。可以说，关于紧缩城市的声言是正确的，但时至今日，它们都还没有得到验证。当它们羽翼丰满之时，才能构成一套新的政策动议的根基，这将是一条布满荆棘的道路。

可持续发展通常被用作紧缩城市的倡议的依据。但是单从环境保护的角度来解释，它却无法形成这样一种基础，只有在把“发展”问题也考虑在内时，它的基础作用才能显现出来。只要一提及发展，人们就会从经济和社会这两个维度来考虑，这两方面的问题也许可以通过政府的“需求管理”来加以解决。但是无论这种控制有多么良好的理由和动机，它必须获得社会舆论和行政上的支持，才能发挥作用。

如果没有一套完整的理论来为紧缩城市的正当性提供理由，那么还有什么可以让我们推进可持续发展的进程呢？目前，我们正在寻找一套全新的理念、方法和决策。到目前为止，还不清楚是否有一条确切的探索紧缩城市的道路或像霍华德著名的“三磁图表”那样论证严密的理论体系的存在。我们的确还不知道答案，但如果我们在盲从和社会期望的指引下得出结论并仓促接纳这些结果，将是十分莽撞的。假设我们确实想在这条道路上走下去，我们从一开始就应该放慢脚步，一步一步踏实地向前走，不管未来的结果是多么地不清晰。在这条路上，我们需要开创出新的表达语言、新的概念和新的实施机制。无论来自说客们的压力有多大，这条道路的步伐都不可能太快。

那么，把可持续发展的理论探索下去能否最终走向紧缩城市呢？也许不能，但它有可能是朝着这个方向发展。近期英国政府所有的规划都指出：要尽可能取得可持续发展。环境部门也已经被要求按照这些决议行事（尽管具体的方式还是还没被呈现出来）。在规划政策的《PPG3 住房》、《PPG13 交通》的规划中都指出：要在城市范围内尽可能安置更多的住宅，从而减少对交通的压力。这证明，把国土当作一种有限的、不可再生的自然资源来妥善管理，并进行循环利用是十分合理的，更不用说涉及到交通的许多问题了。然而，要满足个人和社会的愿望，无论如何也不能安置最大数量的住宅。

目前，这些主张已建立了各种具体的调查研究方式，这些方法包括：如何衡量居住密度的合理性；如何提高对城市的利用率；如何确定城区的最大容纳限度等等。这些调查研究（包括下面要提到的）能帮助人们更好地理解如何最大限度地发挥城区的利用价值。这些理解可能不会带来根本的变革，但过一段时间后，却可能产生影响城市形态发展的一系列新措施。不过这并不等于宣布紧缩城市就是一个标准的城市形态。所有有关城市的决定和判断都是由价值观而不是技术因素驱动的。因此，尽管技术、经济和制度因素都很重要，但最后的决议都取决于决策者的价值观体系。

现在，城市规划对社会的各种需求更加包容，也更容易迎合一时的经济发展的需要，因此，我们难以彻底扭转城市扩张的趋势。也许，惟一理性的做法就是把城市化的进程当作现实来接受，并且不会因为它一开始的不够完美而失望。逻辑的推理也许能推断出城市应该有的形态，但理性的思考却会使我们关注如何提高它。

尽管我们已经开展了大量的技术和环境领域的调查研究，但担负着将这些研究成果运用到实践中去的使命的却可能会是一个不健全的或者是幼稚的机构体系，这将严重影响研究过程。创造出一些难以为研究机构所接受和使用的技术性概念，毫无意义可言。因此，实现可持续发展的最大难题是要建立一些研究机构，用来将相关的复杂而广泛的论题糅合成一个整体，如把生态学的理论结合进城市建设的理念中，或者把管理理论运用到城市环境规划中。

相对于传统的土地规划方案，现在的规划面临的问题更加宽泛（甚至包括交通管理和密集化），而规划人员却要承担起解决这些新问题的责任。这就要求我们采取细致严密的方法来进行土地规划。也许从城市治理的层次出发是较为合适的，伴随着一些具体规划政策的实施，封闭性的管理将可能获得自由度。同时，面对着当前复杂的城市问题、广泛的自主权和平衡各种相互矛盾的主张的需要，规划者仍需要借助于敏感的想像来对城市进行规划。

尽管现在的规划比起传统的规划形式包含的内容更广泛，我们还是能提出一些解决方案，如果这些措施是基于一个地方自主权而发展和管理起来的话，它们甚至能带来很大效益。这些方案包括一个地方性的税收体系；一套有利于促进不同地区的不同发展的管理体系；以及对综合利用的鼓励性措施。在这样一些地方管理体系的支持下，关于城市住宅新方案的实验就可以开展起来。这些新的地方条约包括设立街区管理员来管理垃圾处理、停车和小区维护等方面的事务；还包括一些更深入的项目，如通过调节税收的方式设立一些“无机动车区域”，为居民设置一些专用的汽车通道等等。

一个新的管理体系和构想必须在城区里能取得这样的目标：它能与城里的教区委员会或城镇委员会发生联系，并取得他们的支持；同时，这些方法要能在一个高度本地化的基础上提供一些明显的技术性强的解决措施，并能为公众带来益处，否则可持续性发展的进程仍会失败；最后，这些本土化的政策当然要符合英国的21项议事日程（Agenda21）的目标。通过建立在优秀的科学和研究之上的城市政策，一种循序渐进的以实现可持续性发展为目标的城市管理方法将有可能形成，这套方法通过能满足社会、经济、政治和文化需求的机构来贯彻。对于规划师来说，这需要有一个宏大的构想。但这个构想并不一定就能产生紧缩城市。

参考文献

Commission of the European Communities (1990) *Green Paper on the Urban Environment*, Commission of the European Communities, Brussels.

European Commission Expert Group on the Urban Environment (1994) *Sustainable Cities Project: First Report*. Brussels.

HM Government (1994) *Sustainable Development: The UK Strategy*, HMSO, London.

Select Committee on the European Communities, House of Lords (1992) *Fifth Environmental Action Programme: Integration of Community Policies*, HMSO, London.

Shepley, C. (1995) *Still Life in Planning,* Address to the Town and Country Planning School.

通过密集化实现紧缩城市：一个可以接受的选择？

凯蒂·威廉姆斯，伊丽莎白·伯顿，迈克·詹克斯

引言

在英国和全欧洲，紧缩城市正作为可持续发展策略的一个组成部分来加以倡导。它能否实现在很大程度上取决于能否真正带来所预想的紧缩形态下的好处。这些主张对我们来说是再熟悉不过了：在更紧缩的城市形态里，人们出行的交通距离缩短了，废气排放量由此减少；农村免遭开发；地方设施得以维持，各地变得更加自治等等。尽管上述这些益处还远没有真正实现（至少到目前为止是这样），城市紧缩依然是一个被人们所遵循的指导性的政策。

问题就在于此。从学术角度来讲，可持续城市形态以及后来的紧缩城市通常被作为一种马上就可以建设的城市模型来加以讨论。人们告诉我们构建理想的城市形态已经有了许多种选择，我们现在就着手去创造了。然而，这并不是事实。除了建设一些新的住宅区以外，紧缩城市的实现还需要通过一个新的将现有城市变得更加密集的过程来实现，这个过程意味着鼓励更多的人居住到城里来；建立更高密度的建筑；“密集化”城市。因此，这些建立在国际、国内、地区甚至城市水平上的战略性效应需要通过对城市和城市形态的最大利用来实现，而这些必然会带来一些地方上的影响，这种影响是波及每个街区和每户人家的。

本文的目的就是要呈现出这些有关紧缩城市的讨论，并具体到有关“密集化”的争鸣（主要从城市居民对其的接受程度的角度来考察）。尽管理论上，紧缩的居住方式能带来战略上的效应，但重要的是“密集化”本身所提供的益处。大部分有关可持续性的定义不仅强调环境标准，同时关

注现在与未来的社会性公正和选择问题。因此，任何形式的开发都需要征得城镇居民的同意。如果不是这样的话，那些有经济能力的人将选择离开城市，而留下来的只能是最弱势的群体：这正是不可持续性的表现。

关键在于，那些战略性的目标能够带来紧缩城市所能提供的种种地方效益，例如更完备的设施和服务、更快捷的公共交通和更丰富的文化生活等，这一点十分重要。更重要的一点是：如果这些效益确实出现了，它绝不能被紧缩城市所带来的拥挤、堵塞等弊端所掩盖。在城市生活的一些关键问题上取得“城市拥塞”和“可持续发展”之间的平衡将是未来城市发展成功的关键。

研究的首要问题是充分理解“密集化”这一概念自身。这是一个包含着许多内容的复杂过程。本文将勾勒出这些部分是如何组成“紧缩城市”这一整体的，同时考察，在当前的社会及政治气候下，它是否能为城市居民所接受。

城市密集化

“城市密集化”一词没有一个统一的定义，在城市形态的讨论中它一直就被广泛使用，但通常都与某种使一个地区更加紧缩的过程相联系在一起。洛克（Lock）把“密集”解释为：“在开辟绿地之前，能使我们最充分的利用城市土地的过程。”（1995年），纳西（Naess）把它描述为鼓励“对已经发生了工业对自然界的侵犯的地方”进行开发的过程（1994年）。然而，罗塞斯（Roseth）却把“密集化”看成一个城市“巩固”的过程，这种“巩固”他解释为“人口或房屋数量在有限城区里的增长”（1991年）。罗塞斯对“密集化”概念的界定在这儿非常有价值，就像许多讨论所揭示的那样：紧缩城市形态和可持续发展之间的联系取决于城市中人口和建筑的密度。

密集和巩固都是用来描述一些策略的，通过这些策略一个地区可以得到更紧密的建设与利用。在澳大利亚，巩固这一词已经在政府政策中被使用了超过二十年。因此，在澳大利亚的文献里，这一过程被详细地描述和界定。例如，《国家住宅战略》（Minnery，1992年）中，就将“巩固”、密集以及紧缩这几个词互相替换使用，用来描述这样一些过程：发展高密度住宅区；在一些未开发的土地上开展大规模建设；一些强调建造城镇住宅、公寓和联排式房屋的发展计划。在英国，环境部有关密集化的研究表明，这一过程其实包括了许多现象（牛津布鲁克斯大学）。他们从建筑形式和建筑活动两个方面给密集化下了的定义。在建筑形式方面的定义包括：对现有建筑或在已开发地区进行提高密度的改建；建筑的细分和改造；对现有建筑结构的增建或扩建；对城市未开发土地的开发。在建筑活动方面的定义包括：增加对现有建筑和场所的利用率；改变利用方法以增加居民活动；某一地区居住人口、工作场所和交通量的上升。

本地的可接受性

英国政府最近重申了他们对密集化过程的许诺。在《英国的可持续发展策略》报告里提到：政府在2012年以前，要通过最大程度地利用城市土地（尤其是那些空闲的、荒废的和被污染的土地）和保护农村和城区中重要的开阔地来实现对全国土地资源的合理使用。（英国政府，1994年）。这一指导性的规划同时也强烈拥护开发现有的城区土地，近期的一个居住报告《我们未来的家园》白皮书就申明了这一点："在现有的城镇范围内发展建筑远比开发那些郊区的绿地更利于可持续发展。"（英国政府，1995年）

城市密集化已经扎根于英国为实现可持续发展所拟定的战略中。从定义的角度来讲，紧缩城市的政策提倡一系列前面所提到方法，但是必须承认人们仍需要关注这些政策之间的联系和他们被贯彻的程度。就像明纳里（Minnery）所警告的：如果当前的城市形态带来了一些不利的因素的话，那么其中一些问题在紧缩的形态下有可能会更加恶化（1992年）。英国政府同样意识到了密集化政策后面潜在的问题。那些旨在推行城市"巩固"的政策和指导方针中也掺杂着类似的警告。如《规划政策指导：城市住宅》（环境部，1993年）建议到："开发的需要与保护的利益之间要保持平衡。"（第2段）同时，"为确保二度发展所带来的累积效应不会影响原有居民区的特色和舒适性，敏感的规划控制是必需的。"（第20段）

在澳大利亚，人们同样意识到了"平衡"和本地的可接受性的问题。明纳里（1992年）提到："城市巩固的目标是广受赞誉的，但并不意味着能被所有人接受"。"对巩固的政策来说，充分考虑到各个地区特殊的条件、物理的和社会的公共基础设施的容纳能力十分重要"。此外，他还重申了考虑宏观政策对本地带来的影响的重要性。他陈述到：巩固是一个"加以本地化应用的城市策略，不断增长的居住密度会给当地带来相当的影响，并伴随着一些可以察觉到的地方文化价值的削弱和舒适度的降低"。最后，他总结到："政府方针的贯彻同样需要得到本地公众的支持"。

在这里，公众支持的问题可以得到更深入的讨论。尤其是密集化政策是否在英国被接受的问题更需要引起注意。洛克在他近期有关建设新住宅需要的论文里提到了一个深刻的问题"高密度的居住方式是否为英国人所接受？"（1995年）这篇文章引用了大量欧洲、澳大利亚和美国的例子来阐述紧缩政策的吸引力和可接受性问题，并重点列举了围绕着紧缩城市所带来的地方性影响的许多争论。这里作者无意重复理论上的得失，他只是想突出那些来自普通地区的城市居民对这一问题的各种看法。当然，采纳这样一个视角并不意味着要为这些城市居民的观点做出正误（持续性或非持续性）的判断，但是它却反映了一个地方民主体系下的地方观念的重要性。如果这些政策本身没能得到地方政治力量的支持，那他们将很难在实践中贯彻下去。

在这里，有许多密集化所带来的重要影响的问题需要被讨论。它们是：城市密集的空间效应；城市的形象和活力；社会冲突和城市供给问题；以及密集化对交通带来的影响。

城市密集化的空间效应

赞成紧缩城市的一些意见与空间效应之间存在着直接的联系。人们主要认为在现有城区进行开发将减少乡村土地被征用的压力。同时还能使城区得到更有效的利用，尤其是那些被荒废、受到污染和闲置土地的使用。这些观点同时也受到了一些主张“乡村保护”和“城市更新”的团体的拥护。然而，那些相信城市发展已趋于饱和的人则对此不以为然，他们认为从最宽泛的角度来讲，接下来的开发只会对环境质量带来不利的影响。科利斯将这种恶劣的情况归纳为：“当那些定居计划把对环境质量有重要影响的公有和私有绿地侵占以后，他们必然也会把自己消耗掉。”（Collis，1995年）

这种“过度开发”感已经使一些地方公众聚集在一起，抗议他们所看到的“城市拥挤现象”。他们觉得周围的人越来越多，空间和生活的乐趣却在逐渐减少。这种情况导致了一些针对城市开阔地（包括一些运动、游乐的场所）和偏远地区开发计划的斗争（时代周刊，1995；Boyle，1984年）。这些斗争很容易被激化，因为人们对本地民众不能参加当地发展进程的决策过程的现实感到深恶痛绝，也更讨厌发展商的贪婪（Busted，1980年）。大部分讨论的焦点集中在发展所带来的累积效应以及开发用地的价值身上（Buller，1985年），就像伍德沃德（Woodward，1988年）所提出的那样：被荒废的土地可以有很多非常规的利用方式，如用来建造娱乐场和野生公园等等。

然而，在另外一些城市，情况却恰恰相反：有大量被荒废和闲置的土地有待开发，这给整个地区带来了萧条的影响。广大的被废弃的土地或那些暂时被当作停车场、垃圾场和非正式游乐场的闲置土地给城市的景观和城区民众的心理都带来了不利的影响。近来一项由“地基”组织（一个主张对废弃土地加以有效使用的组织）委托举行的民意调查显示：有75%的民众认为荒废土地给生活质量造成了影响。在一些不繁荣的地区，城市土地已经被荒废了数十年了，由于开发成本的原因，他们几乎没有开发的机会。尽管在政策上，人们很拥护将城区土地再发展为住宅用地，但对房地产开发商而言，这些地区却没有多大的吸引力。

在那些废弃土地带来不良影响的地方，通常是城市的居民自己力图改变这种状况，无论他们是否能受到权力集团的帮助（本地开发商和本地政府）。因此，有许多组织积极地呼吁应该将本地的土地加以灵活使用；同时引发了很多群众运动来吸引开发商。例如，在伦敦，从1974年到1993年，荒废土地增长了410%（Wickens等，1995年），许多组织表示应该将住宅用地引回城市；一个名为“伦敦中心的家”（CHiCL）的社区联盟（包括一些来自巴特希、考文特花园和多克兰的组织）在伦敦市中心和周边地区发起了很多保留综合化社区（既有居民区又有工作区）的运动（CHiCL & CRPE，1995年，第3页）。然而，尽管这些组织已经在本地水平上取得了一定的效果，但他们却无法对所有荒废土地的利用问题产生积极的效应。CRPE统计过：每周都有39公顷的城市土地遭到荒废；地基组织也总结到：我们需要花上200年的时间来清除按照当前的水平不断增长的城市积压土地。（Fyson，第7页）。

图1　一个开发偏僻地区的例子
摄影：迈克·詹克斯

当前，解决这一问题的方法是让本地居民更多地参与到当地的规划决策过程中来，包括告知究竟有哪些闲置土地对他们带来了不良影响，或裁决哪些开阔地具有特殊的价值。许多地方政府在评估开阔地开发的项目时都在征求当地民众的意见，大部分政府把这些项目精炼成了高效的土地使用措施；同时也在更深刻地看待城市开阔地的利用价值和作用。一份城市规划官员协会的报告《城市绿地政策研究》（1993年）建议：人们在规划城市开阔地时，需要采用一个更富有想像力的开辟城市绿地的方法；关于绿地的所有的功能价值都要被详细考虑，例如它在城市结构中的角色、它对城镇风光的保护作用等等。这些考虑应来自于一个最新的完整的对绿地状况的监测体系，包括了解本地居民是如何看待他们周围的开阔地的。

对城市密集化的空间效应的周密考虑意味着政府在解决地方冲突的问题上又迈出了重要的一步（城市规划官员协会，1993年）。通过吸纳本地民众参与到开阔地的规划中来可以使这些政策变得更为合法。然而，更重要的困难来自城市开发过程本身（Evens，1990年），要让那些正在衰退的地区吸引到开发资金是十分困难的；而让那些正在高速发展的地区拒绝新的利益丰厚的发展计划（这些计划可能会带来一些环境的累积效应）也同样不易。地方性的行动只会影响个别的地区，发展周期所带来的影响却强大得多。也许只有在加大对欠发达地区的投资力度的同时，对城镇已经达到“拥挤”的区域进行更敏感的规划控制才能找到开发的均衡点。

城市的活力和形象

另一个被提及的紧缩城市的优点是：它可以通过对城市进行最好的设计和改善城市的活力，来创造一个振奋人心的景象，并充分释放城市的魅力。例如，密集的建筑能够使城市结构变得更连贯和一致，这些重新改造过的醒目的建筑群有助于提升城市的整体形象。此外，将更多的人带到城市中来能使城市气氛变得活跃并促进文化活动和相关设施的发展。通过这些变化，城市将以丰富多彩和充满活力的形象现身，进而吸引更多的居民和游客。

然而，公众对现代建筑的设计和质量通常持批判的态度，尤其是在那些传统的历史名城和现有的居民区中。这些批评在过去的一段时间里已经愈演愈烈了。20世纪80年代“繁荣”景象的特征之一就是许多地区的大规模的低质量开发，这种发展对地方没有丝毫的益处。在此之前，更多的综合性再开发项目迫使许多城市居民远离了自己的故土。就像巴顿（Barton）等人所议论的那样：20世纪60年代和70年代的开发在美观、

图 2 将更多的人吸引到城市可以鼓励文化和社交活动的开展
摄影：迈克·詹克斯

功能和社会效应上的失败带来了人们对这些“专家”处理环境问题的能力的普遍的不信任（1995 年）。许多评论家认为这种不信任至今仍在持续着。埃文斯将这种批评带到了今日，在对当前的规划和开发体系的设计效果进行分析时他指出：由于房价的不断上涨，这些开发带来了一些奇怪的住宅设计个案：停车库被设计在房屋的前面；人们共同分享车道；小户型住宅大行其道；独立的房屋由于综合扩建的需要被改造成了联排的房屋等等（1990 年），他相信，所有的这些趋势都降低了我国建筑的质量。

幸运的是这方面的争论中也出现了另一种意见，20 世纪 90 年代，英国的一些大型城镇见证了一些受欢迎的、高质量的建筑设计和创意。斯旺尼克（Swanwick）评论到：这些优秀的城市规划能够并且的确将人们吸引回了城镇中生活，同时，他还给出了一些最新的港口住宅区的例子，用来证明高密度的住宅并不一定导致生活质量的下降（1995 年）。那些试图将人们吸引回城镇的策略同样也产生了效益。伦敦一些区域的复苏（如卡姆登洛克）就带来了对能源的综合利用和充满活力的城市生活，这一切都是那些紧缩城市的拥护者最愿意看到的。

根据对未来住宅形态和规模的预测，人们对城市生活质量的重视将成为一种流行趋势。一项来自于 URBED（Rudlin & Falk，1995 年）关于 21 世纪住宅设计的研究表明：住房增长的需要主要来自于那些丁克家庭，他们中的许多人相信“盆栽植物和阳台所带来的乐趣和花园是相等的”（Folk，1994 年）。因此，高质量、高密度的城市住宅具有一定的市场，它已经在许多城市（如曼切斯特、格拉斯哥和利兹）变得流行起来。英国环境秘书处颁布的《城市和乡村的生活质量》（DoE，1994 年）就鼓励应找出更多的方法来提高城市对居民的吸引力。

图3　增长的城区密度能够更好地支持本地公共设施的建设
摄影：迈克·詹克斯

新的城市开发项目成功的关键在于它的位置、设计和质量。城区的开发和规划要能够迎合那些现有的和将来的城市居住者的需要。庞特（Punter）和哈伯德（Hubbard）都同意这一观点。庞特提倡规划管理者应具备一定的设计技巧，而哈伯德则以伯明翰的发展为例来比较规划者和公众在观念上的差异，从而强调规划者应该进一步了解本地民众的需要和愿望。专业人士和大众之间的壁垒需要被打破。如果民众能够在一种接纳的、专业性不太强的轻松的氛围中自愿参加到规划的讨论之中，那么观念就能被很快更新，规划方案也更易诞生。

令人鼓舞的是，现在有很多案例都体现了公众的主动参与，在伯明翰和莱切斯特，民众的确被成功地吸引到了决策之中来。也许，只有这种高水平的公众参与才能使这些规划满足人民的需求并使他们更加理解为何要做出一定的妥协。如巴顿等人所言："环境的塑造不是一个固化的过程，它需要不断发展，而发展的每一步都是我们留给后代的一部分"（1995年）。我们真挚地希望，20世纪90年代发展所留下的遗产既是可持续的又能为城市居民所接受。

社会冲突和城市供给问题

密集化的城市区域被认为能带来高度的社会凝聚力和公共精神，而且比那些低密度的社区更为安全，因为密集的住宅有更完善的监视系统。更重要的是，它们能带来更大的社会公平，服务与设施实现了本地化供给，全都近在咫尺。这种方便的供给是由紧缩城市的高居住密度所带来的，反过来讲，对这些服务的获取将使整个城区的资源分配更加公正合理。正如帕西恩尼（Pacione）所言："内城地区生活质量的一项重要指标是服务和供给设施的空间可达性"。

很不幸，这一观念却得不到一些地区的民众的支持，因为在他们居住的区域，事实并非如此。有时，这种人口的密集可能会带来一种"糟糕的邻里关系"（尤其是在一些混合居住的区域）和公共区域的拥挤状况（建筑设计合作组，1994年）。通常，这种矛盾来源于那些后来涌入的"新"居民，他们不和原有居民交往，更没有融入旧的社区生活。另外，在一些地区，服务设施的数量也无法扩展到与新增长的人口相匹配的规模。

高密度的居住状态同样给现有的居民区带来恶劣的邻里关系，过近的空间距离使得一些生活方式存在差异的居民产生了矛盾。不断增加的噪声污染就很清楚地证明了这一问题。（规划周刊，1995年）。过去的几十年里，声音干扰在显著地增长，这在一定程度上是由工业发展带来的，如汽车的喇叭声、立体声音响的声音等等，但同样应归罪于城区活动过于频繁。戴恩斯（Dynes）提出：在1980年到1992年之间，英国国内邻里间的控诉案例由31076例上升到88000例。另据报告，从1993年5月到1994年11月，由于夜晚的噪声（音乐、机器转动和汽车警报器所发出的）所造成的争吵，已经使17人被杀害，还有更多的人受伤。

另外，是否紧缩城市就能带来更好的社会供给，这一点也需要被最后证明。一篇《城市政策研究》（1991年）的论文回顾了那些有关城市巩固和社会供给之间的关系的一些研究并发现："到目前为止，那些用来证明城市巩固所带来的利益的证据还只是一些经验性的东西"。平费尔德（Pinfield，1995年）也在研究城市供给的问题，他主要考察了那些保证城市供给既能满足居民需要又能实现可持续性的方法。他强调那些由"国际地方环境倡导理事会"（ICLEI）拟定的一些方法是用来解决社会环境问题和冲突的理想的方式。他认为ICLEI的方法是正确的，本地的居民应该参与到社会供给过程的各个步骤：从优先配给到评估再到反馈，这些过程都应为居民所了解。如果人们想要限制密集化所带来的社会冲击范围，就必须采用上述这些方法。

城市居民、城市的决策者和政策执行者都需要更多的耐心和义务为一个适宜的本地供给系统而努力，同时平衡城市密集化所带来的社会影响。在一定程度上，那些居住在城市里的居民通常都需要一定的忍受力；而其中一些人却比其他人更难接受城市生活的负面影响。如戴维森（Davison）所言："也许我们天生就被分成两类人，一类人更关注人类的活动，他们认为城市生活充满了活力和激情；而对另一类人而言，城市却意味着肮脏、吵闹和危险"（1995年）。也许真有些人认为城市生活充满刺激，另一些人却觉得很压抑，但不管怎样，城市居民都不可能把严重的污染、骚乱、犯罪、供给不足或来自他人的反社会行为当作城市生活的一部分。这些不是成为密集性城市的必然结果，因此我们需要承担起这个义务并通过创造性的行动来应付这些困难。但我们要相信，问题是能够得到改善的。

密集给交通所带来的影响

有关紧缩城市形态给城市交通的好处的战略性讨论已经十分清晰，也被充分证明了：紧缩城市能够减少交通的路程，能够利于发展一些节省能源的交通方式，如步行和自行车等；同时它还提供了减少私家车使用频率的机会；并且有助于支持公共交通系统。然而，尽管这些好处在城区看来是显而易见的，但由此带来的一些地方性问题同样不容忽视。堵塞和危险的交通给步行环境带来了更坏而不是更好的影响，公交车被堵在了大街上；火车和汽车上的人员拥挤；停车找不到地方，这一切都影响着城市街道的功能和形象。许多城市居民，尤其是生活在英国大城市里的人，发现自己每天往返于拥堵的街道和车辆之间，他们甚至在家门口都找不到合适的停车位，这哪像是居住在用高效的公交系统连接起来的城市里。(Davison，1995 年)

面对这个问题，惟一的解决方法是城市居民自愿放弃私家车并选择一些更环保的交通方式：如步行、非机动车和乘坐公交车。但有迹象显示：他们并不愿意这样做。交通部的研究显示：即使在最拥挤的城市，人们都不打算放弃私家车，相反，人们倒想购买更多的小汽车（Balcombe & York，1993 年，引自 Lock，1995 年，第 174 页)。迈纳斯（Mynors）解释了原因。他强调：无论是市场还是公民个人的观念都偏向于小汽车。在另一些方面，他指出小汽车能带来舒适和个人行动的自由：包括人与人之间的安全座位（甚至还伴有音乐）；可以轻松地运输商品和行李，比公共交通更省钱等等。另外，他强调，对某些人来说，小汽车甚至是身份的象征。(1995 年)

如果说小汽车是身份的象征，那么，在英国，公交车则恰恰代表着相反的意义。就像《1981/1991 年国家交通报告》所显示的那样，它被认为是二流社会的选择。这份报告阐述到：人们认为只有那些无力承担私人交通形式的费用的人才会乘坐公共汽车。这一情况表明：公共汽车已经逐渐变成一种过时的交通方式。（1981/1991 国家交通报告，交通部，1993 年，引自 Mynors，1995 年)

当那些小汽车拥有者在抱怨交通堵塞和停车位缺乏的问题时，城市中日趋饱和的汽车拥有量给那些还没有拥有车辆的人带来了无穷的烦恼。对孩子、妇女和老人（他们不太可能拥有自己的车）来说，情况是非常糟糕的。《1981/1991年国家交通报告》显示：在1975/1976年到1989/1991年之间，步行上学的孩子在逐年减少，非机动车的使用率也下降了18%，（引自Mynors，1995年）。这主要是因为随着汽车数量和速度的上升，步行已变得不那么安全。阿普亚开展（Appleyard，1992年）的研究注意到了交通对小镇的影响。他选择了位于旧金山的三个相似的街道进行考察（这些街道的交通流量不同），结果他发现那些生活在车流量不大的街区的居民比那些生活在交通拥挤地区的人多拥有三倍数量的朋友。他同时考察了人们对“家”范围的认知，那些生活在交通压力较小地区的人认为自己的“家”包含一整条街，而那些生活在交通压力大的地区的人则认为“家”仅意味着自己的房子。他认为是噪声、震动和汽车尾气使生活在交通拥挤地区的人们互相疏远，因此他们很难把自己生活的街区当作一个社交场所。

所有的城市居民都被汽车增长所带来的大气污染所影响。《环境部第15次全英环境保护和水资源统计摘要》（DOE，1993）阐明：道路交通是导致空气质量下降的最大元凶，赫尔德（Hurdle）也报告：在英国，糟糕的烟雾状况导致1991年12月死亡率的上升（1994年）。这个问题在大城市尤其显著，城市居民对此也越来越关注。在格林威治，本地居民就在抱怨并要求关闭一条主干道，因为它严重影响了空气质量，并由此带来了对居民健康的威胁。

那么这一切将怎样影响正在变得越来越紧缩的城市的未来呢？这种情况会一直持续到陷入窘境的地步吗？希望不是！有迹象表明，大众对小汽车的态度有可能被改变，只是这个过程会很慢！军部驾驶调查组的研究（Buck，1995年）显示：有三分之二的驾驶者表示他们愿意看到汽车的使用被减少，然而，问题是征收通行税和增加燃料税的做法依然不受欢迎，大部分驾驶者只愿意接受严格的停车控制措施。在一些区域，一些城市居民开始向邻居们解释拥挤的交通所造成的损失，并开始决定拥护限制措施。例如，在剑桥，政务会就在讨论封锁部分街道，以实现减少交通流量和污染并改善市中心的环境质量的目标，因为当地政府发现，“为了提高环境质量，越来越多的公众放弃了对机动车特权的需要。”（今日地方交通，1995年）。

三分之一的英国郡县已经签约参加了交通觉醒的运动，原因在于人们已意识到他们的所作所为给环境带来的破坏，他们会尽量少使用小汽车，或通过共享汽车提高使用效率。其他的志愿运动，如国家自行车周、绿色交通周、“请不要窒息英格兰”等活动都有着相同的目标（Hughes，1995年）。一些地区，人们采取了更直接的行动，例如在爱丁堡，人们计划建立“无机动车住宅区域”，在那里的居民被要求不使用汽车。（规划周刊，1995b）

图4 车辆的容纳问题已经给居民区造成了不良影响
摄影：迈克·詹克斯

也许这些策略会取得一定成功，但能改变自己习惯的人毕竟有限，尤其是当周围其他的人照旧我行我素时。许多英国人已经习惯了对小汽车的奢侈的占有和使用，他们不会轻易放弃这种生活。尽管公共交通系统可能同样便捷和便宜，对许多人来说，它仍未足够高效到可以取代私家车。因此，在具体的措施被采取之前，公交系统取代私家车的进程仍需要相当长的一段时间。

小结

以上的讨论和相关事例清楚地表明：为实现紧缩城市而实施的策略给地方带来的影响是充满争议的。有事例可以证明，城市从“密集化”中获得了许多好处，尤其是在以下一些情况时：新的开发促进了地方的发展；城市的集中化使城市生活变得更加丰富多彩；一些高质量的城市建筑被创造了出来等等。然而，仍然有一些城市或城市中的部分地区由于过度发展和过度拥挤给当地居民的生活质量带来了不利的影响，这些影响包括：城市开阔地的减少；交通拥挤；空气、噪声及光污染的产生。

城市居民如何看待他们的邻居取决于他们对形成邻里关系的过程的理解。如果这些过程被认为是不公平的，那他们会保留一种不接纳的态度。当前，可持续性发展在政府发展战略上提得很多，但要真正走进普通居民的心中仍需时日。因此，值得担忧的是：如果城市居民对密集化的目的不甚了解，那么他们很难在被需要的时候做出一些让步，并且不会接受那些为实现可持续发展所带来的地方政策的变化。

平费尔德（Pinfield，1995年）在兰开夏针对部分群体开展的研究进一步证实了这一观点。所有的群体都显出了一种对公共机构（也包括政府）的不信任，并且对“可持续发展”这一用词相当不熟悉。很显然，在这样一种情况下，城市密集化不太可能被认为是正确的，除非它的良好后果（如使城市改头换面等）能真正被民众意识到。然而，在调查中，同样是这些人显示了强烈的地方性和对所在社区的依恋。也许切实可行的方法是充分发挥这种居民社区意识，并将它和可持续发展的目标联系在一起，改变公众对可持续发展的看法。

如果真能建立这种联系肯定会带来益处，但是否只要公众认识到可持续发展的意义，他们就会接受这种观点？人们真愿意为了将来后代的利益而做到：放弃使用小汽车的快乐；利用公共交通系统出行；并住在相对拥挤的住宅里吗？欧文斯（1995年）相信：作为公民的居民和作为消费者的居民，他们所想的会有很大的不一样。作为公民，人们同意为了长远的遏制全球变暖的目标来减少交通路程并接受其他相关措施；但作为消费者，人们仍然愿意拥有小汽车（以避免公共交通所带来的不方便），并仍愿意保持当前的高额消费习惯。正如戴维森所言：“对我们来说最好的东西未必就是我们最想要的”（1995年）。这很清楚地解释了有关交通的民意调查的结果：人们支持对汽车使用进行控制，但却只同意对他们进行尽可能少的限制。

那么，留给负责实施紧缩城市，并使城市变得更富吸引力和朝气的规划者的将会是一个怎样的选择呢？首先，这套密集体系要有效益，并且这些益处能带来足够美好的城市生活以吸引人们回到城市。但这其中同样也会产生一些矛盾和问题。一些矛盾需要通过有效的地方管理制度和人们的公共意识来克服。本地居民能够参与到决策制定过程之中去，但这需要通过通俗教育，公民意识和对本地公共服务设施发展的参与性来实现。如果密集化的某些方面的确能使城区变得安全而富有吸引力，人们自然会选择回到城市中。然而，教育和鼓励参与应该通过一种代表公众需要的方式来实现，即制定一些直接阐述公民权的条文（Morrell，1990年）。当人们乐意作为公民而不是个人或市场的面目时，他们可能会做得更好，并充当起可持续发展道路的领路人。将可持续发展的成败放在某些有时间、有资源和有能力的居民的志愿行为的身上是远远不够的。如果我们这样做了，对于那些为了在地方层面上实现紧缩城市的战略目标所需要采取的行动而言，将是一种粗暴的和不充分的反应。

参考文献

Balcombe, R.J. and York, I.O. (1993) *The Future of Residential Parking*, Transport Research Laboratory, for the DoT, HMSO, London.

Barton, H., Davis, G. and Guise, R. (1995) *Sustainable Settlements: A Guide for Planners, Designers and Developers*, University of the West of England and the Local Government Management Board, Bristol.

Boyle, E. (1984) Guerrilla tactics to keep Dallas out of Dorking. *The Listener*, 11 October, **112(2879),** pp.4-6.

Buck, C. (1995) *MIL Motoring Omnibus*, MIL Motoring Research, (Division of NOP Group), London.

Building Design Partnership (in association with the MVA Consultancy and Donaldsons) (1994) *Chester: The Future of an Historic City*, Cheshire County Council, Chester City Council and English Heritage. Chester.

Buller, H. (1985) *Citizen Action and Urban Renewal: A Case Study*, Oxford Polytechnic, Department of Town Planning, Working Paper no.85.

Busted, M.A. (1980) IBM at Bowden: locational conflict in a suburban area of Greater Manchester. *Manchester Geographer*, Autumn **1(1)** pp.50-70.

Campaign for Homes in Central London and Council for the Protection of Rural England (1995) *Plea for more homes in London*. Press release, 27 July.

Davison, I. (1995) Brave new world? *House Builder*, February pp.3-4.

DoE (1992) *Planning Policy Guidance 3: Housing*, HMSO, London.

DoE (1993) *15th Digest of United Kingdom Environmental Protection and Water Statistics*, HMSO, London.

DoE and DoT (1994) *Planning Policy Guidance 13: Transport*, HMSO, London.

DoE (1994) *Quality in Town and Country, A Discussion Document,* HMSO, London.

DoT (1993) *National Travel Survey 1989/91*, HMSO, London.

Dynes, M. (1994) Ministers plan to pull the plug on noisy neighbours. *The Times,* 21 November.

Engwicht, D. (1992) *Towards an Eco City, Calming the Traffic,* Envirobook, Sydney.

Evans, A. (1990) *Rabbit Hutches on Postage Stamps: Economics, Planning and Development in the 1990s*, The 12th Denman Lecture, Granta Editions, Cambridge.

Falk, N. (1994) Letter to *Town and Country Planning*. December, **Vol. 63, No. 12,** p.352.

Fyson, A. (1995) Don't count on the Lottery. *Planning Week,* 13 April **Vol. 3, No. 15**, p.7.

HM Government (1994) *Sustainable Development: The UK Strategy*, HMSO, London.

HM Government (1995) *Our Future Homes, Opportunity, Choice, Responsibility, The Governments' Policies for England and Wales*, DoE and Welsh Office, HMSO, London.

Hubbard, P. (1994) Professional vs. lay tastes in design control - an empirical investigation. *Planning Practice and Research*, **9 (3)**, pp.271-87.

Hughes, P. (1995) Travel awareness campaigns: taking transport dilemmas onto the doorstep. *Local Transport Today*, 11 May, p.12.

Hurdle, D. (1994) Time for targets for sustainable transport. *Planning,* **1086**, 16 September pp.24-5.

Light, A. (1992) Lack of breathing space. *Surveyor*, 20 August.

Local Transport Today (1995) Street closures and targets planned as Cambridge joint committee tackles traffic. 16 March.

Lock, D. (1995) Room for more within city limits? *Town and Country Planning*, July, **Vol. 64, No. 7**, pp.173-176.

Metropolitan Planning Officers Society (1993) *Urban Greenspace Policy Study*, Metropolitan Planning Officers Society, Oldham.

Minnery, J.R. (1992) *Urban Form and Development Strategies: Equity, Environmental and Economic Implications. The National Housing Strategy*, Australian Government Publishing Service, Canberra.

Morrell, F. (1990) The relevance of citizenship. *Policy Studies,* Winter, **11 (4)**, pp.51-8.

Mynors, P. (1995) Planning policies to reduce transport emissions - will they work? *Report,* February, pp.36-8.

Naess, P. (1993) Can urban development be made environmentally sound? *Journal of Environmental Planning and Management*, **Vol. 36, No. 3**, pp.309-33.

Owens, S. (1995) *I Wouldn't Start from Here, Land Use, Transport and Sustainability*, Linacre Lecture Series, Transport and the Environment, 9 February, Linacre College, Oxford.

Pacione, M. (1989) Access to urban services - the case of secondary schools in Glasgow. *Scottish Geographical Magazine*, **Vol.105, No.1**, pp.12-18.

Pinfield, G. (1995) Indicators, institutions and public perceptions. *Town and Country Planning*. April **Vol. 64, No. 4**, pp.117-9.

Planning Week (1995a) RTPI urges the Government to clarify responsibilities on noise. 31 August, p.22.

Planning Week (1995b) Edinburgh eyes car-free residential zones plan. 30 March **Vol. 3, No. 13**, p.7.

Punter, J. (1994) Design control in England. *Built Environment,* **20 (2)** pp.169-80.

Rankin, R. (1995) Battle of the Greenfield. *Planning Week*, 8 June, **Vol. 3. No. 23,** p.13.

Roseth, J. (1991) The case for urban consolidation. *Architecture Australia*, March pp.30-3.

Rudlin, D. and Falk, N. (1995) *21st Century Homes, Buildings to Last*, URBED, Joseph Rowntree Foundation, York.

Swanwick, C. (1995) All around the houses. *Planning Week*, 3 August, **Vol. 3, No. 1**, p.19.

The Times (1993) Hastings residents opposed to Boots planning application, 7 August.

Urban Policy and Research (1991) Forum special, urban consolidation - an introduction to the debate. **Vol.9, No.1**, p.78-100.

Wickens, D., Rumfitt, A. and Willis, R. (1995) *Survey of Derelict Land in England, 1993. Vol. 1 Report*, HMSO, London.

Woodward, S. (1988) Is Vacant Land Really Vacant? *The Planner*, January, **Vol. 74, No. 1**, p.14.

第二部分　社会及经济问题

导　言

可持续性的概念纷繁复杂，对城市来说尤为如此；它涉及到社会的、经济的及环境中的诸多问题，而且就城市的发展而言，可持续性必须在以上三个方面都得以体现。然而，这三方面的关系却又是错综复杂的，其中一个方面所取得的收益却可能会导致另外两方的损失，学者史密斯就曾尖锐地指出，一味地追求以环保为主旨的改革目标，会因为忽视相关的社会及经济问题而带来极其严重的后果。在第一部分我们已经陈述了有关紧缩城市的理念的一般理论；本书接下来的两个部分将进一步对这些理论进行详尽的剖析。首先要探讨的就是社会及经济方面的问题，这种讨论是建立在以下两个相互交织着的分析角度之上的：第一，从社会及经济的角度看，紧缩城市是否真的是最具有可持续性的城市形态；第二，紧缩城市是否是一种现实可行的改革目标，这一点在一个以市场为主导的经济环境中显得尤为重要。支持紧缩城市的人认为，通过使城市区域密集化，将会形成更加安全和更具活力的城市环境，它将有助于地方贸易及服务活动的开展，并能实现更大程度的社会公平。这些观点在第一部分早有论述，但却缺乏有利的经验证据为之佐证。特洛伊(Troy)考察了一些社会方面的问题，并就上述观点提出异议。他坚信，对澳大利亚而言，紧缩或聚合只会离传统住宅的平等主义本质越来越远，并剥夺了人们追求现在已经拥有的家庭及社区生活方式的自由。史密斯和特洛伊都认为，如果紧缩城市成为现实的话，人们的生活质量将会大为降低。

当然，要是紧缩城市能否实现的问题都还没有解决，就更谈不上它的可持续性的问题了。一些作者指出，相当一部分的英国人正在从城市涌入更偏远的地区或郊区居住，可见，在人们的居住标准不断提高的情况下，扩大居住空间的需求已经日益明显了（Knight，Crookston等）。既然创建一座完整的新城不是一件容易的事情，那么紧缩城市最有可能的实施模式就是使原有的城市区域密集化——提高密度，增加活动量并实现功能的综合利用——并号召人们返回城市居住。要使这一点成为现实，必须满足以下两个条件：城市的紧缩化开发对建筑环境的实施者（开发商、投资机构）来说是一件有利可图的事情；为此，紧缩城市还应该是一个对消费者（居民、企业雇主、服务业者）具有吸引力的生活环境。

奈特和弗尔福德（Knight & Fulford）从房地产市场的视角出发探讨了紧缩城市的可行性问题。弗尔福德对开发商的态度持乐观的意见：因为访谈显示，只要相关的壁垒被打破，开发商完全有可能欣然接受紧缩城市的理念。奈特却没有弗尔福德那么乐观：他着重探讨了土地开发中时常面临的问题，尤其是土地污染和条块分割化的土地所有权形式。

克鲁克斯顿（Crookston）等人则从消费者的角度来说明紧缩城市的可行性，并强调了生活质量的重要性。他们指出，要使紧缩城市的提议受到欢迎，就必须保证这里的生活质量与郊区或乡镇的一样高，或者至少与不实行密集化的城市相差无几。奈特和格林（Green）都支持这种观点。特洛伊则强调文化背景对人们的生活质量观的影响：相比之下，澳大利亚的城市居民会比欧洲人更难接受紧缩城市的概念。同时，来自不同领域的人——专业人士，如建筑师、规划人员和城市设计师与普通民众对高密度的城市也持有完全不同的意见。而这些对生活质量的不同理解最终将会影响紧缩城市的可行性。格林相信，摆在可持续性的城市形态的倡导者面前的难题是，也许只有使城市变得稍“瘦一些”才能增强它的魅力。

正如格林同时又指出的那样，还存在着影响紧缩城市的可行性的其他方面的因素。居住地点、就业及服务设施的场所并不是简单的由生活质量所决定的。而结构性的经济及社会条件，如劳动力的空间分配等也会影响一个城市的发展形态。因此，要驳斥分散化的理论，就必须讨论这些更广泛的话题。

总之，第二部分中各篇章的作者们并没有反对紧缩城市的理念，但贯穿这些章节的一个共同主题是，要使这一理想变为现实，就必须像对待环保问题那样，对经济及社会方面的问题也给予同等程度的重视。同时，还要合理地控制和管理紧缩城市。有人认为，城市管理者应该采取一种现实主义的、均衡的策略，而紧缩城市的概念也需要进一步扩展，以便把更大范围的居住区的密集化方案也包含在内，如泛中心区及郊区，我们可以用便捷的交通网络将它们连接起来。一种均衡的规划思路应旨在实现最优化的紧缩城市环境或其他可供选择的城市形态（Knight）；而格林则指出，为实现紧缩城市的诸多优势，应对紧缩城市或紧缩化的城区实行区域化管理。要在紧缩化的城市中心构建一个高质量的生活环境，就必须使之具备足够的市场吸引力，完善的服务设施以及良好的建筑设计及交通设施（Crookston)。尽管创建具有社会及经济上的可持续性的城市是一项复杂而又艰巨的任务，但接下来的各章节仍将向我们展示紧缩城市的发展潜力，并就如何使这些潜力变为现实提出恰当的建议。

穿越夹笞刑道：围困在腐烂面包圈里的紧缩城市

赫德利·史密斯

引言

“紧缩城市”的历史可以一直追溯到圣经时代，当时一系列的政府职能都是围绕着城门而展开的，主要体现在对进出城市的人进行监管，并保卫城市免遭侵犯。在英国，防备森严的中世纪城市时代产生了坐落于城墙之外的郊区，而此时，城市居民所拥有的特权和经济地位总是比郊区居民要优越得多，当然这二者之间在经济上也存在着相互依赖的关系。但是，工业化及机械化交通的出现，使得城市化的浪潮持续推进，从而再也无法遏制城市扩张的趋势了。如今，我们正在对这个发展过程进行重新评价。紧缩城市及可持续性的理论依据主要是从以下几个方面抽取出来的：

• 以发展为导向，对内城的成功改造；

• 对简·雅各布斯的研究成果的再发现；（尤其是在 1965 年和 1972 年）；

• 建筑师对城市形态进行了理性的现代分析（Rogers，1994 年）；

• 在建筑形式方面，一种折中主义的后现代设计方法的应用；

• 社会对建筑“景观”及城市活力的向往；

• 对犯罪问题的关注，以及希望通过密集化的开发和对公共空间的人性化利用来获得社会安全的美好愿望；

• 无论是在实际上还是象征意义上，城市在本地区、本国乃至国际社会中所扮演的重要角色；

• 降低城市开发对当地乃至全球环境的影响的需要。

紧缩城市的理论主要围绕着以下三个方面的内容来展开——环境、社会及经济。促进可持续性发展，尤其是在一系列环境问题上的可持续发展，是当前讨论的焦点所在。对城市安全及激活城市的生命力等问题的关注，促使人们进一步思考，应该或者能够以何种方式去生活与工作，这就是“社会”问题的主线。在经济方面，人们主要探讨的是，在一个正在重新建构的全球经济秩序中，区域内、国家内部以及各国之间为吸引投资及刺激消费所展开的竞争对经济的可持续发展所产生的影响（Smyth，1994年）。尽管这三条主线都涵盖了社会、经济及环境方面的问题（如损益分析就是一种应用在环境问题上的经济学分析工具），但有关紧缩城市的实施方案通常都是以物理学的术语来表达与阐释的，这可能是因为，采取这样的陈述方式会使紧缩城市的概念更加明晰，也最容易被把握。而如果以政治学的术语来表达这个概念则能产生最迅速的反响，因为人们将会对预期的经济及社会效应能否实现的问题有所关注。紧缩城市也是与对环境及可持续性发展问题的关注交织在一起的。

在学术界，人们提出了各种各样的紧缩城市理念。在建筑领域，勒温·克里尔（Leon Krier，1984年）进行的是回溯性的研究，而理查德·罗杰斯爵士（Sir Richard Rogers，1992年，1994年）则提出了一种现代的城市开发方案。在规划领域，简·雅各布斯的开拓性研究对后代产生了深远的影响，近年来又呈现出死灰复燃之势。还有一些来自警界及社会学领域的专家所提出的解决方案，也都或多或少地可以归结到紧缩城市上来。（Berman，1983年；Whyte，1988年；Zukin，1988年；Poole，1991年；Comedia，1991年；Coleman，1990年）。有一些解决方案是用设计开发的术语来表述的。而克里尔、雅各布斯、科尔曼及其各自的追随者所提出的则是城市物理结构方面的规划方案，并由此而开拓了他们各自的“规划时代”——或已消逝，或是正在继续。这些方案基本上都表达了一种理想与现实相互交织的设计思想。普尔（Poole）从根本上关心的是，通过把居民及其活动引导到城市中心来改善城市现有的状况。而科米迪尔（comedia）则主张对城市进行更细致周密的设计。贝尔曼（Berman）认为，我们今后应实施以环境及生态为基础的开发模式，但这种开发又依赖于一种新的城市社会形态的产生，它将打破城市的社会平衡，并挑战着我们有关城市的陈旧观点。

贝尔曼所提出的是一种进步主义的观点。尽管本文的作者对他的全部理论依据不敢苟同，但其观点的重要性却是不言自明的——它体现了物理结构与社会生活之间相互依存的关系。他指出，这种社会改革的潮流是不可逆转的，任何企图扭转这种潮流的做法都是徒劳：当然，改革的结果可能会形成一种新的挑战，它将产生新的社会形式，这个产物会以戏剧性的方式推动可持续性发展及紧缩城市的诞生。（Young，1990年；

Smyth，1994年）

本文旨在探讨紧缩城市的发展潜力及其所面临的危机。我的主要观点是，只有当紧缩城市的物理形态是与一种为整个城市所认同的社会目标保持绝对的一致的时候，其最大程度的发展潜力才会得以实现。

现在，创建一座紧缩城市的理念在很大程度上是为环保方面的考虑所驱动的。它实际上是对郊区的蔓延以及“边缘城市”的无效性的一种直接反应（Garreau，1991年；Davis，1990年 & Sudjic，1993年），并尤其关注这些城市形态在社会生活及经济方面所带来的损害，以及能源消耗和污染等问题（Rogers，Fisher，1992年）。环境因素正被视为最重要的一个环节，也由此产生了一场指向可持续发展的运动，这场运动已经在规划政策及其实践中开展起来了。在英国，该运动是与加强地方政府对规划政策的控制权的倡议以及 PPG13（规划政策指导 13，号召有助于减少交通需要的土地利用规划）的付诸实施联系在一起的。

很难想像在今天这样的形势下，会有人对促进可持续性发展并特别是紧缩城市的发展的观点提出异议。本文是支持紧缩城市的提法的，但这是一种“质”的支持。我认为，现在的理论完全为“环境”所主导，从而使社会及经济问题沦为了政策的“结果”而不是“原因”。而历史经验告诉我们，这种现象值得我们警惕。苏吉奇（Sudjic）指出，在历史上，各种城市理论都没有认识到，它们的目标以及难以预计的实施后果使得每一次变革都产生了某种意义上的社会倒退。苏吉奇对这种从理论到实践式的改革行动曾作了如下的评价：

> 尽管只有建筑学背景的城市理论家为各自的规划策略加以了种种虚饰，但围绕着这些规划模式的却总是两个基本的相互尖锐对立的主题：高密度的城市——对应着分散化的、低密集度城市。站在其中的一个极端之上的那些人，希望维持乃至提高城市现有的密度水平，而另一边则是分散派。两派的人都以现代城市的种种诟病来指责对方的立场。（第 10－11 页）

因此，我在表达支持态度的同时，总忘不了要提醒人们注意历史上的一些经验教训，正是它们使问题极端化，从而导致了错误的结论。在本文的分析中一个关键的立论点是，从社会的根基中剥离出来的紧缩城市，可能会陷入社会的孤立与诘责的困境。这就是我所说的“围困在腐烂面包圈里的紧缩城市”。我的分析将会集中在建设紧缩城市的环保依据及社会依据的相互关系之上，它表明，如果没有把明确的社会目标自始至终地贯彻在实施方案之中，那么由环境主导的政策及其实践将可能发展成一种社会倒退，乃至法西斯主义，该理论建立在环境决定论和社会达尔文主义——一种认为社会及文化因素是由生物过程，即进化所决定的理论——的基础之上。以环境为理论基础的紧缩城市将可能会造成这种过失性的后果。

上述的推断怎样才能变为现实呢？我们真的确定会产生这种后果吗？我将在下文中指出，上述的推断是从现实的证据中得出的。当然，我们尚无法加以确认；事实上，我们希望通过吸取历史的教训以及陈述现实的状况，来避免此类过失性后果的发生。当我们把环境理论推演到“紧缩城市”的时候，必须确保在高举理论的旗帜之前，就已经站在城市的大门口，进行过充分的考虑与验证了。

紧缩城市形态及其局限

城市的心脏，其历史流传下来的核心地带，是紧缩的。这一点在堡垒式的城市及筑有城墙的小城镇中表现的最为明显。欧洲的城市模式，特别是意大利式的城镇，就是明证。甚至北美地区的一些现代化城市也有自己的紧凑中心。这里的紧凑化程度不如欧洲那么明显，而且通常是以拥有功能各异的中心区为主要特征，如纽约的商业区、海岸的居民区以及洛杉矶的“下城区”，它们没有像传统的欧洲城市那样实现了综合利用（综合利用是紧缩城市的主张），也缺乏令人向往的社会多样性以及由此带来的凝聚力，但由于市内交通尽量缩短，尤其是各个功能区在空间上毗邻，其环保效能是非常明显的。

在紧缩城市的物理结构上存在的一个最主要的问题是，现有的城市都是由一系列在城市界限之内不断延伸的中心区域所组成的。这既是城市扩张的结果，又是在零售业及写字楼的开发上实施规模经济的产物，在这些延伸区，物业的租金要比旧的市中心要低得多。于是，城市里开始出现新的紧缩中心，如巴尔的摩的海港区，伦敦港口住宅区的加纳里码头，伯明翰国际会议中心一带经过重新修缮的区域，以及伦敦大路两旁供人们游憩之用的带状区域等。为了提高城市的运作效率，现存的中心区应具备适宜的公共基础设施，并对空间加以综合利用和多样化利用。而现有的许多延伸区则需要确定自己的中心区域以便实现紧缩化。从许多方面来看，这个过程早就已经开始了；例如，在英国实施的可持续发展政策正努力使新的开发项目沿着交通枢纽——已有的城市交通中转站而建设，同时，在城市的边缘地带新建的公交车站开辟大型的停车场。这项工程本身已经耗资不菲，如果涉及旧建筑的拆迁及新设施的重建的话，那么花费的能源以及财政资金将是非常可观的。

不过这些问题只要稍动脑筋就完全可以解决，它们也不会对理论性的概念依据构成威胁，因为所牵扯到的主要还是经济问题。那么，怎样才能解决呢？将现有的城市中心区域按照紧缩城市的形貌加以改造是完全可行的。其实无论中央或地方政府的态度如何，城市之间在全球范围内所展开的竞争就完全可以持续的推动这一开发密集化的过程。不管人们是否赞同这种观点，但事实上经济的潮流正在向那个方向迈进：

> 建筑、城市设计及城镇规划如今都不得不把城市市场化当作开发过程一个部分；的确，无论是政府还是个人都太过关注“供给”方面的问题，而把需求、竞争利益、社会效益及人们真正需要的东西的内涵与外延都抛在了脑后。(Smyth，1994年)

政治上的支持也会随之而来，以确保在已经实施了可持续性项目的投资的内城获得相应的经济效益。持续地为旨在建设紧缩城市的政策提供资源以及后备也许并不是一件会挫伤人们的积极性的事情。

这样一来，我们是不是可以认为经济是驱动城市紧缩化发展的根本动力了呢？我认为不是这样，当我们在更大的区域范围内实施紧缩化开发并改造城市现有的结构之时，问题就会出现了。在政治指令缺席的地方，经济也许可以运转得很好。20世纪60年代以伦敦卫星城来定位的克洛顿开发方案就是受经济因素驱动的，当时的政策虽然也发挥了重要作用，但却不具备全国性的效应。克洛顿及与之相对的边缘城市的发展，绝不会在政治权利缺席的情况下或经济利益的刺激下转而接受紧缩化开发的理念，尤其是当生活在这里的人认为以自己的方式也可以良好地运转城市的时候。在使用者与城市形态之间充当调解角色的人首先是开发商而不是规划人员，正如苏吉奇所言：

> 开发商在城市塑造中拥有最终的裁决权，但可供他们自由发挥的空间却是由市场所决定。他们不得不向现实的状况低头，而不是与之相抗衡。他们受各种压力的支配：银行心血来潮时的变卦，规划员及活动家总是试图以立法的方式迫使开发商把宏观的城市开发图景考虑在内。然而，要从一个“真实的城市”中分割出一块地来进行修建，却不是传统开发商的强项。……房地产市场发展的最新特征是跨国化与公司化。跨国开发的本质意味着资本将投向为数不多的几个城市，大量的金钱如潮水般涌入，这里的城市轮廓得以重构。跨国化的开发商不会响应在次要的地方开发紧缩城市的号召。除非是一些大型的开发项目，如伦敦的宽门及纽约的巴特力公园，因为在这里他们有权发号施令。(1993年)

这一部分的内容告诉我们，如果要以紧缩城市为主要的城市形态，恐怕还有诸多的制约因素。而其中最主要的就是经济方面的因素。紧缩城市理论并没有考虑到经济是诱导城市开发的起因；相反，它只预见到了可能产生的积极的经济后果。

惟一可行的解决途径是制定并实施苛刻的规划政策来抵抗来自经济领域的压力。这可能会以其他的概念，如赋权的形式出现。同时，只有当人们对紧缩城市作为一种可持续的建筑形态达成了充分的谅解与一致意见之时，这种政策才能奏效。伍德（Wood）和达布斯（Dubos）以及主张无政府主义的吉拉德特（Girardet）的开拓性研究就是两个可供参考的先例，他们分别主张区域化和分散化的城市开发。

这部分还说明，即使在环境问题上达成了一致，商业界，尤其是开发商在经济利益的驱动下也不会执行紧缩城市的政策，除非他们能够获得经济利润。严格的规划政策很可能会引起开发商对政策压迫及说客的反感与愤怒。

本部分业已阐明的主要观点是，在提升、灌输和构建紧缩城市的理念时会遭遇经济上的实际困难。我们的结论是，除非能够经历贝尔曼所构想的那种彻底的社会变革，可以期待的最好的解决途径莫过于创造多样化的建筑形式，包括紧缩城市。而通过实施更温和的规划策略，紧缩化的城市中心将会与现有的郊区和边缘城区并存。这样将导致一种同心环式的城市形态的复兴——紧缩城市位于正中央，其外围则依次是过渡区及外环郊区。

紧缩城市及社会纳入

有助于促使紧缩城市中心创建的两个重要措施是：

- 承认综合开发是一项合法的房地产投资方式；
- 在中心区提供设备和师资一流的学校。

就第一项措施而言，财政制度一向都坚决反对房地产项目的综合开发。这在很大程度上是一个法律问题。由于办公楼的租借期与零售店的租借期是不同的，从长远来看，对单个的项目进行重复开发的可能性极小，如果还把住宅开发考虑在内的化，情况就更复杂了。解决这一难题的一个途径是制定一些房屋租赁的标准，当然这可能会给相关的住房立法及住户的安全带来一些负面的社会效应，但它无疑可以促进住宅租赁业的良性发展。

另一个可能的解决途径与设计施工有关。我们可以将建筑设计成许多独立的框架，以便用户根据自己的需要自由地组织房屋的空间结构，这在技术上是完全可行的：于是整个城市便成为一个支架式的大仓库；

其中的框架可以进行随意的扩充与拆卸，而每个单位空间也得到了循环利用，这样便可以抵消该设计中的一些额外耗费——如需要使一种长效的、组织松散的设计方法符合一般的设计基准。这种方法涉及到了标准化的问题，当然还有多样性、细节度及建筑美感的问题。而这种方法能否为人们所接受，就得看有没有人愿意首先尝试一下了。但是我相信，一旦人们接受了它，便可以推动城市标志性建筑物的修建，从而构造出具有生动的视觉冲击力的城市中心的建筑奇观。（Harvey，1989 年；Davis，1990 年；Sudjic，1993 年；smyth，1994 年）

促使人们从市中心迁到郊区居住的一个共同原因是，市中心往往并不是一个安全的适合孩子成长的环境。在紧缩城市的概念中，污染和安全性的问题就时有提及。而学校和学校建筑则恐怕是城市物理设施中至关重要的环节，同时也被认为是最重要的一种社会环境。修建学校必然会涉及到大面积用地的问题，而这有待于发展商根据《1991 年规划与赔偿法案》的第 106 条规定来进行土地分配，以便做到改善旧学校的条件和修建新的学校两不误。对开发商来说，开发这样的工程损失不小，而解决该矛盾的最好办法莫过于征收“重点学校税”或鼓励兴办私立学校，但这些措施又会反过来影响社会环境。

这就促使我们对下列的问题进行反思：为了让住户选择城市而不是郊区的住宅，紧缩化的居住方式必须配套有更完善的设施和更优化的效益，而且这种收益必须同时体现在社会及经济两个方面。从社会生活的层面上看，应当在城市设置方便快捷的公共设施，以突出城市所具有的活力，并培养市民的归属感。而经济方面的收益则主要体现在交通费用及私有房产的投资利润上。这就会涉及到收入和承受能力的问题。城市的社会效益达到最优化的一个前提是提高居民的收入水平。而这样一来，就只有那些收入较高的阶层才有能力回到城市居住，从而提高了市中心区的富裕程度。的确，大部分的家庭都不得不依靠自己的高收入来承担市中心高昂的房价、租金及可能带来的学校税。

收入及承受力的问题几乎就意味着，生活在紧缩城市中的那部分人是社会最富有的阶层。“规划效益”原本指社会混合程度的提高，但为了实现紧缩化的目标，开发商却在无意中鼓励了社会群体的两极化发展。在任何情况下，富裕阶层都是城市里新迁入居民的主力军。而别的人也会被号召从郊区搬回城市去居住，可持续性在此时将推动交通由私人化向公共化的转变。

一个高密度的综合利用的紧缩城市极有可能带来多样性，如果是“社会混合”的话自然要另当别论，由于社会问题并不是紧缩城市理论的核心，于是整个城市的大环境无法得到观照，而特定的社会群体则从地理上就被完全排除在了该理论的规划之外。这驱使我们讨论那些被排除在紧缩城市之外的人，那些居住在同心环的过渡区和郊区中的人。

紧缩城市及社会排斥

那些不愿意居住在紧缩城市里的人只好选择郊区或外环的中心区了。他们的收入只能承担得起郊区的低密度居住环境，与住在城里的人相比，他们所依赖的是交通速度而不是空间上的临近。这其中有一些人上下班的往返交通很长，在市中心工作的人更是如此，而公共交通工具的利用将会有助于缓解交通拥挤的状况并降低能源的消耗。

因此，在收入水平允许的情况下，一些人或许多人可能会被紧缩城市的蓬勃生机及效率所吸引，当然也不排除有承受能力的其他人会继续居住在郊区或更偏远的地方。而对于那些收入较低的人群而言，就根本没有选择的余地，严格的社会分界线依然存在。然而，这些社会性问题所造成的空间分割将会随着紧缩城市的诞生而有所改变。低收入的家庭虽然仍然有权利在市中心、郊区及偏远地区之间进行选择，但相当一部分人将不得不在过渡区生活，这主要是由以下几个因素造成的：

- 由于现有内城的扩展而造成居民持续的搬迁；
- 由紧缩城市政策所推动的现有城市中心区的上流社会化；
- 新的城市开发项目将那些无力承担房价及租金的低收入家庭排除在了城市之外（甚至是学校之外）。

换句话说，紧缩城市的方案将会迫使社会不利阶层从城市的中心及内城迁到过渡区。当然，这并不会是彻底的社会驱逐，但却足以打破原有的平衡并创造出新的城市社会模式。其后果就是，这片过渡区将会成为一个环绕着紧缩城市的由社会弱势群体所组成的“面包圈”式的包围圈。

怎样才能确定这样的状况将会出现呢？有足够的证据向我们表明，这个过程其实早就开始了，而紧缩城市理论的付诸实施终将加剧这种趋势的发展。那么证据究竟是什么呢？这方面的证据倒也有不少。从20世纪80年代就开始的社会分流一直在推动社会不利群体的迁徙，特别是少数民族群体从内城迁出，加入到已经生活在过渡区的居民中去。在伦敦，斯垂特翰和诺伯瑞就是此类居民区的典型代表，它们像三明治一样被夹在伯里克斯顿和克洛顿之间。在伯明翰和英国的其他大城市都可以找到类似的例子。烹制面包圈的过程早已进行了，紧缩城市只会加速它的成熟，并在密集化了的环行空间中造成独有的衰败景象。

在这种形势下，城市的改造一直在简单地遵循着同一种模式。人们最初总是试图以“面包圈”式的环行结构来作为城市建筑形态的模型，但这种尝试注定短命：

> 每一个连续式的同心环开发模式都只能在短期内奏效。即使这种规律并不是人为的，但开发资金及建筑技术却已经投向了那些使用寿命较短的建筑产品。由于每一个阶段的开发项目都不会维持太久，我们可能会面临整个环城同时走下坡路的危险。这就产生了大量的问题，因为现有内城的各个组成部分终将因为“新环”的建设而遭遇被淘汰的命运。而在外环线上的开发项目规模都比较小，土地的持有将会更加分散，因此不会发生所有的房地产项目同时火爆或冷清的场面。(Smyth，1994 年)

在城市外围所发生的衰败现象要比内城严重。空间的条块分割使得政治上的解决方法很难奏效。随着工业及其他商业用途的房地产项目的售卖日期的截止，如果不赶紧对之加以改造的话，就只能让那些没有卖出去的项目荒废在那里，住宅楼也会年久失修。上一段文字暗示我们，即使今天是城市的核心区域日后也难保不会遭遇被淘汰的厄运。过渡区的情况更是如此，哪怕改造工程纷纷上马，这片环行的“面包圈”也难以抵挡空间经济及社会发展的不协调趋势的蔓延。紧缩城市只会使这种状况进一步恶化。首先，如苏吉奇所言：“发展商完全仰仗于财政的补贴才能赢利”，这个观点得到了许多人的响应。如此一来，那些本该流入过渡区的资源将被牢牢地限制在内城以内，以协助紧缩城市的开发计划。其结果自然是加速了“面包圈”地区的衰败以及更深层的社会剥夺。一种一再被呼吁的政治观点认为，在分割严重的“面包圈”地带，修建小型的房地产项目根本无利可图，相反，市中心的房地产却销售正旺，特别是在伦敦、巴黎、东京、洛杉矶和纽约这样的国际化大都市。

“面包圈”也会成为社会问题淤积的地方。贫穷、犯罪、吸毒、社会暴力是这些问题的主要表现形式——这是在发达国家的内城及少数民族聚居区里随处可见的最极端的社会问题。“面包圈”分割化的土地利用特征及社会模式将会使这些问题更具有隐匿性，而且它们的状况肯定不会像大众媒体所宣传的那样。这些社会问题在持续恶化，而社会的控制权依然掌控在那些巡视与控制该区的人们的手中：这是一种变相的赋权。过渡区将会成为一个在社会形式及环境上充斥着社会剥夺、犯罪、吸毒及其他丑恶的社会现象的“面包圈”。在城市的市场与政治的聚光灯之外，是位于中心边界以外的区域，这里是市民、商品及其他公共设施进出紧缩城市的“夹笞刑道”。对那些连接着紧缩城市与郊区的交通干道必须施加外部的控制力量，才能减小穿越夹笞刑道时的危险。

面包圈与夹笞刑道

这个“面包圈”将会成为现代城市形态的建筑学分析的副产品，同时也是采用一种折中的后现代建筑形式的结果。然而，这种面包圈式的规划却并不是城市规划基本理论的组成部分，也无法成为革新性的规划原则——相反，它构成了一个可怕的居住圆环，被无数充斥着危险与暴力的城市主干道所刺戳。

穿越夹笞刑道的比喻会让我们联想到近来一些后现代主义影片中的画面。例如常常被人们提及到的《刀锋上的奔跑者》，哈维认为该片揭示了一种最糟糕的城市景象。在影片中，与"刀锋上的奔跑者"形成鲜明对比的是，晴朗的天空下，高耸的摩天大楼里堆积成山的财富。而城市的地面却始终浸透在似乎永远也停不下来的大雨之中，从而形成一个与城市的繁华格格不入的生活区。城市的精英在上空中飞跃，而其余的人却只能在"底层的世界"里来回打转。紧缩城市也有可能形成与之类似的景观——只不过这是一种水平线而不是垂直线上的形态划分。

穿越"面包圈"是会冒极大的风险的。我们可以从一些细枝末节中推测到自己可能面临的威胁。如在停车场或交通灯附近如果突然出现一些清洗汽车挡风窗的人，他们就极有可能袭击车内的司机。在许多科幻片中，你根本无需发挥自己的想像力就能体验到在城市的面包圈地带经过"夹笞刑道"时的恐惧与不安。贫困自然是导致这种现象的主要原因，但有组织的犯罪、滥用毒品及社会暴力都会伴随着贫困而来，因为这些人将不得不依靠偷盗、抢劫及恐吓来谋生。

警察与社会控制是解决问题的关键。在通往紧缩城市的主干道上布置警力可以有效的保护穿越"面包圈"的市民的安全。这项措施不仅对那些从紧缩城市出来的人很必要，而且也是保护在市中心上班的市民的安全的重要手段。

再有就是把这些问题都遏制在该区域之内，考虑我们如今对付内城的犯罪及贫困问题的失败教训，也许能够做的就是单纯的遏制了，企图从根本上解决吸毒、犯罪及其他的社会问题简直就是痴心妄想。还有一项措施是保护"面包圈"的边缘地带的安全。因此，这种遏制并不仅仅是一项社会措施，它也具有领土管辖的性质。不过这其实也是最麻烦的一件事，原因有二：

首先，与内城相比，"面包圈"的面积要大得多，为了使市中心免遭"社会顽疾"的侵袭，就必须集中大量的资源，而这又有待于我们从政治上验证该措施的必要性。面包圈的外缘也许还不是最大的问题，因为它还可以通过房地产市场的发展规律来调控，基本上人们更愿意在离中心较远的地方进行二次置业，在经济高速增长的时期，"外缘"地区的建设等级将逐步提升。"内缘"才是主要问题所在，在边界处部署警力似乎有点中世纪围墙城市复活的味道。在这种情况下，城市的开发将会持续改进。洛杉矶、伯明翰的城市改造历史就是明证。在伯明翰，国际会议中心（ICC），海特饭店及国家室内竞技场就共同围成了一面建筑城墙：

> 这面墙象征性地将雷德伍德区从市中心割裂出去，城市里的优势群体和弱势群体正是在这里得以划分。惟一的一个隙道是饱经风霜的布洛德大街和ICC的人行道。（Smyth，1994年）

上述引文之所以重要，是因为这三个建筑在20世纪80年代是作为合作性的开发项目在扩展市中心的城市改造运动中修建起来的。在其中就包含了一些用以保卫疆界的建筑元素：

- 墙
- 建筑物面朝市中心
- “墙门”让人产生拒之门外的不悦感，或者干脆进行了严格的防范。

这些设计元素形成了一种氛围，似乎要阻止紧缩城市朝着“同心环”的方向进一步发展，“墙”将不同的区域加以隔断。

在“面包圈”的内缘部署警力并不是件容易的事情。在设计方案中，为了实现社会控制就必须加派人手，而如果遇上经济衰退或被大众媒体称为的社会腐化期，就更需要对紧缩城市严加防范，以应付来自面包圈的威胁。威胁是多方面的，既有社会生活层面上的——犯罪、吸毒、反社会行为；又有由于暴力、偷窃及潜在的资产贬值所带来的对财产的威胁。

那些被包围在紧缩城市里的人怎样才能争取到必要的保护资源呢？

紧缩城市与社会控制

施加社会控制就必须首先自圆其说，证明生活在“面包圈”地区的人具有内在的危险性，而且这种危险是无法避免的。要证明这一点，最简单的方法就是解释清楚社会问题与环境之间的亦步亦趋的关系。这种解释发展到极端就会导致环境决定论，这其实也就是理论上的还原主义。类似的先例是有的。在20世纪20年代的芝加哥学院里，社会学家提出了一种城市生态学理论，这种学说曾在许多领域得到广泛的应用，也受到过不少的批评。其理论的精髓可以归结为，城市的人口按照种族与阶级、性别与年龄的不同以一种不依赖于规划的方式自动的分散到各自的“自然区”。相互依存着的个人，就成为创造社会均衡的一种自然过程中的一个机体。这种均衡状态被认为是稳定的城市空间模式。该学说的鼻祖正是社会达尔文主义及环境决定论。从根本上讲，它吸取了达尔文有关个体的生存是为了族群利益的观点，并把它推演到同一族群——人类，为各自的生存在内部所展开的竞争中去。正是个体之间及其家庭之间为争夺生存空间所展开的竞争产生了社会稳定的城市。这种竞争终将导致一个在空间上呈“同心环”分布的城市模型；社会达尔文主义把这个过程视为“自然规律”，由此可知，空间分配的结果也是如此。所以，一切的东西——税收、租金、价格、津贴、个人喜好乃至社会控制，一切的一切都可以被看作是这个自然规律的表现形式，是由客观环境所决定的。

如果今后的紧缩城市理论仍然以环境问题为出发点，那么上述的说法对于支持该理论的人而言将会非常具有吸引力。那些居住在紧缩城市里的社会精英乃至处于优势地位的富裕阶层时刻都在警惕着自身的安全，这种理论无疑给了他们一剂强心针。既然两类群体——紧缩城市里的优势人群以及生活在面包圈里的弱势人群的居住范围都是自然形成的，那么保卫各自的领地以维持社会均衡就是理所当然的事情了，即使这意味着施加社会控制以及一方对另一方的强权。从本质上讲，这将导致某种形式的法西斯主义，并构成对公平的城市治理原则的挑战与抗衡。（Young，1990年；Smyth，1994年）

这些趋势的出现是否有据可循？哈维从宏观的角度对城市中的问题进行了严肃的探讨，具体说来，至少在空间分布上就已经出现了向这种方向发展的苗头。赫林斯坦（Herrnstein）和默里（Murray）近来曾指出，美国城市里的下层阶级从地缘上就注定了处于劣势地位，这种劣势既是空间分布上的，又带有种族主义的意味。越来越多的研究文献就城市里的不同生活方式进行了论述，在学术上这种理论被贴上了“新社会生物学”的标签。来自自然科学领域的进化论者是这类文献的主要撰写人，他们靠走“后门”进入社会科学领域，指出文化是一个由基因传递所决定的生物过程，或者至少类似于这样一个过程。因此，它可以通过基因进行复制。自然科学竟也采用了社会达尔文主义的观点。这类研究的领头军是道金斯（Dawkins），其著作主要有《自私的基因》、《流出伊甸园的河流》等。从某种意义上讲，对道金斯我们很难进行过于尖刻的指责，他简化了进化论的方法，并认为进化过程可以简单地推演到文化环境中去。这种观点似乎有一定的合理性，但是，他却死守住自己的理论不放，并遵循一种为进化论学科特有的研究传统，把自己的假设建立在另一个假设之上。这是因为，尽管这种理论从未被证明是“真理”，但进化的重要意义却普遍被认为是事实。当然已经有越来越多的严肃性科学文献开始批评人们对传统的进化理论及其衍生物——社会生物学所给予的关注。任何人在构建一种基于该理论的城市生态学之前，都应首先对自己的理论基础进行质疑。

在这个部分，我们指出了一种单纯从环境出发的紧缩城市理论可能会产生令人难以承受的社会后果，这就是正在被描述的未来社会的情况。

然而，为了避免社会政策以一种隐秘的方式出现，一个公开的紧缩城市政策是为今天的人们所期待的。

总结

本章指出了伴随着紧缩城市的开发所产生的一些社会问题。文章伊始，我就从支持的角度出发，强调紧缩城市的概念应包含更多的、公开的社会性内容。这些社会政策不应仅就紧缩城市本身来制定，还应关注到城市的“面包圈”地带，它是环绕在紧缩城市周围的过渡区域。我指出，这个问题既十分重要，又具有根本性的意义，因为在经济及政治上的遏制政策得到承认之后，这些问题的解决将会决定紧缩城市的概念将在多大的程度上为世人所接受。

我们的确应该歌颂那只为创建紧缩城市而努力的高贵之手，但也必须时刻关注另外的一只手到底在做些什么，这样我们就不至于受到那只在日趋衰败并遭到遗弃的夹答刑道中握紧了的拳头的威胁。然而，正如本文所指出的那样，紧缩城市概念本身就隐含了潜在的危险，社会性问题的存在更是不言自明的。一个成功的紧缩城市应把对社会及经济问题的考虑放在与环境问题同等的地位之上的。

参考文献

Alihan, M.A. (1964) *Social Ecology: A Critical Analysis,* Cooper Square Publications, New York.

Barnekov, T., Boyle, R. and Rich, D. (1988) *Privatism and Urban Policy in Britain and the United States,* Oxford University Press, Oxford.

Berman, M. (1983) *All That is Solid Melts into Air,* Verso, London.

Boyle, R. (1989) Partnership in Practice. *Local Government Studies*, March/April, pp.17-28.

Brownill, S. (1990) *Developing London's Docklands: Another Great Planning Disaster,* Paul Chapman, London.

Coleman, A. (1990) *Utopia on Trial: Vision and Reality in Planned Housing,* Hilary Shipman, London.

Comedia (1991) *Out of Hours: A Study of Economic, Social and Cultural Life in Twelve Town Centres in the UK - summary report,* Comedia and Calouste Gulbenkian Foundation, London.

Darwin, C. (1950) *The Origin of the Species by Natural Selection,* Mentor, New York.

Davis, M. (1990) *City of Quartz: Excavating the Future in Los Angeles,* Verso, London.

Dawkins, R. (1976) *The Selfish Gene,* Oxford University Press, Oxford.

Dawkins, R. (1995) *River Out of Eden,* Weidenfield and Nicolson, London.

Eldredge, N. (1995) *Reinventing Darwin,* Weidenfield and Nicolson, London.

Fainstain, S. (1994) *The City Builders: Property, Politics and Planning in London and New York,* Blackwells, Oxford.

Garreau, J. (1991) *Edge City: Life on the New Frontier,* Doubleday, New York.

Girardet, H. (ed.) (1976) *New Towns or New Villages, Land for the People,* Crescent Books, London.

Hambleton, R. (1990) *Urban Government in the 1990s: Lessons from the USA,* Occasional Paper no. 35, School for Advanced urban Studies, University of Bristol.

Harvey, D. (1989) *The Condition of Postmodernity,* Blackwells, Oxford.

Herrnstein, R. and Murray, C. (1994) *The Bell Curve: Reshaping of American Life by Differences in Intelligence,* Free Press, New York.

Huggins, R. and Smyth, H. (forthcoming) *The Media and the City,* Mimeo.

Jacobs, J. (1965) *The Death and Life of Great American Cities: The Failure of Town Planning,* Penguin, Harmondsworth, Middlesex.

Jacobs, J. (1972) *The Economy of Cities,* Penguin, Harmondsworth, Middlesex.

Krier, L. (1984) *Houses, Palaces and Cities* (ed. D. Porphyrios) Architectural Design, London.

McGrath, D. (1982) Who must leave? alternative images of revitalisation. *Journal of the American Planning Association,* **48(2)**, pp.196-203.

McKenzie, R.D. (1925) The Ecological Approach to the Human Community, in *The City* (eds R.E. Park and E.W. Burgess) Free Press, Chicago.

Park, R.E. (1915) *Human Communities,* Free Press, Chicago.

Park, R.E. (1925) The city: suggestions for the investigation of human behaviour in the human environment, in *The City,* (eds R.E. Park and E.W. Burgess), Free Press, Chicago.

Poole, R. with Donovan, K. (1991) *Safer Shopping: The Identification of Opportunities for Crime and Disorder in Covered Shopping Centres,* West Midlands Police, Birmingham and Home Office Police Requirements Support Unit, London.

Rogers, R. (1994) *The Reith Lectures,* BBC, London.

Rogers, R. and Fisher, M. (1992) *A New London,* Penguin, Harmondsworth.

Saunders, P. (1980) *Urban Politics: A Sociological Interpretation,* Penguin, Harmondsworth, Middlesex.

Smyth, H.J. (1985) P*roperty Companies and the Construction Industry in Britain,* Cambridge University Press, Cambridge.

Smyth, H.J. (1994) *Marketing the City: The Role of Flagship Developments in Urban Regeneration,* E & FN Spon, London.

Spencer, H. (1903) *The Study of Sociology,* Paul, Trench, Trubner and Co., London.

Sudjic, D. (1993) *The 100 Mile City,* Flamingo, London.

Ward, B. and Dubos, R. (1972) *Only One Earth: Care and Maintenance of a Small Planet,* Pelican, Harmondsworth, Middlesex.

Whyte, W.H. (1988) *City: Rediscovering the Center,* Doubleday, New York.

Williams, R. (1975) *The Country and the City,* Paladian, London.

Young, I.M. (1990) *Justice and the Politics of Difference,* Princetown University Press, New Jersey.

Zukin, S. (1988) *Loft Living: Culture and Capital in Urban Change,* Radius, London.

经济及社会问题

克里斯托夫·奈特

任何一个城市，无论其紧缩与否，都是历经数年建设开发的结果，而这种开发则是一种经济活动。但是，与许多不容易看得见摸得着的经济活动的形式不同，它的结果是持久的、自明的，并且对人们的日常活动产生着直接的影响。

经济的问题

在现代英国，绝大部分的开发项目都是由私人出资兴建起来，其主要目的是创造利润。投资开发的人为数众多，且类型不一，而且每一种投资人都是以不同的名义投身到城市开发中去的。紧缩城市要想成为现实的话，就必须将这种多样性考虑在内。让我们先来看看其中一部分人的特点。投资公司往往都具有比较长远的眼光，并且握有大量的城市土地产权。例如，在英国，包括伦敦，机构性的基金持有全英国15%的写字楼产权（《应用房地产研究》，1995年）。它们的目标是确保稳定、长线的并尤其安全的投资收入。房地产仅仅是它们投资收入的一个来源，如果需要的话，它们将随时撤出或重新投入到房地产市场中去。它们不会简单地为了改变而改变，安全才是全部的目的。因此，投资基金对标准做了十分详尽的界定，如果一块地皮不符合投资安全的标准，资金是不会轻率地投向它的。任何新的产品及利用方式的新的组合都经过了慎重的考虑。为了建设紧缩城市而催促投资基金匆忙上马就好像是突然改变一辆满载坦克的运行路线。这个过程将是缓慢而漫长的。

另外一种开发商则具有真正的市场特征。他们喜欢迅速成交、迅速获利。冒险是赚取这种利润的一个本质特征。因此，如果客观地进行评价，他们更愿意在市场上开发新的产品，这种开发商无疑是紧缩城市的最好的朋友。

私人则可以同时充当开发商和消费者的角色。例如，在1994年全英国有37%的规划决策都与家庭有关（环境部：规划数据部，1995年），这些项目中既有住房扩建，又有新投建的车库等。这种开发虽然规模很小，对城区的景观及功能却能产生明显的累积效应。开发此类项目并不仅仅是为了获利，还有形象、享受性及舒适度上的考虑。我们怎样才能让他们在未来发生转变呢？

与私人投资兴建的项目相对应的则是公共设施的开发，通常这些项目不必承担任何风险，因为“公共利益”也是利润的重要组成部分。然而，对公共消费的控制限制了资金注入的规模，而且不要忘了随着财政部开始在新建的公共设施身上寻求经济回报，即使是公共项目，也越来越被要求按照市场经济的规律进行投资开发。

每一种开发人对于自己在紧缩城市中所发挥的作用的理解不尽相同。原因很简单，他们的目的都各不一样。既然开发人为数众多，类型不一，所开发出来的房地产项目肯定也是如此。作为一种经济产品，城市开发是一项庞大的工程。没有完全相同的两栋建筑或两座城镇。这些建筑产品总是具有不同的背景、压力、限制及机会。如此一来，也就不存在一个单一的房地产市场，如果有的话，那也只是无数个单一市场的结合体。在某一个地方建造紧缩城市的方案并不能在不经任何调整与修改的前提下，就轻易地移植到另一个地方去。紧缩城市的理念必须承认，每一座小镇、每一条街道乃至每一个建筑都是独一无二的。

同样，正如大多数的市场那样，房地产市场也是处于动荡与变化之中的。显然，在经济繁荣的时期，对用于建造写字楼、商场及类似建筑的地皮的需求总是非常旺盛。而要是遇上人口增长或迁徙期，对住宅数量及改善住宅标准的需要又会大幅度提高，这在收入增加时尤为明显。相反，经济衰退则会使变动频率逐步变缓。在1988年，大不列颠岛共新建了221，700套住宅，而到了1992年，这个数字降到了120，100。只有1988年的54%（Steward，1995年）。紧缩城市必须具有顽强的生命力才能抵御房地产市场持续的动荡。

房地产市场的动态性还表现在另一个方面：它是富于创新的。人们总是想方设法地开发出能够吸引住消费者的房地产项目。在10年以前，多功能电影院还只是一个蹒跚学步的幼童，20年前，仓库还只是“谦逊”地与其外观相似的工厂偎依在一起。而如今，新建的仓库都独立地矗立在高速公路的入口旁，而工厂的外观也已经与写字楼相差无几了，只要不桎梏创造力，紧缩城市是能够有顽强的适应能力的。

最后，我们也不要忽视经济系统中存在的激烈竞争。如果一个城镇的限制过多，费用昂贵，开发商很快就会撤到别的地方去。地方性的投资决策是通过在城镇、行政区及国家之间进行权衡比较以后才做出的。资本的流动具有跨国性，紧缩城市必须成为一个有吸引力的投资场所才不至于被那些非紧缩的城市排挤掉。否则，投资商会干脆的说一声“不!”，而公众也会被他们牵着鼻子走。

总之，作为一项经济事业，紧缩城市必须考虑以下几个规律：

• 开发权通常都掌握在私人投资商的手里；

• 私营开发商为数众多、类型不一，投资开发的意图也不尽相同；

• 他们所开发的房地产项目庞杂繁多，因此不应该把开发紧缩城市的方案教条化。

构建紧缩城市的原则有：

• 能够不断地进行调整，以适应房地产市场的风云变幻；

• 不可以桎梏创造力；

• 具有竞争力。

社会及现实问题

世界上已经有许多紧缩城市了。任何一个到过加尔格答、开罗或里约热内卢市中心的人都会亲眼目睹高密度的人流、综合的土地利用形式以及多种方式的城市交通。当然，你还可能看到各种潜在的危险——交通堵塞、污染严重、缺乏舒适的空间、私密性较低等等。

这些都是比较极端的例子，而就在不久以前，我们还曾号召人们迁出城市以避免此类情形的发生。自花园城市运动开展以来，发展的趋势一直是降低密度，而非提高密度。表1的数据就反映了这种外迁的变化趋势。阻止这个过程的蔓延并不是一件容易的事情。

表1　大城市人口变化 1961－1991年（以千为单位）

资料来源：Census，1991年。

	1961年	1971年	1981年	1991年	变化（%）
1961－1991年					
大伦敦城	7993	7453	6696	6378	－20.2
伯明翰	1183	1098	1007	935	－21.0
利兹	713	739	705	674	－5.5
格拉斯哥	1055	897	766	654	－38.0
设菲尔德	585	573	537	500	－14.5
利物浦	746	610	510	448	－39.9
爱丁堡	468	454	437	422	－9.8
曼彻斯特	662	544	449	407	－38.5
布里斯托	438	427	388	370	－15.5
考文垂	318	337	314	293	－7.9

把紧缩城市的景貌——并置的利用方式、城市所蕴涵的活力、活动效率——画在黑色的帆布上可比真正地实现它要容易得多。我之前曾指出过城市建筑的庞杂性。每一座城市的机理——由土地所有权、利用模式以及公共基础设施所构成的城市形态都是不同的。历史证明，除非经历了战争或大规模的改造，城镇的转变都不是一蹴而就的事情。步骤清晰的开发方法有助于我们检验各个部分的成败，同时又不至于破坏城市的全貌。

决定一个紧缩化程度更高的城市能否建设成功的一个基本前提，是居民的态度及反应。除了用于改造公共用地的区域外，要取得真正的进展就得看居民个人能否就某种方案达成一致意见了。但这种情况往往很难碰上。在强制性的命令缺席的地方，只有极少数有价值的改造方案才能得以执行。

让我们首先思考一下，究竟需要怎样的诱因才能使土地及产权的持有人对紧缩城市表示关注。从理论上讲，每一个人都希望获得利益，这种利益可能是经济状况的改善或其他方面的好处。然而事实上，我们却很难见到上述任何一种利益在一个业已开发完备的区域得到充分的实现。由于“腰包”里的土地产权有限，谋取个人利益根本无从谈起。而开发商也只有在购买到一定数量的私有产权后才会对开发方案产生兴趣。劝服众多的私有产权人对这些东西形成一致性的观点本就是一件出了名的难事。如果开发商再有任何克扣的话，个人所能得到的利润就更加少得可怜了。事实上，即使某个群体真的达成了合作协议，你也很难发现一个放之四海而皆准的经济诱因。

如今，越来越多的开发项目为人们提供了原本由公共投资基金兴建的各项服务及娱乐设施。修建公益设施的资金来源于项目开发的剩余利润。如果一块地皮的价值过高，集资兴建新的公共基础设施的可能性就会降低。而一个新的开发项目通常都是由无数个毫无关联的小项目所组成的，且每个小项目所能产生的剩余利润也有限，这就使得实际问题变得更加困难。也许只有借助“城市开发公司”的力量，才能注入大量的公共基金，从而把这些问题一一解决。

如果经济回报过小或根本就不存在回报，还能有别的激励因素吗？我发现这个问题很难回答。相反，我倒是知道有很多因素都会使产权持有人根本不希望发生任何的改变。讨论这个问题在这里就显得很有必要了，因为我认为正是它们构成了实施紧缩城市理想的真正的阻碍。

人们一如既往的保持着对“环境”的关注。就这个问题而言，需要区分两类“环境”：一般意义上的环境以及“我的”环境。二者通常并不是截然对立的。但是，“创造一个更适于居住的世界”的理想从来都不会通过牺牲个人利益而实现。正是对“我的”环境的重视造成了对紧缩化的城市开发模式的反抗。

我们来看一个典型的郊区家庭的情况。从大环境上讲，他们很愿意看到由于实行了交通噪声限制手段或公交车单行道而给自己带来的种种便利。但一旦这些改革措施涉及到了他们自身的利益，或是周边土地权益，反应就不会那么慷慨大方了。大部分的人都不愿意因为自家或邻居花园上的建筑开发而与邻居的房距拉近。普通的家庭也不可能承担得起搬迁的费用，这样根本就无利可图，所以他们总是反对任何的改变。除了不愿意自己的居所被别人插进一脚之外，他们同样不希望由于居住密度的加大而丧失个人隐私。污染及因之而来的噪声当然也不会受到欢迎。更有甚者，如果家庭成员中有一个长辈的话，就还得加上一个抵制变化的“情感因素”。

这个普通家庭一直认为自己使用公共空间的机会是非常有限的。在一个区域内的家庭数量越多，居住人口也就越多，从而造成开阔空间的减少，这些因素都会降低在原本已经有限的家庭开阔空间上生活的舒适度。

目前的证据表明，在未来的30年内，私人汽车占主导地位的局势并不会发生多大的改变，即使公共交通已经大为改观，小汽车的拥有量仍然很高。虽然我们有可能改变人们对在例行的交通活动（上班、上学）中使用公共交通工具的态度，但私家车在休闲娱乐时的使用率更有提高的可能。这是因为，对许多人来说，小汽车及驾驶本身就是一种娱乐追求。开发紧缩城市的一个可能的负面效应是，居民将会选择“娱乐”来作为一种逃逸方式，从而增加了驾车旅行的机率。而且，还没有丝毫的线索表明，人们有放弃追求私人交通所带来的自由感及生活质量的愿望，即使通过改善公共交通也能带来诸多的裨益。显然，这就是这个家庭看待事物的立场，他们根本就没有放弃使用小汽车的意思。

作为紧缩城市开发政策的一个组成部分，改建必然会造成车库及停车场的减少。现在就已经有许多的道路因为路边随意停放的汽车而发生堵塞的现象了。如果在城区内修建更多的住宅的话，扩大公共交通系统的愿望将很有可能会落空。

当然，从根本上讲，开发方案不仅要适应城市自身的特征及自然状况，还要顾及到城市里不同区域的情况。历史文化区自然应该继续加以小心的维护；而居住在历史短、景观优美并得到了良好的设计与规划的区域中的人恐怕又会坚决抵制任何改建，即使从理论上讲这些地区还有足够的空间容纳更多的住宅。这样看来，我们就不得不把目光集中到那些吸引力不足的区域及其临近的土地上去。在“他们”与“我们”之间划清界限的想法是根深蒂固的。我们的家庭成员感到受威胁了，生活方式也正在发生改变，他们似乎遇到了所有的新建项目所造成的问题。他们对这种改变是不会感到欣喜的。在一个社会中进行划分的做法从来就不会为我们开辟一条均衡的、可持续的发展道路。

总之，这个家庭中的成员感到自己遭受到了严重的威胁：他们从这个紧缩城市里预见到了一个更糟糕的未来；居住标准和生活质量降低了；“他们”与“我们”的关系进一步恶化；现在所有拥有的舒适生活将会消失；而交通拥挤和污染的状况却更加严重（主要是由机动车产生的）。

一种实用主义的方案

如果说“可持续性”确有所指的话，那么它正是意味着从远处着眼。紧缩城市是一种有限的资源，如果我们想要在“质”与“量”之间达到适度的平衡，就必须对紧缩城市的密度加以限制。就如同我们的城镇也各有特色一样，各地所能容纳的人口密度也不相同。但只要超过了某个界限，城镇就会拥挤起来，并带来经济、环境及社会方面的隐患。我们必须设法降低社区内部发生分裂或冲突的可能性。

同样，正如上文所言，经济目的的城市开发是一种难以控制及预测的多样性活动。从根本上讲，如果没有强制措施，我们能够依靠紧缩城市给自己带来种种好处吗？

人们对于能否在短期内实现紧缩城市（或者说能否在能力有限的情况下开发紧缩城市）还存有疑虑。从长远上看，紧缩城市之后还会发生什么事情？钟摆是否又重新摇回“城市扩张”上去呢？

我要指出的一点是，我们需要一种能够实现长远的可持续性平衡的实用方案。这种平衡处于最完美的紧缩城市及其他的开发形式之间。该方案的实用主义思想已经在实践中得到认可了。政府的政策——《规划政策指导3：住宅》就住房问题的规定是“……必须在开发的需要及土地保护之间寻找平衡，绝不允许牺牲所有城镇赖以休闲娱乐的绿化空间。”（环境部，1992）

在地方上，寻求该平衡的需要也得到了承认。汉普郡议会就认识到了城区的局限性，在1995年公布的会议文件《汉普郡2011》中，有这样一段文字：

> 需要创造一种新的城市及其生活的景象：承诺对汉普郡城区进行直接投资、循环利用被荒废或遗弃的城市土地并提高小镇及市中心的活力及多样性。为了吸引居民在城区工作和生活而采取的改善城区质量的措施，是提供开阔土地而不是建筑。绿化城区是维持并提高其吸引力的重要举措。然而，城区所能容纳的开发是有限的，超过了这个限度，生活质量就不会得到

改善；超过了这个限度，健康与安全、交通堵塞与环境等问题只会更加尖锐。（汉普郡议会，1995年，第13页，第33－34段）

同样，在贝德福郡，《2011结构规划草案》中指出：

如果城区要吸纳未来的开发项目，就不可避免地会与提高城区的吸引力的目标相冲突……（贝德福郡议会，1995年，第17页，第1.22条）。

如果紧缩城市的容量有限，它就不可能成为一项真正的、长期的并可持续的解决途径。由于实现紧缩方案还存在许多的不确定性因素，我们必须将之与其他的措施相综合以确保在短期内的实施效果，并适应长期的变化。这并不是要继续扩大城市外围的发展。我们还有其他的选择——如，建设新居民区。这些居民区从一开始就被设计成能够促进可持续性发展的紧缩的小城镇的模样，这样就不必再对现有城区实施遏制扩张的政策了。

我们不可能在城区内满足所有的新开发项目的需要，认识到这一点只是一个重要过程中的一个步骤。我们已经知道，绿地是必需的——一些职能部门甚至紧张兮兮地暗示新居民区是一种可能的解决途径。20世纪80年代就开始的新居民区运动似乎太过超前了。还好，建成的项目寥寥无几，大部分的项目比宿舍式的公寓好不到哪里去。

对新居民区的认识，如各种新建的村庄、城市村庄、城市中心等等还不够充分。就其内涵，我们还需要一个清晰的界定框架。这是一次真正的机会，我们将利用它进一步完善以规划为导向的体系并推动那些符合可持续性原则的建筑项目的开发。在现有的城区中，我们很难找到便于改建的区域，使之对改善人民的生活方式产生真正的影响。相反，在一片“纯净”的土地上，我们就有机会创建一个拥有所有必备设施的居住环境及社区。在那里，人们将以一种全新的和更好的方式开始自己新的生活。生活质量的改善源于环境、氛围、邻里关系的改善、污染的减少、更多可供利用的空间、对小汽车依赖性的降低以及公交车利用率的提高、更高的健康水平以及更小的社会压力。所有这些收益及所谓的“新”都是以紧缩化程度的降低为前提的。

为这些新居民区选择合适的场址并指定具体的设计标准也是同等重要的环节。场址选得好，将可以使加倍耗费昂贵资源的需要降到最低，并最大地实现对邻近大社区中已有资源的利用。是在当地修建新的设施还是依赖已有的设施，这二者之间的平衡也是症结所在。通常，日常的需要应该在本地区就可以满足；而更多的额外资源则可以通过更先进的技术手段从别处的大社区中心的已有设施中获取。

在以规划为导向的体系中，许多问题都很重要。最关键的一个因素就是新规划实施的确定性问题。决定紧缩城市能否最终建成的因素是复杂的，带有较大的不确定性。要对结果做出精确的推断将会十分困难，而且这种推断很可能是不可靠的。而以规划为导向的体系则为紧缩城市理念的实施提供了一个出色的框架，然而，真正的危险也正在于此，因为如果无法应付在开发紧缩城市时可能遇到的困难及不确定因素，又拖不起推动私营开发项目的发展进程的时间的话，该系统的价值就会受到质疑。以规划为导向的体系必须充分地考虑现实性的问题，而一项成功的规划只有在取得了“革新与经验“之间的平衡的地方才能贯彻实施。

尽管本章的许多内容都与确定紧缩城市方案中存在的问题有关，并以建议对新居民区进行更深入细致的选择和更完善的界定来结尾，但统领全文的是“平衡”，这个屡用不衰的名词。我发现，人们想方设法地对城市开发的战略施加了许多压力，真希望它能还以颜色。奇怪的是，我一直相信，作为一项补充政策，有选择地进行城市改造，再配以更多的城市中心或城市村庄，将会增加在现有的城区范围内实现紧缩化开发的机会，这一点你们应该已经看到了，我可不希望把自己的新想法硬塞给不情不愿的观众。

紧缩城市的方案有可能会实现，只是需要耐心与权衡，也有待出现成功的范例。而在目前，我们正陷入危险之中——我们期待得太多、太快。尽管这种方案是应提高大众的生活质量的号召而产生的，但目前的做法恐怕只会适得其反，遭到很大一部分人的反对——这就如同发生在塔楼身上的事情一样。

参考文献

Applied Property Research Ltd (1995) in-house database, London.

Bedfordshire County Council (1995) *Bedfordshire Structure Plan 2011, Deposit Draft*, Bedfordshire County Council, Bedford.

Department of the Environment (1992), *Planning Policy Guidance 3 (Revised): Housing*, HMSO, London.

Department of the Environment: Planning Statistics Department (1995) *General Development Control Returns (PS2 forms)*.

Hampshire County Council (1995) *Hampshire 2011, Hampshire County Structure Plan Review*, Hampshire County Council.

Stewart, J. (1995) *Housing Market Report, August 1995*, House-Builders Federation, House-builder Publications Ltd, London.

紧缩城市与市场：以住宅开发为例

查尔斯·弗尔福特

引言

城市开发中存在的问题时常招致激进的甚至是乌托邦式的解决方案。19世纪末期，城镇拥挤不堪的境况促使埃本尼泽·霍华德产生了建设花园城市的想法，这种混合的开发模式把城镇的优势与高质量的乡村居住环境相结合了起来。而弗兰克·劳埃德·赖特则从小汽车时代的到来预见到，人类活动不必再集中到城市中开展了，与霍华德不同，他受到19世纪威斯康辛自由独立的乡村生活方式的启发，提出了一种彻底分散的，呈低密度扩张的理想城市形态——广亩城市。

考虑到世纪之交城市生活的悲惨状况，你就不会对有那么多的解决方案企图遗弃原有的城镇感到惊讶了。然而具有讽刺意义的是，当代城市开发中最突出的问题竟然在某种程度上是这些先驱者们的思想所产生的直接后果。花园城市所遗留下来的大量的城市空地如今正是交通堵塞和贫困问题滋长的地方。广亩城市比起“郊区化蔓延”恐怕也好不到哪里去。这并不是偶然的现象。正如霍尔（1975年）所言，这些城市规划的先驱者们所具有的一个鲜明特征是，他们过分关注“设计蓝图，或是陈述自己最希望看见的城市的终极状态。”换句话说，这些人都忽视了决定开发可行性的社会－经济过程。

我们今天所构想的解决方案是紧缩城市。学术界、环保主义者以及近来出现的为数更多的政治家们都很快就接受了这个似乎能包治城市病的万灵丹。然而这个构想依然缺乏对“可行性”——这一关键问题的考虑。人们只是理所当然地认为，单凭规划系统就能与过去大约40年来一直占据主流趋势的“逆城市化”开发模式相抗衡。但是，如果没有房地产开发业的通力合作（尤其是住宅开发商），实现城市遏制的长远目标的前景是非常渺茫的。

因此，本章旨在从住宅开放商的视角出发考察紧缩城市的可行性问题。我将从两个方面展开论述：首先，评述紧缩城市在社会及环境方面的主要优势；其次，就一项针对14位住宅开发商的半结构式的深度访谈的结果进行论述。

紧缩城市的优势

对紧缩城市的支持在很大程度上反映了人们对分散化的开发模式在社会及环境方面所产生的负面影响的关注。他们声称，紧缩城市的活力及多样性将会为所有的居民提供质量更高的生活：行程缩短、交通方式更具有可持续性、这会降低能源的消耗及污染水平；将开发遏制在城区范围之内有利于阻止农村土地的进一步丧失。本部分将会对这些所谓的优势做简要的评述。由于早已有人对这个问题做过精彩的阐述，所以本文只是希望寻求一些一致性的意见。

社会效益

在英国有一个根深蒂固的传统，即把低密度的郊区开发与一种优质的生活等同起来。例如，霍华德提出的花园城市的概念就被乡镇规划协会热情地推崇（Hall，1989年；乡镇规划，1994年）。还有一些人也主张分散化的开发模式，马奇（March）为线性的（而非中心式的）开发模式高唱赞歌，而罗伯逊（Robertson，1990年）则指出现代化的电子通讯工具将允许人们享受到优质的分散化生活方式。

然而，越来越多的人开始关注被赫灵顿（Herington）谓为“外城”的区域。欧共体发表的《城市环境绿皮书》掀开了世人重新发现城市生活的价值的序幕，这反映了“边缘区生活”的失败：公共活动的缺乏、文化的单调乏味、视线贫乏、以及时间被浪费在往返的路上。而另一方面，紧缩城市凭借其密度水平，却似乎能为人们带来一种多样化的、文化丰富的生活。简·雅各布斯在20世纪60年代发表的著作中指出，城市，连同它的一切活动即综合化的利用方式及传统，代表了对人类来说最完美的发展模式，同时又促进了财富的创造及革新精神的生长（1962年）。舍洛克（Sherlock，1990年）也认为“如果失去了高度密集的人群及活动，以及与他们唇齿相依的多样性及生命力，在城市里的居住也就失去了意义。”

同时人们还担心，分散化的趋势到头来只是方便了社会中的富有阶层。像大卫·波普诺（David Popenoe，1977年）这样的社会学家就相信，边缘区的开发不能为那些无法自足的家庭（简单地讲，就是买不起私人交通工具的人）带来丝毫的好处。同样，尽管在城市的繁荣与内城的“社会剥夺”现象之间并没有直接的因果关系，但财富及技术性劳动力的持续流溢，必将对那些被遗弃的地区产生影响（Herington，1984年；Freeman，1984年）。正如埃尔金所言（Elkin，1991年），近来的结构性经济变革已经给不同的地区及郊区带来了不均衡的影响。例如，大多数的制造业新投资项目都位于边缘区，这里与内城中相对贫困的人群几乎完全隔绝。

环境效益

人们声称，紧缩城市具有两方面的环境优势：在阻止农村土地的丧失中发挥决定性的作用，及其在节约能源方面的效率。

农村土地的丧失

对于分散化进程中蕴涵的巨大力量及其无所不在的特性几乎没有任何的争议。辛克雷尔（Sinclair）估计，在1961－1991年期间，尽管英格兰及威尔士的人口只增长了5%，但可以被划分为城市土地的区域却增长了25%—40%。来自环境部的乡村调查也发现了类似的结果。从1984－1990年，英国的建筑用地以每年130平方公里的速度增长，从16100增加到16900平方公里。

如此大面积的土地丧失导致英国农村生物物种以及自然栖息地的急剧减少。根据《乡村调查》的数据，在1978－1990年期间，牧场及耕地上的生物物种分别减少了14%和30%。林区草皮覆盖面积降低，树木种类也在下降。调查显示，相当多的物种是由于人类对野生物栖息地——公路两旁、河岸、灌木篱墙的破坏而消失的。在1984－1990年期间，全国23%的灌木篱墙——长达76000英里，消失了。尽管许多因素都有可能导致这些现象的发生，（如农业污染及各种催长方法的使用），但城市开发却被认为是首要的元凶。

能源效率

尽管阻止农村土地的进一步丧失是提倡紧缩城市的最无可争议的理由，人们还是把许多注意力投向了高密度的大城区在降低由交通带来的能源消耗中所发挥的作用之上。（Handy，1992年；Richaby，1987年；Owens，1986年）

纽曼和肯沃西为密度问题提供了一个有用的讨论框架。通过对美国10座城市的分析，他们发现这些城市的石油消耗率的差异达到了40%。

为了解释这种现象，他们对人均能耗与收入、小汽车拥有量及石油价格等因素之间的相关度进行了研究，基本上没有发现显著的相关。但在分析城市密度时，他们却发现“这十座城市的土地利用密度是与其石油使用量显著相关的。”随后他们表示，一个城市的内部结构是影响石油消耗的根本因素。

这个结论遭到了戈顿和理查德森德的反对，这两个人除了反对公共权利干预外，还批评该研究低估了非工作性交通行为的重要性。不过，却有一些研究得出了与纽曼类似的结果。波泽特等人发现（Bozeat，1992年）“工作交通距离与人口密度呈负相关”，塔利（Tarry）在对区域性因素进行研究时也得出结论：“分散的、低密度的开发模式不利于缩短交通距离。”

就城市规模而言，大多数的实证研究都在城市开发规模与交通能耗之间发现了直接的联系。同时，这里也不乏反对的声音，布雷赫尼（1995年，第99页）通过对过去30年内的人口变化规律进行分析后指出，“由城市遏制政策所带来的能源节约量恐怕会少得让人失望。”波泽特（Bozeat）和ECOTEC各自的研究则支持了大多数人的观点。其结论大体是，尽管拥有250000人口的城市每周人均交通行程为87.7英里（13.8%使用公共交通工具），但是在农村（不过3000人），这个数字却是131英里（7.9%使用公共交通工具）。

ECOTEC（1993）将城市按规模大小进行了严格划分，并计算出7种不同规模的城市中每周的人均交通行程。表1说明，大城市（除伦敦之外）似乎能使交通量降到最低，而小城市及农村的能效最低，从而是不具备可持续性的地区。

表1　每周人均交通距离（以公里计，不同的城市规模及模式下）

资料来源：ECOTEC，1993年。

城市地区	小汽车	公交车	火车	步行	其他	合计
伦敦内城	45.3	12.0	34.1	2.5	16.6	110.5
伦敦外城	113.3	8.9	23.3	2.6	18.5	166.6
大都市区	70.6	16.9	4.7	3.4	17.1	112.7
人口超过250000的城市	93.6	11.2	8.3	4.2	23.9	141.2
100000 - 250000	114.8	8.6	11.3	3.2	22.6	160.5
50000 - 100000	110.4	7.2	13.0	3.7	20.2	154.4
25000 - 50000	110.8	5.7	12.5	3.7	18.2	151.0
3000 - 25000	133.4	7.2	8.0	3.0	24.1	175.7
农村	163.8	5.7	10.9	1.7	28.9	211.0
平均	113.8	9.3	11.3	3.2	22.0	159.6

政治上的反应

正因为有了上述具有压倒性优势的数据为证，紧缩城市在许多西方国家受到了广泛的政治支持。在英国，城市已经采纳了紧缩城市的方案，并使其成为国家规划政策中的核心要素，鼓励更积极的城市遏制政策。针对交通问题提出来的《规划政策指导 13》是该政策近年来最重要的表现形式，其核心议题是，通过影响开发场址的选择和鼓励有利于使用可持续性的交通方式的开发模式，将会有效地降低交通需要。表 2 是 PPG13 中有关住宅的政策。

表 2　PPG13 – 居住区开发方案

资料来源：PPG13：Transport. DoE and DoT（1994 年）

第 3.2 和第 3.3 款规定，住宅的整体规模策略是：

- 尽量在已有大城区（包括市集镇）安置更多的住宅，以便各种设施资源的方便获取……并为这些住宅提供一系列的交通设施，并优先考虑现有场址和房地产项目的可重复利用区及改造区；
- 鼓励在便于利用火车及其他公共交通工具的地方安置住宅；
- 设定维持并提高城区现有密度的标准；
- 通过在中心区域的适宜地方发放足够的住宅开发用地许可及综合开发许可，在可行的地区将就业区与居民区并置。

同时，在农村地区的开发应：

- 鼓励现有社区内的适度开发

此外，各种开发应避免：

- 农村及小镇住宅开发区的大面积扩展；
- 在开阔的农村开发零星的住宅项目；
- 小型新居民区的开发（大体上讲，在 20 年内该区居民不会超过 1 万人）。

然而，如同我前面所言，人们很少从市场的角度来考虑这些政策的可行性。但是规划系统的成功运作在很大程度上又取决于房地产开发业的合作态度。除非规划政策能够称了他们的心意，否则要抵制住要求放开不可持续性用地的开发许可的压力是根本不可能的。因此，紧缩城市的政策能否成功将依赖于它们与市场利益的契合程度。

接下来的这个部分将试图对这个问题作出回答，我要为各位提供针对房地产开发商进行的有关紧缩城市的可行性问题的访谈研究的结果。

访谈研究

研究者从《里昂奈斯·拉茵信用手册》中抽取出可能作为访谈对象的房地产开发商的名单（由小组完成，1992 年经济年序）。最初的反应是积极的，在 17 名被联系上的开发商中共有 14 人愿意接受访谈。为了研究的方便，这些人被划分为三种类型：6位“主绿地”，3位“主城市”，5位为“综合”。

访谈涉及到一系列问题，包括房地产开发商当前使用的开发模式，他们对可持续性的一般认知以及有关紧缩城市方案的可行性的看法。为了加强访谈内容与英国开发商的联系，问题大致围绕着PPG13的内容来组织，并特别关注在现有城区及农村居住区进行直接开发的可行性问题以及实施高密度、综合开发的发展前景。

该研究的主要发现是，尽管大部分的房地产开发商已经认识到紧缩城市中存在的问题，但基本上都对回归城区开发的需要持积极的态度。这是一个令人惊讶的结果，尤其是考虑到许多开发商保持着对绿地开发项目的传统偏好（这的确是实施，文章伊始我就对目前的开发模式做过介绍）。同时，这也是一个鼓舞人心的结果，因为大多数与开发有关的人，特别是规划人员一直以为房地产开发商对城市的开发持有深深的疑虑。

然而，房地产开发业从本质上讲又是保守的，一位开发商简明地总结道：“开拓者的箭仍然放在他们的背上。”考虑到目前分散化的开发模式已经建立了良好的基础，彻底的转型恐怕不只是施行一种新的政策框架那么简单。必须具有经济上的可行性。实现这个目标还有待于清除相关的限制壁垒。这些壁垒及相应的改革策略如下（许多都是开发商自己的观点）：

城市开发

房地产开发商认为，“在现有的大城区内最大限度地开发住宅”不应以牺牲“优质的开阔空间”——或者如某位开发商所言的“城市的肺脏”——为代价。除此之外，还有相当多的荒废或闲置的土地值得加以有效开发。因此，最主要的困难不是城市土地的总量，而是城市开发中时常遭遇的各种限制。

被污染的土地

尽管土地污染被视为城市开发的一个障碍，但被访者都强调，虽然需要专业知识，但清除污染的费用通常可以从土地价格中扣除。他们主要关心的是，人们常常低估了污染对土地价值的影响。这种情况会由于职能部门过于庞杂而进一步恶化，从而导致开发商常常获悉相互矛盾的政策指令。

为了鼓励开发商涉足内城的场址，必须制定一致的污染清除标准，并评定相应的等级，这样一来，一块用于重建工厂仓库的建筑场址所需要的投资额就与一块学校的地皮的价格相区分开来。（这种“与利用相适应”的方法在最近的环境法案（1995年）中得到采纳）。同时，还应由主管部门颁发某种形式的清除污染认证，使之成为开发商信誉度的一个凭证。

如果私营开发商开发污染用地的确无利可图，公共部门就应该在分配土地及取消限制上发挥主导作用。由于这个过程本身就能为土地增值，我们可以在再售时抬高地价从而把一部分的费用转移到购买人的身上。

土地获取中的问题

由于归属于多个利益不同的产权人，许多城市空地基本上没有开发的可能。获得一块面积适宜的土地（这是任何一个大开发商首先考虑的问题）在城市里变得更加困难。许多开发商指出，购买到一块面积达到足以产生规模经济效益的土地还有很多困难（这在绿地场址的开发项目上是可以实现的。）

开发商还指出，地方主管部门发放城市住宅开发用地经常显得十分勉强。在14人中，至少有9个开发商认为地方政府总是不必要地把持某块地皮的开发权，还声称早已安排了特别的用场。废弃的制造工厂可能就不会准予进行住宅开发，即使其原来的用途已不再具有经济吸引力。

开发商们提出了许多可以解决这类“土地银行”问题的办法：赋予公共事业投资部门一些额外的权利，以协助开发商从态度消极的产权人手里强制购买到土地所用权；空置场地的产权人应提出现实可行的开发计划，否则就要冒接受经济处罚的危险；与此同时，在开发商和地方规划部门之间建立更密切的工作联系以找到合适的改建场址以及潜在的限制壁垒，从而将这些土地更快地转交给积极主动的产权人。

公司结构

大多数的房地产开发商都倾向于购买和开发绿地，并用一种工厂风格的“盒式建筑”方案进行开发。这在绿地上也许可以奏效，但肯定不适合特质鲜明的城市用地。回归城市的开发必然要求房地产开发商对公司的内部结构进行相当大的调整，并更新自己的专业知识。例如，需要在整修工程上下更大的功夫。除了一个开发商外，其余的人都只在大型的新建项目中承担过整修，而且这也常常是遵守某项规划指令（如，维护和修缮某个记录在案的建筑）的结果。

尽管这种根本性的变革并不是不可实现的，但它却要耗费大量的时间，特别是考虑到大部分的大型开发公司都有大批的绿地开发项目等待上马。涉足一个新的市场时所产生的诸多问题可以聘请城市开发方面的专家来协助解决，主要是多听取咨询公司的意见，或与别的开发公司开展合作。

农村地区的开发

在住房需求“不可能在大城区的中心区域”得到满足的地方，PPG13建议可以在“现有的农村社区进行适度开发”，这实际上是把遏制政策的精神延伸到农村中去，主张就地填充，并同时确定了三种应当避免的农村开发方式：乡村及小镇住宅区的大面积扩张；在农村地区的零星的住宅项目；小型的居民区（PPG13 将之界定为“在 20 年内居住人口不可能达到 1 万人的社区”）。

大部分的开发商相信，即使能抵制当地居民的反对，在许多小型居民区里的公共基础设施及服务也不可能再容纳更多的开发项目了。他们一致认为，一些“不可持续”的农村开发项目的出现是难以避免的。

乡村及小镇住宅的扩大

这似乎是特别难应付的一个趋势，因为它在满足人们对空间扩大化的需求的同时又允许他们继续留在自己熟悉的居住环境里。这种开发方式也受到开发商的欢迎，因为已有的各项配套设施可以支持新的开发项目，而公共基础设施也很容易加以扩建。而且，地方政府也更乐于发放边缘区（甚至是绿化带）的土地开发许可权，以便完成“结构规划”分派在自己身上的住宅定额。

在开阔的农村开发零星的住宅项目

这类项目从环保的角度上讲通常是不可行的（尽管很受购房人的欢迎），有四名开发商明确地指出应该避免开发此类项目。由于人们对该项目存在强烈的反感，而各项基础设施的建设费用又十分高昂，所以停止此类零星住宅的开发应该不会遇到太大的阻碍。

小型居民区

除了大量的规划限令，新居民区本身通常也是问题多多。新建居民区将在服务设施上耗费大量资金，因此当建设场址大到足以吸收这些费用时，新的开发计划才变得可行。一个居民区的住户下限为 750 人（维持一所小学所必须的人口数）。于是，不同的居民区在规模上的差距将会非常显著，在开发商看来这也许可行，但从可持续性的角度来看却是不可取的。这样就可能给发放小居民区的开发许可带来压力。

高密集度开发

紧缩城市的另一个关键条件是开发项目应保持较高的密度。这在 PPG13 中就有所体现，它规定地方政府应“设定维持及提高现有密度的标准”。

高密集度的开发（特别是在市中心的开发项目）对于房地产商来说通常是利润最高的方案。开发商认为主要的障碍在于国家的规划指导政策与地方的对应条款之间还存在不对等的地方。因此就会出现公认的可持续性居住密度为300人/公顷（地球之友等组织所规定），而英格兰的新建住宅区的密度却只有50—90人/公顷的现象。即使在被地方政府视为密度很高的伦敦内城，（如哈林吉自治市），最大的密度也不过125人/公顷。表3反映了目前的密度水平与最优化的水平之间所存在的显著差距。

表3　现有的及优化的城市密度

城市	GRD	NRD	资料来源
伦敦	56	168	纽曼和肯沃西（1989年）
香港	293	879	同上
洛杉矶	20	60	同上
墨尔本	16.4	49.2	同上
巴黎	48.3	144.9	同上
东京	105.4	316.2	同上
多伦多	39.6	118.8	同上
康登（伦敦自治市）	56	168	康登用户数据报协议
哈林吉（伦敦自治市）	66	198	哈林吉用户数据报协议
伊斯林顿（伦敦自治市，1965年）		740	密尔勒－荷兰（1965年）
英格兰的新居民区		47－94	比毕和谢菲尔德（1990年）
密尔顿·凯因斯		67.5	舍洛克（1990年）
优化			
公共交通	30－40	90－120	纽曼和肯沃西（1989年）
步行	100	300	纽曼和肯沃西（1989年）
可持续性城市		225－300	地球之友
中心城市		达到370	

注：所有的数据单位为人/公顷

GRD：毛居住密度：按地理区域区分的人口

NRD：净居住密度：不计算开阔空间及无居住人口的区域

尽管还有许多公共基础设施及资源方面的问题也与高密度的居住形态有关（Lock，1995年；Knight，1995年），但规定的开发密度值还有大量的提升余地。开发商们一致承认需要制定新的规划指导条例，以确保开发规划中设定的最大密度水平不会低得太离谱。

综合利用式的开发

紧缩城市计划中的又一个环节是“在可以进行综合利用式开发的地

区，应该将居民区、就业区和休闲区组合在一起。”尽管知道这种开发方式的优势，但房地产商还是难以接受综合利用式开发的概念，并提出了许多带有根本性的问题。

首先，要重新营造出像一些成功的现有综合区（如牛津市中心）那样的城市氛围是十分困难的。现有的综合区都是自然有机地形成的，新的开发项目不可能以同样的方式像吸铁石一样将商品、服务及人群汇集到一起。除此之外，如果当地的人口富裕程度不够高，也不可能支撑得起如此密集的本地服务设施。

其次，数十年来的功能主义土地开发政策早已深深地抓住了购房人的心理：周边的环境应主要还是居民区。尽管步行上班的概念从理论上讲很容易打动人心，但正如一位开发商所言：“没有人希望在自家的花园上建一座工厂。”

第三个问题是从一个简单的经济现象出发的，土地所有人总希望从土地变卖中获得最高的利润，那些有能力承受最高价格的人则会想方设法地保护自己的土地使用权（这也是规划政策允许的），尽管可以通过一个《第106条》协议从中抽取出一部分综合开发的土地，但这通常都不会产生成功的综合利用方案。

最后一个问题是从投资者目前对综合利用式开发的态度提出来的。正如一位被访者所言：“经济的等式变得模糊不清”，一系列的问题都会导致这个问题的发生，包括：与对城区的工作施加的诸多限制相联系在一起的问题；开发商倾向于开发位于可以便捷地通往高速公路的道路两旁的工厂或商业区；人们一直在使用传统的评价方法，依赖于从历史数据中得到的比较结果，而不是借鉴专家的记录数据。

如果真的要在一块地皮上进行综合开发，就必须进行彻底的变革。城市分区的过于专门化可以通过制定单独的《利用等级排序》来避免。与此类似的是，在地方规划中制定的综合项目并不一定是出价最高的投标方案，因为出资人很有可能紧握住开发场地不放。此外，我们还要努力改变公众及投资商对综合利用式开发的认识。只要设计巧妙，如融合景观缓冲区，就可以避免商业或轻工业对居民区的干扰。

当然，并不是所有的区域都适合各种类型的利用形式。将商业活动融入城市居民区可能会导致对土地的无效利用，因为在人口密集的城区，目前针对低层工业建筑的相关规定可能会取消。同样，在城市边缘区的一些开发项目也会占用大量的土地资源。

对主要研究成果的总结：

现将访谈研究的主要发现列举如下：

- 房地产开发商对可持续性的城市开发模式普遍抱积极的态度；

• 他们指出了许多阻碍紧缩城市成功实施的问题，如土地污染、限制性的规划政策，及开展成功的综合利用式开发中的困难；

• 他们还提出了一些改革措施，包括“清除污染认证”、建立以市场为导向的公共事业机构以处理存在问题的开发场址；提高“可接受的开发密度”的水平；制定新的《利用等级排序》以鼓励综合利用式开发。

总结

在与开发过程有关的人士中存在着一种普遍的信念：尽管紧缩城市具有明显的环保及社会效应，但从市场的角度上看它是不可行的。然而，访谈研究的结果却不是这样的。虽然障碍重重，但房地产开发商都对遏制扩张的需要及实施紧缩城市计划的前景持积极乐观的态度。的确，一些访谈对象不但没有认为紧缩城市是一个不可能实现的规划蓝图，反倒还要求政策框架制定得更严谨一些。毕竟，正是“不确定性”导致了规划实施的错位及浪费。

在本章的序言部分提到的先驱者们都相信，只要规划政策的方向没错，设计蓝图就是好的。然而，本研究却表明，无论在理论上对城市开发做了多么详尽的规划，一切都必须经得起时间的检验。在这项研究中，被访者对可持续性的城市开发模式所抱有的积极态度确实出乎意料。认识到这一点，将对这个领域的规划及政策产生深刻影响。如果要为克服实施紧缩城市中的障碍提出现实可行的建议的话，本研究表明，我们完全可以劝服房地产开发商在城市遏制的过程中扮演主角。

如果城市开发能朝着更具可持续性的方向前进的话，我们将可以展望一种变革深刻的城市远景，紧缩城市正是这个远景，但要让它成为现实，还有待于我们将正在开展的研究付诸实践。

参考文献

Bibby, P. and Shepherd, J. (1990) *Rates of Urbanisation in England 1981-2001*, Pion, London.

Bozeat, N., Barrett, G. and Jones, G. (1992) The potential contribution of planning to reducing travel demand, PTRC, 20th Summer Annual Meeting, *Environmental Issues: Proceedings of Seminar B*, PTRC, London.

Breheny, M. (1995) The compact city and transport energy consumption. *Transactions of the Institute of British Geographers NS*, **20**, pp.81-101.

Commission of the European Communities (1990) *Green Paper on the Urban Environment*, CEC, Brussels.

Department of the Environment (1990) *The Countryside Survey*, HMSO, London.

Department of the Environment (1994) *Planning Policy Guidance 13: Transport*, HMSO, London.

Dixon, T. and Richards, T. (1995) Valuation lessons from America. *The Estates Gazette*, **9529**, pp.110-112.

ECOTEC (1993) *Reducing Transport Emissions Through Planning*, HMSO, London.

Editorial (1994) City or Surburbia. *Town and Country Planning*, **63 (9)**, p.226

Elkin, T., McLaren, D. and Hillman, M. (1991) *Reviving the City: Towards Sustainable Urban Development*, Friends of the Earth, London.

Freeman, H. (1984) *Mental Health and the Environment*, Churchill Livingstone, London.

Fulford, C.M., (1994) *Sustainable Urban Form and the Residential Developer*. Unpublished MPhil Dissertation, University of Reading.

Fulford, C.M., forthcoming (a): *The Compact City and the Residential Developer*, - I. Occasional Papers, University of Reading.

Fulford, C.M., forthcoming (b): *The Compact City and the Residential Developer*, - II. Occasional Papers, University of Reading.

Gordon, P. and Richardson, H.W. (1989) Gasoline consumption and cities - a reply, *Journal of the American Planning Association*, **55**, pp.342-345.

Hall, D. (1989) The case for new settlements. *Town and Country Planning*, April, **58(4)**, pp.111-114.

Hall, P. (1975) *Urban and Regional Planning*, Unwin and Hyman, London.

Handy, S.L. (1992) Regional versus local accessibility. *Built Environment*, **18(4)**, pp.253-267.

Herington, J. (1984) *The Outer City*, Harper and Row, London.

Jacobs, J. (1962) *The Death and Life of Great American Cities*, Cape, London.

Knight, C. (1995) The pitfalls of 'town cramming'. *Planning Week*, 8 June.

Lock, D. (1995) Room for more within city limits? *Town and Country Planning*, July, pp.173-176.

March, L. (1974) Homes beyond the fringe, in *The Future of Cities* (eds A. Blowers, C. Hamnett, and P. Sarre) The Open University Press, London.

Milner-Holland, E. (1965) *Report of the Committee on Housing in Greater London*, Cmnd 2605, HMSO, London.

Newman, P. and Kenworthy, J. (1989) *Cities and Automobile Dependence: An International Sourcebook*, Gower Technical, Aldershot.

Owens, S. (1986) *Energy, Planning and Urban Form*, Pion, London.

Popenoe, D. (1977) *The Suburban Environment: Sweden and the United States*, University of Chicago Press, Chicago.

Rickaby, P. (1987) Six settlement patterns compared. *Environment and Planning B, Planning and Design*, **14**, pp.193-223.

Robertson, J. (1990) Alternative futures for cities, in *The Living City: Towards a Sustainable Future* (eds D. Cadman and G. Payne) Routledge, London.

Sherlock, H. (1990) *Cities Are Good For Us*, Transport 2000, London.

Sinclair, G. (1992) *The Lost Land*, Council for the Protection of Rural England, London.

Tarry, S. (1992) Accessibility factors at the neighbourhood level. PTRC, 20th Summer Annual Meeting, *Environmental Issues: Proceedings of Seminar B*, pp.257-270, PTRC, London.

紧缩城市与生活质量

马丁·克鲁克斯顿，帕垂克·克拉克，乔安娜·埃夫里

城市改造与紧缩城市的出现是与大多数西方国家的政策一脉相承的。然而，它们与战后西方的历史及现实状况尚有一段漫长的距离。要使理想与现实相容，则须保证我们的城镇能够提供某种有质量的生活——符合人们对一个“适合居住”的城市的种种构想——它将可以与生长在许多人头脑中的“乡村梦”相抗衡。这个构想并非空中楼阁，而是由各种现实的元素所组成，它需要投入资金、关注以及时间，以便构建出治理更为完善并深受人民喜爱的城市环境。

政策与趋势

紧缩城市的概念与可持续性发展之间关系紧密。将新的开发项目集中到现有城区之内进行的种种好处早已得到了广泛的认可，最具有代表性的当属欧共体的《城市环境绿皮书》（1990年）。总体而言，这些好处包括：有助于推动城市改造的进程；有效利用已有的公共基础设施及社区资源；对废弃或污染的土地加以富有成效的开发利用；以及提高当地居民可摄取设施的范围及质量。从环保的角度上讲，利益主要体现在能够提高人们对公共交通工具的使用率；减低交通需要，减少行程（尤其是私家车的行程）；并减轻对农村的压力。

这个概念是与《可持续性：英国的战略》中所提出的各项原则相一致的（英国政府，1994年）。《英国的战略》主张最有效地利用现有的城区资源，使城市成为更具吸引力的居所及工作场所，并对废弃的及受污染的土地重新加以利用。写在PPG13中的政策规划建议指出“尽可能地在现有的大城区内安置更多的住宅”（环境部及交通部，1994年），而最

近公布的白皮书《我们未来的家园》，则设定了一个把未来至少一半的新增住宅安置在现有城区之内的规划目标。（英国政府，1995年）

在政策方面到目前为止一切还算顺利。但是从现实性上看，情况恐怕就没有那么乐观了。这里主要存在两个问题：首先，经过数十年的发展变迁，我们的城市已经在走下坡路了。有钱人及更多的有车族迁出城市，究其原因，还是由于这些人发现城市生活的质量在每况日下，而在郊区及城外却能享受到优质的居住环境。如果我们注意一下OPCS（人口普查及调研办公室）对不同类型的城市中人口变化规律所进行的分析就会发现，在1981－1991年间，有超过58万人从各主要城市的居民区搬走：而接纳这些移民的最大赢家分别是：

- 旅游胜地及疗养区（超过416000人）；
- 综合的交通便利区（超过228000人）；
- 偏远的农村（超过444000人）。

我们来看一看西米德兰地区的情况，这里的大城市每年都会减少大约1万名居民，迁走的人大都去了周边的郡县。

这种局面的出现其实早已是定势了，而那些有选择能力的人恐怕还会继续投赞成票。仅凭“英国的可持续发展战略”及区域规划政策中的只言片语就企图减缓这种趋势的发展是不可能的，更别说阻止这种趋势的蔓延了。

第二个问题是，在构思紧缩城市时，我们没有正确地看待城市密集化、可持续性及生活质量这三者之间的关系。相反，我们反倒陷入了对住宅数量、密度及住宅形态的讨论中去。这也许是城市规划的根本特性，但是如果要使紧缩城市成为现实，我们必须把自己的视线抬高，站在更高的层面上思考紧缩城市作为一种居住场所的质量问题。规划界人士发表的言论说明了人们对这些问题的忽视，如“以高密度的居住方式来挽救农村土地资源的做法是令人遗憾的。”以及“高密度的紧缩城市的可持续性与大多数人希望拥有一幢花园住宅的梦想背道而驰。”（Fyson，1995年）

理想与现实

城市要想成为人们愿意居住的地方，就必须具有理想和现实两方面的吸引力。我们需要的是一种积极向上的，以环保为导向的城市生活的景象：它足以与势力强大的反城市思潮及主流趋势相抗衡。围绕着紧缩城市这一称谓的两个问题是：它将来自填充城镇的危险（紧缩，用小汽车销售商以及财产代理人的话来说，就意味着“狭窄”、“简陋”）与看上去毫无关联的欧洲大陆人对于拥堵、喧嚣的小型市集镇、广场、庭院、阳台公寓及街道节日的成见相联系了起来。这让英国人感到不安，就好像是有人在试图建造锡耶纳、沃尔索尔的圣吉米尼亚诺或凯特林一样。

英格兰人（比苏格兰和威尔士的人口要多得多）及北美人比法国人、德国人或瑞士人更难以忍受城市的生活环境，后者如果知道自己可以利用农村的土地资源自然也会十分高兴，但让他们居住在那里（或类似的事情）恐怕就没有那么容易了。

是的，我们需要一个理想，或者说远景规划，但它必须符合英国的实际情况以及观念。托马斯·夏普（Thomas Sharp）是在战争期间成长起来的城镇规划主义者中的一员，他坚决反对郊区化，并视之为“由一群毫无组织的越狱囚徒所实施的逃亡，事先没有任何具体的计划。”他相信，这种行为根源于人们“对自己不得不居住的恶劣的城市环境的厌恶”。因此，应该对城市进行改革，“根据我们变化着的具体情况加以修改、调整与开发利用。”（Sharp，1940年，第40－45页）这种观点至少还包含了一种对城市的动态性的理解，以及对变革的恰如其分的描述；而与他同时代的勒·柯布西耶所领导的CIAM小组则干脆诉诸痛骂：“郊区化是一种乌托邦式的愚行……在美国被发展极致……是20世纪最深重的罪孽……”（1943年）。

为了使之与现实相适应，这种理想不能是反郊区的。不管怎样，大多数的英国人都还居住在郊区：伦敦人住在六个最靠中心的自治市的外围，大都市区域的人则住在维多利亚式市中心以外；其余的国民则居住在那些曾经是市集镇的以及面积辽阔但人烟稀少的地区—这里是真正意义上的农村，而不是郊区的外围。这个理想不仅要与城市的核心区域相适应（我们正试图在这里实施“再人口化”及“再大众化”），还不得不顾及到郊区，这些地方必须在可持续性的前提下加快紧缩化的步伐，使之更适于居住。

这样就会出现两个难题。首先，我们怎样才能使城镇在一种为人熟知的“中心区”的意义上，成为更多的人愿意选择的居住区？有时这里被视为上流社会人士的特权。的确，我们可以在现实生活中找到这类高尚居住区的范例，那些中心区（如肯特镇、巴特西及马琴城）之所以重获新生，是由于其变得更适合中产阶级居住的缘故。但是这个过程又不能单纯地被看作是中产阶级的殖民地化。伦敦的东部地区从二战起就开始了被一代一代的居民所遗弃的命运，如今，人们又重新回到了它的怀抱：除了城市里的商贩还有家具装潢商及出租车司机，这些人此前曾沿线迁移到巴金和比勒里基一带，只在周六的时候才回来做点罗马路上的生意或探望住在城里的祖辈。当然，他们中还有许多人住在外城，但却不是全部，而这也正是最重要的一点：我们所希望的是让普通人把它当作一个可以接受的选择，而不是被夏普所称为的像监狱那样除了学生和靠养老金生活的人之外，人们一有机会就逃之夭夭的地方。（Sharp，1940年）

第二个难题是：我们怎样才能让整个城市（尤其是郊区）为人们提供一种城市感和可持续性兼备，同时又具有吸引力的生活质量。要知道，这些人对郊区式的生活及其在天然与人造、个人与社会之间所营造出的既神奇而又成功的融合是最为心满意足的。

走向"宜居"城市的暂时步骤

我们应如何看待"宜居性"、"吸引力"和"城市质量"这三个问题，同时又将之套入一个强调可持续性和紧缩性的政治框架之中呢？这种思考必须顾及到城市规划过程中的许多彼此关联的问题：

- 住宅密度：既不浪费空间，又不至于拥挤；
- 交通：量力而行；
- 公园、学校和娱乐休闲：优质的服务与设施；
- 城市管理与安全；
- 房地产市场：供给的范围及选择。

住宅密度

> "城市需要更高的居住密度以及净地面覆盖率（正如我所说的那样）的说法，通常被认为比与贪得无厌的人并肩作战还要恶劣。"（Jacobs，1961 年）

住宅密度的问题一直就充满了争议。之前一些学者为约瑟夫·朗特里基金会所做的研究表明，在三个作为个案进行研究的城区（包括大伦敦城的纽卡斯尔、赤尔顿那和路厄森），可以在不影响其城市形态发生显著变化的情况下，把住宅密度提高 25%，例如使传统的街道让位于住宅，将可以增加 19%的住宅容量。在停车标准不那么严密的条件下，这种程度的容积率根本不会产生任何严重的影响。（卢埃林－戴维斯，1994 年 a）

紧接着，伦敦规划咨询委员会（CPAC）又对这种容量潜力做了进一步的挖掘，其结论是，最大住宅密度标准及停车场的相关规定（如要求每增加一户住宅就得增加一个街外停车位）应根据市场的要求适当放松，即便是在伦敦自治市这样的区域内。如果规划者从严格的密度限制转为严谨的设计控制、对街面空间的有效利用（以满足停车位的需要）以及林阴、植被和公共开阔空间的维护，那么在不破坏环境质量的前提下，还可以释放大量的住宅容量空间。（卢埃林－戴维斯，1994 年 b）

批评人士认为，取消停车位的相关规定的做法是不现实的，并可能导致交通堵塞，而对最大密度标准的控制也应当继续保持，因为这样可以避免开发商用不达标的小户型住宅塞满每一寸建筑用地。笔者们的观点是，只要地方规划官员尽心尽责地对建筑场址及城市设计加以适宜的引导，这种危险是不会发生的。而就交通堵塞的问题而言，对停车位的规定简直就是在浪费时间、精力和我们有限的居住空间，因为停车位数量的增长根本就不可能跟得上小汽车拥有量及使用量的发展速度。

交通

交通问题与有关创造高质量的高密度居住环境的讨论紧密地联系在一起。城市及小镇的一个重要潜能是它们能够在不依赖小汽车的前提下，从根本上满足居民的所有合理的交通需要，而在外郊区及农村，小汽车则是人们赖以生存的交通工具。这一点我们从伦敦的小汽车拥有模式的人口普查中就可以得知：尽管其他地区的小汽车拥有率是与家庭经济收入及社会经济地位相挂钩的，但是在内城区的情况却不尽如此，一些有购买力的家庭至少很明确地表示不会选择买车。无疑，一部分的原因是停车位及车库的缺乏，但公共交通能够满足更多的日常需要恐怕也是原因之一。(在工作及其他活动密度较高的城市，公共交通更容易满足人们的需要。）提姆·法劳（Tim Pha raoh）(1991 年）的一个有趣的观点是，伦敦的外郊区也是以这种模式修建起来的。默特兰正是沿着车站建造起来的：摩托车、公交车及步行就能满足几乎所有的交通需要。我们可以让更多的城市沿着这个方向转型吗？当然，这是完全可能的，但让居民为拥有和使用小汽车而产生罪恶感或者以臭氧层的危害作威胁的办法却无济于事。更有意义的做法是制定相应的策略，以便使这些地方变得更加紧凑、繁忙、便捷和诱人，并采取一些支持与改善城市公共交通的措施。

70% 的小汽车拥有率
（20% 的家庭拥有 2 辆小汽车）

- 20% 为客人造访时的停车
- 8 米的屋前空地
- 梯形停车位
- 现有的停车问题得以解决
- 5% 的住宅可以在不影响前院花园的情况下进行改造

55% 的小汽车拥有率

- 20 % 为客人造访时的停车
- 8 米的屋前空地
- 梯形停车位
- 30% 的住宅可以在不影响前院花园的情况下进行改造

40% 的小汽车拥有率

- 20% 为客人造访时的停车
- 8 米的屋前空地
- 梯形停车位
- 80% 的住宅可以在不影响前院花园的情况下进行改造

注：阴影标志被改造的住宅

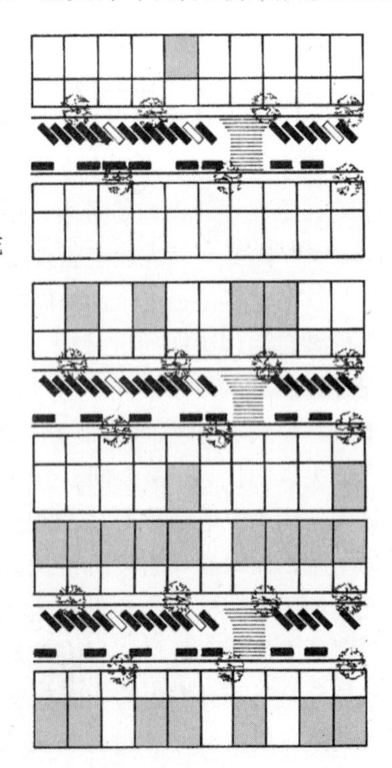

图 1　改造能力：重塑街道

优质的服务及设施：公园、学校及娱乐

城市的一大优势是可以支持并提供优质的文化与娱乐设施及服务。通常，人口越多，可供选择的范围就越大，质量也就越高。文化与娱乐在《英国的可持续发展战略》中是作为“可以鼓励人们去居住与工作”的城市的独特优势被单独罗列出来的。(1994 年，英国政府)

其负面影响是，休闲与娱乐设施会与城市的其他功能相冲突，从而使休闲活动的费用变得昂贵起来。施加在市政预算上的压力使得公共供给设施逐渐被私人所提供的设施所取代，而且许多市政设施如今都是由民间资本来经营的，较之以前的情况，商业化的气氛要浓厚得多。更糟糕的是，由于供不应求——尤其是在晚间和周末——许多人，特别是经济条件较差的人被排挤在娱乐服务之外。

问题还不止这些。随着需求的日益复杂及供给经济规模的扩大，设施的提供形式也越来越杂乱无章。由于各项设施更加复杂繁琐，费用变得昂贵了起来，交通也更加不便（通往各设施的道路拥挤不堪，更多的人不得不挤上公交车）。所有这些现象都是与创造一个拥有便捷、优质的地方设施的紧缩城市的规划目标相违背的。

在我们的紧缩城市里，还必须更好地提供和管理城市的开阔空间。维多利亚时代的人们早已认识到了城市开阔地及公园管理员的重要价值。在最近出版的《独立性》(Spackman，1995 年）一书中，作者展望了未来城市的发展前景，指出高收入人群将会为绿化空间而承担越来越高的费用。因为人们已经不再自己培植绿色植物了。更糟糕的是，我们甚至没有好好地维护与利用前辈们代替我们所做过的“投资”。地方政府所面临的开销压力使得许多开阔地都被更“关键”的地方服务所取代了——如教育、快餐等——维护性的预算则被砍掉，设施与设备开始减少，公园管理员也遭到解雇。幸运的是，有迹象表明这个过程有反复的可能。环境部正在研究良好的公园监管条件（如公园管理员）能否降低暴力行为的发生频率。

不过，有许多公园及开阔地已经得到了充分的发展——当地主管部门已准备加大改善、监管和维护的投资力度，并鼓励私人的积极参与。位于伦敦东南部的水晶宫公园就是一个例子。人们对这些优质的服务设施的重视是显而易见的。无论是哪个周末，你都可以看见成百上千的人在那里娱乐、消遣。当然，这些人都是从西汉姆、彭各、诺伍德和杜维奇来的，甚至还有可能来自更外围的区域——因为那里可能没有类似的市政设施。

开阔空间是我们紧缩城市的理想中关键的组成部分。我们必须认识到优质的开阔空间与城市生活之间的直接联系。《英国的可持续发展战

略》对这种关系进行了阐述："城市质量取决于城市中用于休闲与娱乐的绿地的建造及其质量。"（第24段23行）。但是我们必须将之贯彻进官方的规划指令以及资源决策中去。例如，我们必须以一种全局性的眼光来看待开阔空间的投资项目。认识到它将有助于一个轻松、愉快的工作群体的形成，并为一个宏观的战略做出贡献——该战略旨在对现有的城市公共基础设施进行更有效的利用，并减少因为在别处"再置业"而产生的开销。这并不是什么新鲜的见解，卡伯瑞斯（Calbury）、索茨（Salts）和朗特里（Rowntrees）都承认投资兴建社会及社区设施所产生的经济效益。

这个逻辑还适用于城市所能提供的所有服务：健康、教育及社会服务等等。我们的紧缩城市理想是建立在为城市居民提供他们所需要并理应获得的一流服务的承诺之上的：设施及服务将真正地促使人们产生在城区居住和工作的愿望。与目前所发生的状况恰恰相反——城市居民不会再忍受简陋、破损和使用过度的公共服务设施以及上下班往返途中由小汽车所带来的不便及危险。他们将发现，政府会按照他们的意愿去进行投资规划，并以生活质量及便捷性为出发点作出交通决策。这就要求我们以全新的视角来审视市政服务，而那些负责管理的城市的人则应更大程度地致力于居民及地区的生活质量问题。

城市治理与安全

尽管迷惑诱人、乐趣横生，城市却也还是一个危险之地。显然，人们流入郊区的一个原因是希望从不安、噪声、肮脏与无序的状态中解脱出来，享受安全、宁静、清洁有序的生活环境。无论是是否真的遇上暴力，只要有不安全感存在，人们就会尽可能的远离一个地区；如果有一条街被认为是危险的地方，人们就很少在上面行走，而不安全感也会更加强烈。更完善的治安管辖也许会有帮助，却不能从根本上解决问题；正如简·雅各布斯所言，首先需要了解的是，城市的公共安全秩序并不主要是由警察来维护的，尽管警察也是必需的。杰克斯托的骑警就曾招致许多责难，人们指出政府对无家可归的人、领救济金的人以及失业游民所制定的政策忽视了街道的环境以及利用该环境的人。（1995年，路厄森城市礼堂的演讲，9月4日：《归还街道》）

我们的城镇，特别是市中心和内城，常常准确地传达着由忽略、危险和不安所交织在一起的信息，它们日渐衰败，往往促使那些想要远离都市的人尽快地搬到郊区去生活。这并不完全是国家政府吝啬、短视的结果——尽管在很大程度上也与之脱不了干系。有一些事情是可以通过更完善的城市治理来避免的：伊斯林顿就比哈克利运转得更好（它们都是内城区，也有着相近的历史）；而设菲尔德的状况也优于利物浦；可能任何一个地方都比郎伯斯地区治理得好；苏格拉的大小城镇通常也比英格兰更加干净、管理也更加精心。这自然是能力与责任心的问题；但它同时又越过地方政府的管理程序，从看得见的服务、可靠的交通及公共活动场地、学校和购物中心的清洁程度及维护状态中体现了出来。城市地方政府的职能运作的确不易，但它并不是一个不可能完成的任务。一个纳入了修补破损的路面及禁止小狗进入儿童游乐场所的规定的城市规划远比一个由奥林匹克竞赛场、新的中央礼堂及焕然一新的社区工作所组成的城市构想重要得多。因为它把更多的内容与生活在那里的享受并体验安全舒适的社区环境的居民联系在了一起。

与市场相配套

毫无疑问，到目前为止，我们所说的听上去就像在为城市及小镇讨要更多的资源似的。在笔者们看来，那的确是一个旨在实现宜居的、紧缩的和可持续性的城市的理性战略中的不可或缺的部分。然而，事情也不是那么简单：我们必须与市场相配套。

目前，有一个邪恶的怪圈在左右着房地产市场的运营，并有抵制紧缩化及城市居住潮流趋势出现的危险。在约瑟夫·朗特里基金会的研究中接受了访问的开发商虽然没有否认在内城开发的可能——而且有一、两个人还是这方面的专家——但总的情况是，传统的郊区及外城住宅才被认为是市场的需求，因为它是“人民所想要的”。而且从大体上看，城市的建筑场址地形更加复杂，空间狭小，耗费却更大（每户耗资1850—12500英镑）。于是，在供给和需求的共同作用下，开发商的投资兴趣发生了倾斜。在某些地区，只有获得了某种政府补贴（通常是以“居民能够承担的住宅”和安置居民为名义所下拨的款项）的住宅区才有竣工的可能。（卢埃林－戴维斯，1994年）

这给了我们一个有趣的启示。首先，开发商并不像某些人所说的那样，只会跟着大众的潮流走，他们其实正热情地等待着城区的开发方案，只要经济回报能够抵消额外的麻烦。其次，我们可以设立弥合漏洞的机制，使市场更倾向于城区的开发（包括二次置业），而其开发模式也有助于扩大住宅的选择范围，而不是将之局限为某个社会阶层的特权。卢埃林－戴维斯的研究也提出了一种不同于VAT制度的机制，这一宏观机制组织更严密、预测性更好，对绿地的开发实行了更严格的限制，以便把人们的兴趣点集中到荒废土地上来。

其他的激励手段也值得考虑，爱尔兰政府制定了大规模的减税计划以鼓励在目标区域（如杜宾及其他市镇）的投资。这似乎已经带来了该地区的城市复兴，最有代表性的是南边的教堂区，如果没有这项措施，它恐怕得费尽全力才能达到目前的人口基数。然而，北部的地区对这项措施的反应却很冷淡。理解不同地区的具体情况的差异也许有助于我们认清激励政策将在何处奏效。除了作为中间人的房地产商会受到政策的鼓励，住宅项目的最终使用者的反应又会如何呢？是否可以拟定相应的政策，鼓励分期付款、降低房价或分享产权等交易方式？如果我们希望大部分的人从一百多年来社会投入了那么多的物力和资本所建设起来的地区迁出，对如何才能使市场按照积极的而不是消极的方向推进的问题加以探索就显得意义深远了。

城市的信念

20世纪（特别是在英美两国）见证了世人对城市的模棱两可的态度。我们不喜欢城市，所以我们不善于治理它们，而又由于我们不善于治理，从而变得更加不喜欢城市。这在一定程度上根源于广泛存在于人们心目中的阿卡狄娅（田园牧歌式）情结。必须承认，我们并不希望改变成百上千万人的心灵与头脑：我们可以诉诸于人们对环境的负疚感，可以试图让市中心变成考文特花园，可以停建新的城外超市（现在已有800家这样的超市），但却无法阻止英国人对坐落在市镇之外的梦想中的田园的追求与向往。要是他们中了彩票、得到提升或卖掉了金伯恩的公寓，实现梦想的时刻就快来临了。不过也不需要这样做，我们所需要做的是在城镇为居民提供优质的生活，使那里成为合理、舒适的能够使他们打消对农村的田园诗般的美好幻想的地方。

这就必须考虑一些现实性的东西——密度、交通、停车场和城市治理都是以上列举出来的内容。同时它还意味着某种更具有全局性的东西；一种积极的信念（在地区及国家政府的层面上），即城镇能够吸纳更多的居民和更丰富的活动；而且在市中心、内城区及名声不好的郊区也能够办到；只要机智、稳妥地执行有关政策，我们的城市就能缓慢却又坚定地沿着更加适宜居住、受人欢迎的和紧缩化的方向迈进。

因此，我们正在讨论的理想并不是某种不可能实现的梦幻，或者是一种对市集镇及雅典广场的理想化回归。格力诺勃的交通系统、斯特林的旧城治理，伊斯林顿的垃圾回收系统、阿玛瑞的可持续性新居民区规划，都是当代城市规划的典范。他们代表了这个理想的各个方面，向世人证明城市生活并不意味着低劣的质量。我们的城镇需要把所有的这些元素都组合起来。这样人民（投资商、居民及规划人员）将会有充分的自信认为，城市拥有一个他们渴望分享的未来。

参考文献

Commission of the European Communities (1990) *Green Paper on the Urban Environment, COM(90)* 218, CEC, Brussels.

Department of the Environment and Department of Transport (1994) *Planning Policy Guidance 13: Transport,* HMSO, London.

Fyson, A. (1995) Route to good practice. *Planning Week,* **Vol. 3 No. 33,** pp.18-19.

Government Office for the West Midlands (1994) D*raft Regional Planning Guidance for the West Midlands,* Government Office for the West Midlands, Birmingham.

Jacobs, J. (1961) *The Death and Life of Great American Cities,* Random House, New York.

Le Corbusier (1943) (Edouard Jeanneret-Gris, dit) *Le Charte d'Athenes,* Plon, Paris.

Llewelyn-Davies (1994a) *Providing More Homes in Urban Areas,* School for Advanced Urban Studies, Bristol, in association with the Joseph Rowntree Foundation, York.

Llewelyn-Davies (1994b) *London's Residential Environmental Quality,* London Planning Advisory Committee (LPAC), London.

Oliver, P., Davies, I. and Bentley, I. (1981) *Dunroamin: The Suburban Semi and its Enemies,* Barrie and Jenkins, London.

Pharaoh, T.M. (1991) Transport: how much can London take? in *London - A New Metropolitan Geography* (eds K. Hoggart and D.R. Green) Edward Arnold, London.

Sharp, T. (1940) *Town Planning,* Penguin, Harmondsworth.

Spackman, A. (1995) House or flat? Town or country? Big or small? Rent or buy? *The Independent on Sunday,* 26 March, p.12.

UK Government (1994) *Sustainable Development: The UK Strategy,* Cm 2426, HMSO, London.

UK Government (1995) *Our Future Homes, Opportunity, Choice, Responsibility,* Cm 2901, HMSO, London.

并非紧缩城市，却为可持续区域

雷·格林

引言

上个世纪之交，城市人口密集、过度拥挤、健康状况恶劣。分散化作为一种治病药方在花园城市运动中不断发展，并应用到一些新城镇的建设中去，随后，成百上千万的人群在没有任何规划与组织的情况下从大城市迁入农村的乡镇及村庄。新世纪之交，分散化却成为了土地及资源浪费的代名词。在城市地区积累了越来越多的用于开发房产的地区，而在遍布英国的农村小乡镇及村庄，对住房的需求依然旺盛。郡县的经济及人口结构中隐藏着巨大的发展潜力，这在英格兰南部及中部地区表现得十分明显。新的制造业及服务业，技术精良并受过良好教育的劳动力群体、欣欣向荣的经济，服务及交通的改善与扩展都为大城市以外的地区注入了新的发展活力。这个趋势在近来的就业及人口变化规律以及由政府所公布的区域规划指令中得到了体现。任何倾向于大城市发展的发生在房地产业及工业领域的显著变化都需要层次更高的经济及规划干预，这是目前任何一个政党都没有想到的。而接受郡县地区的强大发展势头，就意味着剥夺了许多大城市的发展机会，从而严重地阻碍了紧缩城市的发展进程。

工业的重组与人口的重新分配

1945年，二战结束之后，大部分的人仍然居住在相当紧缩的城市里，高密度的住宅紧挨着工厂、店铺、学校、教堂、医院及电影院。公共交通费用低廉、在马路上频繁地穿梭，小汽车的拥有率很低，只有极少数的人才需要赶远路去上班。许多工厂都在离工人住所的步行距离以内。社区之间保持着紧密的联系，但是在中产阶级居住的郊区之外，住房及服务设施的标准却非常低。超过半数的劳动力分布在矿业及钢铁制造业，重型机械、船舶制造及纺织业则分布在克莱德郡、泰因郡、狄斯郡、马其塞特郡，南兰开夏、约克郡西南部、南部威尔士、伯明翰、黑区以及伦敦东部的工业卫星城内。轻工业则广泛地分布在伦敦西部，而值得一提的是位于泰因郡的提姆山脉地区：它后来成为了典型的新镇并扩展到整个山区，但是在 1945 年，它的经济地位是那么得微不足道。在 1943 年，皇家工业人口分配委员会提出了一些措施，旨在把工业引向劳动力过剩的地区；其目的在于维持所有地区的全就业率。这项措施持续了 25 年，直至工业内发生的结构性变革使之失去了效力。由于传统重工业的衰退、就业人口向服务业的倾斜以及兼职工作的增加（主要是妇女），工业城以及许多内城区遭受了致命的打击。英格兰中西部郡县的制造业扩张以及许多小型的新兴工业的快速增长似乎还没有得到充分的认识。到 1992 年，这 26 个郡（如图 1 所示）为全国贡献了 1/3 的制造业产值，它们的产出甚至比邻近的伦敦、南部威尔士、埃文及大城市西米德兰的总产值还要高；它已经超过了英国的其他任何区域。(见表 1)

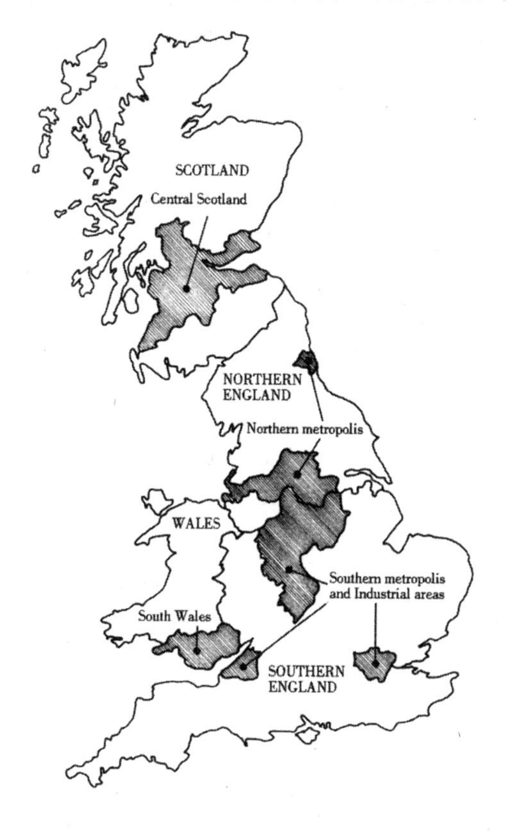

图 1　英国国土

表1　制造业产值（1992年）

英国的行政区	净产值	
	英镑	%
苏格兰中部	6579	6.2
苏格兰其余地区	2220	2.1
英格兰北部的大都市区	16173	15.3
英格兰北部其余地区	13379	12.6
南部威尔士	3673	3.5
威尔士其余地区	1685	1.6
英格兰南部的大都市区	26713	25.2
中部及南部各郡	35379	33.5
全英国	105801	100.0

南部及中部各郡的经济增长既体现在服务业上，又与制造业的发展分不开。该地区国民生产总值不仅占到了全国的三分之一（1995年），其农业的发展地位也非常重要，就业率基本达到了国家标准（人口普查及调研办公室，1991年）。总之，英格兰南部及中部各郡可能已经成为全英国最重要的工业基地。该地区的工业及人口数量也在稳步增长。在1971－1991年期间，其人口增加了225万，总人口数达到850万，占全国人口的百分比也从30%增加到34%。与此同时，南部的大城市及工业区的人口却减少了大约100万，其余地区所减少的人口也接近100万。70%的移民人口搬迁到了中部及南部各郡。从1945年以来，英国的人口呈现出三个变化趋势：首先，随着战后住房规划方案的推进，人口开始在不断扩张的城区内扩散，合居的家庭减少，空房率上升。新建的大型楼宇以令人难以置信的速度在城市外围区域矗立起来，甚至超过了因战争破坏或内城贫民窟问题推动的城市改建的速度。其次，在新型的扩张城镇，人们获得了住房及工作，这个有规划的分散化过程后来在民间的支持下持续演进，不过缺乏协同的组织。从大城市及老工业区来的人们在分散化的地区寻找工作，而新兴工业则及时利用了这批疏散出来的劳动力。第三，人们上下班的往返路程开始沿着高速路而不断拉长，对住房的需求出现分散化的趋势，并间接地对本地的劳动力市场及企业技术产生了影响。

这个发展过程是累积、持久和稳固的。一旦开始，就很难扭转。甚至经济衰退也可能在某种程度上促进分散化的发展，因为它将促使地方议会修建营利性的公园。几乎每个郡镇都有自己的商业或工业设施，在许多村庄，小规模的商业开发甚至得到了鼓励。大部分的英国低地区都有通往高速路的便捷通道，任何由于区域分散而带来的不便似乎都能够从周遭的绿化环境中得到补偿。新兴工业的发展得到了新建住宅区的鼎力相助，其他的配套设施也随之跟进。由环境部开展的研究表现了20世纪中叶至80年代英国的分散化发展的燎原之势及其涉及范围的宽广。从1985年至1988年，可继承房产增加了726760公顷，其中由29995公顷的农村房产转为了城市用地。在大部分的郡县，住宅增幅在1%－3%之间，只有诺森伯兰郡的北部地区、达拉谟、泰恩河及韦尔、坎布里亚郡和默西塞德郡的增幅略低于这个数字。而大伦敦城、艾塞克斯、肯特、汉普郡及德文郡的增幅都在这个数字之上。(见图2)

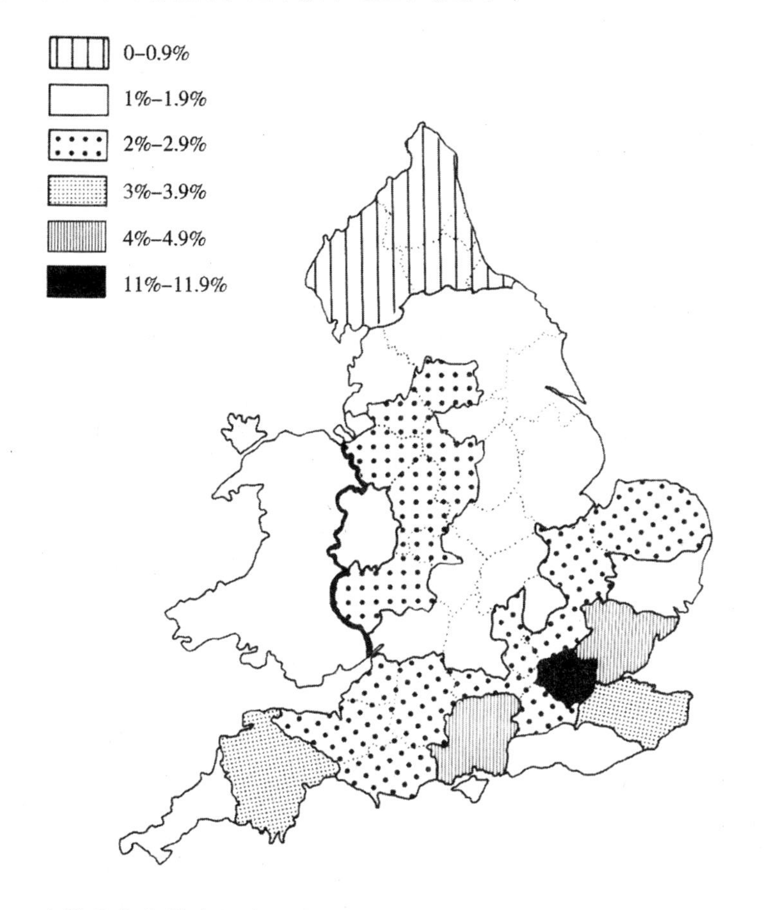

图2　1985－1988年英国的可继承房产的增幅（每个郡所占的份额）

＊100%＝726760

资料来源：Bibby & Shepherd，1990年。

这样的住房供应量在很大程度上无疑是结构调整及地方规划干预的结果，但由于土地分配大致是按照各地区已有的住房规模的比例来进行的，所以这种住房供给模式的扩容量并没有发生太大的变化。伴随着住房及工业开发而来的是大中心区域内（省会城市及县城）学校、健身中心、医院及超市的相应扩大，住在周边农庄的居民常常需要到这里来入学、就医和购物。如果农业人口占据绝对优势，总体的住房模式就会基本保持不变，除非城镇也增添了类似农庄的功能。如今，各郡县的县城可以满足人们对各种业余爱好、物质和文化生活的需要。如此一来，英格兰中部和南部各郡就出现了成百上千个小型的经过扩容的农庄、乡镇和城市，由高速公路及内城铁路组成的综合交通系统贯穿其中，开往机场和运输站的道路四通八达，居住在这里的人们逐渐发展起自己的文化生活，并共同组成了一个拥有1800万人口的大市场。他们明显接受了左派的政治思想，并将有可能决定下一届政府的政治结构。违逆他们的意志就等于在宣告自己政治生命的终结。

未来的前景：供给与需求

政府已经规定了一个在实现了再开发的城市土地上安置50%的新增住房的目标。大部分荒废的城市用地都位于大伦敦城、大都市的郡县以及苏格兰中部的工业城和英格兰北部及南部威尔士地区。这项住宅供给政策在一定程度上响应了紧缩城市的倡导者和环保主义者的号召，但却与需求模式及政府的区域住宅分配计划发生了明显的抵触。对新住宅的需求基本遵循着就业形式的变化，以及退休老人和有钱人的喜好。而且在一定程度，政策又是为满足社会需要而制定的。本部分的结论是，主张分散化的社会力量和经济力量是如此强大，现有的规划政策实施的结果很可能是，在政府对“闲置土地的再利用”作出的承诺的指引下，主要城市外围的扩张将与大城市的复兴有机的结合在一起。

对开发土地的需求

《剑桥1990年区域经济回顾》（Cameron等，1990年）对英国的产值增长状况进行了预测，并指出到20世纪末，南部及东部四区的增长率将高于全国的平均水平，北部和南部的差异将继续拉大。就业形势的发展前景也具有同样的特点。就单个的郡（以及苏格兰各区）而言，非城市区域的发展前景将好于大城市，而南部和中部各郡的发展态势将会更加乐观。（见表2）

表2　就业前景（1990－2000年）

英国的行政区	工作数量（以千为单位）
苏格兰中部	－91000
苏格兰其余地区	＋14000
北部的大都市区	－230000
北部其余地区	＋21000
南部威尔士	－33000
威尔士其余地区	＋12000
南部的大都市区及工业区	－409000
南部及中部各郡	＋567000
全英国	－149000

根据该预测，大城市及一些旧工业区及矿区将在未来的10年内将减少75万个就业机会，而南部及中部各郡则会增加50万个就业机会。现实的发展状况可能会与预测有较大的出入，但随着分散化过程的持续推进，这种趋势将会愈加明显。

人口普查和调查办公室（OPCS）——苏格兰及威尔士办公室的综合登记办公室，对未来数年的人口变化趋势进行了预测。他们指出从1996年－2011年的15年期间，劳动力将增加90万。他们还对各郡的人口变化及迁移情况进行了预计。结果详见表3（政府统计服务中心；苏格兰办公室，1995年）。

表3 就业年龄人口在未来的变化（1996－2011年）

英国的行政区	人口变化（以千为单位）
苏格兰	－106.7
北部的大都市区	＋10.3
北部其余地区	＋46.6
南部威尔士	＋31.7
威尔士其余地区	＋1.7
南部的大都市区及工业区	＋247.7
南部及中部各郡	＋647.7
全英国	＋879.0

通过对比表2和表3我们可以发现，如果剑桥的经济学家对就业情况的评估准确无误的话，从大城市流入南部及其他地区的工人的数量将比预期的要大得多。换句话说，由就业所带动的住宅需求量在非城市地区也就会大很多，而英格兰南部和中部地区则会达到最高值。其他地区的增长前景却十分黯淡，除非通过政府的干预而使发展模式发生了戏剧性的变化。战后将工业引向劳动力缺乏地区的政策的失败暗示我们，英国的各个政党都应该对这种干预形式有所警惕了。

由于人民的寿命延长，退休人口预计也会增加，同时中年人群体所占据的数量优势也将继续。南部海岸已经成为了像某些农村地区那样的休养区。在这些地方，住宅的数量将会发生较大的变动，而为老年人提供住房及服务的产业也会得到大幅度的提升。大部分的退休老人是否愿意仍然留在大城市里将取决于城市的安全性及便捷性能否有较大的改观。不过我预计情况不会太乐观。年轻人相对来说更容易被城市生活所吸引：教育深造需求的持续发展，年轻人渴望离家独立生活的愿望以及城市学校无法为学生安排宿舍的现状都会在短期内形成对小户型住房的需求。对这种需要进行评估比较困难，但对16－24岁群体的教育范围及趋势的预测却表明年轻人的住房将是影响城市紧缩化的关键因素。

越来越多的老年人和年轻人希望独居，再加上人们生育控制能力的加强以及社会观念的转变，小户型住宅的数量将会急速猛增。根据英格兰环境部和苏格兰及威尔士办公室的预测，在未来的20年，将会出现330万户单身家庭。（DoE，1995年；政府统计服务中心，1994年a，1996年b）。相比之下，有2-3个成年人的家庭只有大约500万户。（见表4）

表4　家庭预测（1996-2016年）

	家庭增长				
	总计	单身家庭		2-3个成年人的大家庭	
	数量	数量	%	数量	%
英国的行政区	（以千为单位）				
苏格兰中部	199	207	104	-8	-4
苏格兰其余地区	125	97	78	+28	+22
北部的大都市区	428	440	103	-12	-3
北部其余地区	326	309	95	+17	+5
南部威尔士	100	89	89	+11	+11
威尔士其余地区	58	58	100	0	0
南部的大都市区及工业区	872	906	105	-34	-4
南部及中部各郡	2047	1422	69	+625	+31
全英国	4155	3528	85	+627	+15

新增的单身家庭将会集中在大城市，而大家庭则将来到——或搬迁到——英国的农村。半数的新增家庭将会出现在南部和中部各郡，其中1/3为有2-3个成年人的大家庭（有或没有小孩）。

新建住宅为紧缩城市提供了主要的发展机会，但是在任何一个时候，新住宅在“私房自住”的住房市场中都只占很小的份额。经济的繁荣使人们产生了自己买房自己住的需求，无论是那些有自己的房产的人还是能够承担分期付款的人都是如此。建筑业在分散化的区域修建了低密度的两居或三居住宅，首次置业的买主基本上都是买这类住宅。经济状况较差的人只能购买到房地产市场中的低端产品或者到咨询公司或房屋协会去寻找租赁房源。因此，尽管单身家庭对住房的需求显著增加（尤其是在城市），但私营房地产公司所提供的房源将会向郡县地区更具发展前景的大户型住宅倾斜。

最近的区域住宅规划指令涵盖了从1991-2006年的15个年头，并且是以每年每个郡的新增住宅量为单位来规划的。将这个数据与从1996-

2016 年的年平均家庭增长量进行对比就会发现（见表 5），在苏格兰、威尔士及英格兰北部的住宅配额可能太大了，而英格兰南部则略显紧张，因为这里的开发压力相对较大。当然，我们有可能在大城市地区补足南部的缺口，但这项政策必须得到强硬的政策支持，以应付人们对郡县住房的需求压力。

表 5　家庭预测及区域规划指令

英国的行政区	平均新增家庭数 1996 – 2016 年 （以千为单位）	开发规划分配的住宅份额 1991 – 2006 年 （以千为单位）
苏格兰中部	10	未作统计
苏格兰其余地区	6	未作统计
北部的大都市区	21	20
北部其余地区	16	18
南部威尔士	5	5
威尔士其余地区	3	4
南部的大都市区及工业区	44	37
南部及中部各郡	102	84

在英格兰南部及中部各郡，区域规划指令允许进一步的分散化开发（如表 6 所示），除河姆郡实施了绿化带及其他限制，住宅配额基本上是根据人口比例来分配的。

表 6　英格兰南部及中部各郡的住房配额

占全部分配额的百分比（%）	郡县的数量
0 – 1.9	1
2.0 – 3.9	14
4.0 – 5.9	8
6.0 – 7.9	3

这些数据表明，在未来的至少 10 年内，半数的新建住宅都将分布在英格兰南部及中部各郡，除非对现在的规划进行了修改。在未来 20 年内各郡的住房需要都得到满足的条件下，如果建筑密度没有增加，而且对住宅、工厂、超市、医院、学校及开阔地的总用地需求也与 1985 – 1988 年持平（Bibby & Shepherd，1990 年）的话，则转化为城市利用的土地将会达到 270 平方英里。随着可持续性开发模式的政治意义日益突显，圈占

的土地有可能减小，但除非实施了全国性的或区域性的新的规划政策，开发模式仍将维持分散化的趋势。在郡县内部，几乎没有可供再利用的城市土地，而且大部分的开发都将集中到绿地上去。因此，政府将50%的新建住宅安置在再利用的城市土地上的规划政策只有当分配在大城市及工业区的住宅供应量能够在荒废的或闲置的土地上得到解决时才有实现的可能。目前的政策只会导致农村地区的城市化扩张以及荒废土地上的城市改造，这二者都不会带来可持续的发展模式。

表7 根据1985－1988年家庭增长预测和城市化发展速率而制定的（1996－2016年）征地计划

英国行政区	区域 地区（平方公里）	城区（平方公里）	家庭增长量	征地增长率 平方公里	%
苏格兰中部	19230	*	199000	*	
苏格兰其余地区	51937	*	125000	*	
北部大都会区（6078）	1942	428000	30	4.6	
北部其余地区（32073）	2098	326000	206	9.8	
威尔士南部	3627	*	10000	*	
威尔士其余地区（17141）	*	5800	*		
大都会区及南部工业区	13316	3179	827000	144	4.5
南部及中部郡县	78972	7247	2047000	723	10.0

* 无数据。

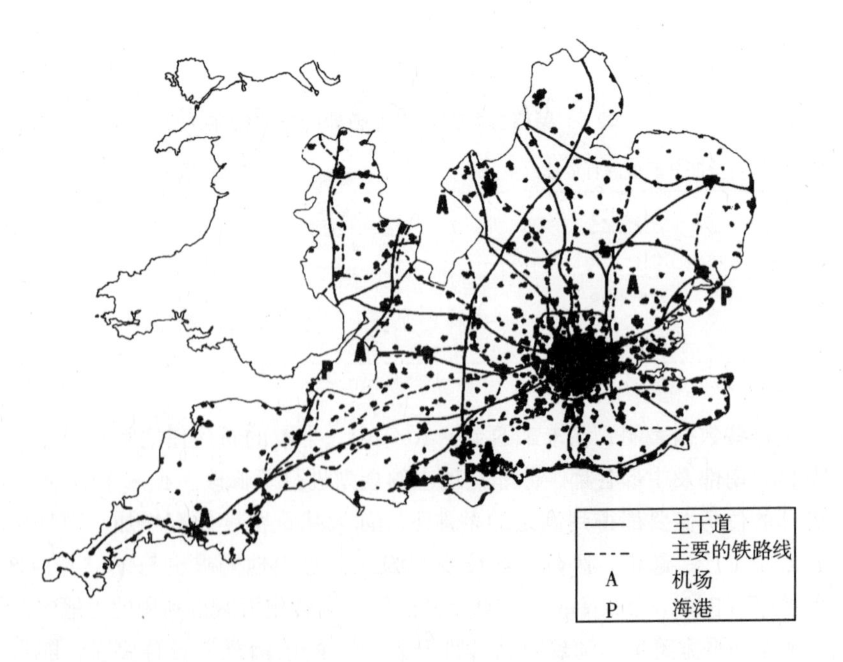

图3 南部及中部各郡好似一个独立的区域：居民区、主干道、码头及机场

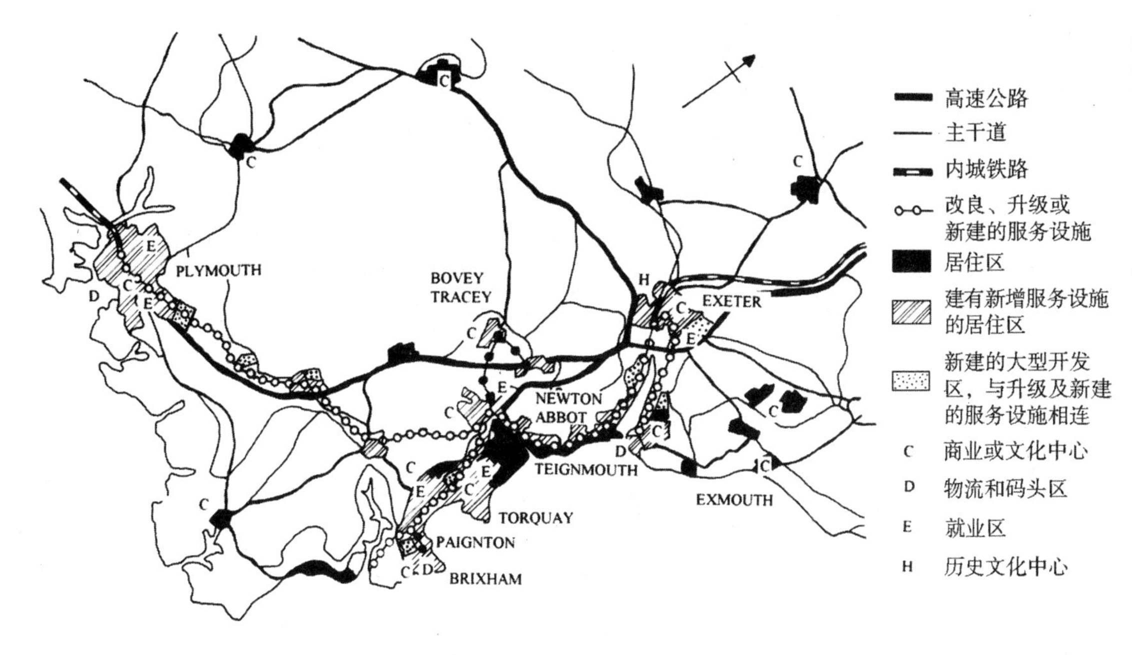

图4 德文郡南部的社会城
资料来源：Nick Matthews TCPA。

走向可持续的地区

对发展趋势及预测结果所进行的分析使我们清楚地认识到创建紧缩城市将会面临的困难。不去设想如何阻止工业及商业活动的分散化发展模式，就冒然地决定住宅的地域分配显然有失考虑。除非住房市场的主要需求者们同意城市生活比郡县的小镇更加美好的说法，否则房地产市场是不会对大规模的城市开发感兴趣的。大城市地区以外的发展是一个循序渐进的过程，通过这个过程，由住房产生劳动力群体，后者又反过来促进商业及工业活动的发展，从而再由经济的繁荣及成功发展推动更多的住房及设施的投建。改变该发展过程必须对城市进行“质”的振兴，这个目标已经困扰了政治家及专家们数十年之久了。同时，人们还有一种潜在的疑虑，城市越开化，其规模就越“瘦小”，而有效的城市复兴的结果将是更大程度的分散化。这样，所谓的紧缩城市就变成了一个规划的瓶颈。

只有当稳定的规划政策得到了经济及社会举措的支持的时候，紧缩城市才有实现的可能。如果我们的目标是把人及其活动引回各主要城市，那么大量的经济激励手段以及高标准的社会控制就是不可避免的。但这又面临两个疑难，一是经济方面的迟疑，二则是政策的不允许。如果把目标定位于在一个范围相对广阔的居住区内的一定程度的紧缩化开发，那么实现的可能性就大多了，当然，还必须对工业区及房地产市场进行相应的干预。全英国的规划政策仍然是在寻求某种“城市遏制”，只不过掺杂着县城及农庄的有选择性的扩张。这并无助于资源的保护，尽管把能源使用量上升的罪责归咎于分散化的开发也并不会觉得过分。居住标准的提高既是需求上升的结果，又与低密度的开发模式不无关系，当然也还有许多其他的因素。然而，人们一直相信，高密度的开发以及更有效的公共交通将会促进可持续性的生活方式的形成；政策由遏制变为紧缩也同样遵循着这个规律。

城市规划者和政治家都倾向于把城市看作一个密度逐渐减小的同心环区域的核心地带。该区域由内向外的地区依次是中心、内城区、郊区和绿化带、交通便利的农村。从这个视角出发，紧缩城市应该通过增加城市的建筑密度以及建立方便快捷的公共交通系统来实现。

然而，这将意味着大量的新建建筑把居民的活动集中到城内绿化带的边缘或可通达的其他城市的边界上去。这就提醒我们，更多的土地开发是在大城市的边界之外进行了，除非对房地产及工业用地市场进行大量的干预。在大城市实施高密度的居住方式，也许是许多建筑师及环保主义者的期望，但在大多数人所设想的21世纪的英国发展图景中，这种做法没有任何的市场。受大众欢迎的居住模式就源自郡县的城镇，在历经多年的变革之后，它们已经能够为居民提供大量的服务及设施了，通往主干道及铁路的便捷交通把大城市的设施运送到了它们的“领地”中来。在英格兰南部及中部的各郡有许多这样的城镇，同时，它们也是英国未来经济最活跃的地区。

我们可以把英格兰南部及中部地区视为一个正在发展中的区域。这里有不断扩大的工业活动，有自己的商业基础设施和市场，还有一个正在发展中的交通系统，可想而知，该地区未来在日常生活必需品上对邻近大城市中的依赖性将会降低（表3表现了这些郡的发展态势）。其他交通便利的农村地区也将以同样的方式发展下去。即使密度提高，许多小镇及农庄的发展也会导致分散化趋势的蔓延并促进私人交通利用率的提高。目前的规划政策反映了一种为农业及林业服务的住宅模式，不能支持一个主要的工业增长区的可持续发展。可持续性发展的衡量指标在于大城镇的更大程度的自我遏制，以及一个足以与小汽车相抗衡的公共交通系统。乡镇规划协会曾试图把这些指标应用到现实的规划中去（如图4所示）。布雷赫尼和鲁克伍德（Rookwood）也提出了更多的理论模型，但我们仍然需要更多的将理论成果推广到实践中去的研究。

显然，我们正陷入了一个两难境地。紧缩只有在大城市才会奏效，但那里对新住宅的需求却十分有限，在实施紧缩政策相对困难的农村，住房需求却又十分旺盛。政治家们非常清楚，在人民有足够的经济承受能力之后，他们就不可能心甘情愿的放弃自己已经获得的选择居住及工作之所的自由权利。按照法定程序行事的规划人员将会发现贯彻执行紧缩城市的政策是有困难的。而与此同时，英国的主要发展区仍然被视为“外区”，承受着来自大城市中心的重压。英格兰南部及中部各郡被划分在了分别由伦敦、伯明翰、布里斯托管辖的5个规划行政区内，这又是导致一场规划灾难的政治弊端。目前的区域规划严重地阻碍了那些最需要紧缩的城市化发展政策的区域的可持续性发展。为了使紧缩城市的概念变成现实，我们必须依照工业及人口的发展模式对之加以调整和修改。南—北之分是经济生活在空间上的一种表现；苏格兰和威尔士的自治格局则是政治生活的一种真正体现。如果把这些政治及经济生活的各个方面组合在一起，那么我们现在对苏格兰和威尔士的组织格局就应该推延到英格兰北部地区及中南各郡，每一片这样的“土地”都可以根据各自特殊的环境与文化建立起社会的、经济的及政治的组织机构，而住房、交通、土地综合治理及能源则是这些“土地”管理机构的首要责任之一。

现有的机构与地区规划的法规系统应该在一种更加强势的社会及经济框架中得到继续。地方主管部门应负责把数量越来越多的为居民提供健康、教育及其他地方性服务和公共基础设施的企业联合会及公司的发展协调起来。这些规划政策将可以促进城镇的紧缩化建设，不过无论从哪个层面上讲，发展的动力都应源自社区自身。没有真正的政治意志就不会有任何现实可行的前进道路。是紧缩还是分散，两难的规划困境反映在了中央和地方的政治冲突之中。主要的规划政策从本质上讲都是国家或区域性的，而地方却在寻求对自己的未来有更大的控制权利。把紧缩城市看成是一个紧缩化的能够带来更具有可持续性的生活方式的社区也许更好。我相信，以后将会出现许多的紧缩化开发模式，而在很多地方，这种开发将会涉及到所有年龄层次的居民。建筑师、规划人员及政治家的责任是确保社会公众充分地参与了各自社区的可持续性开发——当然，如果我们认为郡县的经济发展具有全球意义上的可持续性，那又得另当别论了。

参考文献

Barlow (Chairman) (1943) *Royal Commission on the Distribution of the Industrial Population*, HMSO, London.

Bibby, P.R. and Shepherd, J.M. (1990) *Rates of Urbanisation in England 1981-2001,* for the DoE, HMSO London.

Blowers, A. (ed.) (1993) *Planning for a Sustainable Environment,* Earthscan, London.

Cameron, G., Moore, B., Nicholls, D., Rhodes, J. and Tyler, P. (eds)(1990) *Cambridge Regional Economic Review,* Department of Land Economy, University of Cambridge.

Department of the Environment (1995) *Projections of Households in England to 2016,* HMSO, London.

Green, R.J. and Holliday, J.C. (1991) *Country Planning - A Time for Action,* TCPA, London.

Government Statistical Service (1994a) *Household Projections for Scotland,* Scottish Office, Edinburgh.

Government Statistical Service (1994b) *Population and Projections for Wales,* Welsh Office, Cardiff.

Great Britain Central Statistical Office (1995) *Regional Trends No. 30,* HMSO London.

Office of Population Censuses and Surveys (1991) *Census Key Statistics for Local Authorities.* HMSO, London.

Scottish Office (1995) *Subnational Population Projections,* Scottish Office, Edinburgh.

Ward, C. (1989) *Welcome Thinner City,* Bedford Square Press, London.

城市巩固与家庭

帕垂克·N·特洛伊

澳大利亚政府最近实施了一项城市巩固政策，以期对城市施加环境保护的压力。该政策已获得了社会层面上的依据，人们声称一个更紧凑的城市将会带来社会及环境两方面的收益。本章将批判地评价澳大利亚城市政策的流变及其对家庭和社区的影响：讨论传统的澳大利亚城市在社会意义上的优势；政策转变的原因及其正确性；以及追求该政策对诸多社会问题所产生的影响。

传统的澳大利亚住房

发达国家经济发展历史的一个核心特征是，随着居住标准的提高，家庭对空间的需求越来越大（无论是私人空间还是公共空间）——以便自己能够享受愈加丰富多彩的活动内容。我们所居住的住宅经历了一个从简单的遮蔽所，到寝、厨、餐分开的住房，再到父母与子女的卧室分开，以及有区别于厨房及卧室的娱乐间的住宅的演变历史。在现代社会，对房屋内专门性空间的需求以及对隐私权的认可也同样刺激了对更多封闭空间的需要。

同时，我们还发现，家庭需要像花园那样的户外空间，而郊区的吸引力之一就是它能够为人们提供这样的花园式住宅。花园让各家各户获得了扩大自己的住宅面积（只要他们有这个经济承受能力）和通过自家的耕作来改善生活水平的自由。它给了居民一个安全的环境，在那儿，孩子们可以健康地成长，而许多的家庭活动也有了开展的私人场地。简而言之，花园带来了某种程度的独立性和表现自由，而这是其他任何的居住形式所不能提供的。它是一种能够满足许多人一生中大多数需要的居住形式。

除了满足人们对房屋产权（这是一项主要的家庭政策）的渴望之外，花园住宅也成为澳大利亚城市的鲜明特征。而且，高达50%的私房自住率（在上个世纪之交时）大部分要归功于有私家花园的独立式住宅，到1960年时，这个数字上升到76%，这使得澳大利亚成为发达国家中私房自住率最高的国家，这说明这种住房形式及房屋持有方式是澳大利亚社会公平性的一个显著特征。二战后政府做出的改善所有澳大利亚家庭的住房标准的承诺（包括穷人）基本上是以让人们拥有花园住宅为主。

随着住房标准的提高，以及私人户外活动的增加，人们也要求获得更多的公共空间，如公园、游乐场、高尔夫球场，公共竞赛场及散步的场地。早期的城镇规划运动是由那些希望拥有更多的私人及公共的开阔空间以及在城市的各项活动中取得某种均衡的人所发起的。这些改革者的理想围绕着健康、均等、舒适及效率等观念而展开。而为了实现这些目标就必须构建一个能够丰富家庭生活的居住环境：这儿是人们的庇护港湾，是寻求力量与慰藉的地方。这里是健康安全的养育孩子的环境；同时又是家庭参与社区其他居民的活动以追求文化与娱乐生活的需要，并庆贺地方与国家性节日的场所。

家庭是战后的改革家们的议事日程中的关键所在。强化家庭被视为确保社会未来的发展前景的一种方式，是灌输与传递社会期望的价值观念的途径，以及缓解经济发展过剩的办法。让家庭拥有自己的住房及花园就等于是给了他们一个凭自己的努力去改善生活水平的机会。家庭与城市形态之间的这种联系事关澳大利亚城市发展的关键。社区发展是战后住房政策及规划改革的一个核心因素，因为人们认为社会的持久稳定有助于提高公民的道德水平。总之，社区是提供并规划小学、商店及娱乐设施的要素。

城市巩固政策的到来

在过去的30年里，为了满足由于城市人口的增长以及居民对服务水准的期望的提高而带来的对城市服务的需求，各州的政府正越来越面临着严重的困难。直到20世纪80年代中期，城市人口的减少以及内城地区入学儿童的减少开始引起了人们的广泛关注。政府正面临着这样一种局面：新的边缘开发区需要学校，而在旧城区内的学校的容纳能力似乎又过剩了。使困难变得更加复杂的一点是，家庭规模的缩小意味着在一个既定的居民区内，学校入学人数将比我们的上一代要低，当时以小学为中心的聚居区刚刚被开发出来。

面对这种局势，政府及其顾问们开始寻找一种能够降低公共基础设施的投资中公共基金所面临的压力的办法。他们的解决方案就是实施一种巩固政策。该政策认为，“巩固”（或称遏制政策或紧缩城市的开发）将会在许多方面降低对政府基础设施的投资基金的压力：

• 政府希望，通过提高内城的密度（人们认为在内城尚有过剩的服务容量）来延缓多余的基础设施的建设。

• 政府希望通过减少新建住宅的配额，并在新开发项目中提高中等或高密度住宅的比例来缩短新开发区的水管、电线及公路的长度。

• 通过提高密度，政府期待将有更多的人使用公共交通工具（特别是有固定的运行路线的交通工具），从而降低对公路的需求量以及空气污染的水平。

• 在一个更加紧缩的城市里，私人交通及货物运输的行程将会减短。

为了给该政策提供例证，政府首先把注意力集中到了城市服务的费用上，随后又对传统开发模式的所谓环境效应进行了探讨。最后，所有的州政府及其顾问又发起了支持城市形态变革的“准人口普查”讨论。他们特别关注在过去的20年内家庭规模所发生的变化以及人口老龄化的问题，并且指出了传统的郊区独立式住宅的扩张模式无法满足小家庭不断增长的需要。他们还声称，巩固政策的实施将降低住房的价格并使人们获得更大的选择住房及生活方式的自由。

有关“城市服务的费用”的讨论在这里就不展开论述了：我敢保证那些说法是毫无根据的。由于旧城区剩余容量而产生的所谓在“服务投资上的节约费用”简直就是无稽之谈，而高密度开发比起传统的低密度开发来所能节约的资金也非常有限，以至于它的耗费大大超过了所能带来的效益。环境方面的问题将在第三部分“环境压力与城市政策”中进行讨论。这个问题比人们所想像的要复杂得多，而传统的开发模式恐怕才是最有效的减轻环境压力的办法。在这里，我们首先要分析的是用以验证巩固政策的人口统计研究的结果。

巩固政策的效力及可能的社会效应

对澳大利亚人口的各种普查的结果表明，由一口人或两口人组成的小家庭在所有家庭中所占据的比例已经上升了，这种现象引起了人们极大的兴趣。这种上升是出生率下降、结婚年龄推迟、妇女的经济独立性增强以及人民生活水准的普遍提高的自然结果。一种从“效率”出发的观点认为，这导致现在有很多的家庭都居住在对于他们来说“太大”了的住宅里。这似乎在暗示我们，如果有可能的话，许多人更愿意在面积更小的寓所中居住。

住宅面积

人口普查的结果表明，有相当比例的“一口之家或两口之家”已经居住在面积较小的住所之中了，而且这个过程从 1947 年就开始了。在 1991 年，澳大利亚有大约 1 半的小家庭居住在小户型的住宅里（也就是只有 1 间或 2 间卧室的住宅）。在这些研究中所发现的另一个问题就是，从房间（特指卧室）的数量来看，在最近的一段时间内，住房储备一直明显地保持在稳定的状态，大约一半的住宅有 3 间卧室，1/4 的住宅为 2 间。

然而真正引起人们的兴趣的是，研究报告指出，在 1970 – 1989 年间，澳大利亚新建住宅的平均面积已经从 130 平方米上升到了 180 平方米。不过人们还忽略了这个数据以外的其他内容。首先，增加的超大住宅在整个房地产市场中只占有很小的份额，但却可能对平均数产生显著的影响。其次，尽管新建住宅的平均面积增加了，但我们却不能由此简单的推断说，储备住宅的平均面积也有所增加。在那段时期，公寓式住宅所占据的比例明显处于上升趋势，这既是新建的公寓式住宅的数量上升的结果，又不排除有许多的旧建筑（如仓库）被改建成公寓之后对比例的上升所做出的贡献。许多这样的公寓都取代了小户型住宅：这就造成了对新建的小户型住宅的需求的下降，从而降低了整个房地产市场中新建住宅的平均面积。但是，新建住宅的平均面积可能还没有所有新建筑的平均规模上升得快。

就此我们可以认为，对住房面积的讨论是无关枝节的，或者可以说，住房面积呈现的上升趋势恐怕只是反映了人民生活水平的提高，并显示了澳大利亚经济发展的强劲动力及良好势头。

街区的规模

经常有人指出，在城市住宅区的划分标准中，街区的规模显得“太大”了。尽管这种说法带有某种界定不清的绝对意味，但它可能暗指的是居民街区的现有规模导致了各项服务设施的建设费用的提高。各种参考文献都以“1/4 英亩的街区”（大约 1000 平方米或 1/10 公顷）作为街区的标准规模或平均面积。战后，以每公顷的住宅数量来计算的新居民区的净居住密度大幅度地提高。目前街区的平均面积为 700 平方米，这大约是该标准的 2/3。（现在，悉尼新街区的平均面积大约为 550 平方米）街区平均面积的下降是规划主管部门、地方政府及相应机构的政策干预的结果，其目的是消除规模扩张的现象。

居民区密度对整个城市的密度几乎产生不了任何的影响。如果所有其他的空间标准都在下降，那么城市土地的总利用量也会下降，从而带来基础设施耗价的降低。但这种假设要在一个能够真正反映市场规律的经济环境中才能变为现实，恐怕最主要的办法还是降低低收入人群的住房标准（因为这类人群的住房最直接的受到政府政策的影响）以及公共交通和娱乐设施的空间标准。除非降低生活的舒适度，否则更多的公共开阔空间并不能补偿私人的开阔空间的减少所带来的不便。目前的政策导致了边缘区密度的上升，低收入的家庭又开始在这些区域聚集，产生严重的恶果。同时，它还极大地缩小了街区的规模，以至于大部分的街区连中等大小的树木都无法栽种，从而降低了居民区的舒适度。

重新安置与交易费用

主张让家庭搬迁到“更适合他们居住”的住房（即小户型的住宅）中去的建议完全没有考虑到搬迁费用的问题。这里主要存在两种花费，一种是经济上的，就私房住宅而言，主要包括交易费用、公共税及房屋代理费和律师费，它们相当于总房款的7%—11%。同时还有各种“所得”费用——如律师费、分期贷款的成交费、建筑勘察费等。如果是租房的话，则要承担搬迁和安置的费用。

第二种花费与“社会关系的错位”及重新建立社会关系有关：这可能并不是真正的经济损失，但对于受到牵连的个人和社区来说却具有更重要的意义。这种损失包括居民离开自己曾投入了无数心血和创造力苦心经营起来的熟悉的生活环境所带来的损失，其次就是由于切断了长期建立起来的友情，失去了邻里之间的相互关怀和扶持的深厚情谊所造成的“社会错位”。这些对于生活在被认为是“入住率较低”的居民区的老年人来说显得尤为重要。

效率论只是鼓励人们在家庭规模缩小之后搬到面积更小的寓所居住，却忽视了对搬迁的损益比例的分析。再安置政策的实施所带来的收益主要是住宅供给效率的提高所产生的公共利益，而损失却是由私人承担的。而那些被认为是“过度消费”了住房的家庭所生活的老社区，却由于原有居民的搬迁而变得躁动不安。

“更适宜”的住房通常都不比人们搬离的居室便宜，因此所谓的效益是以搬迁居民承担早期的交易成本及税收为代价的。尽管该政策主要以老年人为目标，但大部分的中密度住房都不是为老年人设计的，它们脑袋里装的是身体健壮的房主或市场中的高端用户。而且，搬迁到以“退休村”为形式的“更适宜的住宅”通常又需要承担一笔可观的入住费，并要承受房屋抵押金之外的剩余金额逐年减少。后面的这个原因令老年人感到十分焦虑，他们担心失去自己的独立性，并眼看着自己“能够为子孙后代留下点什么东西”的能力在不断下降。有些人甚至害怕，要是自己活得太久，恐怕就没有足够的“资本”继续留在村子里面了。

住房需求

一个典型的家庭所走过的生命历程的循环是，先由夫妻二人共同组建一个家庭，这时他们主要租住在有多套公寓的楼房里。直到第一个小孩出生，他们才搬到在郊区购买到的住宅，当然在孩子离开家庭之前，他们还有可能搬无数次的家。但是人们通常认为，一旦孩子离家，老两口占据的住宅就显得太大了。更进一步的假设是，在夫妻二人都退休之后，对住房空间的需求就会降低。而随着其中的一方去世以后，另一方的需求还会降低。

这种观点存在不少问题。家庭的生命历程应该用轨迹与变迁来进行描述，而不是“循环”。尽管个人的住房历程是一个不断向上发展的过程，但也不排除有倒退或停滞不动的可能。事实上，一个人在其生命的不同阶段，可能会经历一系列让其“上升”、“倒退”或“水平移动”的变迁。他可能会离开父母的家，但也有可能又搬回来，他也许会买套房子自己住，但也有可能就只是租房住，他或许会与别的人共同组建一个家庭，然后又分居，最后可能又与同一个人或另外的人再次结合。这种变化与组合因人而异。至少现在就有越来越多的人在离开家很长一段时间之后，又搬回来跟父母一起住。

延续的生命循环的观点并没有考虑到这样一个历史事实：随着个人收入及财富的增加，以及孩子在经济上的独立性的形成，人们倾向于消费更多的（而不是更少的）住房空间，以享受更舒适的生活。这种观点也没有考虑到人们是如何利用自己住宅内部及周围的空间的。只因为孩子离开了家庭，其余的家庭成员就不需要多余的空间——这种简单的假设完全没有意识到，父母还会把地方给回来探亲的孩子及其配偶，或者孙子辈的人与其他的亲戚朋友们留着，他们可能还需要为各种丰富多彩的活动、自己的业余爱好与追求准备空间。

认为一旦人们退休对住房的需求就会降低的假设也不符合家庭的实际情况。如果照政策分析家们的说法，那么人们就将被迫在刚刚开始有更多的时间经营自己的家庭生活并又开始需要额外的空间的时候，搬到面积较小的居室中去。现在，越来越多的人在年纪尚轻的时候就选择了退休，这部分人希望把自己生命中的很大一部分时间投入到家庭生活中去。此外，人的寿命的延长也只会使对花园式住宅的需求有增无减。种植劳动对家庭成员尤其是老年人的健康是非常有帮助的。尤为重要的是，与自己早已建立起良好关系的环境进行频繁而亲密的接触，也有助于终身的心理健康。让人们搬到没有花园的住宅中居住对其身体健康只会有百害而无一利。

健康

在澳大利亚及国外都曾有过高密度的居住方式的尝试，但是这方面的研究表明，这种居住方式对家庭生活尤其是对儿童的健康会产生不利的影响。这些研究中有很多都是在高密度的高层住宅楼中进行的，其根本的结论是，高密度住宅的私密性差，社会设施及服务水平低，不利于父母对孩子的行为进行适宜的监控，可供家庭选择的活动内容也十分有限。

在20世纪早期出现的为城市提供更多的公园及花园的实验源于一种强烈的信念，即拥有更多的私人及公共花园等开阔空间的开发项目更加健康，树木通过对二氧化碳及其他物质的吸收所起到的降低空气污染的作用应当受到珍视。也就是说，从改善公众的健康及提高生活舒适度上着眼，我们的政策制定应旨在维持传统的居住密度，而不是为了某种短期的效应而减少公共开阔空间及居住空间的面积。

选择

在政策面上影响最大的一种观点是，家庭住宅的选择度太小。因此许多人建议，只要有“更好”的选择面，人们就会搬往小户型的住宅或其他不同类型的住房。其隐含之意就是，开发商没有提供合适的住宅。但我们似乎还找不到这方面的证据。

除了选择面的大小之外，围绕这个问题的讨论大致可以划分为以下5个方面：住宅面积、类型、设计、位置及房屋产权。

- 面积、类型及设计

主张增加住宅面积的选择度的观点认为，现有的住宅面积太过单一，传统的三居室或两居室的公寓限制了可供公众选择的范围。这种观点似乎完全没有认识到，这样的住宅面积是市场对需求的直接反应，而且不管怎样，它为大部分的住户提供了灵活的空间结构和安排各种活动的空间自由。

居民偏爱传统型住宅的一个原因是，它们满足了人们对独立的前、后门及一些私人户外空间的需要。这些可供利用的空间是家庭的独特个性的象征：人们可以自由地决定自己呈现给外人的一面，又可以在自家后院里保持更个性化的隐私的一面。一些人认为，只要有不错的设计，小户型的住宅也能满足人们对私人及户外空间的需要。那些对澳大利亚郊区的设计所发出的批评的声音经常都在暗示我们，高密度的开发项目更加美观舒适。但是，目前还没有任何的分析能够为这种观点佐证，而许多高密度建筑在外观上的粗陋也无法支持这种论调。不过支持“巩固”政策的人却把希望寄托在“教育人民”、“改变他们的喜好”的身上，以便把“不情愿的居民”引导到高密度的住宅上来。我们不可回避的一个事实是，在专家的眼里，设计精良的密度居中的开发项目却得不到广大普通民众的青睐。

- 位置

人们总是根据自己的经济能力选择最能满足其需要的居住位置。然而，有许多的政策却理所当然地认为，人们一直都在寻找或者应该寻求最接近城市中心的住所，只是他们的这种愿望被城市现有的形态所挫。但事实上，人们对居住、工作及购物场所的选择以及对文化娱乐生活的追求却一再地表明，他们所体验到的城市生活并不是高度中心化的：他们的位置选择由城市的结构而不是形态所决定。

- 住房的保有权

有人认为，现有的住房政策没有给予人民对住房保有权的选择权利。这种观点反映了一些饶有兴趣的问题。大约92%的人在其生命的某个阶段拥有过一处房产，而接近80%的人直到生命结束都一直持有自己的这份房产。在过去的30年里，有大约70%的家庭拥有或正在购买属于自己的住宅，大量的事实表明，住房保有权的拥有是澳大利亚社会的一个鲜明的特征，也是一个“普通的有工作的男人”（或女人）的合理追求。二战后实行的提高房产持有权的政策给了低收入家庭一个分享国家的施与的机会。

这说明，私房自住所带来的经济及非经济效益是非常显著的，人民理解这一点，而且他们朝着这个方向前进的步伐很可能在可以预见到的将来都依旧坚定而稳固。如果提高住房保有权的选择度就意味着减少“私房自住”率，那么这种政策将不会符合社会的期望。公寓的“私房自住”率一般低于普通住宅，而提高公寓式住宅的供应量以降低私房自住率和提高保有权的选择度的政策将具有极大的误导性。区别于私房自住的其他的保有权形式只有在其能够为住房提供类似的安全感的前提下才会产生足够的吸引力。

我们不得不承认，当前针对澳大利亚住宅的选择度问题所展开的讨论充满了争议，它暗含了对人民不选择公寓楼的做法的批评。调查研究的结果以及人们的现实选择都揭示了对独立的花园式住宅（而不是租房或其他任何的住房形式）以及一种分散化的城市结构的强烈偏好（而不是现有的住房政策和城市政策所支持的高度密集化的结构）。人民早已清楚地表达了自己的选择意愿，但政府的政策却偏要与他们背道而驰。真正的矛盾恰恰在于，严格执行“巩固政策”只会导致选择度的降低。

生活方式

传统的居住形态无法带来多姿多彩的生活方式，这又是诸多流行的却又没有得到验证的奇怪论调中的一个。发表此类观点的人从根本上认为，高密度的居住形态在某种程度上更加丰富多彩：更富有文化内涵，也更加松弛、轻松。这种模式是与某种城市经营的生活方式相联系在一起的：在外就餐并投身到对罗曼蒂克的咖啡社会的追求中去，尽情享受读报时间的早餐咖啡，在古玩店、书店及画廊中淘宝贝。

但是，这些活动再舒适安逸，也绝不是绝大多数民众的日常需要或选择。近年来，大多数城市里的咖啡店、酒吧、饭馆及路边咖啡屋的增多是人们社会行为方式的不断变化、收入的增加以及休闲活动商业化的结果，也满足了游客的需求（包括国内外的游客）。但我们大多数的人只是在特定的场合才使用它们，或者把它们当作娱乐生活的一部分。人们是否会逛画廊和古玩店，更多地取决于可供他们支配的收入及其文化趣味，而不是城市的形态。无论评论家或政策顾问们怎样为“过去的某种繁盛景象”呐喊，这种城市生活方式决不会成为除极少数群体之外的大多数人的日常生活体验。事实上，生气勃勃的街道生活从来就不是澳大利亚城市的引人入胜之处。如今在一些北美城市出现的街道犯罪现象大部分都是由高密度的居住环境造成的。当然高密度的拥护者们肯定不愿意承认这个事实。

对这种虚构的城市生活加以倡导的人没有想过究竟有谁实际上在以这种方式生存，他们也没有对任何能够形成这种方式的社会及文化过程的历史做出解释。当然也就没有足够的证据可以表明，高密度的居住形态将带来更大的创造力或更高层次的文化表达。难道我们可以说，大部分澳大利亚的作家、诗人、歌唱家、音乐家、知识分子或者甚至是政治领导人的成功都是采取了这样的生活方式的缘故?

还有一些人在抱怨，郊区无法为青少年提供参与社会生活的机会。不可否认的一点是，有些人（年轻人或老年人）发现，在某些郊区，追求文化及社会生活的乐趣的机会确实有限，但是针对这种现象所提出的对策应旨在探索文化政策及服务设施的提供方式，而不是简单的认为城市形态的改变就能弥补这些缺陷。

总的说来，郊区（主要是在20世纪50年代、60年代及70年代开发的郊区，而不是新开发的郊区）为各种有组织的体育活动提供了足够的场地。但是任何一个家长要是听到孩子抱怨自己在课余时间“无所事事”，应该马上就意识到他们不是指的“体育运动”，也不是指没有参与艺术、手工艺或其他业余活动的机会。他们可能只是在说，衣兜里没有足够多的钱去看场电影或乐队的演出和篮球比赛，或者是去泡泡自己喜欢的咖啡吧或牛奶吧，因为在那里可以不受父母的约束。他们也有可能是在控诉现代社会带给人们的孤离感、文化活动的商业化、电影电视的受动性以及大众媒体所投射的雷同的政治观点。他们需要表达的是对独立的渴望，或者仅仅只是与自己的同龄人相交往的愿望。城市的午夜之所以被这些年轻人（或许有人认为他们对他人或自己构成了威胁）所占据，就是因为在他们的住所周围还没有足够的享受隐私的空间。

人们对社会机会及活动的抱怨不应该仅仅甚至主要地被解释为与城市的开发模式有关。空间上邻近或许有助于社会接触的增加，但我们同样应该明白在高密度的环境中人们会采取保护个人的空间和隐私的手段：他们将回避与他人的接触或尽量减少交往。我们只是不知道高密度是否将消除那些对缺乏活动选择机会的抱怨之声。以为开发形式本身就能弥补澳大利亚城市社会的所有其他方面的缺憾（在某些方面让居民产生一种尚未完满的感觉），这种想法从城市环境的身上所期待的东西未免也太多了。

教育基础设施

公立学校中的“剩余容量”问题值得格外关注，因为它在计算内城区公共基础设施的所谓多余容量以及城市边缘区公共基础设施的耗费的过程中占据着举足轻重的地位。而且它也是使声称尚有剩余容量的判断变得不容质疑的前提。

为了尽量减少对学校的投资，一种常规的解决途径是让那部分“有孩子”的居民回到学校有多余容量的城区去生活，这种方案显得十分诱人，只需要做一点粗浅的分析就会发现，这样一来，我们所需要做的就只剩下鼓励正在成长中的青年一代进入内城居住。这里存在着一个问题，那些明显尚有多余容量的学校恐怕早就不适应现代化的教学需要了。另一个问题是，假如我们只是简单地鼓励人们回到有剩余容量的地区生活，就又会在内城区形成一群被吸引到外城去的青少年群体。平均起来，高密度区家庭的儿童没有低密度区家庭的那么多。仅仅因为学校有多余的容量就把再开发集中到一个区域来进行，这可能反倒会减少该区的入学人数。

从某种程度上讲，公立学校所产生的明显的剩余容量是由学校建筑及设施的单一化利用政策所致。也就是说，人们把这些设施的功能局限在一定的教育活动上去了。假如把这些学校，尤其是小学作为能够容纳教育、文化及娱乐活动和其他服务（包括儿童养育服务）的综合性设施，那么所谓的“教育公共设施过度投资”的问题就能迎刃而解。例如，如果学校的功能是依周边环境的具体情况而合理规划的，那么它的建设就能有序地开展起来，从而使其会议礼堂、图书馆及活动设施也能为社区所利用。所谓的多余容量也就派上了用场。

澳大利亚住宅的未来

由高密度住宅的倡导者们所描绘的“浪漫景象”反映了一种简单粗

暴的物理决定论思想，以为通过高密度的居住方式就能产生更浓厚的社区归属感，从而使居民发现邻里关系的价值，学会关怀与分享，这种想法完全不符合城市生活的现实状况。我们既希望人们“坚守自我”——以保持自身的独立性，又鼓励他们保留一种社会或社区参与的情感，这是不是有点自相矛盾的意味。不过，同时保持自身的独立性和对本住宅区的参与还比较容易。但出于保护个人隐私及私人空间的需要，高密度的住宅更可能导致“匿名化”的生活及社会退缩行为的产生。在一个崇尚个人主义的理念，不注重集体消费并支持独立性的社会里，通过提高密度来促进公民感的提升纯粹就是一种空想。社区感，从更深的层面上讲，是通过我们看待本民族文化中的团结、诚信及发展平等的观念所折射出来的，而不是由空间的邻近或地理分界线所决定的。

现有的针对家庭提出的城市政策暗含了以下几种逻辑：

- 家庭规模每有扩大或缩小，人们就会再迁新居；
- 家庭应占有更小的空间；
- 家庭应更大程度地利用公共空间，减少私人的户外活动空间；
- 在各种活动中，家庭都应更多地利用公共交通工具——在现代城市，这无疑意味着缩小家庭的活动范围。

这种政策对个人家庭所产生的直接影响是，它们将会转变成为一个个缺乏稳定感或自我历史感的“自在逍遥”的单元。一个家庭的稳定性及持续性在某种程度上是通过家庭成员在某个地方持久地居住而实现的——他们知道，正是这里把他们与自己的历史相联系在一起，在这里，他们可以找到童年时把玩的小玩意；在这里，尘封的记忆将重新点亮；在这里，温馨的熟悉感被每一代人视为珍宝，而孩子们也将在一点一滴的收集中，获悉对父母乃至同伴的理解与认同。现有的政策所反映的机械的家庭生活及其生命循环过程对我们所熟知的家庭结构及其运动流程从根本上讲是不利的。它同样意味着，对其他家庭的义务与责任——社区感——终将导致对家庭自身的损害。

针对家庭及社会所提出的巩固政策所暗示的内容与文章开篇描绘的那种平等的景象形成了鲜明的对比。支持这一新政策的观点的有效性还很值得怀疑：传统住宅模式的改变将使澳大利亚的普通家庭蒙受巨大的损失。

第三部分　环境与资源

导　　言

紧缩城市的讨论在很大程度上受到环境议题的推动：例如，紧缩城市是最能有效利用能源的城市形态，它降低了交通需要，从而减少了交通尾气的排放；而且它还保护乡村免遭破坏。前面的章节探讨了社会和经济问题对这个目前带有普遍性的争论的重要意义；本部分将进一步探讨环境问题。首先，如果支持紧缩城市的环境主张将构成城市政策的基础，那么，它们就必须受到检验并得到经验研究的支持。其次，除了与其他问题之间存在矛盾冲突外，在支持紧缩城市的环境议题内部可能还会有矛盾冲突；有人提出与之相反的主张，认为紧缩城市不具有可持续性。下面的章节将对这些问题进行探讨。

就与城市形态相关的环境议题而言，交通是争议最大的问题，正如致力于这一主题的许多章节所反映的那样。有人声称紧缩城市减少了交通需要，增加了步行和骑自行车的交通倾向，并且支持了公共交通。然而，事实果真如此吗？巴雷特（Barrett）调查了人口密度对交通需要，特别是对与工作相关的交通需要的影响，法辛（Farthing）等人调查了地方服务和设施资源的可达性的提高对与工作无关的交通行为的影响，而尼坎普（Nijkamp）和伦斯塔（Rienstra）则分析了公共交通这一维度。从这些研究来看，紧缩城市能否产生它所宣称的那些优势效应还不清楚。作者们的一致意见是，紧缩城市会使当地的交通距离缩短，但这与距离较长的娱乐休闲的旅程比起来又起不了多大的作用。他们也一致认为，要实现生活模式从私家车的转移是不太可能的事情

随着小汽车的日渐兴盛，交通问题可能会像过去那样继续控制和影响城市形态——在这种情况下，更加传统的紧缩城市的再度出现仍然是一个难以实现的目标。巴雷特、尼坎普和伦斯塔都指出了更广泛的结构

性因素（例如当前的职业和休闲模式），对交通行为的影响。也许城市形态的变革，即使在最初发生了，也无法最初实现，——或许，分散化已经走的太远了。作者们也着重强调了在所宣称的紧缩城市的交通优势中固有的其他矛盾冲突，例如，潜在的负面交通影响，包括交通拥挤和停车困难，以及它们对地方商业的不利影响。

作为紧缩城市理论的反对者，在环境保护论者当中有这样一个思想学派，他们认为，最可持续的生活方式是返回乡村地区，回到自给自足的状态，减少远距离的商品和服务的输入，与自然建立更加亲密的关系。此类观点是以城市是最不可持续的居住方式的论断为基础的，因为城市消耗最大，浪费最多，而且，这种理论形成了与支持紧缩城市的环境观点相反的立论基础。特洛伊（Troy）就是这种观点的代表人物之一。他发现了传统的澳大利亚低密度城市形态在环境方面的优势，并且认为通过所谓的巩固来实现紧缩城市将会增加对环境的压力。

第三部分的作者一致认为，可能有比试图改变城市形态更有效的减少环境的不可持续性的方式。巴雷特和特洛伊指出，改变人们的行为、引进环境适宜性的技术以及开发可更新的能源等方式都能发挥重要作用。总之，他们相信，如果澄清了反对的论点，紧缩城市还是具有某些潜力的。然而，我们需要一个综合的方案：只专注于城市形态一个因素的方案是远远不够的。

交通维度

乔治·巴雷特

引言

我们的城市形态在某种程度上反映了在不同的发展阶段占主导地位的交通技术。欧洲传统的人口密集型城市可以被看作是在一个速度缓慢而价格昂贵的交通时代，外部经济不断积聚的产物。铁路的出现使居住的日益分散化成为可能——尤其是那些位于新车站的步行距离以内的地区，而且它还标志着像伦敦这样的城市中心区向较低的居住密度发展的趋势的开始。公共汽车运输大大提高了市郊化发展的灵活性。机动车时代创造了一个深刻的变化维度，它使许多欧洲城市的面貌发生了根本性的变革，并使北美地区低密度的、中心弱化的城市的出现成为可能。

对小汽车的无情增长所产生的连带作用——尤其是对环境质量的影响——的关注，已经使人们对规划政策如何利用传统城市形态所具有的明显的交通能效来缓解因交通需要的增长而带来的压力产生了特别的兴趣。这个兴趣因肯沃西和纽曼（1989 年）的工作而受到推动，而且，它已经被特别纳入了荷兰的国家土地利用政策框架之中（Huut，1991 年），最近又被纳入英国的政策框架中（环境与交通部，1994 年）。然而，在西欧，未来人口的低速增长意味着，至少在这里，主要的兴趣必须放在选择怎样的方式来促进经济的持续发展之上，而不是放在全新的主要住宅区的可能形态的问题上。

有一系列具有代表性的证据可以说明人口密度和城市规模是如何影响人们的交通行为的，本章后面回顾了其中的一些内容。然而，经济和社会之间的交互作用，以及市场对可能由现代交通技术所产生的新政策的回应，都意味着必须在区域的层次上考虑土地利用政策及其内涵，而不仅仅是考虑和城市本身相关的政策及其内涵。在这方面，研究证据非常有限，但是，本章总结了最近的一些重要研究发现（ECOTEC，即将出版），它们引发了对新拟定的英国西米德兰地区的区域政策指导方针的争论。

对新政策适宜性的所做出的判断，当然必须依据其可能的有效性——在本例中，主要指限制交通需要增长的目标——以及它们对经济效率和其他的政策目标产生的更广泛的影响。这些问题中涉及交通的有关内容将在本章最后做出小结之前加以讨论。

居住密度、城市规模和交通行为

居住密度常常作为与个人的交通行为有关的最重要的土地利用形式出现在众多的研究之中。对不同城市人均汽油使用量进行的跨国比较（肯沃西和纽曼，1989年）表明，随着居住密度的降低，汽油消耗的比率在不断增加。居住密度最低的美国城市，诸如休斯顿，人均汽油消耗量明显高于居住密度较高的亚洲城市，如香港、新加坡和东京，而且是它们的十倍之多。

表1反映了英国的人口密度和交通行为之间的相互关系。较高的居住密度与较低的交通量以及除小汽车之外的其他交通方式的利用率的增加之间似乎存在较强的相关。

表1　英国1985－1986年人口密度与不同的交通方式下人均每周的交通距离（公里）

资料来源：National Travel Survey，1986年。

密度（人/公顷）	所有的交通方式	小汽车	本地公车	火车	步行	其他[1]
小于	206.3	159.3	5.2	8.9	4.0	28.8
1－4.99	190.5	146.7	7.7	9.1	4.9	21.9
5－14.99	176.2	131.7	8.6	12.3	4.3	18.2
15－29.99	152.6	105.4	9.6	10.2	6.6	20.6
30－49.99	143.2	100.4	9.9	10.8	6.4	15.5
50及以上[2]	129.2	79.9	11.9	15.2	6.7	15.4
合计[3]	159.6	113.8	9.3	11.3	5.9	19.1

注：1. 其他指双轮机动车、出租车、国内航空、其他公共交通工具以及其他类型的公共汽车（校车、租车、快车和班车）。

2. 不包括低于1.6公里的数据，仅指一次交通时所用的主要方式，因此，它不考虑所有非徒步交通中的步行因素。

3. 人口密度数据来源于OPCS抽样框架（基于邮政区号地址文件（the Postcode Address File）。人口数来源于1981年的人口普查。

这样的研究证据应该谨慎对待。人口密度最大的社区常常位于市镇和城市中心设施的附近；它们通常被那些人均收入低且小汽车拥有率也相对较低的家庭大量占据。然而，试图对此类影响因素加以控制的研究（ECOTEC，1992年）也表明，排除掉这些因素的影响之后，人口密度仍然对交通行为有重要影响。

较高的人口密度抑制人们交通活动——尤其是小汽车交通——的机制虽然还没有得到很好的理解，但是，从政策的角度来讲，它却具有潜在的重要意义。总的来看，这种机制有可能产生以下几种效应：

• 在既定的交通距离内（尤其是便于步行的距离内），扩大了各种可获得的活动机会的范围；

• 增加了在特定地点内，可支持的服务的比例和范围，从而减少了到其他地方的需要；

• “交通端”的密度增加到足以支持公共交通；

• 对私人车辆的拥有和使用带来了一系列的限制。

现在来看看城市规模的问题。很明显，笼统地讲，与居住在小城镇尤其是农村地区的居民相比，大城市地区的居民往往交通需要较少，而且有较多的机会利用公共交通工具。这不只是人口密度影响的一个反映，它可能还反映了与地区所能提供的机会和设施的范围相关的因素，以及它们支持公共交通或者小汽车使用的能力。

表2显示了英国的城市规模和交通行为的不同方面之间的关系。它证明：大城市地区、人口在2.5万到25万之间的城市地区、小城镇和农村地区之间在交通行为的所有方面都存在明显差异。几个有卫星城的大都市的居民也较多的使用公共汽车。

居住规模和交通行为之间的关系相当复杂。更详尽的研究表明，在最大的城市地区，尤其是当考虑到小汽车拥有量和社会经济因素时，城市规模和交通之间不存在显著的相关（ECOTEC，1992年）。在伦敦外城，驾驶小汽车交通的高比率在某种程度上是一种反常现象。

进一步的分析指出了城市规模与工作交通和非工作交通之间的关系所存在的差异。当一个地区的人口低于5万时，和工作相关的交通开始急剧上升；就非工作交通而言，人口起点似乎更低，大约是2.5万人（Barrett，1995年）。这表明，当相对较小的城市地区只能支持适当领域的休闲和购物设施时，只有较大的城市地区才能提供所有领域的工作机会。例如，后面将要讨论到的研究表明，当特尔福德发展成一个强大的“边比较边采购”的便利的购物中心时，仍然能看到许多人外流到像伯明翰这样的中心，尤其是那些想到较高层次的服务部门工作的求职者。

表 2　英国 1985－1986 年居住规模和不同交通方式下每人每周的交通距离（公里）[1]

资料来源：National Travel Survey Data，1986 年。

地区	所有模式 公里 （%）	小汽车 公里 （%）	本地公共汽车 公里 （%）	火车 公里 （%）	步行 公里 （%）	其他[2] 公里 （%）
伦敦市内	141.3	76.2	12.0	34.1	2.5	16.6
		(54.0)	(8.5)	24.1	(1.8)	(11.6)
伦敦市外	166.6	113.3	8.9	23.3	2.6	18.5
		(68.0)	(5.3)	(14.0)	(1.6)	(11.1)
西米德兰城市地区	121.2	83.8	14.8	5.5	3.2	13.9
		(69.2)	(12.2)	(4.5)	(2.6)	(11.5)
大曼彻斯特城市地区	128.8	87.2	15.7	5.4	3.7	16.8
		(67.7)	(12.2)	(4.2)	(2.8)	(13.1)
西约克镇城市地区	136.4	85.5	17.7	3.2	3.6	26.4
		(62.7)	(13.0)	(2.3)	(2.7)	(19.3)
格拉斯哥城市地区	91.2	49.5	16.4	4.9	4.4	16.0
		(54.3)	(18.0)	(5.3)	(4.9)	(17.5)
利物浦城市地区	89.3	54.0	17.1	6.1	2.6	9.5
		(60.4)	(19.1)	(6.8)	(3.0)	(10.7)
泰恩河沿岸城市地区	109.3	63.7	19.8	2.9	2.7	20.2
		(58.2)	(18.1)	(2.7)	(2.5)	(18.5)
人口超过 25 万的其他城市地区	141.2	93.6	11.2	8.3	4.2	23.9
		(66.3)	(7.9)	(5.9)	(3.0)	(15.9)
人口在 10 万到 25 万之间的城市地区	160.5	114.8	8.6	11.3	3.2	22.6
		(71.5)	(5.4)	(7.0)	(2.0)	(14.1)
人口在 5 万到 10 万之间的城市地区	154.5	110.4	7.2	13.0	3.7	20.2
		(71.5)	(4.7)	(8.4)	(2.4)	(13.0)
人口在 2.5 万到 5 万之间的城市地区	151.0	110.8	5.7	12.5	3.7	18.2
		(73.5)	(3.8)	(8.3)	(2.5)	(12.1)
人口在 3000 到 2.5 万之间的城市地区	175.7	133.4	7.2	8.0	3.0	24.1
		(75.9)	(4.1)	(4.6)	(1.7)	(13.7)
农村地区	211.0	163.8	5.7	10.9	1.7	28.9
		(77.6)	(2.7)	(5.2)	(0.8)	(13.7)
所有地区	159.6	113.8	9.3	11.3	3.2	22.0
		(71.3)	(5.8)	(2.1)	(2.0)	(13.8)

注：1. 不包括 1.6 公里以下的交通。

2. “其他”指有两轮机动车、出租车、国内航空、其他公共交通工具以及其他类型的公共汽车。

在英国，还没有能对个别的住宅区内交通的不同类别之间进行系统而全面的比较的有效数据。然而，我们手头上已有的证据表明，从交通（尤其是驾驶小汽车的交通）最小化的观点看，人口相对稠密的城市，更精确的说法是人口超过 25 万的城市，可能是最有效的发展形态。这个结论往往能得到一种交通数据——工作交通——的支持，因为这方面的数据容易获得。例如，在下面即将讨论到的西米德兰的个案研究中，随着公共交通工具使用率的提高，当工作交通的平均距离大为缩短时，考文垂——一个大约有30万居民的相对紧缩的城市——就出现了。

但我们也不要错误的认为：城市地区的人口密度及城市规模是它影响交通行为的惟一的土地利用特征。长期以来人们一直认为（如汤普森，1997年），设施的集体化可能是促使人们使用公共交通工具的一个强有力的因素，尽管它可能会使交通距离拉长。虽然郊外的工厂更多地依赖小汽车，但它们似乎更得益于相对较短的交通距离。相反，外围的商业停车场则似乎同时带来了长距离的交通和对小汽车的高度依赖（ECOTEC，即将出版）。

广阔的城市区域：英国西米德兰的个案研究

近十年来发生在英国城市的大规模的居住分散化过程，以及由现代交通设施和私家车所造成的分散化的潜在可能，都意味着我们必须站在区域的高度审视新的土地利用规划及交通政策。

涉及到的许多问题都可以以英国西米德兰的情况为例加以说明。英国西米德兰是一个大约有26万人口的大都市，它隶属一个的较大的区域，区域内是许多独立的小城镇和有着同等人口规模的农村。该地区虽然仍是英国汽车工业的中心，但它已经进行过大量的重建。由于急剧增加的服务性职位（+43%）不足以完全抵消制造业职位的减少，在1971年到1991年之间，尤其是在1979-1981年的经济大萧条期间，它失去的工作职位占全部工作职位的4%。

该地区已经出现了一个非常典型的人口和就业的分散化过程。在1971年到1991年之间，这个大都市地区的人口下降到21.3万或者说下降了7.7%，这主要是因为居民移居到周围的郡县，尤其是大都市地区的周围的所谓“中环”城镇。如果说最初十几年的移民是积极的规划政策的结果，那么，最近的移民则似乎在很大程度上是市场导向的结果。

就业的分散化也很普遍，而且最近几年，很大程度上是受市场推动的。在1981年到1991年之间，该地区的就业机会减少了6.5%，同期，其周围郡县的就业岗位增加了8.8%。随着M42周围地区的发展以及考文垂成为新的重要办公地点，就业机会除了向郡县和郡县周边地区转移外，还有从大都市地区的中心向其外围转移的趋势。

在该地区，旅游交通的比例与英国的平均水平接近。但总体交通却低于平均水平，这主要是由于在大都市地区内驾车交通的比例相对较低。在大都市地区和周边郡县镇之间存在着显著的——双向的——交通流，正如图1中显示的工作交通的情况那样，但是因为数据问题，我们还不能说清楚该地区这种交通流会对总交通的成分比例产生怎样的影响。然而，显然，这种流动大体上符合地心引力模型法则，与相关地区的大小成正比，与它们之间的距离成反比。

但在其他方面，几乎所有的交通行为的主要发展趋势都与可持续发展的目标以及一系列其他相关政策相矛盾。尽管近年来该地区在交通方面增长的比率略低于全国的平均水平，但仍然是相当高的。例如，在1985-1986年和1989-1991年之间，驾小汽车交通的比率增长了23%。用于工作交通的私家车的使用量显著增加；乘公共汽车交通的比率普遍下降了很多。

毫无疑问，这些趋势是由一系列因素促成的，其中包括：收入和小汽车拥有量的增加；人口的变化——尤其是新退休人口的增加；以及经济和社会的变迁，它往往会扩大人与商业活动互动的区域。然而，大都市地区与该区域其他部分之间日益增强的内在联系显然起着重要作用。

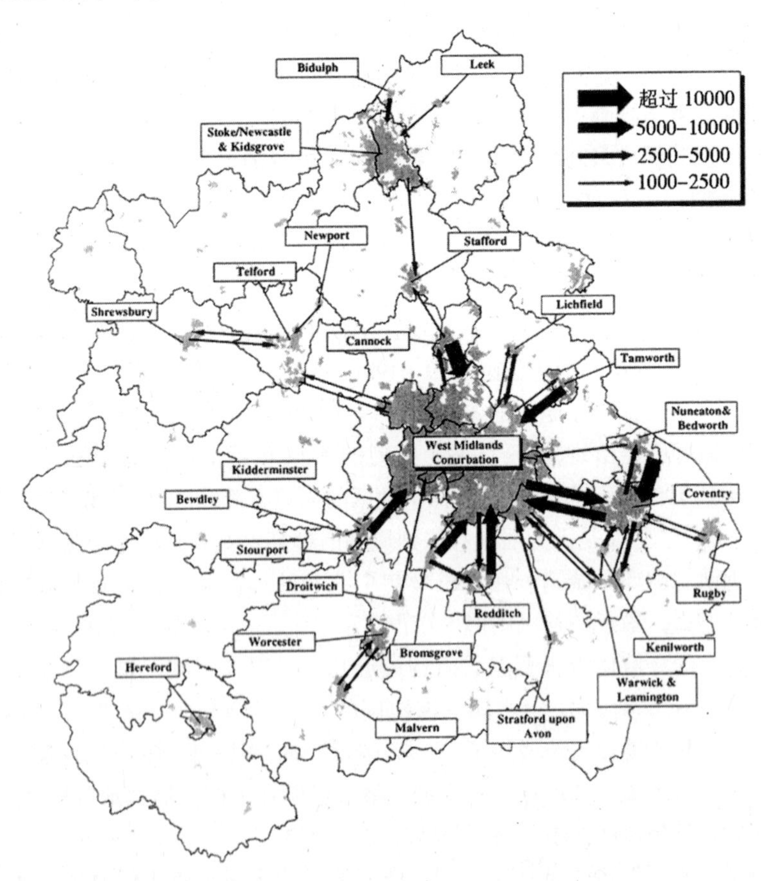

图1 1991年西米德兰的不同城市之间往返上下班的主要流动情况*

1971年有13.56万人从西米德兰的其他地方乘车到大都市地区工作，同期，有4.1万居住在大都市地区的居民乘车到西米德兰的其他地方工作。截至1991年，这两个数字分别上升到16万和5.5万。远途往返上下班的人们主要集中在位于大都市周边25公里以内的20个左右的城镇。远途往返的流动也基本遵循地心引力模型，其表达式为：乘车上下班的百分比 = $2000/d^2$（此处的d表示与大都市地区的距离），如果考虑到31个地区中的21个，用该公式所预测的流动百分比将在两个百分点之内。

工作期间的交通的比例也已经急剧上升——从1985－1986年到1989－1991年间增长了21%——虽然这个增长率实际上低于国家的平均水平。尽管造成这种交通增长的大部分原因带有地方性，但许多增长明显是与更广泛的经济整合过程以及所谓的全球价值链的增长相联系在一起的（Porter，1990年）。这些数据因为技术的原因可能还无法充分显示出跨地区的交通状况，它只表明，在跨越大都市地区边界的此类交通中，大约有30%的出发地和目的地都在该地区以外。

在该地区，便利的购物模式仍然比较地方化，大都市地区有一个强大的本地中心网。由一个大的食品零售商提供的数据表明，除了位于某地区的一家商店以外，65%以上的顾客到达另外11家店的时间不超过10分钟。但是，为了货比三家，人们的交通距离正在迅速地增加，这部分地是因为诸如马里希尔这类中心区的开发及其对该地区其他中心（如泰尔福特）的都市居民的吸引力明显增加的结果。

因为私家车一统天下、相对的重要性及其长期强劲的发展势头，与休闲相关的交通构成了特别的问题。尽管我们还不清楚其交通模式，但在讨论政策问题时，应注意到，在该地区的所有此类交通中，有四分之一多的交通超过了50英里（国家遗产部，1993年）。

在本章伊始时所讨论的结构性变迁在许多方面对交通行为产生不了太大的帮助。从制造业向服务业的转变可能已经使交通和对小汽车依赖的总体比率增加了。居住模式和就业模式的覆盖图（ECOTEC，即将出版）表明，与制造业工人相比，从事服务业的工人，其居住地和工作地分离的情况更常见。许多服务性活动本质上也需要人们在工作过程中相互联系。就业已经成为一个对交通行为的许多方面有着重要影响的因素（ECOTEC，即将出版）。伯明翰作为一个国内及国际服务中心的开发也将促进地区间交通的增加。

人口的分散化以及可能的就业分散化也将促进地区间交通的增加。对移民模式和远途往返上下班的流动模式的研究强有力地表明了移民和日益增长的往返距离之间的联系。人口从放射状的大都市地区中的原居住地方搬出，在很大程度是上可能是在交通费用的增加和扩大居住空间的成本之间做出权衡的结果（巴雷特，1995年）。

之前所讨论的有关城市和非城市的交通行为的对比研究本身就表明了，人口分散化的过程可能会使交通增加。实际上，它的实际影响可能比此类比较研究中暗示的影响更大，因为平均起来，迁到新开发地的居民的生活方式似乎比居住在已经建成的郡县住宅区的居民更加依赖私家车（ECOTEC，即将出版）。

就业分散化的影响将更难加以评估。经济活动向人口增长地区的转移使工作交通的缩短成为可能。但实际上它可能又造成了长距离的分散的轨道交通模式，而公共交通不可能为其提供有效的服务。当然，许多新的外围地区办公楼的开发是和对小汽车的高度依赖以及长距离交通相互关联的，虽然它们可能不能代表该地区的其他开发模式。同样，制造工厂的分散也会增加其他的交通方式——尤其是货物运输——特别是随着即时生产系统的日渐使用。

此处所讨论的发展趋势可能并不会代表英国甚至西方世界的许多地方的情形。在作者看来，它们在很大程度上反映了不断改善的道路基础设施和真正较低的交通成本在减小外在经济的积聚上所起的作用。正是外部经济积聚使传统的人口密集型欧洲城市变得更加巩固，而且，在许多情况下会出现新的与积聚相关的非经济现象。

出现的政策问题

鼓励将开发的焦点对准城市地区的政策似乎很少受到质疑，而且，增加住宅和就业密度有可能降低交通的总体水平，并形成一种有利于公共交通的模式转变。但是，模拟研究（ECOTEC，1992 年）表明，至少在目前的情况下，这种可能性不是很大。因此，从交通的角度来讲，此类政策主要的理论基础很可能有助于创建——或保护——北美式的土地利用模式，它们天生就不依赖小汽车。这可能也有助于保持未来交通政策选择的弹性。

事实上，很多因素会使政府实行此类政策指导的能力或政策可能具有的效力受到限制。这些因素包括：在大多数西方经济中，与现有建筑存量相关的新开发的规模相对有限；已有的政策承诺和开发许可的遗留问题；物质条件和政治环境对稠密化的限制以及地区之间为开发所展开的不可避免的竞争，尤其是在一个还未高度发达的时代，由于其战略决策框架的所具有的缺点，后者可能是英国特有的问题。

该政策的影响和效果也将因受其影响的人们的适应反应而改变。高收入群体肯定能继续向城外正在开发的地区移民，并乘车返回城里。对农村和城市房地产开发的新的控制措施所产生的影响可能包括：将开发的压力转移到受控地区以外，以及因农村房价上涨而损害到现有的社区。有证据表明，对现有的绿化带控制就具有这类影响作用（ECOTEC，1992 年）。

低收入群体当然不会具有同等程度的选择机会，尽管一些人仍然可以乘车往返很长距离，正如在20世纪80年代晚期的繁荣时期从东南住宅市场挤出的人们那样。那些留下来的人们所忍受的将不仅仅是缩小的居住空间，而且也将面临较高的相关居住费用，而这似乎是不可避免的。

政策方案还将涉及一些现实的经济费用问题。有证据表明（Keeble和PACEC，1992年），农村的公司平均比相应的城市公司更有效，而且它们享有更大的空间，这对它们拥有优势地位起着重要作用。

显然，较高的密度可能会使交通拥挤加剧。这会造成三方面的后果。首先，很明显，交通拥挤本身就会带来巨大的代价（CBI，1991年；Newbery，1990年）。其次，模拟研究的证据（ECOTEC，1992年）表明，由此类政策产生的交通下降所带来的许多（也许在某些情况下是全部）好处，实际上可能会因交通拥挤对车辆的行程安排和运行状况的负面影响而丧失。最后，即使该政策确实减少了车辆的尾气的排放，其后果可能是使它们在更大的程度上集中到某些地区，在那里，它们会造成更大的破坏，反而影响了更多的人。这就引出了一些带有根本性的问题，即：政策的根本目标是减少交通还是遏制它的负面影响。

通过提高交通的实际成本的补充性政策，就可以制定更有效的政策，减少其负面影响。可以证明，这将有助于重新建立起一个密集型城市给个人带来的传统利益。问题是，为达成这个目标可能需要增加很大一笔费用。值得注意的是，其他欧洲国家，如意大利，其燃料的价格一直比英国高出很多，但其驾车交通的比例与英国相似。用户对燃料价格升高的反应大多是购买能使燃料更有效地燃烧的汽车，而不是降低交通量。这又向我们提出了有关政策的根本目标的一些基础性问题。

如果通过环境的改善、对公共交通的投资以及其他措施，能使更多的人相信传统城市生活方式的好处，那么，所涉及到的许多问题都将迎刃而解。在英语国家，至少到目前为止，已经证实这样的转变似乎让人难以接受。

结论

紧缩城市，因其潜在的交通效率，对那些关注交通增加及其环境后果的人来说，不可避免地代表着一种令人向往的模式。实际上，交通系统的改善显然已经导致了我们现有城市地区的相当迅速的分散化过程，而且使其各方面的自我牵制程度有所降低。创建和保持传统城市形态的努力在短期内也许可以使交通减少，但最好把它们主要看作一种可能的规划方案。然而，不要错误地以为它们是一种容易的或者完全无须付出代价的政策选择。

注释

1. 除了那些特别说明的，所有的就业数据都来自于就业普查；移民和远途往返上下班的数据是从人口普查中提取的；1989 - 1991 年的交通数据是由交通部直接提供的和从国家交通调查中提取的。

2. 在不同地区，居民驾车上班的平均距离的 77%左右只能通过 4 个变量来解释：职业构成（通过测量社会阶级 A 和 B 人口的比例获得）；该地区是否是农村地区；在大都市地区之内它是否会下降；以及——在其他情况下——与大都市地区的距离。

参考文献

Barrett, G. (1995) Transport emissions and travel behaviour: a critical review of recent European Union and UK policy initiatives. *Transportation,* January.

CBI (1991) *Trade Routes to the Future*, CBI, London.

Department of National Heritage (1993) *Day Visits in Great Britain 1991/92,* HMSO, London.

Departments of the Environment and Transport (1994) *Planning Policy Guidance 13: Transport*, HMSO, London.

ECOTEC Research and Consulting Ltd (1992) *Reducing Transport Emissions Through Planning,* HMSO, London.

ECOTEC Research and Consulting Ltd (forthcoming) *Travel Patterns in the West Midlands: Implications for Sustainable Development Policies,* Department of the Environment.

Huut, R. Van (1991) *The Right Business in the Right Place,* PTRC Conference Papers, London.

Keeble, D. and PACEC (1992) *Business Success in the Countryside: Performance of Rural Enterprises,* HMSO, London.

Kenworthy, J. and Newman, P. (1989) *Cities and Automobile Dependence,* Gower Technical, Aldershot.

Newbery, D. (1990) Pricing and congestion: economic principles relevant to pricing roads. *Oxford Review of Economic Policy,* **Vol. 6 No. 2.**

Porter, M. (1990) *The Competitive Advantage of Nations,* MacMillan, London.

Thompson, M. J. (1977) *Great Cities and their Traffic,* Penguin, Middlesex.

交通行为与地方服务及设施的可达性

斯图亚特·法辛，约翰·温特和特萨·库布斯

引言

就减少交通尾气排放和能源消耗的土地利用规划措施的重要性所展开的争论（见纽曼与肯沃西，1989年；戈登等人，1991年；纽曼和肯沃西，1992年），显示出市内交通行为及其决定因素的特征的大量不确定性，也突显出对这个问题进行的经验研究的相对缺乏。本章将评估可达性对城内交通行为的重要性，并关注地方设施和服务的可达性。在已签发《规划政策指导13：交通》（环境与交通部，1994年）中已经赋予这个问题以重要地位，该文件将住宅和服务供给整合在一起，作为降低交通需要和鼓励环境适宜性的交通方式发展的途径之一。可达性之所以重要还在于，它可能对到达各项设施的随意性交通行为（非工作的）有重要影响。在对有关这一主题的现有文献进行回顾后，本章将报告基于埃文新城开发的一些经验研究成果。

可达性对城内交通的重要性

作为对降低燃料消耗和温室气体排放的评估的一部分，有关地方设施和服务的讨论突出了交通行为在两个方面的重要性。首先是交通方式。人们通常鼓励徒步或骑自行车，而不是驾驶小汽车，因为前者比后者更能有效利用能源（Banister，1992年；Banister等人，1994年）。其次交通距离，当然特别是小汽车的交通距离，尽管大部分的行程都消耗不了太多的燃料（Banister，1994年），但在短途交通中，即使汽车引擎没有非常

有效地工作，交通距离的缩短也还是有助于节约能源。

关于可达性在影响交通行为的这些方面中的重要作用，文献资料有哪些评述呢？有关可达性对城内随意性的交通的影响，似乎有两种不同的观点，它们实际上反映了对紧缩城市的讨论。首先，一些评论者将思考的重点放在可达性的重要性问题上。例如，在对一系列研究的回顾中，汉森（Hanson）和施瓦布（Schwab，1987 年）谈到了“个人住所与潜在的可达场所的分布状况的关系”的重要意义，认为这是交通规划的“一般智慧”。评论者们指出，对于大多数人来说，服务、学校和购物场所的可达性在平稳下降（Elkin 等，1991 年）。来自国家交通调查（交通部，1993 年）的统计数据显示，这与驾驶小汽车的交通的数量及距离的增长是相联系的。其他研究在强调步行购物的重要性的同时又指出，对于居住在新建的外围住宅区的居民来说，商店的可达性相对较低（Guy & Wrigley，1987 年）。

就可达性在非工作意图的交通行为中的重要性而言，也许最强有力的证据来自希尔曼等人的研究（Hillman 等，1976 年）。他们对当地的很多设施和服务进行了分类，并研究了在英国东南部远离大都市地区的许多调查区中有小孩的年轻妇女的交通行为。他们发现，虽然选择使用小汽车会降低步行的可能性，但设施的地方供给（以步行十分钟计算）与步行的可能性之间存在显著的相关。地方供给也会使提高设施的使用频率。这就意味着（尽管该研究没有进行直接的计算），由于设施就在本地范围之内，年轻妇女将会选择步行。这也表明在随意性交通（如非工作交通）的总的区域范围内，这些妇女或多或少还有选择自由。一些设施（如邮局和药店），无论它们设在哪儿都总有人光顾；而另外一些设施（如运动场、公园和自动洗衣店），只有在本地提供的情况下才会被更加频繁地使用。所以，可达性对交通模式、交通距离以及不同设施的使用频率有不同的影响。

另一些评论者对可达性的重要性持怀疑态度。例如，布雷赫尼（1992 年）就对满足所有家庭的日常需要的“设施”这一概念提出质疑。他认为这一概念忽视了日益增长的专门物品和服务的重要性，尤其是休闲设施，地方是不可能提供这些设施的。此外，他也指出了家庭和家庭结构的日益多样化，以及“消费”在人民生活中的重要性的增加。

交通行为中的“选择自由”这一概念引出了有关地方设施和服务的可达性的重要意义的问题。阿德勒和本 - 埃科娃（Ben-Akiva，1979 年）强调说，家庭积累了对物品和服务的需求，而这些需求将通过远离住所的活动和服务的交通得到满足。某些交通可以推迟，还结合其他的活动进行。然而，有些交通则是必须的，非但不能推迟，而且也不太可能是单一目的的交通。有人认为，在一次交通中结合多种目的，可能对那些居住在设施不便地区的家庭来说更重要，因为这能使他们减少总的交通时间，并因此而减少不利因素的影响。因此，地方设施的提供只是对个人家庭以及那些负责家庭的各种交通活动并安排交通行程的人具有重要意义。

就地方可达性的重要意义所进行的经验研究似乎也隐含着更加矛盾的结论。汉森和施瓦布（1987 年）使用来自瑞典的数据得出的结论是：在个人的交通特征和可达性之间虽然存在某些关联，但并不像文献当中预期的那样强，而个人和家庭的特征更重要。交通行为和个人在家庭中的角色分工之间存在着极其显著的相关。这种角色分工取决于性别和职业地位这两个相互关联的重要因素（Hanson & Hanson，1981 年；Pas，1984 年）。是否拥有小汽车也是解释各种不同的交通行为的因素。抛开这些普遍的结论不说，汉森和施瓦布（1987 年）发现，有很多机会接近自己家的人，徒步交通或骑自行车的比例较高。而且，与希尔曼等人（1976 年）的研究结果相反，汉森和施瓦布发现这并不妨碍非职业妇女使用小汽车。哈德（1992 年）在加利福尼亚的一项研究也表明，在地方可达性高的地区徒步交通较多，但是在减少交通方面，这些研究结果都是模棱两可的。

为英国政府所做的有关可达性对鼓励步行和骑自行车的影响的研究（Tarry，1992 年；ECOTEC，1992 年）也没有得出确定的结论。它关注“中心”而非“设施”（而且集中于购物中心），它罗列了研究地区之间在使用不同的交通方式上存在的许多差异，却发现：“令人惊奇的是，距离似乎不是解释这些差异的主要因素。由于所牵涉到的因素的数量以及它们的相互关联，所以，难以清楚地分辨它们对交通方式的选择的影响。”（ECOTEC，1992 年）。

来自汉森和施瓦布（Schwab）（1987 年）的有关可达性对交通距离的影响的证据表明，可达性和随意（非工作）交通的总体数量之间是弱相关的关系，但和购物及与个人商务相关的交通距离之间存在显著的正相关。这一结论适用于所有人群，他们进一步揭示出：以自家为出发点的可达性程度越高就意味着此类交通的距离越短。

从对这些文献的回顾当中，我们可以得出三个结论。第一，进一步的研究需要认识到设施的使用带有随意性。如果某一特定设施（如邮局），不论它位于住户的什么位置都总是能得到家庭中某些人的光顾，那么，这类设施正是倡导提供地方设施的人应该特别关注的。必需的交通在将来还有距离缩短的可能，因而，可以鼓励人们步行。而且，如果这些交通很频繁，那么它对总交通量的潜在影响可能是值得考虑的。第二，在对这样的地区进行研究时，必须承认的一点是，为了满足家庭的各种需要，人们不一定会把本地设施纳入交通名单之列，即使纳入了，它可能也只是一次结合了多种目的的长途交通的一部分，因而也许是会驾驶小汽车的。第三，必须承认个人在家里所承担的不同角色的重要性，而且在任何研究中都必须对这些因素加以控制。下面部分描述了作者所做经验研究的方法及结果。

研究方法

本章的数据来自于一项在阿文进行对新建的大规模住宅开发项目的设施规划及实施情况的研究。选择了 5 个地方设施提供水平不同的开发项目进行详尽的研究（见图 1)。这些项目包括城市地区的大规模扩建(布雷德利斯托北部、布雷德利斯托南部以及维尔)、布里斯托尔和金斯伍德的城市边缘区（隆威尔格林）的填充式开发项目以及距巴斯几英里处的许多村庄的扩张。选择这些基本上同期开发的新开发场址的好处在于，居住在那里的人具有相似的社会经济和人口统计学特征（年轻的业主 - 房客)，当然，尽管如此，个人与家庭之间还是存在差异。

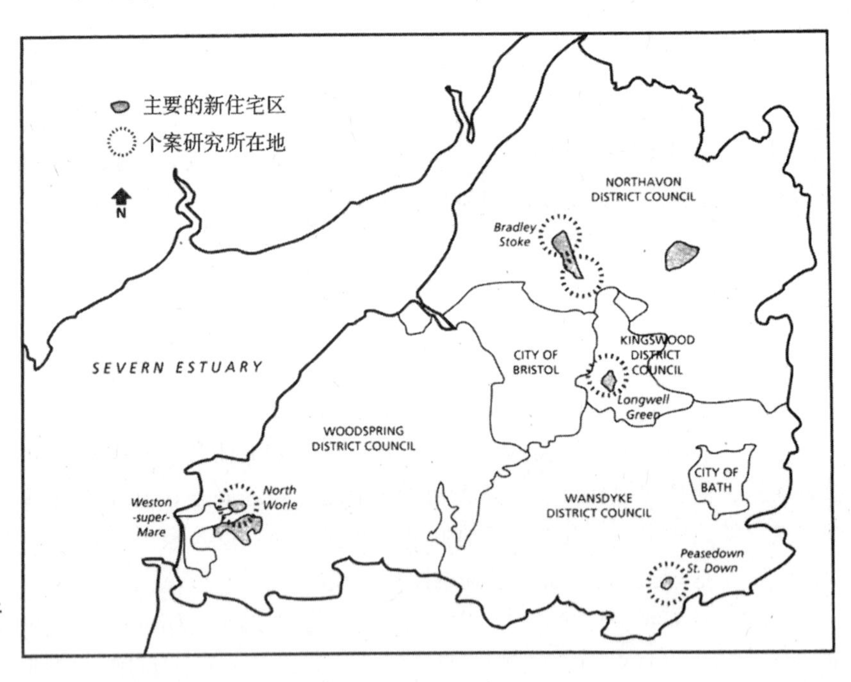

图 1　5 个个案研究开发的位置

地方设施

研究的第一阶段是对每个开发项目的配套设施进行调查。该调查涉及到 19 类设施，使用的是希尔曼等人，（1973 年；1976 年）以及希尔曼和惠利（1983 年）编订的表格。调查表明，在不同开发地区，同类设施的可获得性水平不同，因此，对于居民来说，同类设施的可达性水平也就不同。某些设施的地方可获得性会对交通方式和交通距离产生最大的潜在影响，为了把焦点集中在这些设施上，我们从中选择了较小的 7 类设施进行详细调查。之所以选择这些设施是因为，从现有的文献来看，这些设施的使用随意性更小，而且它们可能会被频繁使用。这7类设施是：开阔空间、食品商店、报刊经销机构、邮局、小学、酒吧、超级市场和初中。事实上，从下面将要描述的交通行为调查来看，对使用模式的一些初步分析表明，它们是被频繁使用的。

交通行为

有关居民的交通行为、个人以及家庭特征的数据是通过邮寄调查问卷的方式收集的。邮寄地址是从每个开发小区的选民名册中选出的。个人问卷主要是了解，在搬迁到此处后，居民最后一次到达表中所列的任一设施时所使用的交通情况。这样便可以通过不同的家庭成员收集到甚至很少发生的交通行程的具体情况。问卷详细询问了受访设施、访问时间、交通起始位置（家里或工作地）、交通方式、选择交通方式的原因、交通所花费的时间以及可替代性交通方式的可获得程度。向每个地址发送两份个人问卷，对于那些由两个以上成员构成的家庭，我们附信要求生日与收信最接近的那两个人完成问卷。5岁及5岁以上的儿童也包括在被调查者之列，并且要求成人代替每个儿童完成问卷。家庭问卷也附在信封内，它询问了有关家庭构成、私家车拥有情况以及社会经济地位方面的问题。问卷回收率是地址数的25%。在回答中对表现出年老居民的忽视，代表儿童回答的尤其少，这表明将儿童交通行为包括在内的问卷要求没有引起注意。

答卷从每个家庭收回后，将受访设施的位置在地图上标出来，并注上家庭地址和受访设施的位置作为一个坐标参照点，以便计算交通的距离。

为便于研究，将一次交通定义为从住址出发并造访了一次问卷中所列的设施的交通。除单一目的的交通外，还包括到达设施后又返回家的交通，当然还有更复杂的交通，如在一个或多个设施处停留的交通，或在上班途中造访某个设施的交通。但是，此处所描述的结果不包括起始点在工作场所的交通所造访的设施，因为本研究的兴趣在于家庭周边的设施提供的影响与作用。

研究结果

交通方式

有趣的是，在分析中所涉及到变量要么是二元的要么就是可以按照二元的方式进行处理的。逻辑回归用于分析存在一个二元因变量时的情形——在本例中，步行的对立面就是其他任何方式的交通。它计算出一个从最优的“观察”到“预期”模式都与因变量相匹配的等式，并测量每个独立变量在解释因变量中的统计显著性。本研究的零假设是，所用的交通方式（指到达某个特定设施的方式）和地方供给、私家车的拥有情况、家庭中的儿童、交通者的年龄、性别以及职业地位中的任何一个变量都不相关。

表1显示了本次分析的结果。这些结果似乎表明，开发项目的设施供给本身对人们使用那些设施和步行到那些设施的鼓励，并不足以显著地改变步行和驾车交通之间的平衡。初级中学和酒吧是两个例外。由于大部分徒步交通较短，为了让地方设施的提供对所用的交通方式有显著影响，地方设施就必须既能提供人们想要的服务又能符合上面所讨论的一般性活动以及交通计划安排的模式（Williams，1988年）。例如，到当地俱乐部的交通更有可能是社会因素影响下的单一目的的交通，而且由于酒后驾驶法的规定，它完全可以被步行所取代。

中学的选择对家长来说是一个重要问题。最近教育政策中对家长选择权的强调表明了家长对不同学校所提供的教育质量的强烈敏感，而且，来自《国家交通报告》的统计资料显示，最近几年，从家到学校的距离大大增加了（交通部，1993年）。而学校的容纳能力和入学政策又具有限制家长选择权的意味。这一切都表明，我们很难在学校方面对地方设置的效果做出评估。设置初级中学可以鼓励步行的事实表明：当地家长认为，学校是令人满意的（在新开发地它们将是崭新而设备齐全的）；当地的儿童可以获准入学；他们可以步行上学，而且不需要家长陪送。就小学而言，即使是实现了本地设置也不会鼓励步行［尽管沃尔德（Wald）的统计在5%的水平上还差一点达到显著性水平］，不论学校位于什么地方，家长都会开车送他们的孩子去上学。

表1　个人、家庭和设施提供的变量与步行达到设施的交通之间的显著关系

	超市（n=417）	食品店（n=210）	报刊营销点（n=344）	邮局（n=293）	小学（n=117）	初中（n=57）	酒吧（n=277）
年龄：<16岁							
年龄：16-44岁							
性别（男/女）		*					
全职工作者							
兼职工作者							
退休人员							
拥有一部车的家庭	**	**					
拥有两部以上车的家庭	**	**	**	**			**
孩子小于16岁的家庭	*	*					
地方设施						**	**
常量	**						

相关性：*95%显著性水平；**99%显著性水平；n=样本中的交通数

正如我们所料（因为没有小汽车的家庭就没有使用小汽车的选择权），拥有小汽车会对许多设施产生强烈的负面影响。拥有一辆、两辆或多辆小汽车的家庭，其成员步行的可能性比没有小汽车的家庭的成员更小。这一结论适用于去超市、食品店和报刊营销点的交通。拥有两辆或多辆小汽车的家庭，其成员也不可能步行到邮局或俱乐部。本研究表明，男性和女性的活动方式存在很大差异（这与妇女在照顾孩子及其他家庭责任方面所扮演的角色相关），对此，不必感到惊奇。家庭中儿童的出生也可能会导致选择步行而不是其他交通方式，尤其是去超市和较小的食品便利店采购食物时。此外，男性似乎比女性更有可能步行到食品便利店。

交通距离

如果地方可达性不能鼓励步行，那么它会缩短人们为使用设施而驾车交通的距离吗？我们用多元回归分析来计算设施的地方提供对驾车交通路程的影响，并将前面所考虑的个人、家庭和小汽车的拥有情况等变量控制在同样的范围内。对于7类设施中的5类，地方设施提供缩短了小汽车的交通路程（见表2）。它不影响到小学和中学的小汽车路程，尽管如此，变量所显示出来的迹象是否定的，而且，对于到小学的交通来说，回归系数在统计学意义上几乎是显著的。对此的解释是：无论如何，去小学的大量交通都是靠步行，基于小汽车的交通则比较长。

表2　乘私家车交通的距离和个人、家庭以及设施提供等变量之间的显著关系

	超市 (n = 354)	食品店 (n = 118)	报刊营销点 (n = 166)	邮局 (n = 174)	小学 (n = 77)	初中 (n = 39)	酒吧 (n = 165)
年龄：< 16岁							
年龄：16 – 44岁							
性别（男/女）							
全职工作者		*					
兼职工作者							
退休人员							
拥有一部车的家庭							
拥有两部以上车的家庭							
孩子小于16岁的家庭	*				**		
地方设施	**	**	**	**			**
常量	**	**	**	**	**		*

多元回归：*95%显著性水平；**99%显著性水平；n = 样本中的交通数

其他因素对缩短交通路程也有影响。就到邮局的交通而言，拥有一辆小汽车的家庭就不如拥有两辆或更多小汽车的家庭交通的远。有孩子的家庭不会到离家较远的邮局和小学；前一种情况可能是因为要在当地邮局支付儿童津贴，后一种情况可能是儿童上学的交通有地方导向性，而成人为了其他休闲目的的交通可能会去许多地方的学校。

对于开阔空间，职业地位似乎对其在地方的使用中有一定影响。全职和兼职工人比那些经济不景气的、失业的或接受全日制教育的人更有可能使用距离较近的设施。男性似乎会比女性使用距离更远的设施。

因此，本次分析的结论是，设施供给是一个能缩短小汽车的交通路程的变量。虽然本研究没有评估这种缩短对长途交通的总距离的影响，但是，结合汉森和施瓦布（1987 年）的研究成果就可以看出，它也将缩短长途交通的距离。

结论

本研究的结论不支持近期政策建议中的假设：增加地方设施的可获得性（以及因此而增加的可到达性）本身将对鼓励步行有重要作用。在所列的居民频繁使用的 7 类设施中（不论它们位于什么地方），只有两类——初级中学和酒吧——有助于从小汽车交通到步行的转变。但是，地方可达性确实有助于缩短驾车到达那些设施的交通路程，尽管如此，还不能确定这是否会使这些家庭驾驶小汽车交通的总量减少。通常，个人和家庭特征，特别是小汽车的拥有情况，对所用交通方式的影响，似乎比可达性更重要。本研究的结果表明，为了减少小汽车的使用，不仅需要限制使用小汽车的措施（如税收），也需要有关土地利用的措施。

参考文献

Adler, T.J. and Ben-Akiva, M. (1979) A theoretical and empirical model of trip chaining behaviour, *Transportation Research B*, **Vol. 13** pp.243-57.

Banister, D. (1992) Energy use, transport and settlement patterns, in *Sustainable Development and Urban Form*, (ed. M. Breheny), Pion, London, pp.160-81.

Banister, D. (1994) Research evidence: overview, in *Reducing the Need to Travel - The Planning Contribution Conference Paper*, Oxford Brookes University, December.

Banister, D., Watson S. and Wood, C. (1994) *The Relationship Between Energy Use in Transport and Urban Form,* Working Paper 12, Bartlett School of Planning, UCL, London.

Breheny, M. (1992) The contradictions of the compact city, in *Sustainable Development and Urban Form* (ed. M. Breheny) Pion, London, pp.138-59.

Department of the Environment and Department of Transport (1994) *Planning Policy Guidance 13: Transport,* HMSO, London.

Department of Transport (1993) *National Travel Survey 1989/91*, HMSO, London.

ECOTEC (1992) *Reducing Transport Emissions Through Planning*, HMSO,

London.

Elkin, T., McLaren, D. and Hillman M. (1991) *Reviving the City: Towards Sustainable Urban Development*, Friends of the Earth, London.

Gordon, P., Richardson, H.W. and Jun, M.J. (1991) The commuting paradox: evidence from the top twenty. *Journal of the American Planning Association*, **47(4)**, pp.138-49.

Guy, C. and Wrigley, N. (1987) Walking trips to shops in British cties: a empirical review and policy re-examination. *Town Planning Review*, **58(1)**, pp.63-79.

Handy, S. (1992) Regional versus local accessibility: neo-traditional development and its implications for non-work travel. *Built Environment,* **18(4),** pp.253-67.

Hanson, S. and Hanson, P. (1981) Travel activity patterns of urban residents: dimensions and relationships to socio-demographic characteristics. *Economic Geography*, **57,** pp.332-47.

Hanson, S. and Schwab, M. (1987) Accessibility and intra-urban travel. *Environment and Planning A,* **Vol.19,** pp.735-48.

Hillman, M. and Whalley, A. (1983) *Energy and Personal Travel: Obstacles to Conservation*, PSI, London.

Hillman, M., Henderson, I. and Whalley, A. (1973) *Personal Mobility and Transport Policy*, PEP, London.

Hillman, M., Henderson, I. and Whalley, A. (1976) *Transport Realities and Planning Policy: Studies of Friction and Freedom in Daily Travel*, PEP, London.

Newman, P. and Kenworthy, J. (1989) Gasoline consumption and cities - a comparison of US cities with a global survey. *Journal of the American Planning Association*, **Vol.55**, pp.24-37.

Newman, P. and Kenworthy, J. (1992) Is there a role for physical planners? *Journal of the American Planning Association,* **58(3)** pp.353-61.

Pas, E. (1984) The effect of selected socio-demographic characteristics on daily travel-activity behavior. *Environment and Planning A*, **16,** pp.571-81.

Tarry, S. (1992) Accessibility factors at the neighbourhood level, in *PTRC 20th Summer Annual Meeting, Environmental Issues: Proceedings of Seminar B*, London, PTRC, pp.257-70.

Williams, P.A. (1988) A recursive model of intra-urban trip-making. *Environment and Planning A*, **20**, pp.535-46.

紧缩城市中的可持续交通

彼得·尼坎普和塞茨·A·伦斯塔

引言

在市中心周围出现绿色的分散的郊区，是世界上几乎所有城市都经历过的普遍现象。其结果是，城市中的人口密度显著降低。私家车已经给广大的上层和下层的中产阶级家庭群体带来了他们能力所及的低密度的居住空间。实质上，生活的郊区化是社会中更广泛领域的变革的结果，例如，收入的增加、家庭规模的缩小、闲暇时间的增多以及不断变化的居住偏好。可是，郊区化通常也跟消极的社会经济和环境影响有关，比如，工作和购物路程的延长、日益增加的能源消耗、污染、交通事故以及问题丛生的公共交通（Masser 等，1992 年）。

随着生活的郊区化，接下来的几年会再次出现就业郊区化的浪潮。因此，居住地和工作地往往都会从市中心进一步向更加广阔的大城市地区扩散，这一过程可以被叫作扩大的郊区化或者逆城市化（Breheny，即将出版）。

除经济和社会中的其他趋势外，城市的分散化发展已经造成了小汽车使用量的急剧增加，甚至在城市地区。同时，乘车上下班交通的距离也已经大大增加了。其结果是，交通的外部成本急剧上涨；根据最新的统计，这些成本占国民生产总值的 3%左右（Verhoef，1994 年）。

在西方世界，许多大城市的发展似乎都遵循一个空间日益分散的模式。然而，在空间规划中，一个与之相对的概念正受到人们的欢迎。这个概念具体体现在“紧缩城市”之中，在这样的城市里，住房密度相对较高，工作集中在中心城市和有限的亚中心城市。最近几年，紧缩城市已经成为荷兰城市结构规划的一个主要的原则，而且，也已经被确立为欧洲城市规划的目标（Breheny，即将出版）。

这样一个紧缩的城市空间结构可能会对未来的交通产生重要影响（机动性水平、形式的分裂）。当前许多国家（尤其是西北欧）的交通政策强调要刺激公共交通，减少小汽车的使用和交通需要，以便减少环境的外在性和交通拥挤。紧缩城市可能在支持交通的集体模式的形成和减少城市交通需要等方面是成功的。然而，同时也应该注意到，紧缩城市的概念在生活质量、土地利用和价格以及交通拥挤方面具有某些固有的局限性；而且，许多其他的因素（福利水平、远程通讯）还会影响未来的交通和新的交通技术的引进。

本章将考察：通过所谓的交通体系集体化，紧缩城市能在多大程度上有助于更加环保的可持续交通的实现。紧缩城市的另一个优势可能是交通距离的缩短（经济合作与发展组织，1995年）；但是，在这里，我们将不会明确地讨论这种可能性。

本章的结构如下：首先，我们将分析交通集体化在多大程度上有助于减少外部性；接下来，将讨论交通和城市形态之间的理论关系；然后，我们将鉴别影响城市交通集体化的其他战略要素；之后，我们将通过对荷兰交通专家进行的有关新的交通体系的可行性的问卷调查结果的描述，对紧缩城市进行经验研究；最后，我们还会得出一些结论。

可持续性与交通集体化

正如上面所讨论的，许多国家的交通政策强调通过刺激交通模式从私家车向公共交通的转变来减少交通的外在成本（如ECMT & OECD，1995年）。什么程度的集约模式才是更加可持续的？这似乎是一个合理性问题。公共交通模式的主要优点之一是，它们比私家车能更加有效地利用能源，从而减少有害气体，如二氧化碳，并能减少烟雾气体的排放量（见表1）。

表1　二氧化碳排放量的模式比较（单位：克/公里）

资料来源：荷兰铁道部。

客车	小汽车	有轨地下铁	公共汽车
71	201	100	159

注：这些数据应该谨慎使用，因为根据占座情况、所用技术、车辆用途等假设的不同，其不确定性可能高达25%或者更多。

大部分的集体交通方式都是以电为动力的。因此，要想进一步降低二氧化碳排放量，在未来的十几年内，电的生产方式将变得十分重要。例如，当使用煤时，二氧化碳的排放量就不会显著下降，但是，如果使用太阳能或风能、生物燃料或核燃料，排放量就有可能进一步降低（当然，后者对环境具有其他的消极影响）。

但是，交通模式的转变还有其他的优势（Vleugel，1995年）：

• 空间的使用更加有效了（或者说基础设施的容纳能力变得更大了），在一个紧缩城市中这可能尤为重要，因为那里的空间太小了。

• 集体模式会产生较少的固体废弃物，部分原因是车辆的生命周期较长。

• 集体模式更安全，社会成本也更低。

• 由于用电代替了石油，噪声和空气污染更小——在城市地区这一点尤其重要。

可以得出结论：交通集体化能为可持续目标的实现提供一个重要的推动力。然而，鼓励交通集体化的政策充满了各种各样的问题，这些问题可能会在几个领域中出现。因此，首先，我们将讨论城市形态和交通之间的关系，然后再考察影响交通可持续性的其他重要因素。

交通与城市形态

现有的地理位置（居住、工业、公共服务、休闲区域等等的）决定了短期内的交通需求。因此，土地利用规划、领土规划或结构规划是解决交通问题的重要的政策干预措施。下面是一些和土地相关的原则（Owens，1992年）。

第一，生存空间和土地的数量是有限的。土地的利用在某种程度上能通过利用“第三维”的空间——空中和地下空间——而得到密集化；这种选择对于紧缩城市尤为重要。

第二，各类土地利用形式之间不能保持近距离的兼容。这要么因为存在消极的外在影响，要么可能是因为某类土地的市场价格较高，从而排斥投资回报率低的土地利用形式。

第三，土地使用明显受到由空间规划强加的制度措施的影响。在这方面，欧洲国家有不同的传统。例如，荷兰和英国对各类空间大小有相对完善的开发规划体系，而意大利和希腊的体制则具有较多的自由度。

就空间规划的交通集体化和减少交通需求的目标而言，许多研究强调的是城市形态和旅客运输之间的关系。在这种背景下，城市形态指的是规模和密度，也就是说，工作场所和居住地究竟位于大城市地区之内的什么地方（Banister & Watson，1994年；ECMT & OECD，1995年；Wegener，即将出版）。到目前为止，人们得出的一个主要结论是，高密度的城市是和公共交通的高使用率以及汽油的低消耗相关联的（Newman & Kenworthy，1989年），但是应该注意的是，这些结果不能轻易加以推广。紧缩城市的环境和能源优势在很大程度上依赖于往返客流量的规模和结构以及工作场所的位置；而且，从经济的角度讲，土地价格的变化也应该考虑在内：因此，不可能有明确的答案。

对新交通技术的采用构成强大阻力的，似乎是已建环境和基础设施网络的空间惯性。由土地利用相联系在一起的工艺产品，如住宅街区、工业区以及交通基础设施等所涉及的资本投资的生命周期较长，因此，这些土地利用类型在数十年内都无法改变。一旦基础设施已建成，它就将长期的存在于此（尤其是有了一定历史的城市地区）。因而，在城市地区，逐步变革或小规模变革的技术可能比基础设施和土地利用的迅猛变革有更好的应用前景。

影响城市交通的其他因素

尽管交通和空间组织之间的复杂关系得到了广泛认可，但是，我们还应该对未来城市交通系统有关键作用的其他推动因素有所认识（Rienstra等，即将出版）。本部分将对这样的因素作简要的概括。

经济和制度因素

对于综合了交通、环境和空间的政策来说，最近几年可以看到的一个显著转变是其侧重点转向了经济原则。在空间规划中出现了废止规划体系的倾向，因为在社会上，政府干预被认为是低效且不被认可的（Fokkema & Nijkamp，1994年）。然而，由于前面所讨论的趋势，如果没有一个严格的政府规划政策，紧缩城市能否出现还是一个问题。

在交通政策方面，人们对各种各样的用户缴费原则进行了越来越多的讨论和实施；这包括养路费、通行税原则、停车费，也许从长远来看，甚至包括商业执照。这些措施，除了主要影响小汽车交通系统外，还可以刺激公共交通的使用。

然而，还有一种趋势是，废止那些未经证实且不必要的贸易保护或特许规则，以增加交通运作的效率。在这方面，日益关注的是效率和收益，例如，城市公交公司的效率和收益（Nijkamp & Rienstra，1995年）；在英国的许多城市，公共汽车公司已经私有化了，这已经对公共汽车网络的运作方式产生了巨大影响。这样，公共交通的各环节及其总网络的收益性——以及由此而导致的空间门槛因素——变得更加重要了。这些因素和最低乘客量有关，而且对一个集体交通模式的正常运转及其在经济上的可行性具有十分根本性的意义。当集体模式所需要的空间门槛

(最小) 水平未达到时 (例如由于人口密度低), 就会阻碍这种模式的采纳。空间的上位因素则有所不同, 它们是和车辆的类别及其所能达到的最远行程相联系的。当所需的交通距离超过了该交通模式在空间范围上的关键上限时, 就会形成阻碍。

在城市地区, 公共交通的一个主要缺点是等待的时间; 由于所涉及到的距离短, 交通的时间就主要由等待的时间来决定。例如, 在荷兰, 40%的小汽车交通不超过5公里, 而对于所有的公共交通来说, 这个数字仅仅是16%, 这些数据表明, 和私家车相比, 公共交通的竞争力较差 (该计算基于中央统计局, 1994年)。因此, 要想使该系统能与私家车竞争, 发车的频率 (和可靠性) 就非常重要, 否则, 就必须以高水平的需求来保证其收益。

区分个人系统和集体系统的另一种方式, 与它们对辅助的交通系统的依赖性相关。集体方式的交通本身是一种交互模式, 而个体方式的交通则提供了一种直接的交通模式。集体交通模式功能的发挥依赖于该体系与其他交通体系 (包括步行和骑自行车) 的连接水平。因此, 不同交通方式之间的协作问题可能成为导致集体交通失败的一个重要因素。

由于在紧缩城市中心和它的亚中心之间的巨大的交通流量, 紧缩城市可能因而成为公共交通方式成功的重要前提。然而, 社会-心理因素也在其中扮演着重要角色。

社会-心理因素

由于乐趣、隐私、个人控制以及它所带来的象征意义, 私家车似乎在心理方面非常重要 (Vlek & Michon, 1992年)。对于分散的生活方式, 人们感受到的可能是同样的好处; 紧缩城市的生活条件则被认为不如更加分散的城市好。

交通集体化的另一个问题是, 个人行为很难改变, 尤其是当其他交通方式的弊端难以察觉以及社会对在空间稀缺的城市建造大规模的基础设施产生抵制时。对于后者所造成的障碍, 地下建筑可能是一个 (昂贵的) 解决办法。在城市中大量减少小汽车通行的措施, 不可能被社会所接受。在这一点上还值得注意的是, 民主国家的政府不大愿意采用与违背民意的措施 (Rietveld, 1995年)。因此, 在能成功地引入上面所讨论的政策之前, 首先必须转变人们的态度。

可以得出结论: 紧缩城市是城市交通集体化的首要前提, 但由于其他因素的存在, 这样的政策能否成功还是一个问题。所以, 了解一下交通专家对未来城市的空间组织和交通系统的看法也是非常有意思的。这将是随后一个部分的主题。

紧缩城市和城市交通的未来：专家的观点

为了研究城市交通的未来，我们向荷兰的交通专家们发放了一份可邮寄的调查问卷。为了详细地描述和解释该问卷，我们参考了尼坎普等人的研究（即将出版）；在本研究中，问卷回收率为37%（271份问卷），具有较好的样本代表性。本调查的主要主题是：与空间组织相关的城市交通的未来。在问卷中，要求回答者说明他们所预测的和他们所希望的未来的交通发展；这是为了分析现实和愿望之间的差异，并就未来的交通发展提出描述性和常规性的见解。

预期的和希望的空间发展与模式分裂的发展

预期的城市地区空间发展

在城市水平，44%的回答者预测紧缩城市将会有适度的发展，或者，换句话说，实现紧缩城市的政策将大获成功（见图1）。因此，“绿色郊区”的趋势通常会停止。只有14%的回答者预测将出现一个比较分散的空间组织形式，考虑到最近的趋势，这一比例小得令人惊奇。

接下来我们所关心的是，评估预期的空间发展与模式分裂之间存在怎样的关联。大部分回答者预测分裂模式将向有利于私家车的方向转变；而大约三分之一的回答者认为它将向有利于公共交通的方向转变，或者至少小汽车的使用量不会增加。交叉表的分析表明，预测向紧缩城市发展的那部分人也认为，在模式共享中可能发生有利于集体交通的转变。然而，大部分人预测模式分裂将向有利于私家车的方向转变。

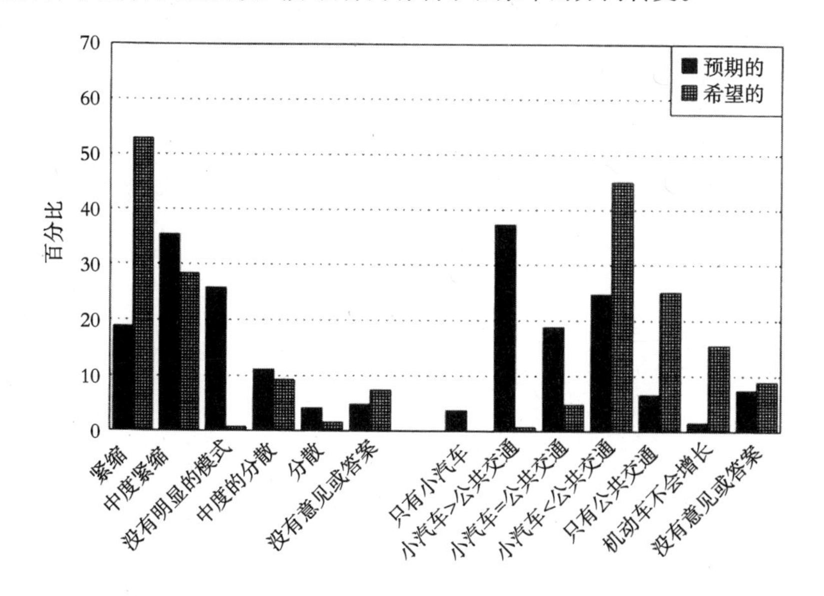

图1 预期的与希望的城市空间组织及其导致的模式分裂变化（n=271）

希望的城市发展

当分析所希望的转变时，大多数专家都支持紧缩城市的构造，而更多的专家希望看到一个适当的紧缩的结构。只有一小部分专家认为，一个（适度）分散的空间组织才是令人满意的。有关在模式分裂方面会导致的变革，似乎94%的回答者都支持向公共交通的转变。许多回答者也支持小汽车流动性的增加，但是大部分人希望不要增加流动性而只增加公共交通。交叉表表明，所希望的城市发展趋势与所预期的大体上相同。

作为结果的交通系统

问卷要求专家对政策措施、现有交通方式和潜在的新方式给出预期变革和希望变革的分数（1—10分，荷兰通用的比率系统）。结果概括如下：

对政策措施的预期和希望

图2描述了专家对未来交通的观点。对于预期的政策措施，最高分是增加停车税，这可以减少使用私家车的吸引力。其次是减少停车位的数量，专家预期这项措施实施的可能性比增加停车税小。养路费被认为不会大范围的引入。

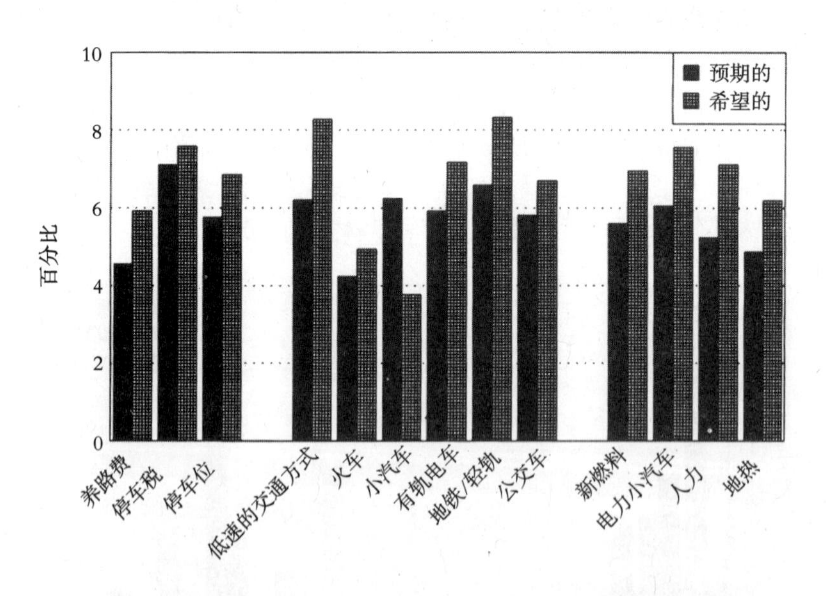

图2 城市交通系统的措施与模式的平均得分

就希望的政策措施而言，分数都比预期的高，尽管停车税的分数仅高了一点点。然而，它仍然是最高分，减少停车位的数量位居第二。养路费也得到一个较高的分数，因此，可以断定，专家相信这一措施应该会以合理的规模引入。正如所预期的，这项措施的标准差最高，这意味着专家们对这项措施的意见最不一致。回答者提到的其他政策措施包括：改变空间结构、停车和乘车系统，以及搭车（“呼叫小汽车”）。

对传统使用方式的预期和希望

对于所有传统交通方式（不包括火车）的使用的预期，专家所给的分数在6分左右。最高分是地铁和轻轨系统，预期会以比现在更大的规模引入。这极有可能出现，因为，在荷兰的几个城市中（阿姆斯特丹、鹿特丹）正在建造新的系统。其他的方式，私家小汽车和低速交通方式（骑自行车、步行）得分次之，而公共汽车和有轨电车得分较低。火车的得分更低一些，这完全可以理解，因为这种方式主要不用于城市交通，尽管有时也作为城市的一个公共交通系统。

在分析希望变革的分数时，除私家小汽车外，所有的方式都被赋予较高的分数，原因似乎在于这种方式较大的消极影响。特别是低速交通和地铁或轻轨得到了非常高的（高于8分）的分数，这预示着城市交通中的模式分裂应该向有利于这些模式的方向发展。有轨电车和公共汽车也得到了相对较高的分数，而私家小汽车的分数却低于4分；对于传统的小汽车来说，更低的模式共享才被看作是合人心意的。

对新兴方式和技术的预期和希望

问卷也要求回答者为在2030年之前可能引入的几种新技术和方式打分。预期变革的最高分是电动小汽车，尽管这个分数仅仅才6分左右。它意味着，预期引入的规模不会太大。第二高分是新燃料（例如，液体氢），这再次预示着私家小汽车地位的改善。人力交通工具的得分相当低，而地热也被认为只会小规模的引入。总而言之，根据专家的观点，私家小汽车的改善的可能性较大，而其他发展方式成功的可能性远不及此。

希望变革的分数都比预期变革的高。因而，专家们预测，在某种程度上，不会引入他们所希望的新方式和新技术。电动小汽车再次被赋予最高分，其次是人力交通工具。此外，稍高一些——但仍然较低——的分数被赋予新燃料以及汽车和火车使用的地热。专家提到的其他方式包括水上旅客运输、改善人力车和电动自行车。

结论

从以上讨论结果可以得出结论：专家预期，在未来，私家车及其改进版仍然会在城市交通系统中占据主导（尽管会引入各种各样的政策措施以减少其吸引力）。尽管专家们相信城市空间组织将会变得更加紧缩，但他们似乎仍然认为这种情况会发生。

然而，希望的发展模式上，专家则更强调集体模式，并实施众多严厉的措施，以减少小汽车作为主导模式的吸引力。这些发展在城市空间组织更加紧缩时将会受到拥护。

总结

在理论上，集中的空间形态和集体化的交通系统之间存在一种清晰的正相关关系。然而，实际上，问题可能会在同时实现一个空间更紧缩的城市形态和集体化的交通模式时产生。显然，就二者的可能性而言，不得不对当前的趋势——如废止空间规划以及公共交通部门的私有化和解除管制——进行彻底变革。此外，也可能不得不改变社会、心理因素，否则，可能因缺乏公众支持而无法引入这些改革。

在这方面，令人感兴趣的是，大部分荷兰交通专家预测，紧缩城市政策将相当成功。显然，他们认为，在更优越的环境条件和生活条件之间进行利弊权衡的结果将有利于前者。然而，同时，他们预测城市交通系统不会发生大规模的模式转变。专家们相信，只有地铁和轻轨系统具有显著的影响力，而惟一的新技术将是电动小汽车。如果这些预测变成现实，城市地区的交通拥挤可能会大大增加，而且大部分的外在性不会降低。

荷兰交通专家的理想世界是，紧缩城市将会伴随着向集体方式的大规模的模式转变以及新的交通技术的引入而产生。但很显然，要想使之成为现实，就不得不对当前的趋势进行修正与调整，使其向着更能使促进环境的可持续性的方向发展。

显然，一个明确而连贯的政策方案是使城市交通集体化的必要条件。这样的方案由严格的土地利用和开发控制政策、燃料价格的上涨、信息通讯业务的引入、雇主的上下班策略（激励整合的交通）、对公共交通的大规模投资，以及鼓励步行和骑自行车所构成（见 ECMT & OECD，1995年）。然而，这样的政策在社会上可能会遇到许多抵制，因此，它将难以得到连贯一致的贯彻执行。

可以得出结论：以同时实现紧缩城市和交通集体化为目标的政策——导致可持续标准的履行——是可能的，甚至是令人向往的。然而，此类政策的引入将面临着来自各方面的严峻考验。

参考文献

Banister, D. and Watson, S. (1994) *Energy Use in Transport and City Structure*, Planning and Development Research Centre, University College, London.

Breheny, M. (forthcoming) Counter-urbanisation and Sustainable Urban Forms, in *Cities in Competition: The Emergence of Productive and Sustainable Cities for the 21st Century* (eds Brotchie, J., Batty, M., Hall, P. and Newton, P.) Longman Cheshire, Melbourne.

Central Bureau of Statistics (1994) *De Mobiliteit van de Nederlandse Bevolking 1993*, CBS-no. N8, Voorburg/Heerlen.

European Conference of Ministers of Transport and Organisation for Economic Co-operation and Development (1995) *Urban Travel and Sustainable Development*, Paris.

Fokkema, T. and Nijkamp, P. (1994) The changing role of governments: the end of planning history? *International Journal of Transport Economics*, **21 (2)**, pp.127-45.

Masser, I., Svidén, O. and Wegener, M. (1992) *The Geography of Europe's Futures*, Belhaven Press, London.

Newman, P.W.G. and Kenworthy, J.F. (1989) Gasoline consumption and cities; a comparison of US cities with a global survey. *Journal of the American Planning Association*, **55 (1)**, pp.24-37.

Nijkamp, P. and Rienstra, S.A. (1995) Private sector involvement in financing and operating transport infrastructure. *Annals of Regional Science*, **29 (2)**, pp.221-235.

Nijkamp, P., Rienstra, S.A. and Vleugel, J.M. (forthcoming) *Sustainable Transport; an Expert Based Scenario Approach*, Kluwer, Boston.

Organisation for Economic Co-operation and Development (1995) *Urban Energy Handbook; Good Local Practice, OECD,* Paris.

Owens, S. (1992) Energy, environmental sustainability and land use planning, in *Sustainable Development and Urban Form* (ed. M. Breheny, M.) pp.79-105, Pion, London.

Rienstra, S.A., Vleugel, J.M. and Nijkamp, P. (forthcoming) Options for Sustainable Passenger Transport; an Assessment of Policy Choices. *Transportation Planning and Technology*.

Rietveld, P. (1995) Political economy issues of environmentally friendly transport policies, paper presented at the VSB-Symposium on *Transport and the Global Environment*, February 9 and 10, Amsterdam.

Verhoef, E.T. (1994) External and social costs of road transport. *Transportation Research*, **28A (4)**, pp.273-287.

Vlek, C. and Michon, J.A. (1992) Why we should and how we could decrease the use of motor vehicles in the near future. *IATTS-Research*, **15 (2)**, pp.82-93.

Vleugel, J.M. (1995) *Milieugebruiksruimte voor Duurzaam Verkeer en Vervoer; een Analyse van de Toepasbaarheid voor Beleid*, ITL-publication no. 21, Delft University Press, Delft.

Wegener, M. (forthcoming) Reduction of CO_2 emissions of transport by reorganisation of urban activities, in *Transport, Land Use and the Environment*, (eds Hayashi, Y. and Roy, J.R.) Kluwer, Dordrecht.

环境压力与城市政策

帕垂克·N·特洛伊

引言

从生态学的意义上讲，现代城市天生就是不可持续的，因为它们必须消耗食物、能量和原料；它们制造的废物比它们能处理的要多；而且它们迅速地改变着所在地的生态平衡。人口密度越大，可持续性就越小。即使我们把城市的范围扩展到将其腹地也包括在内，我们也不能认为它们具有潜在的生态可持续性。城市越成为国际经济秩序的一个部分，就越不可能具有任何操作意义上的"生态可持续性"。

最近，澳大利亚传统的低密度城市形态，作为紧缩城市倡导者所提出的可持续城市形态的对立面，已经遭到攻击。作为对日益增加的环境压力和城市的无计划开发所带来的大肆挥霍浪费与消耗的回应，人们提出了"巩固政策"。这些政策实际上是紧缩城市概念的实现。

本章考察了澳大利亚城市在环境问题上的可持续性。批判性地评价了把改变城市形态作为一种减小环境压力的方式的提议，并讨论了如何才能更好地做出政策选择。在澳大利亚的城市中，环境压力是由各种各样的因素构成的。对于每一因素，我们都将讨论以下几方面的问题：

- 对可持续性的争议、问题和关注。
- 可能的解决办法，尤其是在城市政策方面。
- 巩固政策或城市密度在改善或恶化问题中的重要作用。

水资源的消耗与排放

大城市的发展和人均耗水量的增加已经到了危及供应能力的程度。澳大利亚降雨量的高度可变性已经使城市供水当局不得不建造能保存足够的维持城市地区长期用水量的堤坝和水库。

肆意挥霍用水的态度在城市地区产生了一系列的排水问题。随着地区内建筑物的日益增多，污水的大量排放可能会造成地方的严重洪涝，也可能会因为污水表面所携带的物质给所经河道带来大量污染。相对而言，从居民区排出的污水对健康是无害的，但是，当它与从工业和商业地区排出的水载废物混合在一起时，就会产生一种很难处理的废水蒸汽。在大城市中产生并通过少量河口排放到海里的大量污水，也可能成为超出海洋的承受能力的高污染源，致使当地的生态系统遭到破坏。污水的大量排放也可能使废物被冲刷到当地的海滩上，从而破坏它们宜人的环境，威胁当地人的身体健康。

紧缩城市将人口集中到一个地区，会产生集中供水和排水的需求；地方问题可能会因此而变得更加激化。由于表面更加封闭，地基更加牢固，排水也就更加困难，而且不断增加的开发项目也开始妨碍自然排水的正常运转。

改善可持续性的关键在于，通过教育以及随之而来的当前居民、工业和商业用户的行为的适度改变来降低消耗。对居民实行的教育计划已经获得了成功，但工业和商业用户的情况却并不乐观；对于这类群体，将强制性的规章制度和价格调控机制结合起来也许更有效。对水和污水排放的适当定价已经使工业和商业用水量大大下降了。

此外，还可以通过就地循环的方法降低消耗量。可以鼓励居民安装蓄水池储存雨水以供家庭使用。新开发的住宅可以建造成能接收雨水供家庭使用，并能更好地利用再生水冲洗卫生间等的结构。花园和寓所也可以进行节水设计。我们还可以重建排污系统，鼓励使用“干”排污系统，或者鼓励地方污水处理厂采用新技术，使大部分经过处理的污水能在同一地区重复利用。

采用自然排水原理可以使排水需求降到最低。这种新的设计方式需要全新的铺路方法和牢固的地基。公路和人行道将被设计的更易渗水，以便把流经的大部分水都渗到地里去，或者让它们流向公共的和私人的花园和池塘，减少水的流失。该方案的主要优势在于，既减少了对堤坝、管道干线和抽运系统进行大规模投资的需要又减少了道路上现有的排水系统。

由于密集化和不可渗透的表面的缺乏，较高的人口密度阻碍而非促进了供水及排水的可持续性。为了就地循环和储存水，并安装地方处理系统，空间显得至关重要的。城市中的绿色空间对于整合排水水道和池塘尤其重要。澳大利亚城市传统的低密度有利于可持续性的排水系统的建立。

园艺工作与食品生产

诸如堆制肥料和覆盖树根之类的园艺工作与家庭食品生产，可能对缓解城市中的环境压力有一定作用。在对巩固政策的讨论中，花园的潜力在很大程度上被忽视了。

为了使城市更可持续，并减少农业单作发展的压力和减缓对自然的未开垦森林地带的清除，应该鼓励食品生产。鼓励措施包括：撤除规章制度的壁垒，创建、鼓励或促进地方种子交易及地方交易所的发展、促进剩余产品的买卖或实物交易。鼓励更好的管理和园艺技术，包括在覆盖和堆放家庭及花园废料的地方就地使用它们，这将节约用水并减少污水排放。

树和灌木，尤其是那些“土生土长的”树和灌木的种植，可以使夏天的环境变得更加凉爽，有助于应付空气污染，并能为鸟类和其他动物群提供栖息地。也可以发展城市人造林，以提供供暖燃料。尽管在短期内这将增加空气污染，但它作为一种可再生资源，使燃料的供需平衡成为可能，而且它比起当前所依赖的石油燃料来说，对环境的影响较为适中。无论如何，在新式的高效燃烧室内使用燃烧木材的取暖器，将比开放取暖更能将减少空气污染。

自然排水原理在居民区的应用以及住宅群的开发——在开发中将许多私家花园开发成公共的花园空间——使得新的造园和植树工艺（包括为提供燃料而植树）成为可能。在创建高质量的居住空间时，可以把住宅开发设计成便于覆盖树根、堆积肥料、循环利用水资源并减少其流失的结构。

城市地区的巩固或密集化，显然将使花园变小并增加没有花园的住宅的数量。私家花园和公共园艺的潜在优势使这些新政策的合理性受到质疑。相反，澳大利亚城市的传统形态恰好与我们对园艺和食品生产的作用的重新强调不谋而合。

废物处理

地方政府已经在使用垃圾掩埋场的基础上发展出了社区垃圾回收和处理系统。由于掩埋垃圾的地方越来越难找，而且为了废物处理对地下水位或自然排流集水盆的影响降到最低，它们还制定了较高的标准，因此，使用传统的垃圾掩埋方法处理废物的成本将日益昂贵。

对家庭垃圾的分析表明，回收利用和堆制肥料能使进入垃圾掩埋场的垃圾数量减少 70%，大大地延长了当前掩埋地的使用寿命。这种方法的主要优点之一是，废物的有氧堆制造成的环境压力比掩埋处理要小，因为，后者在被覆盖后，在无氧状况下会产生沼气，作为一种温室气体，它比二氧化碳的破坏性高 21 倍。这一点之所以重要是因为，由垃圾掩埋产生的沼气，其温室效应大约相当于所有交通运输所产生的 40% 的二氧化碳所造成的温室效应。垃圾掩埋场的沼气大部分来自于家庭和花园的废物，政策应该鼓励开发私家花园足够大的项目，这样才能就地堆放废物。这能使沼气减少到由交通能源消耗产生的二氧化碳量的 20%，照目前的估计，这已经超过了增加城市密度所产生的效应。应该注意到，主要由牛羊等牲畜所产生的（且与农业生产所产生的沼气相当的）二氧化碳，实际上超过了来自交通运输的二氧化碳。巩固政策的支持者中很少有人考虑将改变我们的饮食习惯作为减轻城市环境压力的办法之一。

来自商业和工业流程的废物更容易通过重新规划和设计而得到改变和减少。在许多情况下，如果工厂附近有空地，公司就更容易处理他们自己的废物。某一工业过程的废料可能就是另一工业流程的原料。在这里，巩固政策没有多大的发挥余地。

建筑工业垃圾在掩埋处理的垃圾中占到很大一部分。现在，已经有越来越多的旧建筑破损材料被翻新并重新加以利用，但我们能利用的量还要大得多。对建造的能源成本考虑的越多，对现有建筑的再利用也就越多，新建筑的修建就越少使用能源昂贵的原料，而转而更有效地利用可以降低垃圾流量的材料。

根据不同的开发项目所收集到的垃圾数量和种类来进行收费，将使人们更加意识到垃圾处理的成本及其对环境的影响。这将鼓励居民们把能修理和重复利用、或者能堆肥和覆盖的废物捡出来，从而减少被运送到垃圾处理场的垃圾数量。因此，应该鼓励能使居民垃圾的运走量降到最低的住宅形式。商业和购物中心的开发也应方便其分离和回收材料。工厂的开发要使它具有就地处理更多的垃圾以减少垃圾流量的能力。

大部分传统的住宅开发区都能通过堆肥来处理它们自己厨房和花园的废物，但这对大部分密度较高的住宅区并不是一个可行的选择。在紧缩城市中，工商业企业可能会觉得它们的地方过于狭小，为了减少垃圾生产或将其就地处理，这些场所不得不重新设计其垃圾处理流程。

噪声污染

大多数的城市活动都会产生噪声；不论是工厂繁忙的嘈杂声、咖啡厅里的音乐和谈话的吵闹声、迪斯科舞厅不断的强劲节拍声；还是最普通的，无处不在的交通干扰声，一个地区的舒适度可能会受其周边环境中噪声量的影响，这通常是指车辆经过时的噪声。过高的噪声分贝会严重影响居民的身心健康。

尽管大家都清楚，噪声是居住密度较高的住宅区中的居民间产生摩擦的主要根源之一，但是，我们手头上有关不同开发形态的周边环境的噪声水平的数据不是很多。噪声会降低一个地区的私密性。一个被视为宁静、和平或安宁的地区是一个积极健康的地区。这种社区更有可能在传统的居住区发现，而不是在紧缩城市之中。发展越密集，交通声、警笛声、消防车和火车的声音就越有可能被反射并产生回音，形成熟悉的城市噪声。较低的开发密度能使来自个体的声音被减弱到不干扰他人的水平。

空气污染

工厂一直都与居民区分开的原因之一是，许多工业流程会释放侵入性的或有毒的或者二者兼有的微粒和气体，即使这些气体不是温室气体。从工厂散发出来的沉积在家中的灰尘和沙砾可能对健康无害（尽管有些是，而且有些还有助于温室效应），但是，它们给居住在附近的居民带来了生活的不适和清洁的成本。高密度的开发规划允许在居民区进行工业和商业活动，这就增加了暴露的危险性。

空气污染的第二个来源是邻居家的膳食或活动所散发出来的气味。当住在高密度地区的家庭能辨别出邻居即将享用几道香味扑鼻的菜肴时，可能就会感觉到自己的隐私被侵犯了；住在饭馆或者甚至是路边的咖啡馆附近，可能会使你整天都暴露在香气里，但却始终无法找到惬意的感觉。在传统的澳大利亚住宅区，很少有这样的经历，但是在紧缩城市的倡导者所推崇的高密度的综合利用开发地区，这种现象将会十分普遍。

能源消耗

能源消耗是环境压力的一个重要来源，因为它加剧了温室效应。当城市居民在追求自己的兴趣与活动时，大部分能源就在既定的场所被消耗在城市环境的生产与创建、城市运转以及交通等消耗源上了。大约有36%的被消耗能源是石油产品。尽管通过能源消耗也产生了其他一些重要的温室气体，但是本文的讨论仅限于二氧化碳，它被看作是全部温室气体释放的指标。可再生能源仅占澳大利亚能源消耗的6%，其中所有能源都是在固定的消耗点被使用的。在94%的不可再生能源中，绝大部分是在固定点消耗的。

绝大部分能源用于制造建筑材料、加工部件和配件以及建筑过程之中。建筑部门的活动是全国的能源消耗和二氧化碳释放的主要源泉之一(Tucker & Treloar，1994 年)。除了建筑物的修建本身所需要的能源之外，在建筑过程中消耗的能源绝大部分存在于工程产生的垃圾当中。

霍兰德二人的（1994 年）报告说：护墙板房屋身上的物化能源是同等热阻的砖板房的六分之一，木结构的房屋“储存”了 7.5 吨碳，而钢铁结构的房子却会将 2.9 吨碳释放到大气中。也就是说，木结构的房子产生的环境压力比使用了大量钢铁或砖块的房子小。多层住宅通常是用能源较昂贵的材料建成。建筑结构的需要以及对防火及私密性的考虑通常要求在两层以上的建筑物中使用砖、加固的混凝土和钢筋。对于三层以上的建筑物，只能使用砖、加固的混凝土和钢筋，而且它们身上的物化能源可能比维持其运转所需要的能源还要多。超高层建筑中的物化能源，也可能因其对固定设备和配件的高水平投资而变得非常高。由于无法减少现存建筑物中的物化能源，因此，能源有效性政策的焦点必须放在新能源开发和现有建筑的整修上。

更多的建筑材料与元件在场外制作能降低材料的损耗。政策应该鼓励低物化能源形式的住宅和商业建筑，并鼓励能减少废物生产的建筑方法。这样的政策追求表明，隐含在巩固政策中的清除低层建筑并代之以高密度或超高层建筑的计划并非是一个可以减轻环境压力的政策。从能源物化和释放二氧化碳的角度看，破坏没有超过其物理寿命的建筑物，应该被看作是一种“环境不适宜”行为（Tucker & Treloar，1994 年)。环境适宜的方式之一是回到劳动力比较密集的建筑方法上，包括使用石头。传统的低密度住宅是用木材、粘土砖或混凝土块建成的。它们可以用诸如石头、夯实的泥土或木材等能源相对便宜的自然材料制成。

因为需要取暖与制冷、照明与加热水，所以已建成的环境在运转时也会消耗能源。由于生活水平日益提高，能量消耗量也在不断增加。建筑物的设计要能更好地顾及当地的气候，适宜于当地空间的加热、冷却与照明。在一些地区，这就要求建筑物的设计要能最大程度地保证夏天不被曝晒，并且减少使用会增加建筑物的热负担的材料。也可以把它们设计成能最大化地利用自然的冷却和通风系统的形式。还有一些地区，在冬天必须给建筑物供暖，它们可以利用尽可能多的太阳能为发展导向。在建筑物的修建过程中，除了要使用适当的材料外，适当的设计和位置选择也能通过被动供暖的方式获得更大的功效。在某些地区，所有建筑物的供暖需求都可以通过这种方式得到满足。

在大型的建筑物，尤其是办公室和大型公寓楼里，优秀的建筑物能源管理计划能够在总体上节约大量能源。同样，对能源管理及生产过程的进行较好的重新设计也能达到节约能源的目的。

有人声称：传统的住宅形式能源成本太高，如果代之以高密度的开发将使住宅运转中所消耗的大量能源得到节省。这隐含的假设就是：住宅形式会影响能源消耗的水平。这种断言是否正确，取决于不同住宅形式的占有者使用其住宅的方式，以及拆除现有住宅及其替代品——物化能源较高的住宅是否就算使有效地利用了能源。家庭消费调查表明，传统住宅对能源的消费量比高层或低层公寓的大。但是，当结合了家庭规模来对这些数字进行分析时，花费的顺序就发生了变化，其结果是，密度较高的住宅，人均费用也比较昂贵。收入和财富较高的家庭在能源上花费的较多。

独立式住宅所消耗的网状能源比中等密度的住宅或公寓多，但是，其利用形式比公寓更加广泛。超高层公寓更有可能用电来满足所有的能源需求，而独立住宅则更有可能使用诸如木材、太阳能等可再生的能源来满足其绝大部分的需求。居住在半独立式住宅（包括叠层式住房和小城镇住房）里的家庭在能源上的花费几乎和那些独立住宅的家庭一样多，而且还更有可能使用电或天然气。但是，与花在酒精饮料上的3.4%和花在交通上的15.1%相比，有些家庭在燃料和电力上花费的钱在其全部收入中所占的比例非常小，仅为2.6%，这一事实说明，他们不大甘愿把大笔的收入花在改变自己的居所，以实现更大的能效上。当然，如果能源价格上涨了，这种情况还是可以改变的。

如果没有大量能源的持续消耗来供暖、制冷和调节空气，办公室就不能正常运作。而且它们还需要能源来开动电梯。由于各种原因（包括安全），超高层建筑（无论是办公室还是住宅），都只能使用比较昂贵的能源形式来维持其运行。考虑到安全、方便以及当地的空气污染，应该以电而非煤、油或气为主要的能源利用形式，但是，就它对全球环境的影响而言，这种形式的能源却是最昂贵的。

显然，低密度的开发比高密度的开发更有可能满足使用木材和太阳能等可再生能源的需求。而且，低密度开发更有可能使位置选择和建筑设计在能源消耗上的优势发挥到极致。

交通与通信

在城市中能源的第二个主要用途是交通。在讨论城市形态，尤其是紧缩城市时，机动小汽车的使用已经成了需要加以重点考虑的环境议题。城市政策的焦点已经放在试图通过改变城市地区的形态来缓解对交通的需求上面。评论家、活动家和政治家们应该关注的中心问题是由于内燃机的使用而导致的污染。在澳大利亚所使用的石油产品中，大约有61%

消耗在了公路交通部门；这大约是能源消耗总量的22%。在维多利亚，大约60%的公路交通是在墨尔本城市地区。在澳大利亚，大约三分之一的公路交通是商业目的的，而且这样的交通中大约有一半都乘坐的是小汽车。在所有的公路交通中，大约有23%是上下班交通，而它们贡献了四分之一还多的小汽车交通。总体来看，有大约57%的公路交通可以看作是受到城市形态的潜在影响的消耗。

假定公路交通在城市中的分布状况与在整个澳大利亚的分布状况相似，而且所有类型的车辆其每公里所产生的温室气体都一样多（大卡车和公共汽车产生的比小汽车多，摩托车产生的较少），那么在城市里通过公路乘车上下班的交通，已经产生了二氧化碳生产总量的3.4%。这可以帮助我们对降低温室气体（二氧化碳）排放量作一个粗略的上位估计，从理论上讲，这个数据可以通过将城市中所有通过公路运输的上下班交通都转换成其他可替代的交通方式而获得。这个估计相当粗略，因为即使这令人向往又可以实现，但除了步行或其自行车外，其他可替代的交通方式也需要消耗能源——而且通常也会导致温室气体的产生。

如果小汽车以无污染能源作动力，那么人们对它的态度又将如何呢？虽然某些人可能仍然坚持认为，为了社区的利益，不应该鼓励用小汽车作为私人交通工具，但是几乎没有人否认它的无可置疑的吸引力。小汽车的发展史表明，在过去的20年中，它在能效方面已经取得了引人注目的改进。随着小汽车拥有率的降低，随着机动车技术的不断改进，澳大利亚的小汽车温室气体排放量必将有所下降。新的能源动力甚至有望带来更低的排放量。

社区也应尝试着寻找一些能降低环境压力的活动方式。由各种交通技术所产生的环境压力也不应该遭到忽视。问题在于：在不制造环境压力的前提下，一个社区如何才能既发展其兴趣又保证其成员具有随时随地的交通自由。对交通时间和地点的严格限制是不可能成功的。一些远程通讯办公技术可以减少工作交通，但既然人是社会性动物，为了“了解”他们所处的环境和熟悉他们所在的城市，他们就会有与其他人保持高度互动的强烈需求。当远程通讯办公的现象更加普遍、人们愿意花更多的时间在家里工作时，为了生活得更舒适，他们就会要求家里和家的周围有更大的空间。远程办公的增加将冲淡对巩固政策的争论，因为它往往会减少市中心的交通需要。

作者不会对与当前的小汽车能源形式有关的环境压力问题给出一个技术决定论的解决方案。但是，如果把恰当的社会压力和适当的市场反应结合起来，那么就可以在不改变澳大利亚城市形态的情况下减少温室气体。

针对交通所消耗的大量能源，我们应尽量通过重新部署目的地来改变交通需求。首要的也是最明显的动议就是，极力控制城市地区已经在发生着的过程，并把它们发展成连接中心点。理想的情况是，这些中心将通过发展完善的公共交通系统（不一定有固定的轨道）而连接在一起。零售业、商业和公共行政的分散化也必须与某种文化发展政策相协调，它确保文化和休闲设施会在每个中心区内作为中心的一个部分来开发。

鼓励发展亚中心的另一种办法将是有计划地引入定价和调控政策，缩短交通距离或限制到商业中心地区的交通，并将交通集中在郊区的中心。价格则由承担交通堵塞的成本并负责投资公路的社区来制定，而且有望达到改变个人住宅和公司的选址的效果。城内以及使用率和交通拥挤程度都较低的区域路价较低，这往往会吸引人们到那些远离了成本高、交通堵塞严重且路价高昂的地区和区域去开发。

如果家庭能通过对目的地的规划来满足自己的流动需要，使自己对住地附近的就业、商业、文化和休闲活动有更多选择的余地，那么他们将对交通的需求就会降低。但这是许多决策者未能认识到的一个矛盾之处。流动性的增强使人们更有可能参与更加广泛兴趣的活动，并与具有同样爱好的不同社区的成员进行更加频繁的接触，从而丰富了他们的生活，促进了社会和经济的有效发展。“人们愿意把自己的活动范围划在公共交通的界限之内或住地附近”，这样的观念从根本上误解了他们的愿望和意愿，实际上，人们愿意承担能令自己的愿望得以实现的成本，肯将很大部分的收入花在交通上，这就是很好的证据。但是，在人们的住地附近提供活动机会并向他们收取全部交通费用的做法依然值得一试。这两项措施都将对交通流量有一定的影响。

巩固政策的合理性基础在于它减少了工作交通，并具有降低空气污染的潜在价值。此外，它还断定，将有更多的此类交通由私家车转为公共交通。该政策还没有对它们所声称的在实施了巩固之后的上下班交通距离的减少做任何的评估，它们也没有对自己所声称的从小汽车转为公共交通之后温室气体的减少量提供任何评估。也就是说，他们没有对自己所声称的由城市形态的改变而导致的“关键”的交通能源消耗量的减少作任何的评估。

有大量的研究都旨在揭示城市地区人口密度的增加是如何减少交通的，布雷赫尼（1992年）在对这些研究进行回顾后所得出的结论是，增加城市地区的密度并不能使交通减少。

限制小汽车使用的企图将严重地影响商业的运转。它将严重地影响商品和原材料的运输以及服务的提供方式。信息技术的进一步发展将导致更多的商业活动在无须碰面的情况下进行或安排，但是我们还无法想像现代商业活动能在没有任何私人的交通方式的前提下进行。现在，生产的组织流程，生产和零售之间的密切联系，以及进口商品的入货与分配、出口商品的采集与装配，在很大程度上都依赖于商品和服务的公路运输。很难想像，没有了一个成熟而高效的公路交通系统，澳大利亚的城市现在还能正常运转。

大部分本地工作都是由当地人做的，在就业的分布状况没有发生重大改变的情况下，我们不能期望工作交通会大大减少。还没有迹象表明，我们能够对就业进行这样的重新安排，即使就业区和多数的商业活动与居民区相分离有一定的好处，政策也不该以分离为导向。密度的不断增加不可能影响就业分布状况或人们乘坐公共交通工具上下班的交通倾向。而且，大部分有关交通的争论都集中在上下班的交通，然而，在所有乘坐小汽车的交通中，有一半以上都是“私人”交通——以文化、休闲和购物为目的。

巩固政策的倡导者认为，应该鼓励人们住在密度比较高的地区，这样，他们的交通需求就可以通过公共交通得到更有效的满足。他们认为公共交通工具所消耗的能源比小汽车少。但是如果我们把系统能源消耗和占座率考虑在内的话，这种差异就没有那么明显了。在澳大利亚城市的运转中，公共交通业务的重要性已经下降了，它只满足少数人的交通需要。而固定的轨道交通也发生了急剧的滑坡，随着中心地区就业比例的继续下降，它们在交通中所占的份额将会更低。公共交通的耗资巨大，但所服务的人群却较少。因此，支持公共交通的环境论据是不充分的，而那些致力于有轨交通的人则既忽略了城市运转的方式，又忽略了其公民的真正需求。

总之，研究已经表明，认为“巩固”将通过减少交通需要和增加公共交通的使用来缓解由交通带来的环境压力的观点，是站不住脚的，在某些情况下，还可能还是一种误解。而且，紧缩城市将加剧交通堵塞，随之而来的更是燃料的无效燃烧、能源浪费和交通事故的增加。

能源生产

许多有关能源问题的争论都集中在城市地区的能源消耗上，可是，我们也应该关心能源对环境的影响。就增加对环境的压力而言，最重要的能源来源有：大部分被转化成电能的煤、主要用于取暖的气体和绝大部分用于交通的石油产品。尽管能源的使用大部分都发生在城市地区，但电能通常是在远离城市的煤田或煤田附近的地方生产的。煤到电的转化过程效率极低：挖煤、燃煤、水转化成蒸汽、蒸汽转化成机械能以及机械能再转化成电能的过程，效率非常低。在将电从产地传输到使用地的过程中，会产生更多的浪费。整个系统的效能水平很低，这意味着，燃煤发电站所生产的电在环境压力方面的代价很高。

气体的提取及其向使用地的运输过程所浪费的能源较少，因而产生的环境压力也就很小。石油产品的生产涉及到原油提炼，因而会导致大量能源的浪费，这几乎总是在消耗此类产品的城市地区发生。密度较高的城市发展形态对电能的依赖较大，这不仅从经济上讲耗资非常巨大，而且由于其低效的生产和运输过程，它的能源消耗全过程就昂贵异常，产生的温室气体也较多。

总结

对生态学意义上的可持续发展的关注向我们提出了城市系统的开发与管理的方法的一系列严重问题。这些问题比当前的城市政策所表现出来的还要复杂和难以解决。只要我们充分了解了澳大利亚的城市形态与结构在社会和环境方面所产生的效应以及城市服务的方式，就可以理解其在政策方向上已经发生的种种转变。

增加居住密度：

- 削弱了处理家庭垃圾的能力，降低了回收利用的可能性
- 降低了收集或者处理城市地区的降雨并减少其流失的能力
- 使得城市居民自己生产食品变得更加困难
- 恶化了空气污染，因为它减少了能净化空气并使城市地区变得凉爽的树木和灌木的生长空间
- 减少了用作燃料的木材种植的可能性，减少了鸟类和其他本地动物群的栖息地
- 加剧了导致交通事故和能源浪费的交通堵塞现象

此外，提高居住密度就能降低住宅的能源消耗，这似乎更像是一种幻境而非真实。在这里存在的矛盾是：即使密度的增加会导致能源消耗的减少（而这对环境是有益的），但由此带来的效益却与城市系统中其他部分或要素所经历到的环境恶化抵消得一干二净。

澳大利亚的城市正面临着一些重大的难题，不仅仅是正在遭受的环境压力。造成环境压力的主要原因在于，我们在某种程度上低估了以产生外在环境成本的方式来行为的人的数量。战略目标肯定是要减少按照这种行为方式来生活的人的数量。问题在于：最易于实现它的机制是什么？从战术上讲，我们应该制定以评估该计划的实施效果为基础的政策，行为改变的过程出了名的慢，但通过采用新技术可以加速这种改变。

要改变建筑的设计方法、构造和用途恐怕还尚需时日，但小汽车的设备生产技术的改变却很快。即使所有住宅的建设都反映了当前对能源消耗的关注，可它仍要花很长时间才能使环境压力真正减少，因为住宅变革的速度非常缓慢（每年增加大约 1.5%）；而且房屋的寿命也很长。

对现有家庭住房的改造也许能稍微加快变革的速度，因而能节约能源和水的消耗。但其他类型的住宅要改造起来却非常难，而由此产生的资源节约量也较少。小汽车能源的改变也许能受到显著的成效。虽然取代小汽车至少还需要十年的时间，但我们可以迅速地引进新技术，大大减少能源消耗。

通过改变城市形态来减少能源消耗的计划甚至更难实现和推进，因为他们针对的是一系列复杂的经济和社会过程的有形成果，而不是这些过程本身。而且，能源消耗的减少很难和城市形态相联系，因为城市生活的能源密度正在下降，随着时间的推移，城市地区的能源消耗所产生的单位国民生产总值也在不断增长。总能源消耗可能在增加，但能源的使用正变得更加有效。

虽然战略必定是改造人们的个人行为和公共行为，但战术应该集中在那些最有责任加以改变和最受到忽视的要素身上。在战略上，应该保证提供更多更好的信息并鼓励对城市问题进行更加公开的讨论。还应该引入适当的价格机制，对各类城市服务制定价格标准，使之成为改变行为的手段之一。物理结构决定论者的政策（如当前的巩固政策），是最不可能实现政治家们想要的战术效应，或实现更加公平、有效和使环境压力降到更低的城市战略目标的政策。

澳大利亚城市早已承继了反映其独特的文化和政治价值观的形态，而这样的形态为满足公平、效率以及最近才被认可的环境目标提供了最佳的机会。这种形态可能是历史过程的偶然的或恰如其分的结果，但现在政策应该有意地保护和发展它。

参考文献

Breheny, M. (ed.) (1992) *Sustainable Development and Urban Form,* Pion, London.

Holland, G. and Holland, I. (1994) *Difficult Decisions About Ordinary Things: Being Ecologically Responsible About Timber Framing*, paper presented to Urban Research Program Seminar, Research School of Social Sciences, Australian National University, Canberra.

Tucker, S. N. and Treloar, G. J. (1994) Energy embodied in construction and refurbishment of buildings. *Buildings and Environment*, Proceedings of the First International Conference, Building Research Establishment, Watford, UK.

第四部分　评价与检测

导　言

围绕在紧缩城市周围的大部分问题都还没有得到解决，前述各章节已经就一系列具有一定不确定性的问题进行了探讨。在理论上，可持续性的概念以及与环境、经济及社会问题有关的议题中，都存在着各种相互冲突与碰撞着的有关紧缩城市的理念，它们的知识基础都尚不完整。对于紧缩城市，我们急需获致更深刻的理解。这种理解在此时此刻显得尤为重要——目前的城市政策正在积极地促进新的紧缩的城市形态的形成，而此时政策实施的结果却在很大程度上是未知而又难以预测的。而城市的复杂性也一再地提醒我们这样的知识可能难以获取。

人们进行了许多的尝试以巩固目前的知识基础。例如，英国政府提供了大量基金，以支持许多重要的在其“可持续性发展战略”指引之下的研究项目。这些研究涉及城市及乡镇开发的质量，以及荒废土地的利用问题。而密度和环境容量将是接下来的研究课题。政府基金通过研究委员会还发起了一些有关全球环境变化与可持续性城市的特别研究项目。除了政府基金支持下的研究项目外，在大学及工业领域也展开了对可持续性及能源效率的整体研究。这种局面的出现的确感人至深，但是，这样就足够了吗？

城市，无论其紧缩与否，都是一个统一的系统，各部分之间的关系错综复杂，改革的效果也难以预计，对更加科学和客观的知识的需要已经引发了地方范围内的及战略水平上的评价与检测的出现。但是，在这个处理庞大而复杂的系统的过程中，人们却陷入了困境。因为，评价的规模越大，评价结果中采用的描述性语言就会越多，不确定性也就越大。许多的研究方法都把问题细分为无数具体的，可供测量的部分以降低这种不确定性。虽然有关各个部分的知识基础是可靠而有效的，但是对于许多与城市开发及城市本身有关的问题来说，我们需要的是更加复杂的研究方法。就紧缩而言，也许我们惟一可以确定的内容就是其“不确定性”。

本部分的四个章节所要讨论的正是这些问题，涉及范围从宏观的政策一直延伸到个别地方的建设。在人们提出要建设更紧缩的城市形态的建议时，还没有充足的知识和能力去预测将会产生的后果。虽然一些基于环境及风险分析的方法可能有用，但韦尔森（Wilson）却着眼于预警原则，并建议不仅应该承认不确定性的存在，还应该在住房安置的决策过程中以及私人项目的开发中将这种不确定性考虑在内。研究的开展也许有助于增加我们的确定性。伯顿（Burton）等人对这个领域的研究成果进行了广泛的评述，并指出了其中的一些缺憾。他们认为应正面迎接紧缩城市的复杂性的挑战，并更加合理地组织与整合这些研究。

即使我们已经确定了在现有的城区通过开发及活动的密集化来实现紧缩发展的目标，困难也不会立刻消失。理论上的效果也许具有战略上的积极意义，但对于那些住在该区的人来说，影响却可能是负面的。现有城区密集化开发的被接纳性如何，以及可持续性又怎样，这些问题将会涉及到许多值得加以考虑的相关因素。伯顿等人提出了一种有助于达到并改善积极效果的预测方法。然而，除非有足够的容纳空间，否则新的开发项目的增加以及密集化的实现将是不可能的任务。每座城市都具有既定的容量阈限，超过了这个限度，城市的质量就会下降。这在历史感与环境性敏感的区域表现得十分明显。一个区域的开发容量可以用一种环境容量测量法来进行评估（Drummond，Swain），这为地方政府处理城区的问题提供了一个分析框架。即使在地方范围内，复杂性与交叉性的问题也同样存在。紧缩城市可能会降低私家车出行的次数，但是高密度的城市形态又会影响交通容量及流量，以及与之相关的污染问题。这类问题不能孤立地来看待，里亚因（Riain）等人提供了一个复杂的模型，以便于我们理解污染扩散的方式以及道路网络与城市形态之间的交互影响。

通过接下来的四个章节，我们将获得更加深入的认识，但尤其需要注意的是把有关紧缩城市的研究对比起来加以理解。许多的研究著作都只停留在一个枝节上，或者只处理城市“程式”中的个别元素，并且没有考虑到组成城市环境这个相互作用的系统所具有的复杂性。将单一的、经验性的研究置入城市的复杂体系之中去，并有助于我们理解各种矛盾与利弊的研究必将成为未来的主流。

预警原则与紧缩城市

伊丽莎白·威尔逊

引言

预警原则通常是作为可持续性的诸多原则之一被提出来的，它意指由政府、科研机构和个人所做出的决策必须承认并允许“不确定性”条件的存在，特别是这种不确定性对政策环境及建筑开发项目的潜在影响。这个原则已经在《里约热内卢宣言》、欧盟的环境行动规划以及英国政府的环境战略和可持续发展战略中得到了采纳。

然而，对于该原则在诸如城市居民区的未来形态这样的重要政策领域内（包括紧缩城市）的适用性的讨论却一直寥寥无几。而采取这种预警立场究竟意味着什么，怎样才能使该原则整合到开发政策及方案的决策过程中去，我们的理解还远远不够。我们已经确定了许多种针对核设施及严重事故的风险评估标准，但它们可能并不适于照搬到其他类型的项目或政策领域中去，特别是对开发模式或住宅模式的选择，以及对城市形态（如紧缩城市）的选择上去。

而且，在科学家、规划人员、选举代表及普通大众之间，对“预警”一词的含义的理解还存在相当大的分歧。由于“绿色和平”组织反对英国政府提出的“布莱特·斯巴北海”的深海石油开采计划，引起了英国社会的一片哗然，这些事实表明，任何对风险和不确定性的科学判断都需要考虑政治性的因素，当然这既包括国际的又包括国内的政治。

在随后的几年内应当通过一些重大的决策，例如，英国政府根据家庭预测对新增家庭的住房安置所下的决议，而我们则需要特别关注预警原则实施的意义，以及决策者和未来居民所持的不同见解。那么，要到什么时候我们才能就与城市的发展形态相联系在一起的风险问题达成一致性的意见呢？

要获得一致的见解，就必须从全球和地方两种水平上就环境风险的本质做出判断，这反过来又要求我们正确理解该判断对科学知识以及当代社会的基本认识所产生的影响，并讨论我们看待子孙后代的利益的方式。

本章提出了一些需要在这个备受冷落的公共政策领域中加以澄清的问题，并指出了许多通过建立起在政策评估的过程中对风险及不确定性进行信息交流的方法论来贯彻预警原则的办法。

预警与紧缩城市

近来，一些关于城市未来的发展前景的文章使用了“危机”和“潜藏的大灾难”这样的词眼来表明作者的立场：如理查德·罗杰斯曾这样介绍他在1995年所做的里斯演讲：“令人震惊的是——对于我这样一个建筑师来说——世界的环境危机正由我们的城市所驱动……我们消耗能源的规模与增长速度，以及它所带来的污染，无疑是一个灭顶之灾。”（Rogers，1995年）

尽管使用这样的比喻不排除有吸引读者眼球的嫌疑，但它的确反映了一种对我们这个星球以及它的城市所面临的困境的正确认识。长期以来，城市就与特殊的环境问题联系在一起——人们一直努力解决那些导致地方环境恶化的过度拥挤及不卫生状况等与人类健康息息相关的问题——但如今，一种更加开阔的视角开始关注由人类活动所产生的资源消耗及垃圾泛滥等现象对全球环境所产生的影响（Haughton & Hunter，1994年）。对可持续性所做出的承诺已经使得有关城市问题的讨论超越了时空的界限，至少我们已经认识到，必须把生活在其他地区的当代人以及我们的子孙后代也考虑在内。例如，能源消耗的可能性后果（特别是在发达国家和发展中国家的碳类燃料密集模式，这与某种城市形态密切相关）已经促使了以气候变化为主题的国际性研究的出现以及以降低二氧化碳排放量为目标的国际性协议的签署（UNCED，1993年；HMG，1994年）。那些对城市居民区及其形态与功能的未来所表现出来的关注，以及针对紧缩城市提出的论点究竟在多大程度上反映了对我们所面临的全球性的和区域性的危险的不同立场与判断？

欧共体的《城市环境绿皮书》为城市“设计了一种新的生活及工作方式”（CEC，1990年）。绿皮书提醒人们警惕许多与城市环境息息相关的问题——污染、城镇景观，对开阔的或自然的空间的处理——并以其他类型的开发模式存在潜在的危险为理由，特别提倡对空间进行了综合利用的紧缩城市形态。尽管并未阐明这些危险究竟是什么，但该报告的字里行间却充分表明，作者视荒废的土地和包围在城市的结构性区域外围的扩张区问题为导致社会及政治衰退的隐患。

英国政府在其可持续性发展战略中还指出了其他一些与可持续性的概念相关的危险。它寄希望于土地资源利用状况的改善来提高城市生活的质量，以避免城市居民迁往农村的热潮进一步蔓延，以及持续的开发对农村地区造成更大的压力。然而，该战略也承认："在现有的城市地区内的开发可以通过提高建设密度来促进可持续性发展，但所能收到的成效却十分有限。需要进行细致入微的设计以避免城内开阔空间的减少以及环境质量的下降。"（HMG，1994年）。该战略还认为，有关城市密集化的研究（本书的其他部分内容曾有所涉及）旨在"发现是否存在一个建设区域的可开发上限，以确保城市质量不会下降。"（第161页）

这些问题也是英国的许多环保组织所关注的焦点。例如，农村英格兰保护协会在其"城市足迹战"中公开宣称："当我们越来越多的城市像座纪念碑一样伫立在那里，并为人们所遗忘的时候，我们的农村为所有的人所珍藏的宝贵资源却正面临灭绝的危险。"（CPRE，1994年）。负责环境事务的政府官员在这场运动发起时的讲演中也指出了对城市衰退的危险进行评估的紧迫性，他希望"30年或40年以后，当回忆起今天这段历史时，人们可以说，是的，他们当时认识到了这些危险，他们及早地认识到了它，从而避免了灾难的发生。"（Gummer，1994年）

同时，我们现在的这种交通依赖模式也潜藏着对人类健康的威胁。欧洲环境理事会针对欧洲的环境问题所公布的道比利斯报告中指出："欧洲的城市地区日益呈现出环境不堪重负的迹象，主要表现为糟糕的空气质量、超标的噪声分贝以及交通堵塞"，而"另一方面，城市却在吞噬越来越多的资源，产生越来越多的废气与垃圾。"（EEA，1994年）。《可持续性城市方案》的出台正是对欧洲议会及委员会的美好愿望的回应（认识到应该在欧盟内部对城市问题给予更多的关注）。他们的第一份报告就已经超越了《绿皮书》的框架，以城市形态及土地利用等内容来检验城市的社会治理状况。

该报告审查了三种有助于"可持续性的城市治理"的措施，包括形成环境政策的措施，建立合作伙伴关系的措施以及建立环境预警机制的措施。这份报告是基于这样一种假设提出来的，即城市的问题将会澄清城市化、经济改革和环境条件这三者之间的相互关系。以更具有可持续性的城市未来为目标的政策（不排除有其他的补充性原则）必须放在欧洲的范围内来解决。

城市的空气污染一直被视为最严重的威胁之一，这突出表现为，有预测表明，机动车数量的上升将会抵消任何旨在降低尾气排放量的措施

(HMG，1994年)。在政策领域发生的显著变化（转为制定一种空气质量政策并赋予地方政府采取空气质量管理策略的权利）表明，我们已经从科学和政治两个层面上对由尾气排放所产生的健康问题做出了决断(DOE，1995年；Williams，1995年)。许多对城市的未来发表见解的人士还指出了城市密集化对城市生活质量所带来的其他危险。

很明显，这些见解都反映了决策者、个别的行动者以及大众对采取还是不采取行动这两种情况下的风险所做出的判断与认识。因此，在这种情况下，我们可能会期待“预警原则”的采纳对城市政策选择的表现方式以及对这些选择的决议产生真正的影响。为了准备好以预警的姿态投入战斗，并在没有严格的科学检验的前提下做出决策，我们必须承认在这个决策过程中存在一定程度的不确定性，以及这种不确定性对决策判断所造成的影响。

接下来的一个部分在探讨预警原则在安居政策以及城市形态的规划中的适用性之前，将简要地勾勒预警原则的根源及其作为可持续发展的关键要素在当前的地位与作用。

预警原则的地位

无论是在国际还是国内，各国的政府都表达了要采取预警原则的承诺。1992年在UNCED的高峰会议上通过的《里约热内卢宣言》宣称，“为了保护环境，各国政府应视自己的能力情况广泛地采纳‘预警’原则。只要存在严重的或不可避免的灾害的威胁，就不应以缺乏足够的科学证据为由，推迟采取具有‘有效代价’的措施去阻止环境恶化的发生。”(UNCED，1993年)。欧盟的第5个环境行动计划《面向可持续性》也表明了同样的立场，“本计划中的决策指导原则”之一就来自预警方法。(CEC，1992年，第二章)

奥·瑞尔丹（O'Riordan）和卡麦隆（Cameron，1994年）在谈到其以预警原则为主题的著作时说，全球环境所面临的明显压力在三个方面促进了该原则的发展：要求集体采取行动去保卫一些关键的维持生命的过程(如自然系统的同化吸收能力)；要求各国分担环境责任的重负；推动全球公民化的进程，这样一来，个人及家庭的关怀态度将超越时空的界限。他们进一步指出，预警原则演进的方式是由这样的一种认识所深刻塑造的：在全球环境变化无常的时刻，科学知识的本质正在发生改变；同时，达成国际性的全球协议的时刻的到来又以国民经济（它走在了科学常识的前面）的深刻变革为前提。近年来欧盟对城市未来所表达的关注就极好地反映了该原则通过促进关于欧洲的环境健康的深入研究以及倡导探讨与颁布全欧洲范围内的城市政策而不断发展的过程。就国家性的和国际性的法律而言，二人还指出，立法实践正在将“寻找证据的责任”转移到那些将自己的发展建立在他国的损失之上的国家和地区的身上。

但是这些因素对那些国家来说实际上又意味着什么？以英国为例，它正试图在承诺为决策建立科学依据（并在土地利用政策领域——如城市形态方面保持一定的国家自主权）的同时，执行里约热内卢宣言及欧盟的环境政策。

源于德国的立法传统的预警原则也许与英国的实用主义环境政策显得格格不入。然而，英国政府的环境政策的第一次亮相——白皮书《这个共同的遗产》就正式承诺了要采取预警行动：

> 无论哪里出现破坏环境的严重危险，政府都将准备采取预警行动去限制对存在潜在危险性的资源的利用以及存在潜在危险性的污染物的扩散，即使科学知识尚不完备，只要损益的比较能够证明这种行动的正当性。当我们能够证明，以相对低的代价及时采取措施可以避免日后更严重的灾难或由于行动延迟而产生的不可挽回的后果的时候，预警原则尤其适用。（HGM）

这个原则在英国的可持续性发展战略中得到了进一步的认可：作为对里约热内卢宣言的回应，该战略将预警确立为追求可持续性发展的特殊原则之一，并指出：

> 政府仍然承诺将行动建立在事实，而不是空想的基础之上，利用可以获得的最科学的信息；在证据尚未充足的时候就贸然行事是一种错误的反应。然而，当潜在的环境危害无法确定但又十分显著之时，必须依照预警原则行事。（HGM，1994 年）

该战略同时还指出，里约热内卢宣言“是一个有效的提醒机制，这个原则能够适用于所有可能发生的环境危险；它并不只适用于政府的动议”（HGM，1994 年）。

这个承诺反映了该原则的一次重要的延伸，它不再局限于一个相对狭隘的为改革拍手称快的政策世界，还把基本的原则精神渗透进了城市及土地利用政策等更广泛的领域中去。这种思想和观念从一个专业传统向另一个专业传统的迁移反映出人们正努力在公共及私人的经济决策中对环境事业给予更多的考虑。但是，有没有什么指导思想能够帮助我们把这一预警原则应用到这些更广阔的领域中去呢？

在评价某种开发行为的环境后果时，通过检验“风险”及“不确定性”来利用该原则的方法也许对我们有所借鉴——实际上，对风险及不确定性的本质的认识是使用预警机制的关键要素。《英国的可持续发展战略》中指出“风险评估是可持续发展政策的一个重大挑战；需要最佳的可利用的科学知识去确认这些危险及其潜在的后果，并评定不确定性的程度。”（HGM，1994年）。此外，《战略》还提出了用于风险评估的进一步的指导原则。

风险与不确定性

近年来，风险与不确定性的问题一直是许多学科领域最活跃的讨论热点，随之而来的是对公司法人的环境责任的兴趣的升温，以及一种用于解释社会是如何建构其“风险”概念的文化理论的发展（Beck，1992年；Wynne，1994年；O'Riordan & Cameron，1994年；ESRC，1994年；Adams，1995年）。原有的风险评估范式——即假定对任何风险都可以进行量化的评估，而风险管理则是那些知识渊博并能对风险评估做出客观分析的风险专家们的特权——已经受到了挑战，目前的风险评估观念帮助我们把预警原则的内涵渗透到城市的安居工程及城市形态的决策中去。

例如，“皇家社会”的报告《风险：分析、认知及管理》就讨论了许多与风险评估有关的概念性的问题。根据这份报告的观点，风险评估通常被定义为风险估计（对后果的确认，对后果的影响大小的估计，以及对这些后果发生的可能性的估计）和风险评价（确定这些风险的显著性的过程）（1992年）。

这份报告表现出一个明显的观点分歧，一部分的人主张视风险为一种适于进行量化计算的东西，而持社会科学观点的人则强调，无论是风险评估还是对风险的认知都不是一个单维的概念，这二者都受“社会的及组织的假设及过程”的影响（1992年）。由于利益不同，再加上社会的、心理的和文化因素的影响，不同的群体和个人在这个问题上往往持有迥异的观点。

在环境部对风险评估制定的指导意见（它试图将这些概念引入政府的决策过程）中也提出了许多类似的见解。它阐明了预警原则与风险的关系以及“结论性证据”的本质。它一方面指出很少有科学证据能够对环境及健康的问题下结论，另一方面，它又保持了《白皮书》在“为建立一个适宜的可供决策的科学基础”中所表现出来的态度，并主张采取一种谨慎的手段：“预警原则并不是发明假设性结果的通行证。”（DOE，1995年）。

当然，我们可以认为不确定性是“任何动态的，自然系统……以及所有决策过程的本质特征”，而且，“处理决策中的不确定性在很大程度上就是在努力澄清并理解不同的观念、价值和考虑。”（petts & Eduljee，

1994年)。但是在政府寻找某种形成决策的牢固的科学依据的需要以及科学证据的本质之间又存在着某种紧张的关系，它在进行环境决策时变得尤其尖锐。布莱恩·温尼（Brian Wynne）不仅说明了科学知识强化主流兴趣的可能方式，还指出“科学知识的特殊表述形式反映了社会关系及认同的重要方面”(Wynne，1994年)。他以全球环境政策为例，指出科学知识的建构、其权威性和信度必须通过社会及文化识别的社会性概念来加以检验。

英国环境部委托牛津布鲁克斯大学就土地利用开发及污染控制的问题所进行的研究也许能够说明专家及社会其他群体之间存在的观念差异。该研究发现，由选举产生的地方官员（对本地居民负有民主责任）对环境风险的认识比那些制定污染法规的官员更加全面和丰富。(DOE，1992年)。实际上，继这项研究之后，大部分的学者都总结到，“在规划中的环境风险评估问题上还存在‘严重的模糊不清’的状态。”(Weston & Hudson，1995年；Weatherhead，1994年)。对不同利益的理解——政府需要一个界定清晰的影响评估范围，中央和地方政府之间的冲突——不应该使任何人对这种含混了可能的冲突的“模糊不清”感到惊讶。

个人对风险的认知也被认为受到文化因素（例如在某个环境问题占据了主导地位时）的显著影响。它是个体在受到大众媒体的“集体压迫”之后，其“观点采择活动”的复杂过程的结果（Rose，1993年；Hansen，1993年)。我们还知道，个人的观念受人们对一个程序或政策的操作者的信任水平的影响；例如，个体对活动控制的感知程度；行为的风险或收益的分配和分享的方式；行为的熟悉程度；时间与空间上的接近程度；对坏消息的敏感性等（皇家社会，1992年；DOE，1995年)。这些因素显著地影响着个体及社会对政策效果，以及他们参与该决策过程的方式的判断。然而，对于这些因素在土地利用规划人员的风险认识及其对预警原则的反应中的形成性影响，以及公众对权衡带有冲突性的风险的态度(例如那些涉及到未来的城市形态的讨论)，我们几乎没有任何系统的认识。

有关工程开发项目的风险认知的大部分文献所关注的是大型的有害设施（如核排放设施，石油化工厂及其他排放设施)。这一点完全可以理解，因为盎格鲁血统的美国人的风险评估策略根源于对“后果可能迅速暴露或异常严重，或存在长期的健康隐患的技术性的及大型的事故的危害”进行评估的传统。然而，对全球环境所面临的威胁的关注（例如气候变化或重要环境资源，如生物多样性的丧失正促使人们把预警原则应用到范围更广的行动中去——例如居住模式和城市形态。

因此，我们现在可以期待，一些在常规的风险分析中处理风险和不确定性的概念被延伸到更广阔的决策领域中去。这自然也需要把决策参与者的范围的扩展也考虑在内（专家、学者、选举代表、公众）。尽管在协调对于城市未来面临的危险的不同判断与看法时的困难是显而易见的，但我们仍然需要某种把社会各阶层的人士有关这些风险在确定开发模式（如紧缩城市）的决策中的效果及重要性的观念都包纳在内的判断“光谱”。

本章余下的部分将讨论一种对政策及规划进行环境性评估的可能途径。

环境评估的不确定性

从1988年以来，欧盟就一直要求对一小部分的大型开发项目的环境效果进行评价，并建议把一些环境评估的技术提到政策、规划和计划的战略水平的高度。要求在规划制定阶段就采取这些评估的呼声非常之高，这既是对在决策制定中纳入更全面的环境考虑的需要的反映，又与人们认识到现有的环境评估项目系统的不完善有关。环境评估项目倾向于对开发计划做出反馈而不是预测；没有考虑到对该开发项目，或可替代的建筑场址及程序进行校验的需要；并忽视了累积效益（由一系列独立的项目在时间和空间的延续上所产生的效应）（Therivel等，1992年）。在决策制定的更早阶段及更多的战略层面上进行环境评估的主张已经出现于欧洲、各国和地方的政府的议案中。

因此，欧盟委员会又在考虑是否可以直接督促成员国在战略水平上实施环境评估，同时，在欧盟的倡导之下，战略性的评估也开始步入正轨，例如对建筑基金的使用（Wilson，1993年）以及在“横贯欧洲”的交通网络计划中开发出的方案，如一条高速铁路网络的建设（Mens en Ruimte，1993年）。

英国政府在1996年的环境白皮书中首次承诺对政策、规划和计划方案的环境效果进行评估，初步表明了政府的决心：在为这些评估的相应技术做出指导之后，紧接着又出台了一份列举出政府已经实施了环境评估的领域的报告。有人认为，政府在这些报告中所表现出来的立场只是为了证明英国政府早已实施了环境评估体系，这可以防止欧盟起草一份直接要求进行战略性的环境评估的法案（Wilson，1993年）。然而，政府其实已经公布了适用于所有的地方规划管理机构的指导性原则，要求他们把对开发规划案的环境评估作为其规划形成过程的一个要素来对待。而地方规划管理机构也已经以令人刮目相看的速度适应了这项新的要求——到1994年底，已有大约180项针对建筑工程、地方和中央的发展规划所进行的环境评估。

许多这样的评估都采用一种矩形图工具去评价政策在关键的环境指

标上的得分，并根据环境部对正确做法的标准提出了相应的建议。建议指出，应根据一系列可以划分为三个层次的指标对政策及规划方案进行评估，这三个层次是：全球的可持续性（如二氧化碳的沉积率和交通能效等指标）；自然资源（如空气和土壤的质量）；以及地方的环境质量（如景观、开阔空间和建筑质量等）。尽管一些环境评估项目承认不确定性的存在，例如，在矩形框中许多评价单元格既不是正分数，也不是负分数，但是许多有关不确定性的问题依然存在：无论是评价过程还是内容上都还有较大的困难。

例如，存在着许多与合计不同指标上的得分的方法相关的问题；环境应该如何界定也存在不确定性（它是否应该包括自然的、社会的和经济的环境）；非专家的普通公众在评价中的参与情况也存在差异。有一些评价是在专家组成员的内部进行的，另外一些则外请了环境顾问。但是，尽管所有的评价项目都咨询了法定的或非法定的机构，但遗憾的是，是否征求公众的意见，或以怎样的方式将公众纳入评价过程，这个问题却一直没有得到统一的解决。

近来，有关公众对可持续性的认知的兰卡斯特大学的研究让我们确信，公众对环境指标的看法可能与专业人士有所不同，研究总结到，尽管对许多人来说“可持续性”与他们对“长期性”的理解接近，但这种理解却与地方政府的见解存在差异，此外，公众的态度也受其“赋权感”的影响（兰卡斯特大学，1995 年）。

可想而知，环境评估面临着预测信度的两难困境：规划通常是按照 5 – 15年的时间表来进行的，许多影响了发展及人口分布变化的根本因素本身就存在着不确定性，如家庭数量的预测，燃油价格及全球经济的变化等。这些因素可以解释为什么其他的战略和政策（如替代性的开发模式和城市形态）会“在偶然间出台”(Therivel，1995 年)。

在这些评价项目中对替代性的开发选择采取了不同的态度。例如，尽管贝德福郡设定了一个将“80%的新建项目安置在城区及开发界限之内的建筑场址”的规划目标，并探讨了建筑规划政策和其他行动在实现该目标中的角色与地位，但是它却明显没有为预测的和制度的不确定性留有余地。另一方面，牛津郡对四种可供选择的开发方式都进行了评价，这四种方式中没有一种把开发集中在牛津城区，该评价试图发现短期的和长期的消极与积极的效应，并指出了它们各自的重要性。

哈德福郡的办法是将环境评估扩展到被他们喻为“一种可持续性的评估”中去，主要体现为，把经济的、社会的和文化因素整合到一个以本郡的未来社会发展前景为背景的土地利用战略之中，他们和公众一起，通过一次以资源问题为主题的咨询会议对该发展战略进行了检验。在这个过程中，他们评价了三种规划选择——新居民区、城镇边缘的扩张以及城市的改造——并以后者为最佳的改革途径。尽管这个郡相信，该选择是“可行的，也能够加以可持续的贯彻执行”，但它也不得不承认，这里不存在最终的一致性意见。

哈德福郡的经验是，尽管占尽了先机和便利，例如，有政府的环境报告、环保战略在先，并演练了一次有重要群体参加的公共咨询会，此外它还是由“地方政府管理委员会”实验建立环境指标的首批郡县之一，但是在评价过程中仍然暴露出许多令人意想不到的不确定性。

在本书的其他地方探讨过的一些技术，例如环境容量的研究以及对一致性指标的持续使用，都可以丰富我们的知识，并提高我们进行城市形态的决策的立论基础。但这些方法的有效性仍然值得怀疑（Grigson，1995年）。然而，把这些评估的范围延伸到地区一级去，通过区域性规划更好地整合社会经济的发展以及生物－物理环境，也许是解决紧缩城市的诸多矛盾的一种最适宜的办法——但是，这种方法却不一定就能解决与复杂系统的特殊本质和对风险的不同判断相联系在一起的不确定性因素。

可见，如果没有一个对待不确定性或风险问题（在这些评价中产生的）的更加系统的方法，或者说一个牢固地理解这些问题的方法论，我们将很难发现预警原则是怎样被纳入此等规模的开发规划之中的。

一种处理不确定性的可能办法

看起来，我们所需要的是某种在空间规划体系中，系统地探讨与城市开发的特殊形态相关的全球性、区域性及地方性的环境风险的方法。这就要求我们认识到，或允许那些与我们目前的远景规划体系不一样的对风险及不确定性的不同见解与观点的存在。20世纪60年代及70年代初期是战略性规划沾沾自喜的年代，当时，虽然规划形式和规划评估中的灵活性和机动性也引起了人们的一些关注，但这是放在一个系统的战略方案背景之中去解释的，当时的人们几乎没有认识到作为决策制定过程的根本特征的环境不确定性的本质。

作为一个在空间规划中采纳预警机制的途径，一种初步的旨在改善对不确定性的系统化处理的方法包括：

• 确认在空间规划中建立评估、认知和传达不确定性及风险的不同基础；

• 区分来自生态学、风险评估、环境健康、土地利用规划等不同专业领域的专家，以及选举代表、新闻媒体、公民个人代表等参与决策制定过程的不同群体。

• 建立一种对不同的利益群体、规划系统和不同城市区域的自然系统都敏感的方法论。

欧盟已经发表了一份有关在政策、规划和计划方案的战略水平上进行环境评估（SEA）的方法的报告（1994年），它表明了近年来有关战略性环境评估的经验，并概述了相应的方法，包括处理不确定性的方法。报告指出，这种水平上的评估中存在的不确定性根源于“后果预测及政策制定中的不确定性”。前者可能包括项目或规划的整个内容的不确定，尤其当我们为了获得不同机构的许可（如来自污染监控部门的许可和土地利用部门的利用）而把计划方案拆分成不同的部分时；在缺乏基本的信息或信息不一致时，后果预测的模式（尤其是在规划和计划的战略水平上）也可能是不一致的。在决策制定过程中的不确定性产生于已经做出了政策发展或建议计划的选择的地方，例如对各种可选方案的选择，对该选择的验证以及选择不同的指标以便与不同的管理机制相适应。也有可能是将要使用一种用于评价显著性的对比系统，该系统可能是隐蔽而不清晰的。那些参与决策的人对不确定性的容忍度也许还与公众的代表不太一样，例如他们做出的最坏的打算就可能会有差异。

在CEU的报告中指出的处理这些不确定性的可能途径有：使用极端的案例来呈现不确定性；进行敏感度的分析以说明对变量的反应；或进行决策分析以评估影响的显著性。该报告还暗示了在评价中清晰地呈现对于各种选择方式的不同观点的重要性，或者甚至——预警原则在实践中的应用——推迟决策，直到不确定性问题得到解决。

小结

预警原则要求我们在总体的空间规划决策和个别的项目方案这两种水平上认识到不确定性的存在。在目前的政治环境下，对于与不同的人口及家庭预测相关的风险，对于满足这些预测要求的最适宜的城市形态，以及它们对全球乃至地方的环境资源的影响都存在着相互冲突的观点，因此一种采取了预警手段的对事物的系统理解方式才是根本之道。

在本章中，我已经试图说明那些参与决策制定的人士——中央政府、区域的或地方政府、负责保护自然的执法部门、环境健康、空间质量、水资源和土壤方面的专家、新闻媒体及公众——对预警原则在实践中的应用究竟意味着什么，可能持有不同的见解。由于人们对土地利用规划系统在促进可持续性发展中的作用抱了很大的期望，我们必须对这些差异有所警惕，并认识到一味地号召在更严格的科学的基础上形成决策并不会从根本上改变这些决策的政治本质。

伦敦议院的可持续性发展选择委员会也曾表达了类似的观点：“从根本上讲，有关预警原则的决议都是政治性的和伦理性的，随着价值观的转变，这些决策的基础也在发生变化。”（1995年）。

看来，如果我们把公众及选举代表卷入环境评估的过程中，他们就会对由自己产生的政策及开发计划持更谨慎的态度。环境评估的巨大优点是，它将澄清我们对环境状态的判断以及在评估各种预料中的影响的显著性时所依赖的价值观，并促使人们把上述过程系统地纳入决策制定中去。有关紧缩城市的讨论也必将从中受益无穷。

参考文献

Adams, J. (1995) *Risk*, UCL Press, London.

Beck, U. (1992) *Risk Society*, Sage, London.

Bedfordshire County Council (1995) *Bedfordshire Structure Plan 2011: Technical Report 6, Environmental Appraisal*, Bedfordshire County Council, Bedford.

Boehmer-Christiansen, S. (1994) The precautionary principle in Germany: enabling government, in *Interpreting the Precautionary Principle* (eds T. O'Riordan and J. Cameron) Earthscan, London, pp.31-60.

Breheny, M. (1992) The contradictions of the compact city form: a review, in *Sustainable Development and Urban Form* (ed. M. Breheny) Pion, London.

Commission of the European Communities (1990) *Green Paper on the Urban Environment*, EUR 12902 EN, CEC, Brussels.

Commission of the European Communities (1992) *Towards Sustainability: A European Community Programme of Policy and Action in Relation to the Environment and Sustainable Development*, COM (92)23 final, CEC, Brussels.

Commission of the European Union (1994) *Strategic Environmental Assessment: Existing Methodology*, DGXI, Brussels.

Commission of the European Union (1995) *Draft Proposal for a Council Directive on Strategic Environmental Assessment*, DGXI, Brussels.

Council for the Protection of Rural England (1994) *Urban Footprints*, CPRE, London.

Department of the Environment (1991) *Policy Appraisal and the Environment*, HMSO, London.

Department of the Environment (1992a) *Planning, Pollution and Waste Management*, HMSO, London.

Department of the Environment (1992b) *Planning Policy Guidance 12: Development Plans and Regional Planning Guidance*, HMSO, London.

Department of the Environment (1993) *East Thames Corridor: A Study of Development Capacity and Potential*, HMSO, London.

Department of the Environment (1994) *Environmental Appraisal in Government Departments*, HMSO, London.

Department of the Environment (1995a) *Air Quality: Meeting the Challenge - the Government's Strategic Policies for Air Quality Management*, HMSO, London.

Department of the Environment (1995b) *A Guide to Risk Assessment and Management for Environmental Protection*, HMSO, London.

Economic and Social Research Council (1994) Risky Business, in *ESRC Newsletter*, ESRC, Swindon.

European Environment Agency (1994) *Europe's Environment - The Dobris*

Assessment: An Overview, EEA, Copenhagen.
European Union Expert Group on the Urban Environment (1994) *European Sustainable Cities: First Report of the EU Expert Group on the Urban Environment Sustainable Cities Project* XI/822/94-EN, Brussels.
Evans, A. (1990) Rabbit hutches on postage stamps, in *Planning and Development in the 1990s*, The 12th Denman Lecture, Department of Land Economy, University of Cambridge, Cambridge.
Glasson, J. (1995) Regional planning and the environment: time for a SEA change. *Urban Studies*, **32(4-5),** pp.713-731.
Grigson, W.S. (1995) *The Limits of Environmental Capacity*, Barton Willmore Partnership and House Builders' Federation, London.
Gummer, J. (1994) *Address by Secretary of State for the Environment to Urban Footprints: the Launch of CPRE's Urban Initiative*, 15 November, CPRE, London.
Hansen, A. (ed.)(1993) *The Mass Media and Environmental Issues*, Leicester University Press, Leicester.
Haughton, G. and Hunter, C. (1994) *Sustainable Cities*, Jessica Kingsley Publishers, London.
Her Majesty's Government (1990) *This Common Inheritance: Britain's Environmental Strategy* Cm.1200, HMSO, London.
Her Majesty's Government (1994a) *Climate Change: The UK Programme* Cm.2427, HMSO, London.
Her Majesty's Government (1994b) *Sustainable Development: The UK Strategy*, Cm.2426, HMSO, London.
House of Lords Select Committee on Sustainable Development (1995) *Report from the Select Committee on Sustainable Development* Vol.1 (HL Paper 72), HMSO, London.
Kemp, R. (1992) *The Politics of Radioactive Waste Disposal*, Manchester University Press, Manchester.
Lancaster University Centre for the Study of Environmental Change (1995) *Public Perceptions and Sustainablity in Lancashire: Indicators, Institutions, Participation*, Lancashire County Council, Preston.
Local Government Management Board (1994) *Sustainablity Indicators Research Project: Report of Phase One*, LGMB, Luton.
Mens en Ruimte (1993) *The European High Speed Train Network: Environmental Impact Assessment*, CEC DGVII Transport, Brussels.
Merrett, S. (1994) Ticks and crosses: strategic environmental assessment and the Kent structure plan. *Planning Practice and Research*, **9(2)** pp.147-150.
O'Riordan, T. and Cameron, J. (1994) *Interpreting the Precautionary Principle*, Earthscan, London.
Oxfordshire County Council (1995) *Oxfordshire Structure Plan 2011: Environmental Appraisal of the Consultation Draft*, Oxfordshire County Council, Oxford.
Petts, J. (1992) Incineration risk perceptions and public concern: experience in the UK, in *Waste Management and Research*, **10.**
Petts, J. and Eduljee, G. (1994) *Environmental Impact Assessment for Waste Treatment and Disposal Facilities*, Wiley, Chichester.
Rogers, R. (1995) The Reith lectures: learning to live with the city. *The Independent*, 13 February.

Rose, C. (1993) Beyond the struggle for proof: factors affecting the environmental movement. *Environmental Values*, **2(4),** pp.285-298.

Royal Society (1992) *Risk: Analysis, Perception and Management*, The Royal Society, London.

Rumble, J. (1995) Environmental appraisal of Hertfordshire County Council's Structure Plan, in *Environmental Appraisal of Development Plans 2: 1992-1995* (ed. R.Therivel op. cit.).

Therivel, R. (1995a) Environmental appraisal of development plans in practice. *Built Environment*, **20 (4)**, pp.321-331.

Therivel, R. (ed) (1995b) *Environmental Appraisal of Development Plans 2: 1992-1995*, School of Planning Working Paper 160, Oxford Brookes University, Oxford.

Therivel, R., Wilson, E., Thompson, S., Heaney, D. and Pritchard, D. (1992) *Strategic Environmental Assessment*, Earthscan, London.

United Nations Conference on Environment and Development (1993) *Earth Summit Agenda 21: the United Nations Programme of Action from Rio*, United Nations Department of Public Information, New York.

Weatherhead, P. (1994) Burning issues in a policy vacuum. *Planning Week*, **2(14)**, pp.12-13.

Weston, J. and Hudson, M. (1995) Planning and risk assessment. *Environmental Policy and Practice,* **4 (4),** pp.189-192.

Williams, C. (1995) Planning practice rises to air quality challenge. *Planning*, **1126,** pp.28-29.

Wilson, E. (1993) Strategic environmental assessment: evaluating the impacts of European policies, plans and programmes. *European Environment*, **3 (2)**, pp.2-6.

Wilson, E. (ed.) (1994) *Issues in the Environmental Appraisal of Development Plans*, School of Planning Working Paper 153, Oxford Brookes University, Oxford.

Wynne, B. (1994) Scientific knowledge and the global environment, in *Social Theory and the Global Environment* (eds M. Redclift and T. Benton) Routledge, London pp.169-189.

紧缩城市与城市的可持续性：冲突与复杂性

伊丽莎白·伯顿，凯蒂·威廉姆斯和迈克·詹克斯

如果我们确实理解了问题，答案就会很快破土而出，因为答案与问题并不是截然分开的。（Krishnamurti）

引言——问题

1992年在里约热内卢召开的联合国环境与发展大会上，由超过150个国家签署的《里约热内卢宣言》阐明了实现可持续性发展的原则。为了表达对该宣言的支持，高峰会议采纳了《21项议事日程》——一个为在21世纪追求可持续性发展目标而确立的行动计划，并向国际性机构，国家和地方政府以及非政府组织传达了这一思想（联合国，1993年）。

为了部分地实现在《里约宣言》中做出的承诺，英国政府已经开始制定相应的政策。政府将土地利用规划体系视为英国可持续性发展战略的核心。如今，可持续性在规划法律的条文中得到了承认。在城市，地方规划主管部门被要求在制定发展规划和审查个别的开发申请时必须以可持续性为目标。政府对他们的建议是，可以通过将开发引导到现有的城区而不是边缘地带或绿地，以及鼓励高密度的开发和综合利用——亦即推动城市密集化的进程——来实现可持续性。

紧缩城市一直被许多人看作是最具有可持续性的发展形态。然而，这个理论的许多内容尚没有得到经验研究的验证，而支持紧缩城市的主张也仍然备受争议。在地方上也还存在许多反对紧缩城市的呼声或冲突。例如，有人声称紧缩城市保护了农村，并通过减少机动车的使用而降低了尾气排放量。但唱反调的人则认为现在的交通反倒更加拥挤，导致城市地区的空气污染日益严重；噪声污染也更大，而更具有生态意义的是

城市绿色空间在减少。又有人说紧缩城市能够改善一个地区的经济吸引力，有助于小型企业的发展，并支持了地方工商业。但是，我们也可以认为正是紧缩城市带来了土地价格的上扬，使住房和商业经营场所的价格高涨。或者还有人声称紧缩城市提高了社会及文化的多样性以及活动水平，从而为人民提供了一个更有朝气的、安全的和社会均等的环境，但反对的论调却指出高密度导致更多的犯罪活动，社会弱势群体从紧缩城市带来的高昂的土地价格、噪声和污染中遭受的损失最大；而且由于过度拥挤和私密度的降低，紧缩城市并不具有社会接受性。

在紧缩城市理论中还存在许多这样的争鸣。此外,由于其造成的在生活方式上的种种不便,在很多地方也出现了政策上的成效与认识到的不利后果之间的矛盾。所以实施紧缩城市还有不少的困难(Kenworthy, 1992 年)。从某种程度上讲,目前的社会文化期望与紧缩城市的理念是背道而驰的。

而现在，地方的规划主管部门又死盯着那些对密集化的理念持反对意见的地方抵制势力，如被喻为“NIMBY”（NOT IN MY BACKYARD，不在我的后院）的反对“城市拥挤”的组织的崛起。地方主管部门怎么知道密集化就一定能为本地区的可持续性发展带来福音呢？而且，即使他们确定可能产生效益，但又怎样才能克服随之而来的负面效应以及地方抵制力量的反对呢？城市管理者急需一种具有某种确定性的用于评估、检测和预测本地区的密集化开发的效果，或者可持续性的办法；他们需要缓和紧缩城市的反对呼声的工具。

存在于紧缩城市的争论中的问题主要表现在三个方面：

- 关于紧缩城市具有可持续性的“声言”尚没有得到证实。
- 紧缩城市的可行性或社会接受性仍然值得怀疑。
- 需要有确保其实施的工具。

要使上述的每个问题都得到解决，进一步的深入研究则是必然的。但是在问题解决之前，它们必须首先为人们所理解。本章正是试图探讨由紧缩城市的争论所引发的研究问题在目前面临的主要挑战。我所要讨论的问题需要用城市可持续性的复杂性以及紧缩城市自身概念的复杂性来加以解释。然后，我们将讨论目前的研究所做出的贡献及其不足之处。最后，我们将为您描述环境部（它正在关注城市地区的开发密集化问题）当前的研究中所使用的研究方法。(牛津布鲁克斯大学)

紧缩城市的复杂性

正如切尔彻所言,“这已经成为一个真理了,人们总是在说,急需处理城市的议程”,并试图勾画出可持续性城市的实施细节。然而,一个可持续的城市的本质究竟是什么,或者说这样的一件事情是否有可行的办法,人们都还没有达成一致的意见(1995 年)。较之一个城市的可持续性而言,评估一个工业流程或一种能源生产方法的可持续性要容易得多。城市是复杂的;它们由层层叠叠的物理系统、历史系统、经济系统和社会系统所组成。要评估城市的可持续性,就必须从这个复杂的系统中理出个头绪来。接下来我们将讨论今天的城市可持续性研究者们所面临的最显著的复杂性问题。

区分可持续性的各种定义

对可持续性发展的最普遍的定义是在里约热内卢的地球高峰会议上所使用的那段话——既满足当前的需要又不以子孙后代的需要与期待为代价的发展——但是,温特尔(Winter)指出,到目前为止人们至少使用过 200 种定义(1994 年)。如今,这个概念“在这样广泛的阐释中显得如此的模糊与开放,以致于它竟沦为了各个利益集团追求各自利益的交易策略或市场工具……一种严格的为人们所普遍接受的哲学与理论框架的缺席恶化了当前的病症。”

问题的广泛性

可持续性发展关注目前的资源耗竭状况,然而,并不是只有自然资源才迫在眉睫,其他的质素如景观的质量、传统、环境的安宁以及城市提供安全的、健康的和舒适的生活环境的能力也正面临威胁(Connell, 1995 年)。规划目标必须把所有的环境特征及质素都包含在内。此外,社会和经济问题,以及环境问题也要加以考虑:社会的不可持续性可能最终导致环境的不可持续性。尼坎普和佩勒斯认为一个不可持续的城市具有以下特征:“人口减少、环境恶化、低效的能源系统、就业率下降、工业及服务设施外迁,社会 - 人口结构的不均衡状态。”(1994 年),而据莱韦特所言,“城市居民应付一定程度的贫困、不平等、机会的丧失、行为的粗鲁、猜疑、压力和衰退等的能力是有限的,超过了这个限度,体面的行为举止,忍耐力、激情、集体认同感等基本的准则就将崩溃。”(Levett, 1995 年)。国际地方环境组织从地方政府的角度给了可持续性发展一个全新的定义:可持续性发展是一种为所有人提供基本的环境、社会及经济服务而又不致于威胁这些服务赖以生存的自然的、建筑的和社会系统的生命力的发展。(Pinfield, 1995 年)

相互作用的问题

城市不仅存在包罗万象的问题,而且这些问题之间也是相互作用与影响的;而这种相互作用决定了城市究竟是不是可持续的。几乎每一个旨在促进可持续发展的行动都充满了争议与内外部的矛盾冲突。例如,为了降低污染而严禁所有的机动车进入城市中心的措施也许具有环境上的可持续性,但它却可能对地方经济活动的可持续发展产生消极的影响;

或者也又可能因为路上行人产生了不安全感而带来社会的不可持续性。莱韦特批评了政府的《PPG3：1995伦敦的战略指导》中提出的紧缩化议题，并指出它反映了对城市中的经济、社会和环境过程作为一个整合的系统之间的相互作用的理解的失败（Levett，1995年）。为了评估城市的可持续性，必须把城市作为一个整体来看待，并全盘考虑所有的问题。

地方的接受性

即使某项措施被认为是可持续的，它也不一定就能够为地方的居民所接纳。这个问题在目前以市场为导向的政治气候中显得非常突出。除非紧缩城市能够为所有的居民营造一种高质量的生活，否则它就不具有可持续性。正是在这个信念的指引下，联合国环境署把可持续性发展定义为，"在支持性的生态系统的能力之内提高生活的质量"。近来的发展趋势无法使我们对紧缩城市的被接纳性抱太大的希望。由挪威的纳西（Naess）开展的一项调查表明，密集化的城市开发（由以节约地面为目的的对住宅和小汽车交通的限制所组成）对许多人而言是对个人自由的无法容忍的践踏。紧缩城市的倡导者指出，单身家庭数量的增加已经形成了对位于有着便利的休闲和娱乐设施的城市中心的小户型、高密度住宅的需求。然而，最近英国的发展态势却表明，能够进行分期付款的分散住宅的比例已经从1992年的38%上升到1993年底的44%；而与此同时，新建的公寓式住宅在所有分期付款的新住宅中的比例则由1992年的13%－14%下降到1993年底的7%。地方的接受性问题在居住标准和期望值持续变化的时期变得更加复杂起来。像这样富有动态性的因素也必须加以考虑。

社会公平

正如发展可能具有一个方面的可持续性而在另一个方面却不尽如此一样，它也有可能只对一部分群体具有可持续性。例如，一座新建的城外购物中心，也许会给优势群体带来极大的便利，但却是以交通不利的群体（那些买不起小汽车的人）的生活不便为代价的。本地购物中心的减少以及新建购物中心的交通不便还可能会导致商品价格的上升，对于那些没有小汽车的群体来说，可选择的范围也就缩小了。斯特顿提醒我们，城市的巩固必将终结澳大利亚城市为富人和穷人创造的相对平等的机会。他说道："假如政府真的成功地提高了澳大利亚城市的密度，毫无疑问，富人和中产阶级将蜂拥至他们的花园洋房，而穷困的家庭则是最有可能丧失其私人空间的群体。"（Stretton，1994年）

"地球之友"组织指出社会公平是可持续发展的四大原则之一（Elkin等，1991年），还有许多人也支持这种观点（Blowers，1993年；Sherlock，1990年）。关于社会公平的定义很多，但较为普遍的说法是，社会公平指的是一种使社会中自然形成的强势群体和弱势群体获得平等的发展条件的分配政策或行为过程（Lans，1994年；Smith，1994年）。社会公平具有重要意义，因为一个社会的强势和弱势群体之间差距的拉大对环境的可持续性只会有百害而无一利；社会剥夺与贫困已经成为环境恶化与资源耗竭的一个主要根源。（Holmberg等，1991年）

图1 许多人仍然期待在郊区拥有一幢独立住宅
摄影师：迈克·詹克斯

区分可持续性发展的不同层次

我们可以认为一个城市的可持续性是有许多层次的：从某条街道，到某个街区，再到整个城市。而据纳西所言，"城市的资源消耗和废气排放不仅会影响周边的农村地区，而且整个城市的新陈代谢也会对全球环境产生重要影响。"（Naess，1993年）。可持续性的不同层次之间，或者说在战略性的目标与地方性目标之间也许存在着冲突与矛盾。在对剑桥的城市野生物进行评估时，卢因斯（Lewins）说道，不应该仅仅根据其绝对的特征来评判一个地方的可持续性（如只以国家标准为参照），相反，倒是应该根据其在整个城市环境中的重要地位，野生物的生活状况以及当地居民到达此处的交通情况来做出判断。（1995年）此外，在一个地方施行的可持续性措施却可能在别的地方产生负面影响。因此，评估城市的可持续性必须考虑到整个城市的发展效应，并从区域性、全球性等更具有战略意义的层次上对之加以审度。

紧缩城市概念的复杂性

通过密集化来实施紧缩城市的理念是为创造可持续性的城市而提出的建议之一。前述的部分讨论了城市可持续性的复杂关系；本部分将具体阐述紧缩城市的概念自身所具有的复杂性。在评估密集化能否实现可持续性时，需要检查以下几个方面的问题：

紧缩城市的多种面貌

紧缩城市可以用许多种方式来定义；它并不是一种同质的现象。创建紧缩城市可能会涉及到建筑形式的密集化或活动的密集化，而在每一个这样的过程中，都存在无数的变化；密集化开发可以采取重新开发、在现有空地上新建、扩建或改造等几种方式；活动的密集化则可能是居住、工作或旅游的人数增加的结果，也可能是道路交通的增多或对原有的土地及建筑的利用率增加的结果。此外，每一种密集类型都具有独一无二的特征，密集化的形态受到利用性、设计及规模的影响。而且，密集化开发的时间表也会根据开发类型的不同（从大型的一次完工的开发项目到跨越一段较长时期的阶段性开发项目）而发生变化（牛津布鲁克斯大学）。

图2　两种对立的密集化形态：城市后方土地的开发和市中心活动的增加
摄影师：迈克·詹克斯

所有这些因素都带来了紧缩城市的多样性，这个概念可以表现为许多不同的面貌，而且每一种面貌与可持续性标准的符合程度也不尽相同。例如，活动的密集化通常被认为会比开发密集化产生更多的消极影响，特别是当它与非本地的交通联系在一起时；在原有的闲置的土地上的开发则被认为是积极有效的，用新的开发项目来替代老旧的不再美观的建筑通常也比较受欢迎；而人们对小规模的、阶段性的和温和的开发项目的反应通常也比较积极（牛津布鲁克斯大学，1994 年；由 Lock 节选，1994 年）。紧缩城市的多样性必须得到承认。

密集化区域的特征

另一个影响密集化开发的可持续性水平的因素则是实施这种开发的地区的特征。一个区域的特征是由社会性质及环境特点所决定的。例如，在那些土地具有特别的环境意义的地区的开发就有可能被认为不具有环境发展的可持续性。反之，在那些闲置了大片土地的地方所进行的开发则会带来提升该地区的级别并提高其社会的和环境的可持续性的效果。

如果开发带来了损失，如房产贬值、舒适度下降，高尚社区对密集化的抵制将是最强烈的。伊夫塔彻尔和贝瑟姆对佩斯地区的居民进行了一项调查，以考察他们对高密度开发的态度。他们发现，对高密度开发表示拥护的居民住得离市中心更近。此外，年轻人对高密度开发的态度也更加积极。也就是说，人们的态度并不是整齐划一的。研究者总结到，对适宜的地点和特定的人群来说，更高程度的巩固开发是完全可以接受的。（Yiftachel & Betham，1992 年）

图 3　在一个高密度的居民区进行改造和二级划分可能导致严重的停车困难
摄影师：迈克·詹克斯

密集化类型与区域类型的不同组合

我们可以断言，某种特定的密集化类型，或在某个特定区域的密集化开发不一定就是可持续的；它取决于这二者之间的关系。例如，在一个居民区占主导的区域开发住宅是可以被接纳的，但是开发非住宅项目则不具有可持续性。相反，在一个学校和医院等服务设施都严重匮乏的地区再开发新的住宅则会使问题进一步恶化，从而带来不可持续性。理解密集化的类型与区域这二者之间的联系在解决城市的可持续性的问题上显得至关重要。

密集化的扩张

一种特殊的开发形态也许在其特定的环境中是具有可持续性的，但这种开发也有诸多的限制。英国的可持续发展战略就提醒人们，在一个城市的舒适度没有下降之前，必须对建设中的地区的开发设置一定的限制（英国政府，1994年）。在这个限制之内的开发才是可持续的，超过了它则不行。我们可以采取一定的措施来提高接纳性或可持续性的门槛，从而吸纳更多的开发内容。例如，一个地区新建住宅的增加可能最终给可利用的设施带来难以承受的压力（水的供应及排放、电、气等），但是，如果采取新技术提高现有系统的容纳力，则进一步的开发也是有可能的。密集化是一个动态的过程，但为了使紧缩城市具有可持续性，就必须理解“限制”与“门槛”。

图4 在街区的质量明显下降之前，必须限制开发的数量，并对住宅进行相应的改造
摄影师：迈克·詹克斯

外部因素

还有许多影响紧缩城市的可持续性的外部因素；之所以称之为“外部的”，是由于这些因素通过更广泛的领域而发生作用，而不是直接作用于城市的可持续性和紧缩城市。例如，一个地区的政策及治理情况就会影响紧缩城市的具体表现，城市的管理系统应该能够协调根植于综合利用式开发的冲突与矛盾，否则就会产生不可持续的结果。或者，地方主管部门也应设法改善现有开阔空间的质量及交通，从而使其余开阔空间的开发能够为人们所接受。影响紧缩城市的可行性和接受性的因素就更加广泛了。基维尔（Kivell，1993 年）认为目前主要有以下这些影响因素：

- 制造业衰退
- 郊区化—分散化
- 新的经济活动及场所的出现
- 技术革新
- 社会的及生活方式的潮流

如果存在着阻碍一个可持续的城市形态发展的外部因素，就必须首先对这些因素加以认识。在评估紧缩城市的可持续性时，对这些重要的外部因素的理解是非常必要的。

紧缩城市的研究

现在，需要对我们在序言中提到的有关紧缩城市的讨论的三个不同的要素加以研究。首先，需要检验有关紧缩城市的可持续性的各种“声言”；检验概念的可行性，或社会接受性；并研究可以确保其成功实施的工具。目前，在以上三个领域正在进行（或已经开展了）大规模的研究。在这里，我不可能对之加以详尽的描述，只能勾勒出这些研究工作的大概；最后，在我们可以某种程度的自信公布研究的结论之前，还必须考虑上述的诸多复杂问题。

检验有关紧缩城市的“声言”

对可持续性发展的关注是非常广泛的，跨越了不同的学科领域——无论是学术研究机构、国家和地方政府、国际政治机构、世界性组织、地方压力组织、研究团体还是社区都对其产生了浓厚的兴趣。许多此类的研究并不是与紧缩城市的讨论直接相关的，但却可能对之产生重要的启迪。研究的主题也不同，主要包括：第三世界或全球的可持续性问题；生态；经济及商业活动的绿化；可持续性农业和林业；可持续性旅游；政治经济问题；绿化环保法；研究机构在实现可持续性中的作用；能源工业的可持续性；女性主义的视角；以及可持续性改建。尽管与紧缩城市的联系显得不那么紧密，但这种研究却值得特别的关注，因为城市形态可能对这些重要问题造成冲击；而这些研究也会启发有关紧缩城市的探讨。

还有许多被加以考察的可持续性发展问题与城市有着更直接的联系。这些研究包括：以土地利用规划为中介的可持续性发展；城市复兴；可持续性建筑；能源与城市形态；可持续性的交通；污染扩散与城市形态；以及，当然还有密度在可持续性发展中的作用。这些研究有许多尚处于理论论证阶段，必须得到进一步的经验研究的支持。而经验性研究一般都只对单一的问题加以论证，也就是说，它只考察有关紧缩城市的一个"声言"，如降低交通需要或对能源的有效利用。这类研究的主要问题在于，它没有考察所研究的内容与其他问题之间的冲突。而当某项研究对一系列的问题都加以了考察时，它也可能只是提供了与可持续性相关的需要加以阐述的许多问题的孤立的信息，却难以对城市的可持续性做出综合的判断；而总体的效应又需要将这些因素结合在一起进行利弊权衡，不同问题的重要性程度的差异也应当有所考虑。另一种针对紧缩城市的可持续性所进行的研究则关注对"紧缩城市更具有社会可持续性"的声言的检验；而这种研究经常都考察总体的效果而不是孤立的经验证据或社会公平效应。

对于紧缩城市的声言仍然存在巨大的争议，而且由于对研究中使用的术语没有一致的定义和理解，要对这些研究进行比较就显得很困难。例如，对如何测量密度就没有专业的或一致性的标准。现在，政府正在督促人们对这些问题加以研究。正如洛克所言："在没有一种共同话语的情况下，要大略地说明成功的密集化究竟由何构成以及确认有那些需要避免的问题将面临巨大的困难。"（Lock，1995 年）。通常，各个利益集团都是根据各自的日程来开展研究的。所以就需要一种结构化的和综合的对这些毫无关联的研究进行评估的办法，以便对紧缩城市的可持续性形成均衡的和全局性的理解。到目前为止，来自经验性研究的结论都是不充分的；在拥护紧缩城市和反对紧缩城市的人之间还有一场硬仗要打，这告诉我们，开展进一步的深入研究将具有非凡的意义。

检验紧缩城市的可行性

有一部分关于可持续性发展的研究考察了实施可持续性目标的可行性。这些研究的内容涉及：公众的认知及价值观、社会参与和民主促进变革的可能；管理机构实施建议方案的可能性；生活方式变化的显著性及可行性；以及环境教育的作用。《21 项议事日程》在地方的实行一定程度上推动了对在农村地区开展的环保行动的作用的研究。所有这些研究都适用于紧缩城市，因为它也是可持续性发展议程中的一个组成部分。

也有一些研究特别考察了紧缩城市的可行性。其中一部分关注在城市提高密度的客观（或称物理的）可行性。例如，为环境部开展的研究就主要探讨了城市开发面临的障碍，以及怎样才能使现有的城区容纳更多的住宅（Falk & Rudlin，1995 年）。针对地方主管部门的密度政策所开展的研究则表明，通过降低人们对停车位的期待值，我们就可以在不影响环境舒适度的前提下提高城市密度（Llewelyn-Davies，1994 年）。许多这样的研究成果都是积极有效的，为实施紧缩城市的理念提供了切实可行的建议。但是，有关紧缩城市的社会接纳性的研究就比较矛盾，例如，有人指出，在高密度住宅区将停车位降至最低是可以被居民所接受的，因为这种开发将会直接吸引那些没有小汽车的人群。或使居民断了要买小汽车的念头。然而，由交通研究实验室为交通部所做的一项研究却提出了一个迥然不同的观点（Balcombe & York，1993 年），他们声称停车困难并不会阻止人们购买汽车。

在某些情况下则产生了与之相反的问题，人们把社会接纳性作为衡量可行性的惟一指标，却丝毫不考虑对市场偏好的适应程度以及社会各阶层的不一致的态度。在看待某个地区对密集化的接受性时，应该把它在别的地方的实施效果以及潜在的新居民的意见都纳入考虑的范围。我们需要一种更加复杂的分析社会可行性的方法。

还有的研究分析了紧缩城市在经济上的可行性，这主要是从开发商的视角提出来的。这类研究为我们提供了一些实际的建议，例如撤消某些政策壁垒并使用可以提高经济上的可行性的激励手段。

建立紧缩城市的评价工具

地方规划主管部门必须评估开发是否具有可持续性，并决定哪些政策将带来最可持续的城市形态；他们需要了解在一定的区域内，什么类型的密集化开发最具有可持续性，以及哪些政策会使负面效应降至最低。他们还要知道开发的阈限；并有一种评定容量的方法。对紧缩城市的有关声言进行检验的一般性研究也许会告诉我们在某种区域内，哪种类型的密集化开发最合适，但它却不能为个别的特定地区提供确凿有效的指导。一种分区式的评估方法，以及常规的测量与检测是必须的。

同样，也有许多研究对紧缩城市讨论中的这个要素进行了探讨。这类研究的特点是，它们不一定与城市形态的问题发生直接的联系，因为他们可能只关注对那些有助于提高可持续性的普通手段加以评估。研究所涉及的问题主要有：环境影响评估；政策评价技术；监测技术；环境阈限评定技术；预测；提供模型；容量评价的方法；可持续性的容量；或者说最重要的是，可持续性的“指标”。

自然，许多研究都是由在地方上负责环境治理的人，特别是地方政府所发起的。《21 项议事日程》（LA21）以及开发规划的有关规定都要求地方政府实施具有可持续性的开发方针。地方性的研究可以提供有用的信息，尤其是有关环境资源以及公众认知方面的信息。然而，评估也必须随时加以更新，而地方政府所使用的测量评价技术也必须建立在可以方便获取和迅速收集的数据资料的基础之上；如此一来，人们对这些“指标”的兴趣才会提高。“指标”允许人们利用有限的、表征性的信息做出评价；这些评价通常是量化的，旨在描述可持续性发展的进程。

在里约热内卢的地球高峰会上所形成的一致意见是：“需要建立可持续性发展的评价指标，以便为所有层次的决策提供坚实的基础并促进整合的环境与开发系统在自我调控的机制下的可持续性。”（联合国，1993 年）。联合国环境署、OECD 和欧盟都在致力于这些指标的研究。而英国环境部也正在制定国家环境指标（到 1996 年）。英国的许多环境组织已经建立了一套用于监测环境质量的“绿色标准”（环境挑战组织，1994 年；英国自然，1994 年）。英国的 LA21 指导小组承认，指标在 LA21 中是一个有用的工具，并成立了“可持续性指标研究项目”以规划新的研究内容；地方政府管理会（Barton，1995 年；LGMB，1995 年）也为英国的地方政府开发并实验了一套可持续性发展的评价指标。

由纳撒尼尔·利奇费尔德（Nathaniel Linfield）及其合作伙伴为英国呈递给联合国可持续发展委员会的报告所做的一项调查，显示了地方政府在实施可持续性发展时所面临的困难，即使他们从一开始就知道这些困难是什么。（Morgan，1993 年）然而，仍有一些政府，如兰开夏郡、列斯特郡和诺丁汉郡的政府正在成为这个领域的开拓者。列斯特郡声称自己是英国第一个就生活质量和环境的可持续性测量做出报告的城市；他们使用了 14 项评价指标（1995 年）。伦敦规划咨询委员会则提出了在伦敦城实现可持续性发展的目标（LAPC，1995 年）。而在其有关建筑规划的回顾中，西萨西克斯郡议会（Connell，1995 年）则采取了环境容量评估方法。

指标法的优点是，它可以包纳所有的内容，包括主观性的评价标准。斯图尔德（Steward）认为地方政府管理会在指标问题上所做的工作是一次“伟大的飞跃”（1995 年）。他指出，这些研究让人们可以通过一个更加系统和结构化的框架在地方水平上做出更好的评判。然而，它也有许多不足之处。首先，它并没有解决每一项指标的权重和指标之间的相互关系的问题。正如米尔恩（Milne）所言，“……一个相互关联的指标群可能是必需的”（1994 年）。此外，“如果存在应用可持续性发展的概念的不同层次——如全球、区域和地方——怎样才能让指标具有普适性，我是指从根本上？”（Steward，1995 年）。此外，国家和地方所发起的行动，以及在不同国家由不同的团体所发起的行动也应该加以协调（包括国家河流部门、英国自然和农村委员会）。

对地方政府投入可持续性发展的能力人们也持有疑虑（Winter，1990年）。地方政府所利用的方法还有一个不足之处，他们只看到那些预计的开发效应，而可持续性却受到许多其他因素的影响——规划对它们也几乎产生不了任何作用。此外，地方性的研究也缺乏普适性。

对紧缩城市的另一个特别的兴趣是“容量”问题。容量的研究与“可持续的密集化程度”问题是对应的。正如康纳尔（Connell）所言：“揭示出环境的阈限意义重大，它要求对环境的状况做出报告并最终设定相应的目标或指标，这些指标暗示了发生严重的环境破坏的门槛。”（1995年）。阿鲁巴经济学与规划研究会在对历史名城切斯特的环境容量进行研究的过程中（由环境部、英国遗产组织、切斯特城市议会及切斯特郡议会赞助），发展出一个用于设定一座历史名城及其腹地的环境容量的概念模型（阿鲁巴经济学与规划研究会，建筑设计合作组，1995年）。就指标而言，容量评估法的出现具有积极的意义，因为它们为评价提供了更丰富的基础。然而，格里格森（Grigson，1995年）和帕克（Packer，1995年）却指出了它的缺点，他们认为，在切斯特建立的方法需要过多的数据，在评价分析中也有相当多的主观判断及专业决策，也就是说，它缺乏客观的权威标准。

很明显，这些评价工具是由范围广泛的利益集团制定的。但是我们需要在不同的方法以及不同的水平之间加以整合，以使这些工具变得切实有效。一个根本性的问题是，在所有旨在检测可持续性的发展进程的研究中，都没有形成统一的有关可持续性发展的定义；这导致特定目标的缺失。研究的核心是可持续性发展的目标，但它在现实中究竟意味什么却又不得而知，或者说其意义会依特定集团的喜好而发生变化。除非与适宜的行动相联系，否则无论检测与模型的质量如何，它们都将无所作为。缺乏对目标的明显理解又怎么可能做出正确的行动决策呢?

作为一种潜在的范型的密集化研究

这项由为环境部开展研究的作者们正承担的课题反映了人们为克服上述问题所做出的种种努力。不过，它只局限于密集化一个主题（尽管内容也很广泛），并未涵盖紧缩城市中的所有议题。但是对于城市持续性的研究而言，这却是一种全新的方法（牛津布鲁克斯大学，1994年）。这项研究包含了上述紧缩城市的研究的三个方面的所有内容。研究者主要通过对密集化开发在12个方面的效果所进行的详尽的个案研究来检验有关紧缩城市的声言；而紧缩城市的可行性则是通过调查地方对密集化开发的态度以及对开发商所做的访谈来获得的；该研究的最终目的是为地方规划主观部门提供一种评估本地区密集化开发的可行性并对未来开发的可能性后果进行预测的方法。研究反映了一种全新的形成政策指导建议的方法。

• 首先，形成一个制定政策的客观基础。

• 研究并不陈述单个的问题，而是检测了城市范围内的许多相互关联的问题，并旨在提供一种全局性的指导建议。

• 对密集化的评估方法将不同地方的社会接纳性水平的多样性也考虑在内。地方的判断也纳入了评估内容之中。当密集在一个地方获得了认可而在别的地方却遭到否决时，绝对的指令和国家性的标准是不适宜的。

• 研究已经表明城市地区没有固定的开发容量，但这种容量却的确存在一定的“门槛”，只不过可以通过改良性的措施来加以克服。然而，评估一个地区对密集化的接受性时，却不可以对单个因素的容量阈限进行检测（如交通或开阔空间），因为恰恰是不同因素之间的相互作用与均衡才在其中发挥着关键性的作用。研究的目的在于，提供一种将所有的因素都加以全盘考虑的方法，并从总体上对它们进行评估。

• 尽管为地方规划主管部门所设计的评估方法是建立在客观的测量和数据分析之上的，但它不限于简单的描述。灵活性才是它的主要旨趣，它允许地方规划人员把政策建立在战略性的目标和地方接受性的基础之上。

研究仍然没有结束，它也不可能为围绕在紧缩城市周围的迷团提供所有的答案，但它却可以为解决其中的某些困难做出一定的贡献。

小结

本章伊始就提出了这样一种观点，要解决一个问题就必须首先理解它。摆在我们面前的这个问题显得意义非凡：如何通过实施紧缩城市的理念来促进城市的可持续性发展？城市的可持续性问题正逐渐地浮出水面，我们已经证明它由一系列相互作用着的在不同的水平和不同的人群之间产生影响的因素所组成。紧缩城市必须同时兼具可行性和理论上的效益。而紧缩城市怎样才能促进可持续性发展的问题也是复杂的：它取决于密集化的形式及其位置，密集化的范围，政策、城市治理及宏观的社会政治经济背景这几者之间的相互关系。本章也表明了现有的研究已经涉及到了相当广泛的内容，但也存在着许多与复杂性相关的局限。

紧缩城市的研究分歧较多，而一般的可持续性发展的研究甚至就更多了。有关紧缩城市的讨论并不是孤立的；它是涵盖了一系列综合性的问题的广阔的研究领域中的一部分，认识到这一点非常重要。例如，为了说明紧缩城市是否是一个实现可持续性的重要而可行的选择，就必须将它与别的选择方式相比较。其他的选择也许还比紧缩城市更为有效。教育、讨论与辩论将是促进这种理解的关键。为了给我们这个星球创造一个更可持续的未来，就必须携起手来建立全球性的合作伙伴关系。我们必须分享与整合来自不同学科领域的知识。而当前对后现代生活的简化主义及个人主义精神的重视则应当遭到批判。

可喜的是，我们已经开始向着这个方向迈进了。各研究团体正在对可持续性议题范围内的研究进行组织与规划，英国的工程与物理科学研究会正在实施一项以面向可持续性城市为主题的项目研究。该课题与经济及社会研究会和自然环境研究会建立了合作关系，其目标是推动多学科的综合性研究，以便为中央及地方的政府、交通工作者、公共事业部门、工商业提供帮助。它强调技术、公民的期望与政府决策这三者之间的联系，从而阐明了研究课题所带有的复杂性。

许多以可持续性城市为主题的会议都已经进行了相应的组织安排以促进知识在不同的学科领域之间的传播。《可持续性发展》期刊也有类似的目标。最近，国际可持续性发展研究网也已经建成，旨在把来自不同领域的研究汇集到一起并分享最好的研究成果。我们需要在不同层次之间展开越来越多的对话。为此，应该有一种共通的语言：对可持续性发展目标的一致性定义。除非在目标上达成了一致，否则就不可能形成共同的解决方案。最后，如果说需要把紧缩城市的研究加以整合的话，那么我们的实践行动就更应如此。不同层次与不同领域的政策应该协调一致。

人们总是在说，对复杂的问题没有简单的解决办法，我的结论是，虽然研究已经说明了复杂性的存在，但进一步的工作也是必需的，而且——也可能是更重要的——需要对这些研究进行更好的协调、整合与组织。问题不可能被简化，当然它也不会消失。但只有我们在充分了解问题的基础上开展研究，实现城市的可持续性的目标才会离我们越来越近。毕竟，“假如政治是一种可能性的艺术，那么研究就自然是一种解决的艺术。”（彼得·梅达沃爵士）

参考文献

Arup Economics and Planning and Building Design Partnership, in association with Breheny, M. (1995) *Environmental Capacity: A Methodology for Historic Cities,* English Heritage, Northampton.

Balcombe, R.J. and York, I.O. (1993) *The Future of Residential Parking,* Transport Research Laboratory, for the Department of Transport, HMSO, London.

Barton, H., Davies, E. and Guise, R. (1995) *Sustainable Settlements: Guide for Planners, Designers and Developers,* University of the West of England and Local Government Management Board, Luton.

Blowers, A. (1993) Environmental policy: the quest for sustainable development, *Urban Studies*, **30(4/5),** pp.775-796.

Breheny, M. (ed.) (1992) *Sustainable Development and Urban Form,* Pion, London.

Cheshire, P. (1992) Why Nimbyism has sent British planners bananas, the *Guardian,* 3 August 1992.

Church, C. (1995) Sustainable cities, *International Report,* February 1995, pp.13-14.

Connell, B. (1995) Development pressures, environmental limits, *Town and Country Planning,* July 1995, pp.177-179.

Department of the Environment and Department of Transport (1995) *Planning Policy Guidance 13: Transport,* HMSO, London.

Elkin, T., McLaren, D. and Hillman, M. (1991) *Reviving the City: Towards Sustainable Urban Development,* Friends of the Earth, London.

English Nature (1994) *Sustainability in Practice,* English Nature, Peterborough.

Environment Challenge Group (1994) *Green Gauge: Indicators for the State of the UK Environment,* Environment Challenge Group, London.

European Union Expert Group on the Urban Environment (1994) *European Sustainable Cities,* First Report, EU, Brussels.

Falk, N. and Rudlin, D. (1995) *Building to Last: A 21st Century Homes Report,* URBED, London (in association with the Joseph Rowntree Foundation, York).

Grigson, S. (1995) *The Limits of Environmental Capacity,* House-Builders Federation in association with the Barton Willmore Planning Partnership, London.

Halcrow Fox (ongoing) *Planning and Housing Land,* for the Department of the Environment.

Holmberg, J., Bass, S. and Timberlake, L. (1991) *Defending the Future: A Guide to Sustainable Development*, Earthscan Publications Ltd and the International Institute for Environment and Development, London.

Kenworthy, J (1992) Urban consolidation: an introduction to the debate, *Urban Policy and Research,* **9(1)**, pp.78-99.

Kivell, P. (1993) *Land and the City: Patterns and Processes of Urban Change,* Routledge, London.

Laws, G. (1994) Social justice and urban politics: an introduction. *Urban Geography,* **15(7)**, pp.603-611.

Leicester City Council and Environ (1995) *Indicators of Sustainable Development in Leicester,* Environ, Leicester.

Levett, R. (1995) Sustainable London? Unequivocally not. *Town and Country Planning,* July 1995, pp.164-166.

Lewins, R. (1995) Cambridge sets rules to defend city wildlife. *Planning,* 4 August 1995, p.1130.

Llewelyn-Davies (1994) *Providing More Homes in Urban Areas,* School for Advanced Urban Studies, Bristol (in association with the Joseph Rowntree Foundation, York).

Local Government Management Board (1995) *Sustainability Indicators,* Consultants' Report of the Pilot Phase, LGMB, Luton.

Lock, D. (1995) Room for more within city limits? *Town and Country Planning,* July 1995, pp.173-176.

London Planning Advisory Committee (1995) *State of the Environment for London,*

LPAC, London.

Milne, R. (1994) Land is the problem for green indicators. *Planning*, **1099**, p.17.

Morgan, G., Fennell, J. and Farrer, J. (1993) Authorities struggling to deliver sustainable plans. *Planning*, **1047**, p.20-21.

Naess, P. (1993) Can urban development be made environmentally sound? *Journal of Environmental Planning and Management*, **36(3)**, pp.309-333.

Newman, P. and Kenworthy, J. (1989) *Cities and Automobile Dependence*, Gower, Aldershot.

Nijkamp, P. and Perrels, A. (1994) *Sustainable Cities in Europe: A Comparative Analysis of Urban Energy-Environmental Policies*, Earthscan Publications Ltd, London.

OECD (1991) *Environmental Indicators*, OECD, Paris.

OECD (1993) *Indicators for the Integration of Environmental Concerns into Transport Policies*, Environmental Monograph 80, OECD, Paris.

Owens, S. (1992) Energy, environmental sustainability and land-use planning, in Breheny, M. (ed.) *Sustainable Development and Urban Form*, Pion, London.

Oxford Brookes University and Entec Shankland Cox (ongoing) *The Intensification of Development within Existing Urban Areas*, research for the DoE.

Packer, N. (1995) Conundrums of critical capacity. *Planning Week*, 1 June 1995, p.15.

Pinfield, G. (1995) Sustainable services for local communities. *Town and Country Planning*, July 1995, pp.180-181.

Rees, J. (1988) Social polarisation in shopping patterns: an example from Swansea. *Planning Practice and Research*, **6**, Winter 1988, pp.5-12.

Sherlock, H. (1990) *Cities are Good for Us: The Case for High Densities, Friendly Streets, Local Shops and Public Transport*, Transport 2000, London.

Smith, D. (1994) Social justice and the post-socialist city. *Urban Geography*, **15(7)**, pp.612-627.

Stewart, J. (1994) *Housing Market Report 23*, House-Builders Federation, March 1994, London.

Stewart, R. (1995) Indicating the possible. *Planning Week*, 9 February 1995, pp.12-13.

Stretton, H. (1994) Transport and the structure of Australian cities. *Australian Planner*, **31(3)**, pp.131-136.

Tate, J. (1994) Sustainability: a case of back to basics? *Planning Practice and Research*, **9(4)**, pp.367-379.

UK Government (1994) *Sustainable Development: The UK Strategy*, HMSO, London.

United Nations (1993) *Earth Summit Agenda 21: The UN Programme of Action from Rio*, United Nations, New York.

Winter, P. (1994) Planning and sustainability: an examination of the role of the planning system as an instrument for the delivery of sustainable development. *Journal of Planning and Environment Law*, October 1994, pp.883-900.

Yiftachel, O. and Betham, M. (1992) Urban consolidation: beyond the stereotypes. *Urban Policy and Research*, **9(1)**, pp.92-95.

一座历史名城的环境容量：切斯特城的经验

彼得·德拉蒙德和科琳·斯温

引言

英格兰的许多历史名城可能正是紧缩城市的缩影。自由排列的住宅彰显着浓厚的地方特色，它们有明确的城市中心（通常由从前的城墙划定出市中心的轮廓），还有由综合的土地利用方式所形成的优美的城市景观。城市边缘区的开发通常都通过绿化带政策或地方的限令得到了控制，因此，最近的农村与市中心的距离常常不超过2英里。

受"优质环境"的评比的影响，历史名城越来越面临不断扩张的压力。以绿地商业公园为中心的持续的向外蔓延和居民区的开发已经构成了对城市原有景观及其独特风貌的威胁。而新式的城外休闲娱乐设施的开发也正在削弱城市里著名的中心区的生机与活力。在这种历史中心要容纳大型的开发项目必将破坏其浑然天成的城市特性，在这里，狭窄的街道和紧密的空间早已进行过人性化的设计，而额外的开发只会冒减少绿地面积，恶化城市的拥挤状况的危险。

其实并不只是开发的压力，活动的增多也会造成许多问题。小汽车拥有率及使用量的提高常常导致行人与机动车之间的冲突，还有狭窄的街面和广场上的停车问题，以及居民的购物环境及其他商业活动的困难。涌入城市的大批游客也形成了与当地居民的潜在冲突，对观光地的建筑本身也有一定的破坏。这些压力实际上正在为许多中小城市所体验，但似乎都不如历史名城表现得那么严重，因为这类城市对各种人类活动来说，更具有致命的吸引力。

然而，历史名城也是真正面临失业、社会紧张、衰退及缺乏廉价的住房等社会问题的地方。表面的繁荣往往掩盖了真实的问题。历史名城不能就这样束手就擒。

切斯特的背景

正是在这个背景下，1992年，“英国遗产”组织、环境部及切斯特城的地方政府共同发起了一项研究项目，其主旨是考察：

- 是否有可能确定一座历史名城的环境容量，如果是，又该如何确定？
- 在存在着对这座城市的未来的悲观论调的时候，将这样的研究结果应用到切斯特对它是否有利？

在本文两位作者的领导下，这项研究工作分三个阶段进行：第一阶段的目标是建立一套可行的评定环境容量的方法（Ove Arup，1993年）；研究的第二阶段则将这套方法应用到切斯特的环境评估中去，并为该城的建设提供确切的指导建议（建筑设计合作组，1994年）；第三阶段的工作主要是根据切斯特研究的效果对之前的评定方法加以精练和完善。（Ove Arup和建筑设计合作组，1995年）

环境容量的概念

如果要促进可持续性发展，则环境容量是一个需要加以探讨的重要概念，在向可持续性发展的目标迈进的过程中，必须将这个概念转化为某种实际的可操作的方法。本研究对环境容量所下的操作定义维持在这样一个水平，即保证在既定的容量下该环境仍然可以正常地执行各种功能。这就相当于承认存在着一个阈限，超过了这个限制，环境就将不堪重负。这个概念主要是依据自然环境的特点建立起来的，并适用于不同规模的空间（从全球到地方）。而当应用在人为的和建筑的环境上时，环境容量则取决于人们对不同地方的主观期望值。因此，一个用于人们自我反省的场所，如修道院的环境质量就会由于人员过多而下降；而一种城市活动，如街道节日，则会被拥挤的人群推向高潮。

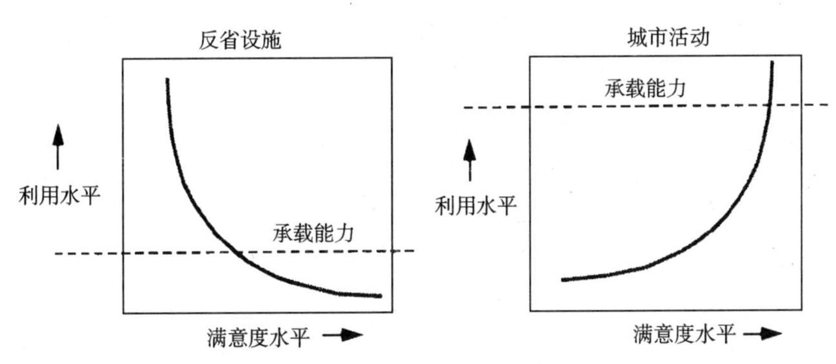

图1　对比承载能力

把环境容量的概念应用到历史名城的目的在于确定城市的规模，而一旦超过这个既定规模，城市的基本特性就可能会发生变化。但是应该如何确定这个规模呢？在研究中，凡是确定最优化的人口数量的方法都因为过于简化而很快就被排除了。限制性的因素必须涉及到所在地的独特要素。我们确定了三种形式的限制性因素：

- 阻碍城市向外扩张的条件，如巴斯（Bath）城就坐落在山林的包围圈中。
- 历史中心的限制性特征，如坎特伯雷的市中心是由古罗马城墙的遗址和环绕中世纪大教堂的区域严格划分出来的。
- 在城市发展速度上的限制，这样城市才能在保持其独特风貌的前提下吸纳更多的发展内容。

事实上，一座城市的环境容量可能是由这三种限制性因素的综合作用所决定的。但是处理人为资源的困难就在于缺乏明确的限制门槛。在当前所定义的一系列的限制性因素，能够在任何时期都构成“限制”吗？或者能否通过更好的治理来提高这个阈限吗？

我们使用了许多用于完善环境容量的概念的指导原则。在寻找一种确定一座历史名城的环境容量的方法的理论基础时，我们借鉴了四种主要的研究资源。包括经济学的研究、娱乐设施的承载能力的研究、生态监测研究和科学方法论。我们把经济学的概念加以类推，例如“关键资本”指的是必须为子孙后代保留的资源，而固定资产，指的是价值较低的资源，它可以用补偿性资源来替代（英国自然，1992年）。本研究希望扩大这些原则的使用范围，此前只应用在自然资源身上）。从娱乐设施承载能力的研究中所借鉴的思想是，容量既是一个地方的地理特征的功能，也是其使用者的认知发生作用的结果，这二者之间的相互作用形成了一定的张力，需要用管理策略来解决它们之间的矛盾。（见图2）

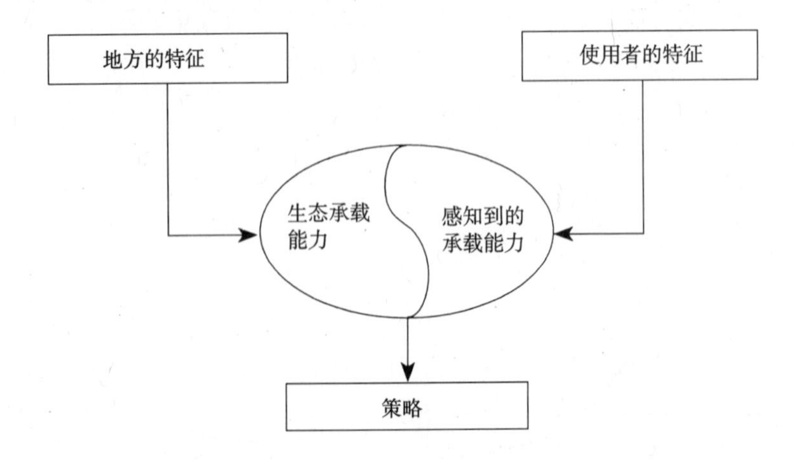

图2　承载能力的交互作用

我们从生态监测研究中借用了“指标”这个概念，用于标识警戒线，当存在着清晰可辨的阈限时，指标的作用就能发挥得淋漓尽致。本研究希望把其使用范围从物理环境扩展到历史性的或文化的环境。最后，一般的科学方法对我们的启发是，应该把“预测能力”也应用到研究之中。这样，我们的研究方法中就有了“计划书的形成与检验”，它可以提前评定容量限制，并避免产生关键性的错误。计划书是根据不同的地段中活动水平的变化而制定的，从而能对先前提到过的“张力”加以检验。

一种环境容量法

该方法整合了上述的几种要素并将之划分为12个任务形式，从而形成了一个结构性的框架。方法的第一个部分检测了由物理环境的特征与经济活动的相互作用所产生的张力，主要借用技术研究及知觉研究的方法，从中形成了一个初步的容量框架。第二部分检验了“计划书”使用过程中所做的初步结论，它根据一套严格定义的指标来看待这些计划产生的影响。这些分析又最终形成一系列的指导原则，用于引导管理计划和开发规划的准备工作。这套方法的简化图见图3，在对环境容量的概念进行了定义，并设计出方法论后，就可以把它应用到切斯特城去了。

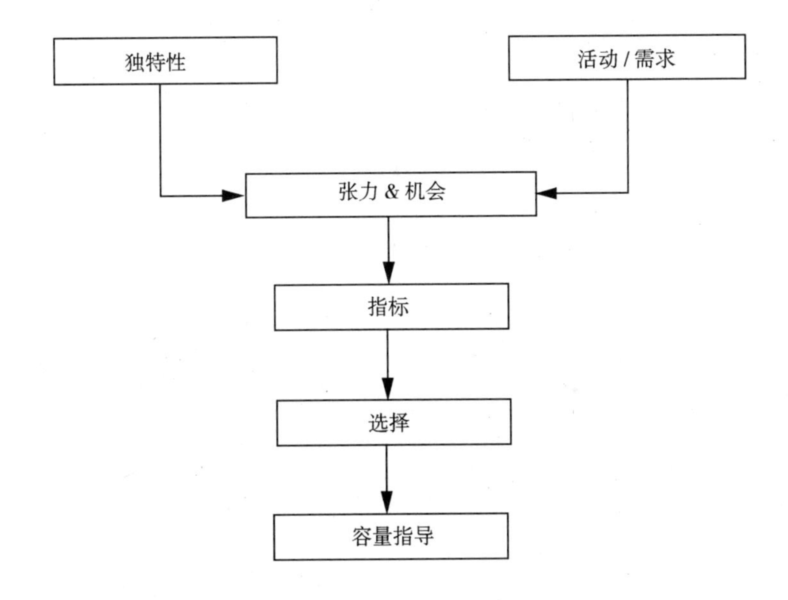

图3　评定环境容量

切斯特的研究

切斯特研究的目的是确定该城的环境容量。首先是确认那些标志其独特性征的自然环境和建筑环境。由于其不可替代性，有许多的环境要素都是不能破坏或毁灭的。本研究关注以下几个要素：

- 明确的城市边界
- 城市的紧缩性
- 环境特点
- 历史性建筑和纪念碑
- 城市景观
- 考古学
- 购物

在考虑切斯特的未来发展时，顾问小组找到了该城的独特风貌所面临的主要压力，考察了许多关键问题，并设计了评估这些压力的松紧度的指标。这主要包括城市边缘地带的开发压力以及高楼大厦对历史性景观的影响。在城市中心，还存在绿地空间所面临的压力，大面积的开发威胁着城市的独特景观、城市的个性及其考古遗迹。同样，还有改建（或荒废）对历史性建筑的破坏，以及游客增多、交通阻塞及停车所带来的压力。我们对许多这样的关键性问题都制定了“容量指导方针”，规定了最高的容量。这些指导方针共同构成了一个评估切斯特环境容量的框架。

图4　在切斯特的东门街上，行人与机动车之间的冲突
摄影：建筑设计合作组

选择

为一座城市的未来做出规划必然涉及一系列复杂的选择与决策（具有一定的时效性）。切斯特研究为该城未来20年的发展设计了一套概括性的指导原则（或称规划书）。随后，我们又根据切斯特的独特风貌及其所面临的压力对这些计划的实施效果进行了评估。评估分两个步骤进行，

首先，必须确定在不破坏其独特风貌的前提下，该城尚能容纳进一步发展的区域。在本研究中这被称为“土地容量”。其次，还要明确不同的规划对已经确定过的容量框架所产生的影响。例如，对历史性的建筑结构或交通网络的保护。

对切斯特未来的五项规划都是通过这种方式进行评估的：

• 最小的变化——只实施那些已经得到了规划许可的开发项目，接着又制定了一项限制政策。

• 趋势性的变化——维持切斯特现在作为一个就业、购物及居住的半区域式中心的地位。

• 主变化——促进切斯特发展成为一个能够在商业、文化及购物方面与曼彻斯特及利物浦相媲美的区域性城市。

• 选择性变化——维持切斯特现在的半区域中心的角色，并将其地位提升为一个商业及旅游活动的国际性中心及会展中心。

• 降低增长——降低该城的活动水平，及其在零售业、居住及就业领域的地位。

切斯特城的未来

为了对切斯特未来的规划方向提出建议，必须说明以下三个基本问题：

• 对环境容量的评估是否存在着对长期的适宜的发展水平的限制？

• 在切斯特的环境容量之内，是否还有进一步发展和扩充活动的空间。

• 这个发展空间应基于怎样的指导方针及原则。

环境容量

研究的总体结论是，在不破坏城市的标志性特征的前提下，切斯特尚有可观的潜力进行变革及有控制的发展（见图5）。然而，我们还必须明确许多“压力点”，如果没有别的规划或管理措施的话，是不可能发生任何变革或发展的。有控制的发展需要城市重大开发项目的支持，这些项目在早期的实施将会：极大地提升现有公共基础设施的级别；带来原有的开发区及中心区的再利用和再开发；最大化地利用现有的城区，并进一步提高其质量。

对规划的评估表明，没有一项规划允许切斯特在未来以一种盲目的速度继续发展。例如，趋势性变化及选择性变化的规划（与城市的住房需求和就业需求相类似）表明，切斯特的环境容量将在下个世纪初叶达到极限。评估说明环境容量是建立在三个相互作用的变化的基础之上的，它们是：城市规模发生的物理变化；对现有建筑的物理影响（或扩大或缩小）；以及由于边缘区或中心区的变化所产生的活动。但是，还有许多处理这些要素网络，从而推迟切斯特到达容量顶峰的时间表，但这就要求加大对公共基础设施的投资，尤其是对城市交通网络的投资。

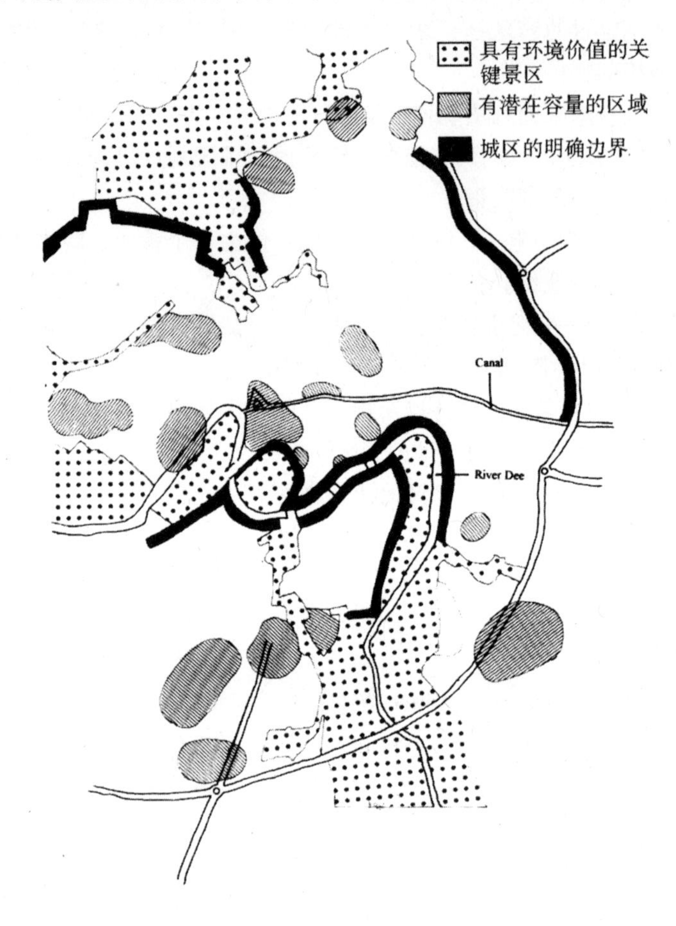

图5　切斯特的环境容量
资料来源：建筑设计合作组，1991年

前进的道路

那么切斯特发展的前进道路在哪里呢？根据上述的分析，值得我们牢记的是，那些被评估的规划是为了检测一系列的规划选择的效果而特别设计的。它们并不是惟一的选择。地方政府所面临的挑战是在认识到这些规划所暗示的内容后，决定是否应该设计新的规划方案。可以确定的一点是，议会应当做出承诺，为切斯特未来30年的发展方向制定战略性目标。该战略也许会使这座城市的长期发展需要逐渐地偏离其现有的轨道，但又同时维持其作为一个半区域中心的地位。这就需要谨慎地规划可以开发的场地。

指导方针与原则

环境容量的研究表明，为了促进切斯特的可持续发展，就必须在规划城市的未来发展时考虑指导方针或要素。这些要素既包括宏观的战略性规划，又有更细节的评估项目。由于它们都对切斯特的独特风貌的微妙平衡发挥着关键的作用，因此应该给予这些要素以同等程度的重视。它们包括：

- 全局性的城市观
- 一个发展战略
- 城市设计
- 历史性建筑物
- 交通
- 步行城市

全局性的城市观

本研究的首要结论是，在切斯特城的面积、规模及城市形态和其独特风貌之间存在着某种联系。因此，除了土地的可利用性及个别场址的规划等一般性问题之外，上述要素都应对开发场址的范围及位置产生影响。

同样，在城市边缘地带所进行的活动以及这些活动对中心区产生的影响之间也有着某种联系。重要的是，我们制定的未来战略不应该将中心区同城市边缘区孤立开来。切斯特与其周边农村的界线也应加以仔细的考虑。许多关键的边缘地区都是城市不能扩张进去的。

此外，还存在着一个关键点，超过了它，城市的紧缩特质及其与农村的关系就会被破坏。切斯特的邻近郊区需要保持并改善自己的独特风貌、与城市历史中心、农村及郊区的绿化带之间的联系。此外，还应设置合理的物理隔离带以保护周边地区不至于因为与切斯特的城区相交叉也丧失了自己的特性。

发展战略

研究的进一步结论是，在既定的阈限内，切斯特尚有可观的容纳新的开发项目的潜力。研究提出了许多开发选址的指示，包括在城市西南部及西北部新建住宅区，提出了一项主要的交通改革动议（包括修建一条向西的要道，增建公园及林阴道），以及在市中心及西外缘新建商业区等。大型的翻新项目及再开发项目也没有超过开发的阈限，特别是在市中心的西北部地区。

城市设计

我们已经充分地认识到，切斯特的城市景观及风景必须得到保护，在合适的地方还可以加以修缮。考虑到城市的建筑环境（特别是在市中心区）将会发生的改变，我们很有必要采取一种保护这些景观的特质的城市设计方法。这种方法是无法预设的，尤其是在这样一种研究之中。然而，我们利用容量框架对许多内容所进行的评估的确表明，有许多地区都值得特别关注。研究表明，以下几个要素应加以考虑：城市的机理、平地面积、街道样式以及屋前的空间、天际线、重要的景致和开阔地。

历史性建筑

历史性建筑是切斯特的特征的内在组成部分，包括其载入史册的建筑物及考古发现。一个关键的问题是防止对记录在册的建筑物的破坏，并确保任何对这类建筑或融入了城市景观的建筑物的改建都不致带来损坏或质量的降低。

对濒临危险的建筑物的数量也要仔细的核实，并采取相应的措施减少闲置的或利用不善的建筑的数量。同时也有必要承诺保护考古遗迹，无论是否存在重新开发一块场地或城市的特殊区域的压力，对可能的考古场址的鉴定也必须持续下去。

交通

城市的发展对交通网络将产生显著的影响。这种影响既包括道路的新建，又有针对停车问题提出的严格的措施。必须修建一条向西的要道以缓解城市西南部的交通压力。同时，假如城市西部的扩张还将继续下去的话，也需要考虑新修一条高速公路。

我们应竭力改善公共交通系统。这包括提高市中心公共汽车的服务质量以及往返于公园和林阴道的公车服务的质量。除了公共汽车之外，还可考虑开发一条轻轨路，从而减轻现有城区及未来的开发区所面临的交通压力。

步行城市

在一个实行了免费交通政策的城市中所享受到的自由感将会提升来到切斯特观光的游客的旅行质量。因此，有必要为了城市的步行化而实施目前的这项提议。随着当地及区域内人口的增长以及游客数量的增加，我们也应进一步扩展步行的区域，并慎重地为新的购物及文化区选址。

环境容量评估方法的未来

切斯特的研究是运用系统的方法确定一座历史名城的环境容量的首次尝试。在其他的欧洲城市，也针对这样的问题进行过同类的研究。例如，已经有人试图根据游客数量对海德堡和威尼斯的城市容量进行了研究，主要是从物理容量和知觉容量两个方面进行评定。然而，容量评估方法的根本特点就在于关注物理环境和需求压力在各领域活动中的相互关系。那么，环境容量研究在未来的作用究竟是什么呢？

我们已经越来越清楚，地方政府及规划过程在寻找可持续的土地利用和开发模式的道路上扮演着重要的角色。欧洲及国家政府制订的指导方针（欧共体，1992 年；环境部，1993 年）正越来越重视建立并使用更严格的环境评估工具以便为制定发展计划建立基础。在我们看来，环境容量评估工具正是这类工具之一。它已经被证明是一种有助于设定发展计划的战略方向的有效起点——而并不只是一个替代品。为了使之行之有效，需要将该评估建立在对当地环境的一种系统而综合的审查的基础之上，并在对历史名城及市镇的评估过程中使用一致的结构化方法(Grigson, 1995年)。在英国，对历史名城的决策是通过一个严格的法定规划框架来形成的，而对环境容量评估法则有更严格的要求：

• 关注累积效应及间接效应，从而理解有关战略性规划的根本问题之间的相互关系；

• 注重从长远着眼，并进一步深刻揭示存在的潜在问题；

• 在研究中给予知觉研究以及城市的未来定位以相当的权重；

• 为战略性的土地分配而不是没有结果的争论及讨价还价过程（发生在就建筑规划的住房指导方针达成一致性意见之前）提供更坚实的基础。

在本研究中，还曾就指标的不同作用进行了激烈的争论。环境评估的重点放在那些为容量水平限制门槛的指标之上。因此，基于居民和游客的感知状况所设计的指标必须根据各地的特点单独地制定出来。而量化指标的优势也是非常明显的，它便于把各历史名城的地方政府的注意力放在一些共性指标的数据搜集上，从而可以在不同的城市之间进行比较，也可以对某座城市的长期发展进行评估。英国历史名城论坛和欧洲的可持续性城镇战役这样的组织在研究的协调和信息交流中发挥了重要作用。

在我们的历史名城中，不可替代的文化资源所占据的重要地位推动了环境评估方法的更广泛应用。实际上，PPG15 指出“历史名城的可持续发展能力”是建筑规划在制定指导方针以引导地方的规划方案时应该考虑的一个主题之一。也许该方法的一种简化的形式可以适用于小型的历史城镇，而英国遗产组织也正在就这项开拓性的研究展开讨论。

将环境容量评估方法推广到其他形态的市镇及城市中心去的可能性尚不明朗。乍看上去，这个概念似乎完全可以迁移到形式更加自由的环境中去（如紧缩城市），特别是那些正面临旅游压力的地方。然而，这样可能会因为对那些其环境资源只具有地方性的而非国家性的重要价值的地区制定了武断的开发限制而导致了该方法的滥用。我们建议在这些类型不一的城镇开展开拓性的研究以评估该方法的适用性及有效性。

总之，我们相信环境容量的概念对历史名城具有普适性。切斯特的研究已经表明它可以在准备制定开发规划之前就为人们提供有用的洞见。它在其他形态的城镇中的适用情况还有待检验，不应该把它视为一种带有限制性的工具。正是它让决策制定过程中的环境问题变得更加清晰，并促进了我们对一个城市系统的长期效应的理解。

参考文献

Building Design Partnership in association with MVA Consultancy and Donaldsons (1994) *Chester: The Future of an Historic City*, for Cheshire County Council, Chester City Council, and English Heritage, Chester.

Clark, R. and Stankey, G. (1979) *The Recreational Opportunity Spectrum: A Framework for Planning, Management and Research*, Seattle.

Commission of the European Communities (1992) *Towards Sustainability: A European Community Programme of Policy and Action in Relation to the Environment and Sustainable Development*, COM(92)23, Brussels.

Department of the Environment (1993) *Environmental Appraisal of Development Plans: A Good Practice Guide*, HMSO, London.

Departments of the Environment and National Heritage (1994) *Planning Policy Guidance: Planning and the Historic Environment, PPG15*, HMSO, London.

English Nature (1992) *Strategic Planning and Sustainable Development: Consultation Paper*, English Nature, Peterborough.

Grigson, W.S. (1995) *The Limits of Environmental Capacity*, House Builders' Federation and Barton Willmore Partnership, London

Jacobs, M. (1991) *The Green Economy: Environment, Sustainable Development, and the Politics of the Future*, Pluto, London.

Ove Arup and Partners in association with Breheny, M., Donald W. Insall and Associates, DTZ Debenham Thorpe (1993) *Environmental Capacity and Development in Historic Cities*, for Cheshire County Council, Chester City Council, Department of the Environment and English Heritage.

Ove Arup and Partners and Building Design Partnership with Breheny, M. (1995) *Environmental Capacity: A Methodology for Historic Cities*, for Cheshire County Council, Chester City Council, Department of the Environment, English Heritage, Chester.

城市空间与污染扩散：一个模拟与监测的实验

凯特尔纳·尼·里亚恩，本·克罗克斯福特，
约翰·利特勒和阿兰·彭

引言

城市空间的独特的几何结构究竟是如何影响污染扩散的呢？回答这个问题对于研究具有可持续性特征的城市形态有着相当重要的意义。有人提出，紧缩城市可以减轻交通运输的压力从而降低机动车尾气的排放量。但是也有证据表明，它也可能会导致居住状况过度拥挤，交通堵塞和空气污染，从而严重影响人们的生活质量。正因如此，了解污染扩散与城市形态之间的关系就显得十分重要。一座城市的几何结构对其自身气候的影响体现在城市的整体和其某一个街区两个层面上。事实显示，通过对城市环境的"风场"和污染扩散进行监测和建模，来归纳总结出不同城市间以及同一城市不同区域间的污染扩散状况的一般性特征实属不易。而且从众多的城市环境拯救方案中选取和设计出一个有助于制定决策的措施是相当困难的，这无形中又对建模过程提出了一个更大的挑战。尽管如此，一个设计完善的性能良好的模型，却能使包括政策制定者、城市设计人员、交通规划人员、环境工程师、特别是城市的居民和劳动者在内的所有人受益。

我们可以从城市及其周边地区复杂的地形结构中发现（见图 1），影响城市上空污染物流动与扩散的主要因素为空间结构，气流剖面轮廓和城市周边地带环境状况的稳定性，而且这些因素之间又彼此相互依赖、相互影响。大气层状态的稳定程度决定了城市与其周边地区的交互作用以及气流剖面轮廓。而城市地表与高空的气流剖面轮廓特征因受到城市宏观与微观的地形结构的作用，反过来又影响大气层状态的稳定性。另

外，城市活动所产生的热量以及地表辐射也同样会影响城市上空大气层状态的稳定性，而后者的变化又反过来影响城市污染物的扩散。

这样的案例很多。如墨西哥城，它的城市空间几何结构、地理分布和城市的经济活动等都直接影响了其城市的空气质量。由于城市的空间几何结构是影响污染物流动和扩散的主要因素，所以在为城市环境建模的过程中必须充分考虑城市复杂的几何结构，简单的说，就是要同时考虑城市宏观与微观特征的影响。

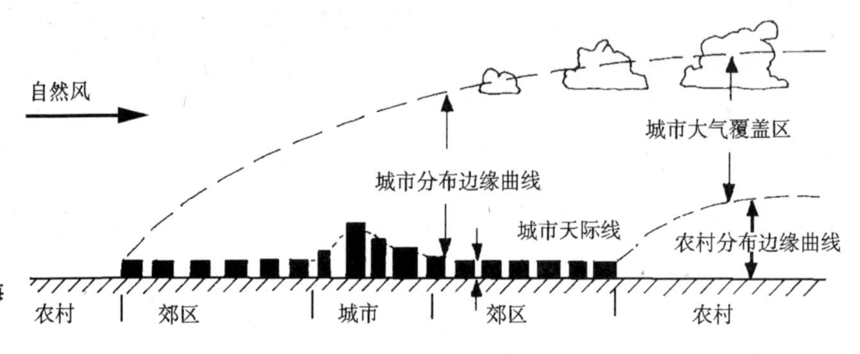

图 1　城市上空不同海拔大气层状态曲线图

由于对城市环境中污染物的流动和扩散进行模拟是相当困难的，所以这个模型并不能作为常规的城市污染监控程序的补充，尽管它对于这个研究领域来说具有非常重要的价值。“人们通常认为环境监测的结果就是真实的世界，事实上这种观点是不正确的。我们应该说明的是，一个经测试性能良好的模型可以反映出一个三维的真实世界，反映出它的变化，并能够反映其今后可能的变化。”（赞纳蒂，1992 年）一般的说，一个模型的可靠性，通常是要靠另一个基于不同理论而建立起的模型来检验的。即使是城市环境研究领域的模型也不例外。如：计算机流体动力学的模型试验的验证需要通过对风洞的研究来实现。一个好的模型可以很好地帮助我们来决定究竟在哪里来安置污染物感应器，以及各感应器之间的相互关系。这样我们就可以从一个污染监测网络中获得有意义的数据信息。这种网络帮助我们对整个城市气候的动态变化有了透彻的认识和理解。

人们通常认为减少污染源是解决城市污染问题的主要措施，但事实上这并不是一种既经济又切实可行的方案。人们已经尝试着对潜在的污染源进行定位，并针对主要的工业污染源区提出了指导性的建议。（Manes 等，1984 年）。这的确是一个非常有利于促进城市污染扩散的研究。然而，奥基（1988 年）却提醒我们，这种方案在处理以市民的一般居住舒适度为主要目标的街道设计时存在很多困难。也就是说，以增大通风、促进污染扩散和增加日照为目的的街道设计方案，与人们所向往的悠然和谐的生活方式之间存在着一种微妙的矛盾关系。为了缓和这种矛盾，奥基也提出了一个中和性的设计方案。由于诸多决定性因素之间存在的相互错综复杂的关系，使得我们所建立的综合模型必须具有高度的适宜性才能够满足那些城市规划者的需要，因为他们必须关心社会经济的需要。

大多数应用于城市环境领域的模型都有其严格定义的适用范围，而且几乎没有一种技术手段是可以明确模拟出城市的三维几何结构的，无论其解析度的高低。总的说来，所有从二维角度上考虑城市污染的模型，绝大多数都是研究城市表层环境的，如街道上空的空气状况，很少有模型可以分析出外层空间的环境状况。

在本文中，我们将讨论几种在研究城市表层空气的三维几何结构时常用的建模方法与技巧。集监测与模拟为一体的实验研究的初步结果表明，一个描述了城市道路网络中污染物流动与扩散状况的高质量的模型可以更好地帮助我们去进一步分析和理解：a）城市空间的三维几何结构特征对污染物流动和扩散的影响，b）监测策略如何更好地体现出城市的气候状况，c）模型的建立是如何帮助我们分析监测结果的，d）将模型与宏观治理结合时所遇到的困难。

模拟城市空间

人们已经将许多的理论和技术应用于解决在城市建筑环境建模中所遇到的困难。塞皮斯（1989 年）和赞纳蒂（1992 年）对一个复杂的扩散气象学模型中的理论、运作和适用范围进行了综合的描述，他们还详细地描绘了一种经济的可免费获取的环保机制模型。在此，我们仅对具有一定确定性的用于描绘城市地表覆盖层的复杂地理结构的模型进行讨论。

峡谷问题

由城市中的“峡谷”所分割开来的街区分布模式，是我们在建模时遇到的一个很大的难题，在这里，空气的流动以及污染物的扩散的关键驱动力是城市空间的三维几何结构。尽管在处理污染物扩散的模型时不常用到三维结构，但这种技术的确在以下几个方面具有其独特的优势：

- 评估自然通风式建筑（包括住宅和商务楼）的朝向
- 在城区设计自然通风式建筑
- 为采用空调通风的建筑设计通风口的位置

为城市污染扩散建模的困难在于地域性。对于高斯扩散模型来说，只要搜集到诸如风速、风向、稳定性和交叉高度等气候特性就足够了，而对于计算机流体动力学（CFD）模型来说，则需要了解气流剖面轮廓和紊乱水平。无论是对建模的总体理论还是一个具体的应用模型来说，在一个区域内要获得如此多的数据是不可能的，至少是不够准确的，比如探测器安置的位置不恰当。通常，人们运用类似于矢量定律或能量定律的表达方式（Aynsley等，1977年），从一两个数据源中将数据进行简化，比如通常把测量点设置在地上建筑高度的平均水平上。玛丽安玛（Maryama）和爱希泽奇（Ishizki）（1988年）从风洞的研究中发现，在城市地表覆盖区内矢量定律不能成立。这一点也被罗塔奇（Rotach）（1995年）所证明，罗塔奇曾对城市“峡谷”内、外的多点进行了大气流动速率的测量。大气流动在很大地程度上受城市空间几何结构的影响，而且无法将其近似为一个简单地携带了一定污染物并向某一个水平方向上流动的风的矢量。

对平行系列的气流特征（奥基，1988年）和奇特的“峡谷”结构（Hunter et al，1992年）都有详实的文献纪录。当风的垂面与“峡谷”形成一定角度，且其高、宽比例超过0.3时，就形成了涡流结构。（图2）

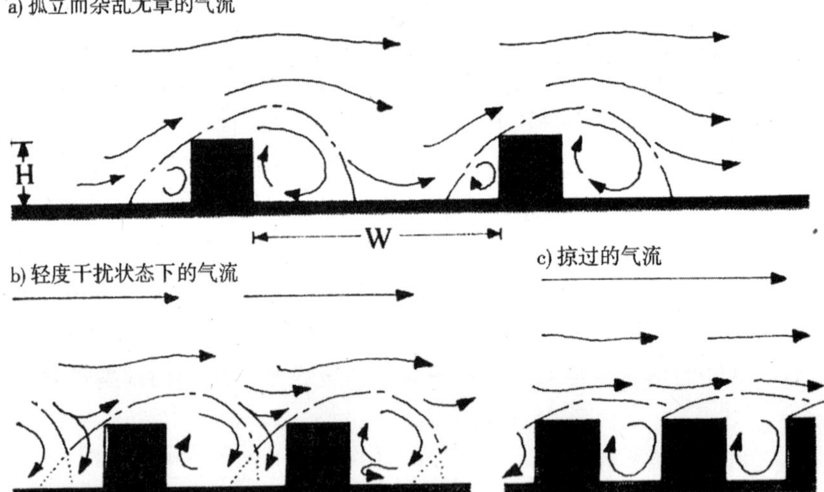

图2　随楼层高度与楼间距比例的增加，楼群间气流的特征

涡流这种自然现象随H/W值，即峡谷深度与宽度的比值的变化而发生特征上的变化。在一个较深的峡谷中，还会出现一上一下两个涡流（Lee & Park，1994年）。这一特征已被考虑应用于解决城市峡谷的通风和污染物的扩散的问题，因为绝大部分污染物都来自于城市峡谷底部拥堵的交通。而峡谷中污染物扩散出的速率主要取决于峡谷的几何结构、峡谷顶部的风速、峡谷中气流的杂乱程度、由于机动车辆引发的气流杂乱，以及相连街道的状况等。因此，产生于街道峡谷中的污染物就不符合高斯剖面结构，也无法用高斯羽状烟云模型［如广泛使用的CALINE4（Benson，1992年）］来解释。另外，罗塔奇（1995年）还指出，从苏黎世街道峡谷内外的风速、气流杂乱程度和连续18个月的温度监测数据中可以发

现，峡谷内气流剖面结构还依赖于大气的稳定性。在风速较低的条件下，卡等人（1995年）还认为峡谷中涡流的稳定性和位置在很大程度上取决于峡谷表面的导热率。

街道峡谷模型

德·保尔和希尔（1985年）利用在峡谷中使用放射性气体的方法来测量街道峡谷中不同位置的通风率。其结论再次证明了涡流理论的正确性，即污染物会在街道的上风位大量聚集。他们还制定了一个半经验性的公式来预测街道峡谷中的污染物聚集状况，并打算以此来挑战城市规划模型的正确性。伯克威茨等人（1995年）也归纳出了一个半经验模型来预测街道峡谷中污染物的聚集状况，后来还被合并成为丹尼斯操作街道模型的一部分，但其准确性过于依赖天气状况。

街道峡谷与街区的复杂性以及众多的影响因素都表明，峡谷的计算机模拟过程在很大程度上决定于欧勒恩型模型。在这个模型中，整个区域被分割为许多能够对整体产生影响的小的单元，在每个小单元中的气流的流动变化都可以用数字的方式来表示出来。解决的方式通常是某种区分框架（通常为有限几种方式），以数字化公式的手段来解决这个单元中的流动（纳维尔－斯图克斯公式）。这种方法可以与许多模型共同使用以解决更多更详细的流动现象。（比如在扩散模型中，亨特等人（1990/1991年）把k－ε模型应用于峡谷模型；又比如说污染物传播模型中，李和帕克（1994年）使用了诸如K理论的基础模型；又或者说涡流结构随峡谷表面热传导率的变化而发生变化（卡等人，1995年）。解决纳维尔－斯图克斯公式时的一种可靠的方法，曾采用了一个大型涡流模拟模型和解决内部热传导的模型，以说明峡谷中涡流的运动状态取决于白天太阳的位置以及夜晚时由峡谷中热的散发所引起的涡流浮动。然而，出于考虑到计算公式的经济性和简化性，峡谷模型的研究绝大多数都是基于二维的。

德布雷特和霍伊迪斯（1991年）指出，街道峡谷中污染物的聚集状况并非与周围的街区毫无关联，因此不能对其进行独立的建模。通过运用大气边缘层和城市街区中的风洞模型，他们发现，在风的作用下，相关联的街区对街道峡谷中污染物聚集程度的影响可以达到20%。直到最近，人们才开始从三维的角度来模拟复杂的城市结构，并成为研究风洞理论领域的一部分，并随着计算机运算能力的加强，拉格朗日模型和LES模型具有更复杂的表达形式，虽然在研究大气边缘层的状态时还比较简单和不确定。例如，穆拉卡来等人（1990/1991年）得出了一个综合了k－ε扩散模型、LES模型和城市街区中风洞的研究的以时间为变量的气流与扩散区域的关系公式。

运用计算机流体动力学（CFD）模型来模拟城市峡谷中的环境问题的优点在于：它解决不同模型时的相对适应性更强；可以从一个经过良好设计和控制的模型中得到更准确的处理方法、范围和有利的数据；另外，当然还可以模拟可以驱动气流的地形。然而，使用这种方法去解决具体问题时，需要很多必要的条件，而其中难免会有一些不确定的因素。另外，对不同方程进行求解也是相当复杂的，它无法使用常规的分析手段，而是需要一个离散方程式去实现由计算机分化的有限个小单元中的变化。因此，我们需要归纳出一个不依赖于风洞或拉格朗日模型的更简化的近似模型。实际上，我们所分割成的各个小单元必须足够的小，以确保在这个小单元中的各种变化（如温度和压力）是有限的。将这个区域内所分割出的各个小单元中的变化都储存入计算机，以便于计算机通过运算得出最佳的解决方案。因此，我们必须谨慎地确定模型的结构、边缘的定位、区域的分割以及其他一些必要的假设，而这些考虑，对于一个规模很大的模拟区域来说就更加重要。由模拟得出的结构必须再经过严格和慎重的考察。在商业实践中，CFD 模型的正确性通常由科学的假设来证实，而在科研中，它则主要通过对真实世界的测量结果或其他类似的技术来证实。和其他所有相似的技术一样，CFD 模型必须被谨慎地加以使用，但对于科学猜想和假定来说确有很大的实际意义。

伦敦市区的监测和模拟实验

为了更好地了解决定伦敦市区污染物扩散的气流状况，威斯敏斯特大学的建筑研究所和伦敦大学（UCL）的巴特里特研究生院的建筑研究中心计划进行一次短期的研究合作。两家机构同时对伦敦市区的污染问题进行研究，但他们又有各自不同的技术手段和应用方式。巴特里特的建筑研究中心主要利用其一氧化碳（CO）监测网络，对伦敦市区进行监测并负责对数据进行分析，而建模的工作则由威斯敏斯特大学的建筑研究所来承担。研究的目标即通过建立一个生动的模型来模拟道路网络中的气流状况，提供一个与实际监测结果相同的预测，并建立一个市区中一氧化碳聚集状况与风向的关系。（Croxford 等，1995 年；Croxford 和 Penn，1995 年）

研究区域的具体状况

本研究的区域是以 UCL 大学为中心的一个区域（图 3），这个区域包含一些与南北方向呈 45°角的方形的小单元。这个区域中包含 8 条主要的街道，其中有 4 条是东北 - 西南走向的，而另外 4 条则是西北 - 东南走向。这些街道有着不同的交通状况，从欧斯顿大街每天的车流量为 5 - 6

万车次，而亨特利大街每天则只有不到大约5000车次（卡姆登委员会的数据）。

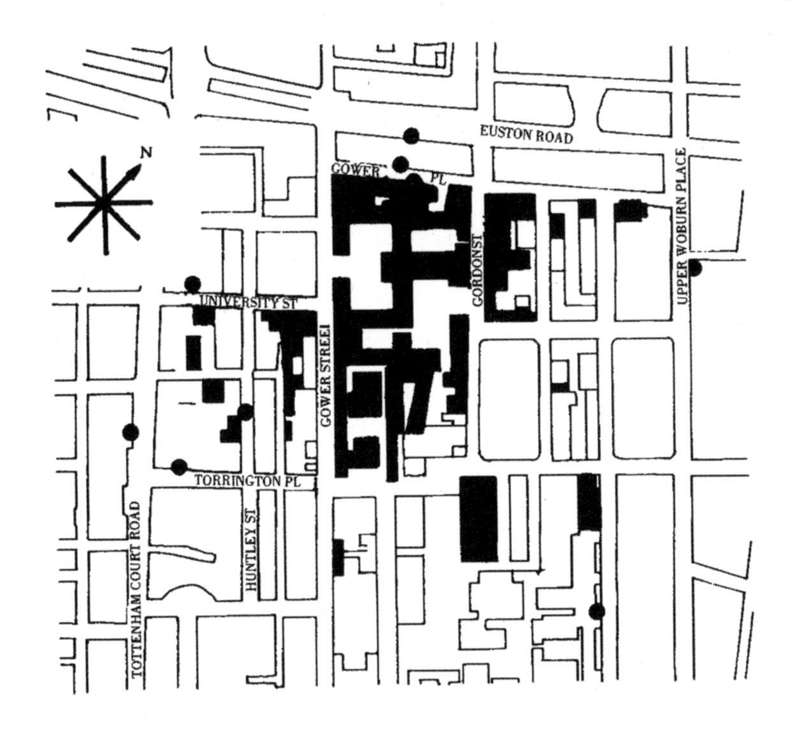

图3 用于研究的UCL大学周边地区图。图中的点表示传感器安放的具体位置

建模方法

建模所使用的代码是FloVENT（由弗洛默里克斯有限公司和建筑服务研究与信息协会提供），并结合了k－ε扩散模型和稳态假设，并根据迪卡尔分割法将模拟区域进行有限划分。但它并没有对区域的边界进行明确的定义，建模时，我们假定可以精确的描绘出街道间大量气流的运动，并以此作为测量的根据。因此，这个模型的研究只是一个定性的研究。

在城市气流稳态模型中，我们在选取气象数据时必须十分小心，比如在一个有波动的环境中只选取其中一个瞬间数据。作为模型条件进行输入的气象数据是每个小时内的平均数据。街道中一氧化碳和风的数据则是每6分钟内的平均值。因此，当我们计算这个平均值的过程中很容易造成一些偏差。然而对于一个持久的现象而言，它更决定于其所处的空间结构而不是那些处于变化中的气象数据，所以我们在建模和获取监测数据时必须明确这一点。

在本研究中监测区域的风速与风向等数据从设在距该区域2000米的伦敦玛丽勒布恩地区的威斯敏斯特城市议会的气象站的高60米的塔顶的监测器获取的。该区域无论从建筑物的高度还是密集程度都与我们所要监测的UCL地区极为相似，因此我们可以相信两地的气象特征是相似的。

而且更值得庆幸的是，该区域盛行西南风，这与我们所研究区域内的主要街道也是平行的（见图3）。该区域的风速很低，在距地面65米的高度，其风速只有2.6米/秒。而这一点又可能会导致模型在计算和预测上出现一些偏差，因为CFD模型在低速状态下的准确性尚未得以证实。这些信息被用来建立城区气流剖面的对数关系图。

我们已经对一些不太复杂的模型（平均高度为24米）采取了一系列的测试，以确定该模型对于监测边缘地带的敏感程度，（包括内部、外部和自由边界地带）在街区内相应的监测点的地位和研究模型对分辨率和模拟区域的大小变化的敏感程度。

UCL地区模型

我们以托特纳姆法庭路、托林顿地区、戈顿街和欧斯顿街为边界构建了一个很大的地区模型（408米×470米×500米）。然后我们先是在高度为500米的区域内检验模型的可靠性。而后又将高度减低为200米，还调整了边界区域的气压，以得到更真实的模型。并通过按街区排列的顺序测试出气流的速率和变化剖面状态。（尽管使用目前的方式已经可以在很大程度上预测出气流的变化情况，我们还是打算着手在伦敦中心的玛丽勒布恩地区使用一种更先进的气象变化监测程序，以便为将来改进模型提供更多更精确的数据和信息。）从铅垂面上看，边界区域就像是气压的边界，它相对于剖面来说气压较低，可以形成该区域盛行的气流方向，同时其不同方向上又存在一些较高的气压，以显示出并不是所有的气流都是沿着该区域盛行的气流方向，从而更像街道中真实的气流状况。这些边界区域的气象状态都需要细致、敏感的测试。综合所有数据可以模拟出符合欧斯顿地区的地形结构（图4）的两种呈直角状态的风向，即西南风（图5，风向从左到右）和东南风（图6，风向从下到上）。由于时间的限制，测试一个如此大的模型，并要得出一个解集，我们在此无法将更多其他方向的气流拿来研究。

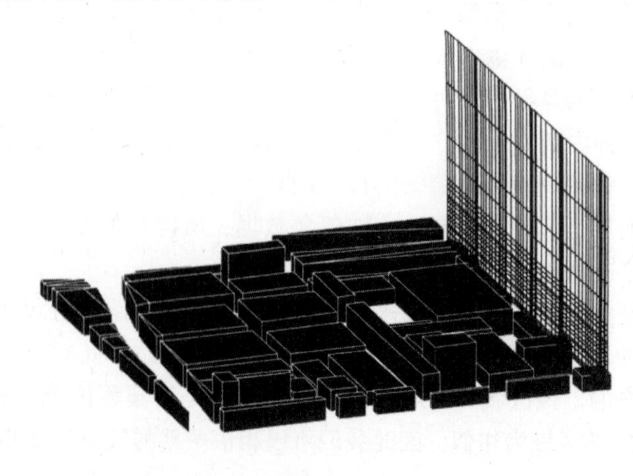

图4　UCL地区模型，北向，三维结合结构以及按y－z面分割的小单元

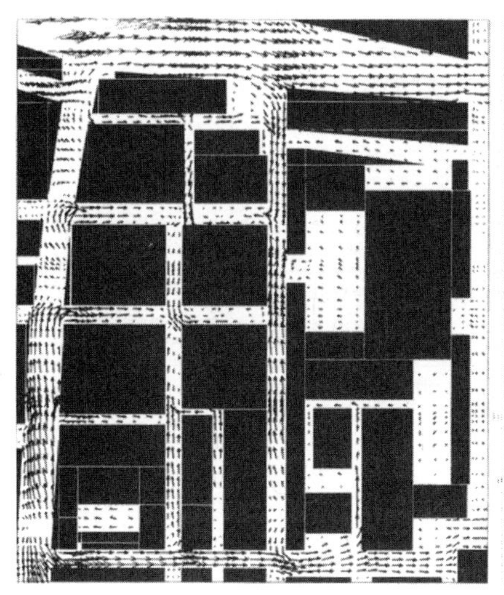

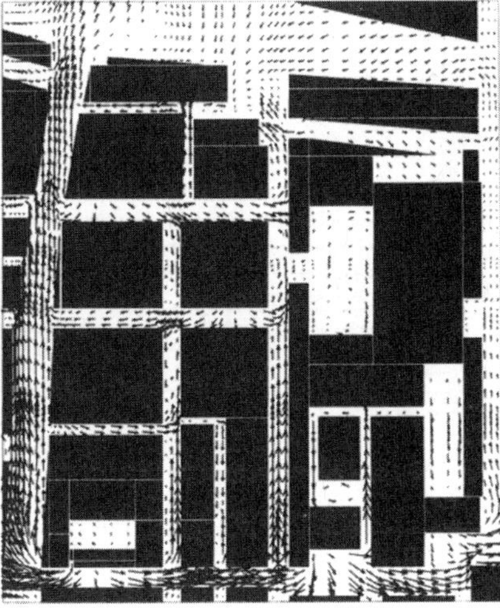

图5　（左图）UCL地区模型（x－y面，z=3.75米），来自西南方向的气流（从左到右）

图6　（右图）UCL地区模型（x－y面，z=3.75米），来自东南方向的气流（从下到上）

监测程序

在8月份，我们监测了伦敦大学周围附近的几条街道。而该区域盛行气流的数据则是通过设置在伦敦大学第二高的建筑物（39米）顶部的一个气象站获得的。

一氧化碳的测量数据以散点图的方式给出，而这个图示看上去似乎与相关街道的污染状况略有不同。在八分仪的罗盘上设置8个主要的风向，并将一氧化碳的数据按区域进行分类。通过这种方式，我们可以尝试着去理解由于地形结构以及交通状况的不同而造成的分布差异。再在同表中描出一条下降的曲线以便于我们更好的解释这些图表。在这条线上方或下方的点表示了在某一时刻，一个街区相对于另一个街区较多或较少的一氧化碳含量。

融合模型和监测结果

模型进一步确证了街道峡谷中垂直与风向的气流旋涡的存在，并证实了气流旋涡的结构并不仅仅依赖于峡谷深度与宽度的比值，同时也与相关联街区的峡谷结构有关，也就是说我们不能孤立地去考虑峡谷的结构。简单地说，不对称的街道峡谷，根据峡谷内风向的不同，可以产生相当大的旋涡或根本无法产生旋涡。那些没有形成气流旋涡的巨大气流带就好像是一个大的“排水沟”。(图7)

图8显示了两条相距约600米的平行街区的一氧化碳聚集状态。托特纳姆法庭路的峡谷深度与宽度比值为0.71，而上沃本区则为0.55。差

别的原因在于监测用的传感器安置在道路不同的两侧。图表显示，当出现东北风时，托特纳姆法庭路的一氧化碳含量要略低于上沃本区。反之，则要略高。因此，我们可以期望在这两个街区间设计出一个气流旋涡。

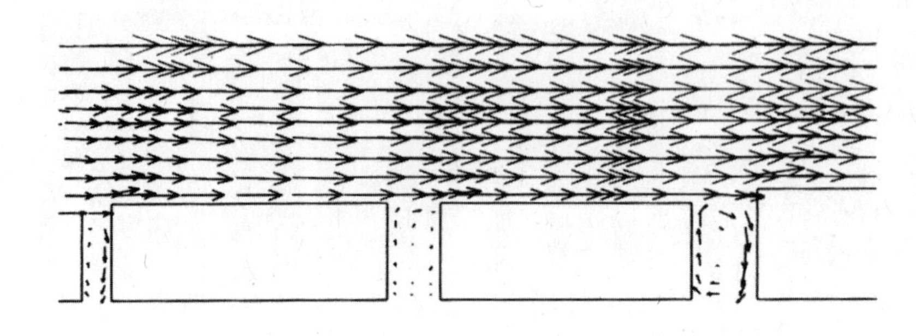

图7 UCL 地区模型，不同结构下的气流旋涡形态（y－z 面，取自不同位置传感器的数据）

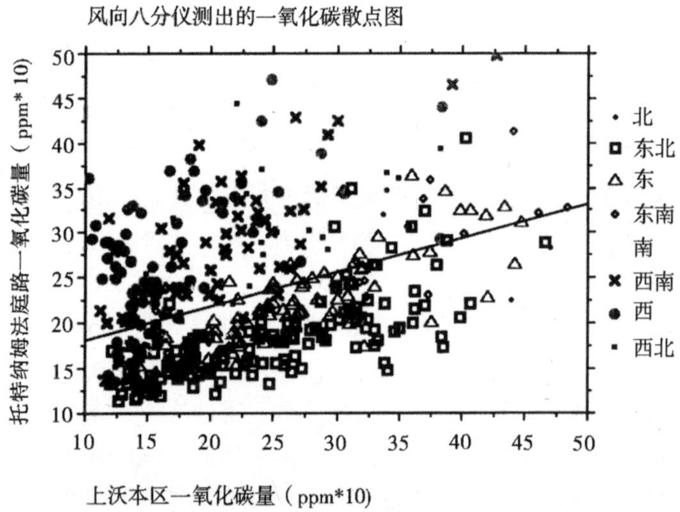

风向八分仪测出的一氧化碳散点图

托特纳姆法庭路一氧化碳量（ppm*10）

上沃本区一氧化碳量（ppm*10）

北 东北 东 东南 南 西南 西 西北

图8 比较托特纳姆法庭路（西北/东南）与上沃本区（西北/东南）一氧化碳聚集状态，传感器位于道路的两侧

图9（模拟）说明当C刮起东南风时，将形成一种旋涡，其一氧化碳分布的平面状态与亨特等人的（1990年/1991年）峡谷模型中H/W比率较低时（<1）的状态完全吻合。纯净的空气从峡谷的下风位被吸入，然后在峡谷底部逆风向流动，最后气流在上风位上升，并开始顺着风向流动。因此，当我们把传感器设置在下风位时，数据显示空气是干净的，相反当我们把传感器设置在上风位时，由于气流将地表的污染物扩散开来，数据则显示空气是污浊的。

图10显示了与上例中道路相垂直的两条平行街道的监测结果。从图中污染水平的相对状况中我们可以看出，出现西北风时，欧斯顿街的南侧污染指数最低，而出现东北风和东风时，该区域的污染指数明显高于平均水平。欧斯顿大街的道路宽阔但却又相当拥挤，其高宽比为0.69，

因此当出现西北风时，很容易在这里形成涡流，使得我们设置于道路南侧的传感器探测到的数据为纯净的空气。而当出现东风和东北风时，要么由于涡流的原因，要么是大风直接将地面的污染物刮起，从而使我们从传感器得到污染指数较高的数据。

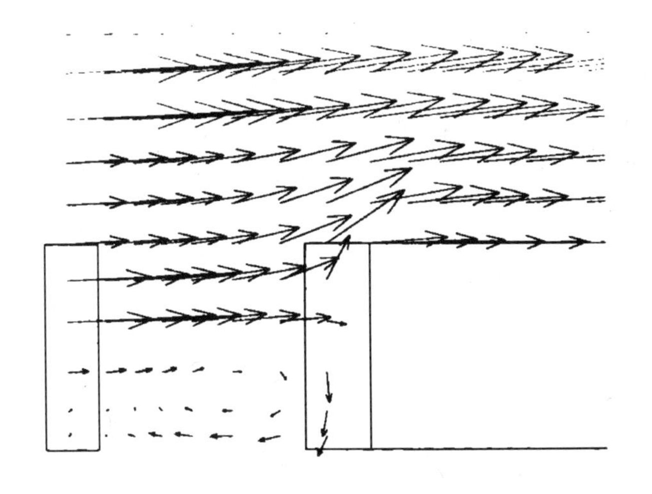

图9　UCL地区模型（细部）：托特纳姆法庭路一氧化碳 x－z 平面分布图

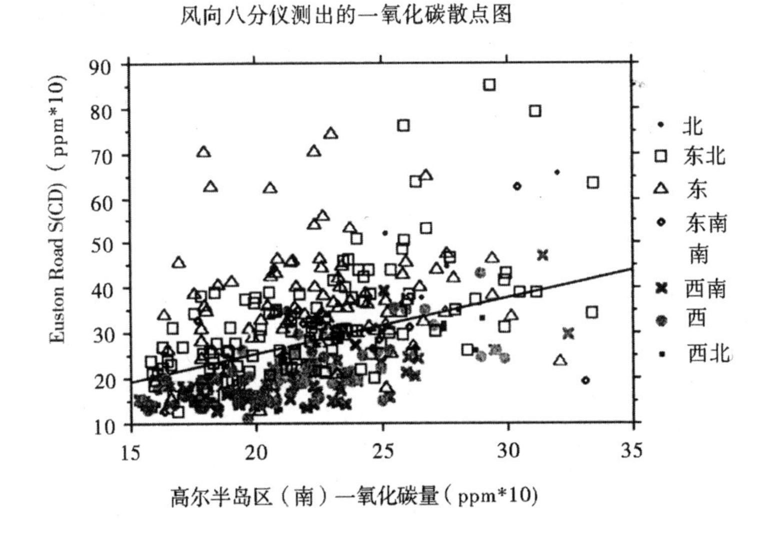

图10　欧斯顿街（西南/东北）和高尔半岛区（西南/东北），传感器均安置在道路的南侧

高尔半岛区的高宽比为1.5，我们在道路的两侧都安置了一氧化碳探测器，以获得更完整的监测数据。图11表明该地区任何方向的风都很难产生涡流效应。这一点我们可以用先前所提到的模型（图4和5）来解释，即在道路西南方过高的建筑物将导致该区域的气流杂乱而无规则，从而很难形成涡流；其次，由于高尔半岛区庭院较多，其污染物排放形式也在一定程度上阻止了气流形成旋涡。

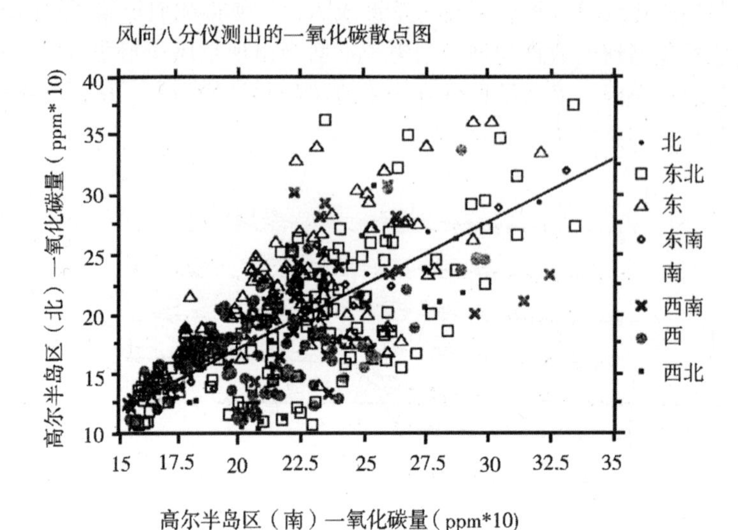

图 11　高尔半岛区（西南/东北）道路两侧的监测数据

小结

本章作者定性地分析了计算机模型与实际监测的一致性。这种模型尽管还不够完善，但仍然比较准确地模拟出由于道路和建筑物的空间几何结构而导致的区域气流状态。当然，在我们没有使用通过在整个几何空间中设置更多既廉价又准确的传感器所搜集到的足够描述该区域气流对污染物分布的影响的全部数据前，我们仍然无法验证这个计算机模型的准确性。影响气流效应的主要因素为道路的空间几何结构，尤其是其街道峡谷的深度与宽度比例，以及对气流方向有显著影响的高大建筑物。在街道峡谷中一旦形成涡流，将彻底改变原有的气流形态，并直接影响污染物的聚集状态。在同一个街区中，随着风向的不同，其污染物指数也有很大的不同。比如在欧斯顿，出现东风或西北风时的污染指数差值竟高达 5ppm。

当风垂直吹向道路时，道路中的涡流现象最明显。这一点可以由集监测和模拟为一体的 CFD 模型来解释和证实。当我们假设道路为一个开放式网络时，我们可以发现，一个街区内风速的大小，不仅仅与自然风速的大小、方向以及峡谷的高宽比有关，还与相关联的街道的状况有着密不可分的关系。这表明，与峡谷垂直方向的气流变化一样，道路中交通状况的变化，如堵车或道路顺畅，也同样会导致空气中污染指数的变化。市区高大的建筑物对气流和污染物的扩散也有很大的影响，同时也会导致气流的紊乱从而引起道路内污染物指数的变化。CFD 模型可以非常直观地描述出这些很难探测出的气流变化状态。

风是污染物扩散的主要动力，因此我们就十分有必要建立一个模型，以便我们相当简便地模拟出复杂的气流状态。然而，考虑到不同区域间的相互影响，我们不能孤立的就某一个特定区域建立模型，而是应当把它作为一个相互关联的网络中的一部分来对待。CFD 模型对这一点已经作了周详而缜密的计算处理，为今后建立更精确的模型提供参考。

由于模型仅考虑了气流这个因素的影响，必然是缺乏精确度的。但它仍然可以根据一堆数据给出我们一个直观的描述，从而为我们进行更深入的研究、改进以及对比其他诸如地面热辐射因素等提供参考。

集监测和模拟为一体的道路网络模型，可以有效地帮助我们通过合理改变设置检测设备的位置来提高监测的准确性，对污染状况的危险信号及时做出反应。尽管这种方案的监测结果与人们通常的污染概念有所不同，但它可以为建筑师、城市规划人员和交通建设人员提供一种整体的环保参考。通过提供城市空间和通风状态的直观图，我们可以明确地表示出污染物排放量的变化（交通状况）和空间结构的变化对该区域以及相邻区域内的空气质量的影响。

参考文献

Aynsley, R.M., Melbourne, W. and Vickery, B.J. (1977) *Architectural Aerodynamics,* Applied Science Publishers Ltd, London.

Benson, P.E. (1992) A review of the development and application of the CALINE3 and CALINE4 models. *Atmospheric Environment,* **Vol. 26B, No. 3,** pp.379-390.

Berkowicz, R., Palmgren, F., Hertel, O. and Vignati, E. (1995) Using measurement of air pollution in streets for evaluation of urban air quality - meteorological analysis and model calculations, *Proceedings of the 5th International Symposium on Highway and Urban Pollution 95,* Copenhagen, 22-24 May, 1995.

Ca, V. T., Asaeda, T., Ito, M. and Armfield (1995) Characteristics of wind field in a street canyon. *Journal of Wind Engineering and Industrial Aerodynamics,* **57,** pp.63-80.

Croxford, B. and Penn, A., (1995) *Pedestrian exposure to urban pollution: exploratory results,* Air Pollution 95, Porto Carras, Greece, 25-27 September 1995.

Croxford, B., Hillier, B. and Penn, A. (1995) Spatial distribution of urban pollution, *Proceedings of the 5th International Symposium on Highway and Urban Pollution 95,* Copenhagen, 22-24 May, 1995.

Dabberdt, W.F and Hoydysh, W.G. (1991) Street canyon dispersion: sensitivity to block shape and entrainment, *Atmospheric Environment,* **Vol 25A, No. 7**, pp.1143-1153.

De Paul, F.T. and Sheih, C. (1985) A tracer study of despersion in an urban street canyon. *Atmospheric Environment*, **Vol. 19, No. 4,** pp.555-559.

Hunter, L.J., Watson, I.D. and Johnson, G.T. (1990/91) Modelling Air Flow

Regimes in Urban Canyons, *Energy and Buildings*, **15-16**, pp.315-324.
Hunter, L.J, Johnson, G.T and Watson, I.D. (1992) An investigation of three-dimensional characteristics of flow regimes within the urban canyon. *Atmospheric Environment,* **Vol. 26B**, **No. 4,** pp.425-432.
Lee, I.Y. and Park, H.M. (1994) Parameterization of the pollutant transport and dispersion in urban street canyons. *Atmospheric Environment,* **Vol.28**, **No.14,** pp.2343-2349.
Manes, A., Setter, I. and Decker, D.N. (1984) Potential air pollution climates and urban planning, *Energy and Buildings,* **7,** pp.139-148.
Maryama, T. and Ishizaki, H. (1988) A wind tunnel test on the boundary layer characteristics above an urban area. *Journal of Wind Engineering and Industrial Aerodynamics,* **28,** pp.139-148.
Murakami, S., Mochida, A. and Hayashi, Y. (1990/91) Numerical simulation of velocity field and diffusion field in an urban area. *Energy and Buildings,* **15-16**, pp.345-356.
Oke, T.R. (1987) *Boundary Layer Climates* , Methuen, London.
Oke, T.R. (1988) Street design and urban canopy layer climate. *Energy and Buildings*, **11**, pp.103-113.
Rotach, M.W. (1995) Profiles of turbulence statistics in and above an urban street canyon. *Atmospheric Environment,* **Vol. 29**, **No. 13,** pp.1473-1486.
Schorling, M. (1994) Computation of ambient concentration distributions due to vehicle emissions. *The Science of the Total Environment,* **146/147**, pp.445-450.
Szepesi, D. (1989) *Compendium of Regulatory Air Quality Simulation Models,* Akadémiai Kiadó, Budapest.
Zannetti, P. (1992) Numerical simulation of air pollution: an overview, *Ecological Physical Chemistry, Proceedings of 2nd International Workshop,* Milan, 25-29 May (eds. Bonati *et al.*) Elsevier Science Publishers Ltd.

第五部分　实　　施

导　言

迈向紧缩城市的目标如今已经在欧洲各国的政策中确立下来。在第四部分，我们注意到，在英国和其他地区，政策及其实施早已赶在研究的前面，但许多政策和措施的结果却依然没有得到充分的理解。第五部分也是针对这种情况提出来的。它考察了实施紧缩城市的种种尝试，对不同政策实施的后果做出了评论，并评价了各种解决方案的动态性。第五部分的各章通过对实施案例的分析，将有关紧缩城市的实施的讨论进一步地深入了下去。

这一部分介绍了许多不同的研究，这些研究也都涉及不同的实践领域。然而，它们所探讨的很多问题却具有共通性。讨论主要集中在具体的解决措施身上，但是在这些解决方法的背后，却是一系列共同的内容。但是，现在还有许多有关实施的机构、方法、规模及合法性的根本问题没有解决。这些讨论直接或间接地表明，如果要成功地实施紧缩城市，则必须探讨上述的广泛内容。

讨论的第一个领域集中于紧缩城市的不同实施机构的适宜性问题。许多作者都对规划人员和规划系统的角色给予了关注。例如，普拉特（Pratt）和拉克翰（Larkham）就说明了应该如何建立规划系统以便把紧缩城市的各个方面都包含进去，并提出了一种“新耶路撒冷”的构想。布雷赫尼等人则考察了地方政府是如何通过规划体系实施旨在集中开发于城市的英国政策的，而舍洛克（Sherlock）和伯顿（Burton）则表示，规划系统完全可以在协调高密度化的城市居住模式的问题方面更加有所作为。

但是，单靠规划人员还很难带来为实现可持续的城市所必需的巨大变革。在政策形成与实施的过程中，其他的地方政府部门（Pratt & Larkham），开发商和土地持有人（Burton & Matson），公共服务的提供者

(Burton & Matson)、商人（Thomas & Consins），当地管理机构（Johnson）和城市居民（Johnson）之间的通力合作是必需的。这些人员之间的进一步的联合具有至关重要的作用，同时也需要建立起深入的伙伴关系，并促进服务于本地具体事务的地方性参与的发展。

讨论的第二个内容涉及到能够被用来实施紧缩城市并处理实施效果的具体措施。这种讨论说到底就是要探讨政策、经济激励手段、教育、管理技巧与设计的有效性问题。例如，伯顿（Burton）和马特森（Matson）主张利用规划控制及其相应政策、税收激励手段、投资和城市治理等因素来促进紧缩城市的发展。这些文章表明，关键在于不能限制方法及措施的范围，要不断地寻找新的实施办法。

第三个要讨论的内容（也许也是最成熟的）涉及到实施的规模，或者说处理紧缩城市的层次水平。接下来的各章都支持多种实施水平，从国家、到区域再到社会的城市地区、社会城市，当地政府及邻近地区。尽管所有这些水平很可能都有自己的独特价值，但对这样一套规模水平的倡导的确突显了应该在不同层次的实施过程中建立协调统一的关系的需要。

最后一个讨论议题关系到利用各种机构或方法，在各规模水平上的实施怎样才能被认为是成功的，或是合法的与公平的。许多人都以地方，尤其是社会的接纳度作为"成功"的评价指标。例如，约翰逊（Johnson）就相信，对产生于高密度地区的问题的解决方案应该在社区内部策划，因为来源于本地的解决方法才有可能获得更大的接纳与认同。舍洛克也同样强调了需要主动提高生活的质量，从而使之受到当地居民的欢迎。而减少小汽车的使用及拥有率的做法就可能不会受到人们的拥护。为了克服这些困难，就需要改变公众的态度。通过旨在增强公众对可持续性等宏观性问题的认识的教育将最有可能带来这种改变。这种对"认识"的需要也同样适用于那些实施紧缩城市的人（Pratt & Larkham）和生活在紧缩城市之中的居民。

在这四个领域的讨论中所提出的问题如果能够解决，则我们在成功的实施一种可持续的城市形态的道路上又迈进了一步。然而，处理这些冲突还需要做出新的承诺。第五部分的各章还就如何才能建立为实现这一承诺所必需的实践步骤提供深刻的见解、案例及建议。

谁为紧缩城市负责

理查德·普拉特和彼得·拉克翰

> （在可持续发展中）当然得有人带头行动。这个头不应该只是由实践中的规划专家以“指导方针”的形式来带，规划专家接受教育的学术机构也同样应该来带这个头，如果我们现在抓不住这根多刺的荨麻，日后的后果将可能是灾难性的。（Moore，1995年）

规划的乌托邦与历史的教训

一次又一次的，英国的规划被要求为“新耶路撒冷”敞开大门。从埃本尼泽·霍华德到战后规划体系的创建，城市规划中一直就暗涌着一股乌托邦式的潮流。对这段历史的理解将给目前我们所面临的挑战——包括可持续性以及把“紧缩城市”作为其关键要素的有关城市的理论——带来重要的启迪。

尽管没有达到20世纪30年代时“带状开发”那样狂热的地步，但目前有关城镇及农村的质量的陈述却与那个时代的华丽辞藻有着异曲同工之妙（Ashworth，1954年；Bedarida，1979年；Cherry，1988年；Hague，1984年；Hardy，1991年；Ward，1994年）。1929年工党政府曾试图通过建立三个委员会［国家公园研究委员会（由爱笛生领导），彻姆斯福特农村开发委员会以及玛丽花园城市与卫星城委员会］以形成具有战略意义的政策。英格兰城市的遏制政策成为30年代的主流。还值得一提的是，1926年，农村英格兰保护会就已经成立了，并极大地推动了这些讨论的发展（正如它在今天所发挥的作用那样）。哈格回顾了建立在交易基础上的新生的消费者资本主义对环境质量的贵族式的轻蔑，并分析了促进1932年城镇规划法案通过的社会力量。该法案引导下的城镇规划框架在1933年涉及到364万公顷的土地，到1939年的时候就已经波及到1072万公顷的国土了。1935年的带状开发限制法案又随后跟进。在英国卷入第二次世界大战之后，又产生了两份重要的报告，第一份研究报告是由蒙塔古·巴洛爵士主持的，其主题是"工业人口的分配"；而第二个研究则由大法官斯科特来领导，内容是"农村地区的土地利用"。

只要得到认真的对待，历史上的类似情况也是很有借鉴意义的。在此我想说的是，正如30年代的人们指望着规划系统能为他们带来"新耶路撒冷"那样，在90年代我们也确立了雄心勃勃的目标——可持续性发展。在这种背景下，人们的注意力集中在了城市规划系统的局限上（Hall等，1993年）。但是，规划人员又能从谁那里寻找到对这样的雄心壮志做出回应的帮助呢？

规划人员所关心的是找到一种最能支持可持续发展的物理居住模式。然而，翻遍其历史，规划从来也不可能完全凭借物理结构的变革而带来居住条件的改善。其他的因素其实也很重要，如经济、舒适度、美观，以及与制定和实施相关的政策有关的一般问题。规划人员通常可以与那些在城市中负责地区性政策的管理人员就政策问题进行相互协调。这种重新构造空间经济的能力存在致命的缺陷，而这种缺陷也是由历史形成的。

工业和商业的具体安置是二战中的英国最后讨论的一个问题。也就是在那时，当谈到集中化的缺陷能够通过合理的规划得到挽救或极大的改善时，巴洛委员会所收到的见地深刻的研究资料和意见开始出现分歧。在分散化的问题上（包括新市镇的开发），英国工业联合会强烈反对政府主导下的工业再安置计划，尽管它也有可能接受一种让一些地区受损，而另一些地区却从中获益的政策。支持政府对工业选址进行控制的机构包括：贸易联合会、农村英格兰保护协会、花园城镇规划协会和乡镇规划协会。委员们都强调听取地方政府的意见，而他们的观点却又很难达成一致。主张对国家控制加以适当限制的权利机构包括伦敦郡议会、曼彻斯特、利兹、利物浦、达拉谟、坎伯兰郡以及甚至是伯明翰（尽管反应没有那么积极）这样的地区的议会（Cherry，1988年）。

战后，在20世纪60年代经济相对繁荣的时期，工业开发认证的政策开始付诸实施，其目的在于把开发引导至西南部以及中心部地区以外的区域。撒切尔年代的哲学是，政府的指令从个别地区做选择性的撤除或减少将有助于吸引更多的投资。这种无政府主义的理念是企业区、规划简化区以及城市开发公司的"反规则"文化形成的源头。那么我们现在是否看到政治哲学（支持对城市边缘以及临近高速公路的开阔地施行更严格的土地利用管理规定）的根本转向了呢？这能够被推及到经济发展上去吗？在地方经济的概念正在遭受质疑的今天，由于联系网络的愈加广泛，经济地方性的概念正经由模糊的紧缩概念再度出现。

紧缩城市的假设

在讨论紧缩城市之前，有必要指出，在战后的很长一段时期（至少在发达国家），城市经历了迅速的扩张、分散化的形式也不断演变：从最初的郊区化发展阶段，越过发达地区，穿过无数条界线，直达更偏远的农村地区（Cheshire，1989年）。当时的人们普遍认为，“反郊区化”的过程或逆城市化将是当时乃至未来的城市开发以及形态模式的主流。吸引眼球的文献标题层出不穷：《城市尚能存在否?》（Pettengill & Uppal，1974年）以及《成熟的大都会》（Leven，1978年）等就是明证。

当前对紧缩化作为一种适宜的城市形态的探讨主要有三个明显的主题。形成时间最长，也最普遍的议题是一个遏制的和紧缩的城市具有保护农村的功能（Mclaren，1992年），在英国，这条主线在20世纪对扩张进行立法限制的过程中表现得十分清晰，从1935年的带状开发限制法案到至今仍然兴盛的绿化带。而第二个更新的主题是紧缩能促进有关“生活质量”的关键性经济指标（社会相互作用以及服务和设施的便捷性等）的发展。这个主题在当前规划“新传统主义的城市形态”以及“城市村庄”的运动中有所体现（城市村庄小组，1992年），也能从环境部所提出的“活力”和“可行性”等词眼中可以看到它的影响。该主题的根本理念是，紧缩带来交通需要的降低，以及能源消耗和尾气排放的减少。第三个主题由英国政府公布的动议体现出来的：《可持续性发展：英国的战略》，PPG13以及大量的学术研究和研讨（Breheny，1995年）。

有关紧缩城市的假设的一个关键问题是，它把许多带有潜在的误导性的概念汇集到了一起。而且，这些概念中既包括建立在乌托邦的理想之上的言论，又有非常详尽具体的经验研究，甚至还出现了一股用计算机进行模拟和城市建模的研究趋势。这种多样性导致人们解决在什么时候以怎样的速度发展紧缩化的问题上出现了观点分歧，尽管就紧缩形态自身的适宜性而言，人们已经形成了相当一致的意见；只要比较一下由政治问题驱动的影响深远的欧共体《城市环境绿皮书》和具有同样影响力的来自“地球之友”的报告（Elkin，1991年），我们就会发现上述的现象。然而，在促进或执行紧缩化的实际解决方案的问题上却几乎没有达成任何的一致。应该激进地还是循序渐进地进行？应该对现有城区进行改造还是在新开发区的新居民点追求紧缩化的目标？作为对赫特福德郡的咨询草案建筑规划（主张重塑现有的居民区，使之自给自足，自我持续）的回应，默尔提出了一系列具有重要意义的但仍未得到解答的问题。

他问道：

> “改造”会成为可持续的——反之亦然？你怎样才能准确地改造一个原有的居民点而不致降低其生活质量，或者不至于重建一次？它是一个现实可行的计划吗？其他的方案是否也能达到同样的效果？在改造的过程中当地居民将会受到怎样的影响？（Moore，1995 年）

在对最近编著的一本书中的文章进行点评时，布雷赫尼指出，在某些问题上其实已经形成了一致，其中有一些可能正是默尔所关注的问题：

- 城市遏制政策应当持续，而分散化的进程应当减缓；
- 极端的紧缩城市计划是不切实际的和不受人欢迎的；
- 依托单个的城市或市镇建立起来的各种类型的“分散的集中化”形态也是适宜的；
- 内城区必须翻新；
- 必须在城市鼓励综合的土地利用方式，避免分区化。（Breheny，1992 年）

为什么是规划人员

有关可持续性、紧缩城市的角色及形式的各种争论告诉我们，需要一种整体性的政策方案。无论从哪种水平上讲（地方还是国家），城镇规划人员都在其中扮演着首要的角色。

韦尔班克（Welbank），皇家城镇规划学会的主席认为，我们是“在没有任何武器和没有丝毫的战略导向的情况下去打一场叫作‘可持续发展’的战役”（1992 年）。尽管有这样悲观的论调，但正是没有控制的开发与生活质量等密切相关的议题让规划成为一项专业性的活动。这类议题至今仍然存在，只是其内涵和外延可能有所变化。同时，近来一些重要的评论家（Van der Ryn & Calthorpe，1991 年；Roseland，1992 年）又发展起了“大多数传统的规划发挥作用的地方及区域水平上”的可持续性及社区的概念。

里斯（Rees，1995 年）和比特里（Beatley）则从宏观上探讨了规划人员在指导我们从全球的发展向可持续性迈进的整体转型中所发挥的首要作用：

> 规划者，就其专业特性而言，是在这场转型中惟一被推向领导地位的人。在这个日益分割化和专业化的世界中，规划是

一门专门的学科和专业的行业，它明确地追求整体性，或者至少在社会的水平上能够作为一个整体而整合在一起。从最好的情况来讲，规划可以提供让其他学科的专业知识融汇到一起并开始产生整体效应的背景。(Rees，1995年)

还有一些人暗示，可持续性对规划人员的全部吸引力体现在，它使他们恢复了某种专业的身份（至少这十年以来，规划就一直在为争取到认可和地位而努力）(Perman，1995年)。

但是在目前，规划专业正关注于一系列尚未得到可持续性验证的活动，例如资源保护或开发控制。还有一些政策领域也正通过环境评估而进入人们关注的视野，包括规划决议、实施及反馈。但是其他领域的问题也可以为评估紧缩城市的有效性做出重要的贡献——包括经济发展、城市改造和翻新、住房、交通及公共基础设施。规划人员已经在这些领域产生了重要影响，但一旦紧缩城市的假设被付诸实施，我们又该对这种影响进行怎样的调整呢？在理解施加于紧缩城市的假设的实施之上的种种限制的问题上，规划人员早已有了丰富的经验，尤其是城市形态及城市设计领域。本文的其余部分将探讨与紧缩城市的假设相关的两个规划问题，并对如何建立规划的角色提出了自己的意见。

郊区保护的案例

“保护”是目前社会和政治的议程中的一个热点（Larkham，1992年），它通过对规划在一般的开发过程中的直接干预作用的严格检验来讨论其合法性；它还审查建筑工程、地区衰退、土地闲置及更替的正常周期的延长问题；以及经由认同、命名和特权授予等过程来降低个人及社会的利用观和希望价值观，从而改变人们对房地产的经济兴趣（Lichfield，1988年；Scanlon，1994年）。随着保护逐渐成为一个发展成熟的规划内容，而许多问题又都与宏观上的可持续性及具体的紧缩城市议题有关，保护规划人员能够正确地处理发展紧缩化的过程中的实际问题吗？

在英国，许多郊区正迅速地成为常规的指定保护区（Pearce，1990年）。正是这些郊区很有可能最先孕育了紧缩城市；但是在历史名城的市中心也存在着同样的可能。布雷赫尼已经发现了在紧缩城市的概念以及现有的郊区价值观及生活质量之间存在着矛盾的关系。他表示，至少对英国来说，未来的城市发展不可能完全被容纳在现有的城区范围之内。研究已经表明，特别是在东南部地区，在这个10年期内，只有55%的必要新建筑能够以“城市填充”的方式容纳到现有城区；其余的45%将只能以郊区扩张、新居民区以及扩张村庄等形式出现（Tym，1987年；Bibby

& Shepherd，1991年）。公众对郊区密度提高的反感情绪甚至还会降低“填充”的比例（SERPLAN，1988年）。布雷赫尼（1991年）认为，紧缩城市的观点（至少由欧共体的绿皮书所体现的那种观点）忽视了郊区开发的现实、其受欢迎程度以及人们生活的郊区化方式，并且没有建议怎样才能把现有的城区改造为具有适宜的高密度和多样性的文化丰富的中心区。他总结到：

> 我们对可持续性的问题讨论的越多，也就能发现越多的复杂性及矛盾。这些矛盾中没有一个否认紧缩城市的方案具有其优越性。它们所表明的问题是，紧缩城市是复杂的并需要详尽的分析与探讨。这暗示我们，从短期来看，这个问题将会变得更加难以应付（而不是更容易）。这对规划人员来说无疑是一个坏消息，这些人正面临着对可持续性做出实际响应的压力。（Breheny，1991年）

在澳大利亚，现在也掀起了与这个问题相关的争论。人们使用“蔓延”这个颇具贬义的的词汇来督促“城市巩固”政策的早日到来（Kirwan，1992年）。然而对郊区土地的使用及密度状况进行的研究却发现了与之相背的证据，研究发现：只有极少部分的城市土地是被用作住宅之用的，只有极大地提高居住密度才能使城市的面积有中等程度的缩小（Troy，1992年）。特洛伊将人们的注意力引向城市的公共基础设施在城市发生巩固状况之后将会产生的问题。水资源与排水系统、道路交通网络以及为教育、生活享受及娱乐提供服务的各项设施都需要进行巨大的投资和再开发，而“将内城区重新开发成高密度区的过程又必然会破坏原有的建筑项目，而这些项目原本就结构精良，只需要作简单的翻修……”（同上）。

在伯明翰，对霍格林郊区的规划行动出现了明显的矛盾，该区坐落在伯明翰的东南部，形成于两战之间的郊区扩张运动。斯古尔街是由一个开发商承建的，由一些半独立式的房屋、一栋公共楼房、一排商铺和一些私立的救济院所组成，围绕着这个开发形态较为常见的小区被指定为保护区的争论几乎在《时代周刊》上被写成了一个专栏：

> 伯明翰的目的是通过一种保护秩序，用薰衣草将这个“阿卡狄娅”包裹起来，但所有的迹象都表明它将不可能做到这一点——假如它真的这样做了，那么这里将可能成为法国将要保护的在那个时期修建起来的第一个开发项目。实际上也就是说，在指定区内的大约150套房屋将再也不会有任何的增建或改造，

> 除非完全按照其原有风格来进行修建——那将产生的一个直接后果是，在软木开始腐朽，居民寻找一种更廉价的替代品的时候，我们将不得不采取措施防止任何凸窗的消失——斯古尔街成为这类保护区的杰出代表，而整个城市也对保护这些“好东西”变得敏感起来，这样，在绝望地采取补救措施之前，人们就已经作了很多工作了。(Franks，1988 年)

被指定为保护区的地方必须是非同寻常的（这让我回想起英国的保护区必须具有“特殊”的价值）：从其开发建设以来几乎没有任何大的变动，没有新的填充、几乎没有扩建或其他改动，而且大部分的建筑都保存着初期的风格。这种指定已经为大部分的当地人欣然接受，为此，规划专家和保护团体都表示了自己的惊讶。

位于霍格林的另一个区如今也出现了公众抵制密度提高的现象。在 20 世纪 90 年代早期的时候，投机开发商曾得到了在每隔 6 栋和 12 栋房屋的空地上增加小型的楼房的许可。此前，这里有许多开阔地，包括网球场、苗圃园以及部分的私家花园。住宅开发商常用的伎俩就是填充式开发以解决“可开发成居民区的场址”的缺乏问题。1995 年，一场声势浩大的联名请愿战通过当地报纸的免费宣传在该区的商铺区打响了；成形后的请愿书被递交给了该城的规划人员和官员，但开发的压力依然很大。当地居民担心自己的生活舒适度被降低，新建房屋的外观与原有设施不配套（有一些与已有房屋的距离非常近），以及车辆的增加等问题。他们还认为学校和其他的公共基础设施也难以应付此等规模的人群汇集。

围绕在紧缩城市与郊区的冲突上的关键问题实际上是 NIMBY（不在我的后院）现象的一个变种，渐渐地，社会压力驱使人们以保护的名义将郊区保存或指定下来，从而阻止了居住密度的提高。一旦在低密度的成熟社区发生了密集化的现象，人们就会因为各种各样的理由对它心生厌恶。尽管很多理由都是以节约消耗在交通上的能源为依据的，但也有一些人认为郊区是一种明显的不具有可持续性的城市形态：应该阻止其蔓延，把郊区遏制下去，开发应与市中心保持更近的距离。这样一来，公众的保护主义与理论上的可持续性就形成了直接的对立。

进一步的冲突产生于这些城市的中心区，有许多地方还保留着重要的历史建筑结构和外观。欧共体的绿皮书认为紧缩城市的理想：

> 促进了密度与多样性、效率、时间与能源的节约，以及社会功能与经济功能的完美结合；并恢复历史遗留下来的丰富的建筑式样的机会。(1990 年)

然而在恢复和重新利用这样的丰富的建筑式样的时候，却产生了重要的伦理与现实性问题，正如时下热门的对“外观主义”的争论所表现出的那样（Barrett & Larkham，1994年）。如果开发压力随着郊区及早已不堪重荷的“边缘城市”的紧缩化发展的压力而不断提高，那么更多的历史性建筑的最好命运也不过是改用“它途”，而最坏的情况则是被拆除，其周边建筑也不可避免地被改造成新的建筑结构。在最近的开发风潮中，这样的事情早已屡见不鲜了。

经济发展的案例

不管在PPG6和PPG13（环境部，1993年；1994年）中新设的规划指令有多大的影响力，它其实与所有的土地利用规定控制系统一样，都具有本质上的消极控制的特征。这意味着可持续性发展必须等待由商业驱动的改造现有的土地利用方式的需求的增长。因此，妄图把现有的居住区迅速地改造成新的和更加紧缩的城市形态是根本不可能的。然而，为了使规划真正实现可持续性发展的承诺，它必须与当地政府及城市治理的其他方面取得更密切的联系。在英国，地方政府的经济发展职能是这些联系中的首选，这项职能在1989年的《地方政府与住房法案》中就被确立了下来。近年来，许多作者都对经济发展与环境的问题进行了阐述(Daly & Cobb，1989年；Gibbs，1991年；1993年；1994年；Haughton & Hunter，1994年；Jacbos & Stott，1992年；地方政府管理会，1993年)。

在过去，地方政府的经济发展职能只是在遭遇失业率急剧上升时发挥作用，被喻为不惜一切代价促进对内投资。在20世纪70年代和80年代，大城市的各郡开始寻找别的办法，如对就业机会进行更均衡的分配。根据1989年法案，将资源分配到经济发展职能上去的地方政府被要求首先要广泛征求意见，特别是咨询当地贸易团体的意见；其次，制定一年一度的战略计划书。近来，这些计划书已经开始针对可持续性发展的目标做出了明确的指示。

1994年伯明翰的计划书就是一个有利的证据。1994年/1997年的战略文件包括以下14项目标与政策：3项与开发技巧和就业有关；1项涉及对本区的改革、4项旨在鼓励开发与投资；1项为推动市中心发展成为区域性的中心；1项是参与实施的战略；最后4项则关注于改善地方贸易的发展状况。正是最后这4项战略确立了实现可持续性发展的特别目标。它以促进地方经济的可持续发展为核心特征。它参考了《城市绿色行动规划》(伯明翰郡议会，1993年)，1990年环境保护法案对监测商业活动的环境评估所做出的相关规定，以及《英国标准7750》的地方企业适用方案（主要针对环境保护责任）。它强调“部门间的合作是最根本的”。它还特别提出了有助于提高地方企业的环境意识的城市活动，试着通过对具有强制性的环境法规进行更鲜明的标注来协助企业做好环境保护，并帮助将欧洲的生态管理和审查计划纳入地方的工业框架。除此之外，减小浪费、循环利用、能源节约与清洁技术，以及废弃土地的再开垦等也都是发展的目标。

除了英国地方政府管理委员会开展的有声有色的工作之外，还有许多明显的机会去促进空间经济向着可持续发展的方向重新建构。对伯明翰计划的简要回顾讲述了一个普遍的共识，即所有与经济有关的环境声明都关注于工业流程，并涉及能源与浪费，土地的循环利用，立法的影响以及产品生命流程的分析。

小结

本文主张通过制定政策及其他地方政府部门的执行，使英国的规划人员更多地参与到可持续性的议题中来。特别紧迫的一点是，要熟悉那些不仅与各种形式的环境保护，而且还与经济发展有关的技术及目标。

规划人员用以改变空间行为的手段具有长期性。值得一提的是，每年只有1%的城区进行了改建。目前在PPG6和PPG13中规定的政府规划指令的效应只能是长期的。实质性的效益的缺乏将降低人们对规划系统实现可持续性的能力的信心。同时，由于新的规划指令缺乏直接的“令人满意”的效果，从而使环境政策的发展契机陷入了危险之中，除非采取了一种更加系统的方法。

尽管规划人员在“保护性规划”领域已经有了数十年的经验了，但规划部门却常常在做一些边缘性的工作。规划人员还远没有解决根源于保护政策的诸多矛盾。保护与常规的规划理论之间也几乎任何的联系(Plant，1993年)。然而，这些矛盾却在很大程度上被人们完全忽视了，而公众对保护规划的热情依然高涨。这暗示我们，规划人员是能够处理紧缩城市的矛盾的。但是一旦紧缩政策的实施导致郊区的大规模的改造的话——其实完全可以不这样做，反对的呼声将是不可避免的。

一个更加紧缩的地方经济的规划及其创建（尤其是在上下班的交通和服务交通方面）将为降低由交通产生的能源消耗做出显著贡献。它可以降低城市的空气污染，并把质量更高的市中心的工作机会集中于内城的居民能够方便达到的地方，从而促进了城市的复兴。除此之外，也可以考虑将税收政策做一定的调整，从按雇佣人员的数量来征税改为按资源消耗量来征税，并以此作为激励企业的手段。公司雇员上下班的交通里程也不应该再被视作无关紧要的外部因素。同时，还可以对会计程序进行修正，要求企业把自己所使用的环境资源也计算在内。这可能意味着按照公司节约的生态里程而减少公司应交纳的税金。这将在实质上造成“碳”税的变化。但是实施这项新的地方政策是经济规划和物理规划的公共职能。

这项政策干预手段应该在何种层次上确定下来呢？社会城市区域看上去是最适宜的实施层面。区域规划、土地利用和交通如今正受到区域规划指令的影响。但是出版成书的《区域规划指令》中的条文还存在明显的不足。在英国，政府的区域办公室又承担了许多新的协调任务，包括争取管理“单一改造预算”。为了在未来实现某种程度的紧缩化，城市规划将需要更多的区域性指导计划，需要在区域和它们的地方政府之间建立更紧密的合作关系，并通过政府的行政手段建立更适宜的激励措施。

地方将是实现紧缩化的最可行的层次。在这里，公众可以与决策者建立联系，自从20世纪50年代和60年代的综合清理和再开发计划遭到挫败以来，规划也已经从公众那里获得了不少建议。为了紧缩而改造城市至少将是充满了争议的行动，即使寻求的只是初步的变革，而不是激进的或彻底的。当然，也必须加强对公众的教育，使之支持这一政策导向，即使是以减少私家车的大量使用为代价的。这样，历史的经验才会对实施紧缩政策产生帮助；而理论上的可持续性及其具体形式——紧缩化，则必须纳入规划教育及培训活动中去。

参考文献

Ashworth, W. (1954) *The Genesis of Modern British Town Planning: A Study in Economic and Social History in the Nineteenth and Twentieth Centuries*, Routledge and Kegan Paul, London.

Barlow Report (1940) *Report of the Royal Commission on the Distribution of the Industrial Population*, Cmd 6153, HMSO, London.

Barrett, H. and Larkham, P.J. (1994) *Disguising Development: Facadism in City Centres*, Research Paper 11, Faculty of the Built Environment, University of Central England.

Beatley, T. (1995a) The many meanings of sustainability. *Journal of Planning Literature,* **9 (4)**, pp.339-42.

Beatley, T. (1995b) Planning and sustainability: the elements of a new (improved?) paradigm. *Journal of Planning Literature,* **9 (4)**, pp.384-95.

Bedarida, F. (1979) *A Social History of England 1851-1975*, Methuen, London.

Bibby, P. and Shepherd, J. (1991) *Rates of Urbanization in England, 1981-2001*, HMSO, London.

Birmingham City Council (1993) *The Green Action Plan: The Environment in Birmingham*, City Council, Birmingham.

Birmingham City Council (1994) *Economic Development Strategy for Birmingham 1994/7*, City Council, Birmingham.

Breheny, M.J. (1991) *The Contradictions of the Compact City*, paper presented to the ACSP/AESOP Conference, Oxford.

Breheny, M.J. (1992a) Sustainable development and urban form: an introduction, in *Sustainable Development and Urban Form* (ed. M.J. Breheny) Pion, London.

Breheny, M.J. (1992b) The contradictions of the compact city: a review, in *Sustainable Development and Urban Form* (ed. M.J. Breheny) Pion, London.

Breheny, M.J. (1995) The compact city and transport energy consumption. *Transactions, Institute of British Geographers* **NS 20 (1)**, pp.81-101.

Breheny, M.J. and Rookwood, R. (1993) Planning the sustainable city region, in *Planning for a Sustainable Environment: A Report by the Town and Country Planning Association* (ed. A. Blowers) Earthscan, London.

Cherry, G.E. (1988) *Cities and Plans: The Shaping of Urban Britain in the Nineteenth and Twentieth Centuries*, Edward Arnold, London.

Cheshire, P. (1989) The future shape of towns, in *British Towns and the Quality of Life,* Papers from the 90th Anniversary Conference of the Town and Planning Association. TCPA, London.

Commission of the European Communities (1990) *Green Paper on the Urban Environment*, EUR 12902 European Commission, Brussels.

Daly, H.E. and Cobb, J.B. (1989) *For the Common Good: Redirecting the Economy Toward Community, the Environment and a Sustainable Future*, Beacon Press, Boston, Mass.

Department of the Environment (1993a) *Sustainable Development: The UK Strategy*, Cmnd 2426 HMSO, London.

Department of the Environment (1993b) *Town Centres and Retail Developments*, Planning Policy Guidance Note 6 (revised), HMSO, London.

Department of the Environment (1994a) *Transport*, Planning Policy Guidance Note 13 (revised) HMSO, London.

Department of the Environment (1994b) *Quality in Town and Country*, HMSO, London.

Elkin, T., McLaren, D. and Hillman, M. (1991) *Reviving the City: Towards Sustainable Urban Development*, Friends of the Earth, London.

Esher, L. (1981) *A Broken Wave: The Rebuilding of England 1940-1980,* Allen Lane, London.

Franks, A. (1988) The street they froze in time. *The Times,* 15 July, p.11.

Garreau, J. (1991) *Edge City: Life on the New Frontier,* Doubleday, New York.

Gibbs, D. (1991) Greening the Local Economy. *Local Economy.* **6 (3)**, pp.224-39.

Gibbs, D. (1993) *The Green Local Economy*, Centre for Local Economic Strategies, Manchester.

Gibbs, D. (1994) Towards the sustainable city: greening the local economy. *Town Planning Review,* **65 (1)**, pp.99-109.

Hague, C. (1984) *The Development of Planning Thought: A Critical Perspective*, Hutchinson, London.

Hall, D., Hebbert, M. and Lusser, H. (1993) The planning background, in *Planning for a Sustainable Environment: A Report by the Town and Country Planning Association* (ed. A. Blowers) Earthscan, London.

Hardy, D. (1991) *From Garden Cities to New Towns: Campaigning for Town and Country Planning, 1899-1946*, E & FN Spon, London.

Harrison, P.F. (1970) Measuring urban sprawl, in *Analysis of Urban Development*, Proceedings of the Tewkesbury Symposium, University of Melbourne.

Haughton, G. and Hunter, C. (1994) *Sustainable Cities*, Jessica Kingsley/Regional Studies Association, London.
Hebbert, M. (1983) The Daring Experiment: social scientists and land use planning in 1940s Britain. *Environment and Planning B,* **10**, pp.3-17.
Jacobs, M. and Stott, M. (1992) Sustainable development and the local economy. *Local Economy* **7 (3)**, pp.261-72.
Kirwan, R. (1992) Urban consolidation. *Australian Planner,* **30** March, pp.20-25.
Larkham, P.J. (1992) Conservation and the changing urban landscape. *Progress in Planning* **37 (2)**, pp.83-181.
Leven, C.L. (1978) *The Mature Metropolis*, D.C. Heath, Lexington, Mass.
Lichfield, N. (1988) *Economics of Urban Conservation*, Cambridge University Press, Cambridge.
Local Government Management Board (1993) *Greening Economic Development: Integrating Economic and Environmental Strategies in Local Government,* LGMB, Luton.
Local Government Management Board (1994) *Local Agenda 21 Round Table Guidance Notes 3: Greening the Local Economy,* LGMB, Luton.
Lovering, J. (1995) Creating discourse rather than jobs: the crisis in the cities and the transition fantasies of intellectuals and policy makers, in *Managing Cities: The New Urban Context* (eds P. Healey *et al.*) Wiley, Chichester.
McGloughlin, B. (1991) Urban consolidation and urban sprawl: a question of density. *Urban Policy and Research*, **9 (3)**, pp.148-56.
McLaren, D. (1992) Compact or dispersed? dilution is no solution. *Built Environment,* **18**, pp.268-84.
Moore, A. (1995) Time to make sense out of sustainability. *Planning* **1102**, pp.26-27.
Pearce, G., Hems, L. and Hennessy, B. (1990) *The Conservation Areas of England,* English Heritage, London.
Perman, R. (1995) Review of C.C. Williams and G. Haughton (eds) (1994) Perspectives towards sustainable environmental development. Avebury, Aldershot. *Regional Studies,* **29 (5)**, pp.426-27.
Pettengill, R.B. and Uppal, J.S. (1974) *Can Cities Survive?* St Martin's Press, New York.
Plant, H. (1993) *The Use and Abuse of Conservation Area Designation Powers by Local Planning Authorities in the West Midlands Region,* unpublished MA thesis, School of Planning, University of Central England.
Rees, W.E. (1995) Achieving sustainability: reform or transformation? *Journal of Planning Literature,* **9 (4)**, pp.341-61.
Roberts, P. (1995) *Coordinating the Planning of Metropolitan Regions: Making Progress Towards Strategies for Sustainable Development,* Paper presented at the Annual Conference of the Institute of British Geographers, Newcastle upon Tyne.
Roseland, M. (1992) *Toward Sustainable Communities*, National Round Table on the Environment and the Economy, Ottawa.
Scanlon, K., Edge, A., Wilmott, T. *et al.* (1994) *The Economics of Listed Buildings*, Discussion Paper 43 Cambridge: Department of Land Economy, University of Cambridge.
SERPLAN (1988) *Housing Provision in the South East: A Report by W.S. Grigson,*

RPC 1230 SERPLAN, London.

Troy, P. (1992) Defending the quarter-acre block against the new feudalism. *Town and Country Planning,* September, pp.240-43.

Tym, R. and Partners (1987) *Land Used for Residential Development in the South East: Summary Report,* Roger Tym and Partners, London.

Urban Villages Group (1992) *Urban Villages: A Concept for Creating Mixed-Use Urban Developments on a Sustainable Scale,* Urban Villages Group, London.

Van der Ryn, S. and Calthorpe, P. (1991) *Sustainable Communities,* Sierra Club Books, San Francisco.

Ward, S. (1994) *Planning and Urban Change,* Paul Chapman, London.

Welbank, M. (1992) Opening address to the Annual Conference of the Royal Town Planning Institute, Birmingham.

Whitehand, J.W.R. and Larkham, P.J. (1991) Housebuilding in the back garden. *Area,* **23** **(1)**, pp.57-65.

Whitehand, J.W.R., Larkham, P.J. and Jones, A.N. (1992) The changing suburban landscape in postwar England, in *Urban Landscapes: International Perspectives* (eds J.W.R. Whitehand and P.J. Larkham) Routledge, London.

挽救我们弊端丛生的城市：可持续的居住方式

哈利·舍洛克

引言

> 人们云集城市是为了生活。为了过上幸福的生活，他们聚集在了一起。（亚里士多德）

从远古到20世纪的后半叶，城市都是理所当然的文明发源地，尽管亚里士多德所提出的城市持久存在的理由并不是惟一的一个。城市的形成源于相互依赖的工匠发现只有聚集到一个中心区域共同工作时才能更好地为彼此独立的农庄服务。但城市却最终发展成为强大的能够防御和抵抗入侵的中心区。在中世纪的欧洲，它们还是在封建社会内部获得了部分自由权利的自治地的所在。

在英格兰，封建主义实际上是在1215年伦敦出现了对反抗国王的贵族运动的支持而落下帷幕的；具有讽刺意义的是，继马格纳卡塔之后的相对牢固的政府形态却使得我们不再需要对城镇严加防范。较之欧洲大陆的城市状况，这可能在实质上降低了英国城市的影响力；但它却给了这些城镇越过城墙不断向外延伸和扩张的机会，而其在欧洲的敌人此时则被自己的防御工事牢牢遏制，所以巴黎：

> 直到1870年都还只是一座城堡式的城市，其人口密度为伦敦的两倍……而且至今依旧！（Mogridge，1985年）

如果说防御工事不再是英国城市扩张的勒马绳，那么步行或货物运输的距离却恰恰成为这个制约因素。直到1860年，铁路才开始承担起输送市民上下班的任务，而在此之前，它充其量也就是充当着把燃料和原材料运送到人口密集的城市工厂的角色。不过，一旦有可能远离浓烟滚滚的城市工作区，那些经济状况较好的人便很快搬离了这里。在伦敦大北铁路的广告牌上提出了这样一个问题"当能够工作在城市，居住在马瑟尔山的农村的时候，你何苦还要住在伦敦呢?"麻烦恰恰在此，只要大量的人群涌入马瑟尔山，那里的村庄就不得不迁移到波特吧去！居住在农村，工作在城市的梦想成了——而且依旧是——一个噩梦，因为新的郊区不断地越过旧郊区扩张出去。这也造成了城市的衰落，因为那些有改善居住环境的能力的人已经不再对这样的地方感兴趣了。对于大多数的市镇来说，其最终的命运难免是成为被内城贫民窟包围的高尚文明中心，其外围则是无数的郊区分支。

埃本尼泽·霍华德的《明天的花园城市》初版于1898年，它谴责了庞大的大城市，主张代之以小型的，相对密集的人口控制在3万左右的花园城市群，在这儿，每个人的居住地离其工作场所都只有几步之遥，而每个城市都用电车或铁路相连，城市之间间隔着大约两英里的农村开阔地。如果用这种方式去重新修建伦敦城的话，其城市规模将达到现有面积的4.5倍；这实在令人难以置信，用花园城市的方式去安置人口，即使是在霍华德的年代，恐怕也难以找到足够的空间。至少在目前看来是不太现实的，尤其是英格兰东南部的地区。

位于莱奇沃斯的新镇（始建于一战之前）就是按照霍华德的社区自治的原则修建起来的；而建于20世纪20－30年代的韦林则从外观上体现了他的一些思想。但是事实上，二战之前新建的住宅无一例外都是按照郊区的模式修建的，它通常采取不断扩散开去的带状开发形态；尽管在1918年的都铎·沃尔特斯报告之后，又出现了一些以花园城市的风格修建起来的公共郊区。但内城的贫民窟问题却始终没有解决。

住房灾难

随着二战的结束，三分之一的内城土地开始闲置，并产生了重新安置数目庞大的城市人口的需要与机遇。当时，霍华德的思想已经被城镇规划协会坚持了大约50个年头；战时的联合政府及随后的工党政府也采纳了这些思想，并形成了旨在缓解大城市的住房短缺的卫星城计划。这些新镇的规划人口约为霍华德花园城市的两倍，其人口密度也非常低。在这里，任何人的居住地与镇中心的距离都在步行可达的范围之内，而且他们的出行也极大地依赖于本地完善的公交服务。米尔顿·凯恩斯是这些新镇中的佼佼者，它大约可以容纳20万居民，而且密度极低，所有的居民都买上小汽车也不会有太大的问题。不过，与其说它是一座城市，倒不如说是一个由郊区环绕的城外购物中心。而且现在的土地匮乏状况是如此的严重，要想把这种模式推广到英格兰东南部的重建计划上去是根本行不通的。如果按照米尔顿·凯恩斯的建筑形态重建一座独立的大城市，以伦敦的人口来计算，将需要把首都的占地扩大到现在的 2.5 倍。如果按照 20 万人口的城市规模来重建伦敦，将需要建起 33 个这样的城市，还不能像霍华德的城市群那样在中间间隔农村土地，因为这会是伦敦现有区域面积的 11 倍。

战后住房改革的另一个重要内容自然是城市内部的重建。尽管丹麦规划学者斯廷·埃勒·拉斯穆森坚决支持保留友好的"英国"城市街道，但在大多数人的眼中，这类街道是 20 世纪 30 年代经济危机之后遭受炮轰和病菌入侵的城市残余。而且建筑家们也更欣赏勒·柯布西耶的"维勒·拉迪尔斯"：高耸的大厦，半空中的街道，远处的风景，新鲜的空气，还有楼宇之间的停车场。位于罗汉普顿的极富创意的伦敦郡议会的府邸就深受赞誉，并很快成为各地竞相模仿的对象。不过它的成功在很大程度上受益于与里士满公园在地理位置上的靠近；而当类似的建筑在风景单调的场地上修建起来时，我们就会发现，其景致还不能弥补街区独特风格的丧失，而孩子们也失去了到门外场地嬉戏的自由。更糟糕的是，除了对高楼大厦中的家庭居住形态的坚决抵制之外，人们也产生了对城市生活本身的反感（尤其是反对城市的居住密度），这种居住方式是与塔楼而不是乔治时代的联排式住宅相结合在一起的。要不是在 80 年代出现了新住宅严重匮乏的现象，现在我们的许多城镇恐怕早已郊区化了：社区分散，人口减少，本地设施由于顾客的减少也更加靠近了。这比起 60 年代的住房政策来该是更为严重的城市灾难了。

交通灾难

如果说塔楼是战后城市环境灾难的双胞胎中的一个的话，那么另一个则是城市街道日益成为交通工具的领地。由于越来越多的人用上了小汽车，行人和骑自行车的人生活得更加困难；公共交通持续下滑，居民哪怕是想一块上街购物都比以前变得困难得多。1963 年出版的政府的《布加南报告》明确指出，在机动车时代为了使城市的社会功能、环境功能和商业功能正常的运转，必须对城市进行彻底的改建——机动车和行人各行其道，或者必须执行严格的交通规定。当时的政府和反对派都接受了这些改革意见，但是当民意和经济的制约因素架空了该重建计划之后，政治家便转身投入到理智的交通限制问题上去，并选择了"制止交通阻塞"的政策：该政策实施至今已有 30 多个年头，尽管它明显遭到了挫败。

表1清楚地表现了伦敦道路工作效率的日益恶化状况。在1956年，它们每天可以承载404000人到达伦敦市中心，而今，道路的扩宽和交通标志的日益精准也没有抵挡住由于公共交通让位于私人小汽车所造成的交通压力，这些道路每天只能输送251000人了。这样的事情最终还是发生了，尽管布加南早在1963年就发出了警告，GLC贡献给大伦敦发展规划调查（1971年）的证据资料表明，只有10%的通往伦敦市中心的交通是依赖于私家车的，但正是这10%却为我们带来了70%的高峰期交通阻塞状况。这真是让人难以置信，由于缺乏合理的道路政策，铁路及地铁服务在1988年时变得异常拥挤，以致于一些车站不得不出于安全的考虑而采取不间断的关闭。

分散与集中

毫无疑问，正是由于城市住房及交通的失败，我们在1970年又提出了一个令人欣喜的假设，城镇再也不能按照欧洲传统的紧缩模式来发展了。雷纳·班厄姆（Rayner Banham），建筑批评家，过去总是认为最关键的那部分人群是由志趣相投的人所组成的晚会群，我们只需要用高速公路把他们连起来就行了。甚至像戈顿·彻里这样的城市历史学家也在1972年表示，赞成改变紧缩城市的辐射式的交通体系。他构想出一个覆盖了整个区域的矩形的交通结构，这样，以前只能在原有的市中心开展的各项专业性活动便得以分散到位于交通系统的枢纽点上的各个中心。许多与彻里同时代的人都对欧洲大陆持续的城市传统以及使这种传统在20世纪后期仍能继续的投资——特别是对公共交通的投资表示赞赏。当时他们中的很多人却断定，盎格鲁-撒克逊对私人交通的忠诚热爱使得规划更完善的永无止境的郊区成为这个国家最有可能的未来。

表1　早上7点至10点，乘坐各种交通工具，去往伦敦市中心的人数

资料来源：伦敦交通，经济规划与发展部门。

	1956年	1964年	1972年	1980年	1988年	1994年
小汽车/自行车	144000	176000	185000	211000	177000	165000
公车/长途汽车	260000	191000	195000	113000	101000	86000
地上交通总计	404000	367000	380000	324000	278000	251000
地铁	748000	849000	823000	717000	879000	738000
合计	1152000	1216600	1203000	1041000	1157000	989000

1992年在里约热内卢的高峰会上，约翰·梅杰（John Major）承诺其政府将致力于减少对全球污染所做的“贡献”。同时，作为该承诺的一部分，环境部也出版了《规划政策指导13》（PPG13，1994年），号召（在其他的事务中）形成一种有助于降低交通需要的土地利用规划的新观念。

这将会通过把形成交通需要的设施（如大型零售店）迁回人们居住的市镇以及居民步行或骑自行车就能达到的地方。PPG13 同时还主张提高城市的密度，指出从长远来看，这将使我们的城市变得更加紧缩，并使我们最终建立起一种新型的社区——在那里，正如埃本尼泽·霍华德的花园城市的概念那样——绝大部分的生活必需品及娱乐设施都在几步之遥。政府在放弃掉为人们所普遍接受的以小汽车为主导的分散化发展思维的过程中所发生的思想转变是值得我们重视的。但是我们不得不承认，大规模的分散化已经发生了，而要阻止这种趋势（更不用说扭转这一趋势）绝不是一件容易的事情。而且公共交通设施贫乏的郊区商业化社区以及只能依靠小汽车才能到达的营利性公园（远离该社区的）早就已经存在了。此外，许多地方的管理办公楼已经迁到了城外的新址；而将医院迁入农村的趋势也正在持续，后者可能很适合做出该决策的“依赖小汽车”的管理者们；但它却肯定不符合相当一部分需要医院的照料或要去拜访病人的人员的利益。健康服务通过鼓励那些运营或使用该服务的人开小汽车而加重了空气的污染，从而又造成了更多的需要这种服务的人，这真是一个讽刺，而且也不符合任何人的利益。即使是政府最受欢迎的反对城外零售业的举措也正存在着放马后炮的危险。

观点早已被清晰地阐明了，污染我们的星球无异于对我们的子孙后代犯下偷窃的罪行，而可持续性则意味着现在以一种不会威胁未来的生命的方式来生活。同样的，公平一点说，我们也不应该用劝告“第三世界”不要模仿我们的生活方式的方法来使全球的污染得到控制。以目前这种消耗资源的速度，地球将不堪重负，我们必须减少对资源的消耗，而且正如政府所指出的那样，解决这个问题的最好方式就是降低交通需要，而减少交通的最好办法则是建立一个每件事情都近在咫尺的紧缩城市。

尽管在某些地区会有许多相互孤立的拥挤地带，但我们的城市通常是为人口减少而不是过度拥挤所困。把居民和商业活动引回城市将会使这里变得与欧洲大陆的高密度城市一样的美丽——通过一座紧缩城市所能提供的活动的丰富性与多样性，这里对居民及贸易商形成了巨大的吸引力。欧洲的城市以城市土地的综合利用著称。例如，由于通常都有居民居住在商业中心区，这些地区到了夜晚和周末也不会变成一片死寂。

但是紧缩城市及其在社会、商业和经济方面的优势能够带来为我们所向往的那种居住方式吗？它当然不可能提供那种典型的，半独立式的郊区住宅，但是它却能把同样深受大家喜爱的乔治时代的街道和广场带回我们的身边，只不过需要做适当的修改。事实上，尽管二战后被拆除的许多乔治时代和维多利亚时代的街道都很拥挤，但取而代之的塔楼却也是按照空间的大小以同样的密度开发建设的。在 20 世纪 70 年代，复原运动开始为人们所认可的时候，典型的塔楼密度已经达到了 360 人/公顷，其空间标准也超过了新建的楼房。

图 1 展现了一个 70 年代晚期在伦敦伊斯林顿自治镇按照乔治时代的平台式住宅改建的建筑模型。它提供了与现代化的生活相配套的两套住房。下层住户的入口、客厅和花园都在地下一层，而卧室则在一楼。上层住户则使用原来的前门（只不过开在楼上），而拆除掉双层斜坡屋顶的楼台则形成了一个与厨房和餐厅相连的屋顶花园。图 2 则展示了一个对 70 年代新建的小区的一个改造方案，与原型相比，它的临街面更宽，进深更短，非常适合街面式住宅，每户人家都可以有自己的小汽车，要是最上面的两层楼能够容纳两套小户型的话，则每三户人家只能有 2 辆小汽车。

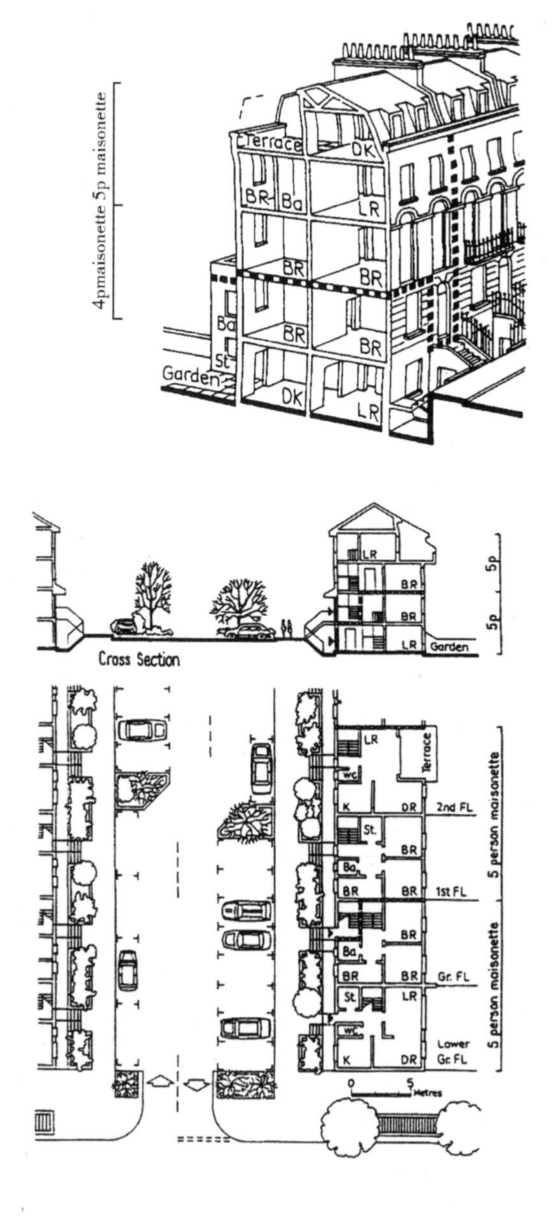

图 1　改建成两套小屋的乔治住宅。开发控制密度为 360/公顷。资料来源：Cities are good for us，Sherlock，1991 年。

图 2　与图 1 相同密度的现代范型。每户一个停车位
资料来源：Cities are good for us，Sherlock，1991 年。

为了容纳小汽车，必须把街道加宽以疏通道路，并占用许多在传统的开发模式下用作前院的土地空间。但这是依照荷兰文勒夫的建筑思路来设计的，树木和灌木不仅使停放的小汽车对环境的影响降至最低，还巧妙的把车速也降到了步行的水平。

举出这两个例子是为了说明与大多数的伦敦自治市镇所能容纳的最大人口密度250人/公顷相比，360人/公顷的居住密度究竟是一种怎样的状况，当然，对于测量密度的最佳方法还存有争议，但是开发控制密度（宅地加上最多6米或道路的一半宽度）是规划部门所使用的术语。而250人/公顷是一个低得荒谬的限值，卢埃林·戴维斯的咨询专家罗比·斯科特早就对这个问题发表了自己的看法。在1994年4月的城镇规划协会的会议上，他播放了许多著名的乔治时代及维多利亚时代的平顶屋的幻灯片，并指出它们的一个共同点是都超过了允许最大密度的50%，他相信，将来这是能够得到规划的许可的。

那些认为紧缩城市没有发展前景的人经常会说的一句话是，当有钱人准备着去承受停车不便的麻烦以便居住在一个乔治式的高尚平顶屋社区的时候，其他所有的人实际上却希望搬出内城。但是这不可能是事实——至少在伦敦是这样。实际上，伦敦内城所有的私有房产都比郊区要贵；图1所描述的由议会兴建的改造房在还没有完成买卖的全部手续时就已经卖到了150000－200000英镑。当然肯定还有许多人住在他们并不喜欢的社会福利房里，而且一有可能他们就会搬走。但这只是对住房条件的不满而非对城市化的批判。的确，最近的郎垂报告（Page，1993年）就着重指出，为了避免在郊区新建社会福利房，需要加强住房联合。因为在郊区，那些没有小汽车的人很容易被孤立，而服务设施的提供也没有在内城的住宅区那么方便。

看起来为了防止21世纪的全球污染，大多数的人将不得不住在城市了。不过，我们也完全不必再忍受这里恶劣的社会环境和物质环境条件。只要我们把机动车管理好，生活质量也是可以得到改善的。尽管图2表明，在新建住宅区，可以在保证每户1辆小汽车的前提下将人口密度提高到350人/公顷，但在现有的社区我们还无法办到。卢埃林·戴维斯于1994年发表的一份报告表明，在现存的大多数街区，200人/公顷是可能达到的最高密度。此外，在城市非得要让每户人家都有1辆小汽车吗？目前，关于减少小汽车使用量的讨论非常热闹，而且有意思的是，在小汽车拥有率高于英国的德国，其小汽车使用量却较低（尤其是在城市），因为他们拥有一个廉价、清洁、高效和四通八达的公共交通系统。但是在英国，许多小汽车车主却只能承受得起使用小汽车的经济费用。对于他们来说，昂贵的公共交通（为欧洲平均水平的两倍）实际上迫使他们不顾限制而坚持使用自己的汽车。但是，不管怎样，小汽车都不是城市的必需品，这一点纽约人就已经向我们证明了——尤其是当发出重要指示，允许人们在郊外旅游的时候租赁小汽车的时候。

在伦敦，由于各种情况的存在以及公共交通费用的相对高昂，单身家庭和丁克家庭即使被允许在去往交通不便的地方旅行时可以乘出租车或雇小汽车，也会为将来购买小汽车和使用公共交通工具攒下一大笔客观的积蓄（如表2所示）。两个身体健康的靠养老金生活的人，如果在伦敦可以享受到免费的交通，再加上坐火车还有优惠，那么每年就可以省下2000英镑，这时，小汽车对他们来说无异就是一种昂贵而又不必要的奢侈品。但是对有小孩的家庭而言，小汽车总是能帮助他们装载必备的衣物，但小汽车真的就有存在的根本价值吗？如果路上车辆减少，人行道更加安全和人性化，那么许多本地内的行程——如上学——就可以完全靠步行了。这将给行人带来十足的安全感，使街道重新成为人们聚会和小孩自由玩耍的地方。并且，说不定还能降低现在的儿童肥胖率。此外，如果政府能够成功地将食品零售也移回城镇等离居住地更近的地方，购物便又能成为社区生活的一个部分了。国家环境秘书约翰·格默在发起复兴伦敦河岸的行动时说道，由于我们对阻止全球变暖所担负的责任，所以在城市盖住房以方便更多的人在没有小汽车的情况下也能正常生活就显得十分重要。当然我们还可以走得更远，不来梅和阿姆斯特丹就是我们的榜样。（在那里，人们可以免费使用小汽车，当然前提是，他们自己没有小汽车）

表2　比较小汽车和公共交通费用，一对居住在伦敦内城，还没有小孩的夫妻在1995年时的情况

（以每年5000英里的小汽车使用量来计算）

私家车	
一人驾小汽车上班（48.85便士/英里，共1000英里）	488英镑
一人用1区或2区的交通卡上班	552英镑
二人在伦敦内城的休闲活动（1000英里，48.85便士/英里）	488英镑
二人驱车前往其余地方（3000英里，48.85便士/英里）	1466英镑
	2994英镑
公共交通	
二人在1区和2区无限制地上下班及休闲（552×2）	1104英镑
二人去往别处（3000英里，11.2便士/英里×2）	672英镑
出租车及雇车	750英镑
存款	468英镑
	2994英镑

（备注：根据AA的计算，在1995年，每辆1100－1400毫升的小汽车完成5000英里的里程，花在跑跑停停上的钱大约为48.85便士/英里，这还不包括停车费。这笔费用随着引擎的型号加大而增加，随着使用量的增加而减小。当行程达到10000和15000英里/年时，每英里的耗价降到30.52便士和26.17便士。但是这样的使用量对居住在内城的居民来说是不可能达到的。资料来源：AA技术服务－机动车花费，1995年。

1995年英国平均的铁路交通费用为11.2便士/英里。所能达到的最低的费用通常是7.9便士/英里。但是在交通高峰期时的车费却不可能降到这种水平。因此，这个车费一直没有被采纳。资料来源：1995年英国铁路年报。）

小结

降低交通需要的紧缩城市必须成为任何旨在减少全球污染的严肃行动的一个重要组成部分。而且因此也必须，比其他的居住方式更加具有可持续性。不过，我们的紧缩城市也同样能够成为居住和工作的最佳场所。为了使这个目标变为现实，我们需要发挥其能够提供活动的集中及多样性的优势。也要改变其不讨人喜欢的塔楼式住宅，这不是要用20世纪30年代的郊区来取代它，而是以乔治时代的街区和广场的现代翻版来作为塔楼的替代品。我们还要减少对私家车的依赖。就像我们的城市曾经是封建时代的自由绿洲那样，只要我们把小汽车赶出去，把居民迎进来，我们的城市也能够成为在交通阻塞的大旋涡中实现了文明生活的一片绿洲。

居住街区、购物中心和商业区又再度被验明正身，而不再只是交通要道；我们所有的人将再度享受到触手可及的生活必需品和娱乐设施。随着更多的人选择的城市的居住方式而不是依赖于小汽车的分散化居住方式，我们又为给子孙后代留下一个没有毒害的星球增加了一份成功的筹码。

哈利·舍洛克是《Cities are good for us》一文的作者，该文可从《transport 2000, London》获取。

参考文献

Buchanan, C. (1963) *Traffic in Towns*, HMSO, London.

Cherry, G. (1972) *Urban Change and Planning*, Foulis, Yeovil.

Department of the Environment (1994) *Planning Policy Guidance Note 13: Transport,* HMSO, London.

Greater London Council (1971) *Greater London Development Plan*, GLC, London.

Howard, E. (1898) *Garden Cities of Tomorrow*, Attic Books, Powys.

Llewelyn-Davies (1994) *Providing More Homes in Urban Areas*, in association with the Joseph Rowntree Foundation and Environmental Trust Associates, SAUS Publications, Bristol.

Mogridge, M. (1985) Transport, Land-use and Energy Interaction. *Urban Studies* **22.** pp.481-492.

Page, D. (1993) *Building for Communities*, Joseph Rowntree Foundation, York.

Sherlock, H. (1991) *Cities Are Good For Us,* Transport 2000, London.

城市的足迹：最好地利用城市土地和资源——一种乡村的视角

汤尼·伯顿和里利·马特森

引言

城市给农村带来了沉重的负担。它们占用土地，需要水和建筑材料，产生垃圾并形成一大群往返于城郊间的上班族。除非我们理解并处理了由这些压力所造成的问题，我们将永远不可能触及许多农村问题的根源。对于任何的农村保护战来说，一个关键的因素是减少城市践踏在乡村土地上的“脚印”。

我们还应该对减轻城市施加在农村上的压力采取一种更有创造性态度。从缓解社会对环境的压力来看，城市无疑是一种最好的居住方式，但我们现在却没有较好的利用它们。城市是环境和可持续发展议程中的关键环节。

我们正在对土地做些什么？

英国是一个狭小而拥挤的岛屿，土地是其最重要的也是最脆弱的资源之一。正如我们所知，在农村地区，我们并没有尽其所能的保护和管理土地。在城市也同样如此，而且事情正在变得越来越糟：

- 每天都有 300 个人搬离城市（见图 1）
- 每一年我们都创造出与新垦土地面积一样大的荒废土地
- 每年都有一块和布里斯托尔同样大小的土地被进行城市化的开发，照目前这种损失速度，到 2050 年将有 1/5 的英格兰土地变为城市。
- 在英格兰有 1500000 套住宅是不适宜居住的，而这个国家的空置房竟然比英格兰东部的所有住宅都还要多。

这些趋势的出现是可以理解的，人们的热情和不断增强的流动性让郊区成为一个越来越诱人的选择。但是，并不是所有的人都能搬出城去的，我们也不可能放弃数十年来在城市所倾注的心血与投资。市镇与农村的划分正变得模糊不清，而我们还在浪费宝贵的资源。然而，只要我们对改善城市环境做出新的承诺，改善城市居民的住房条件和减轻对越发脆弱的农村的压力将变得可能。

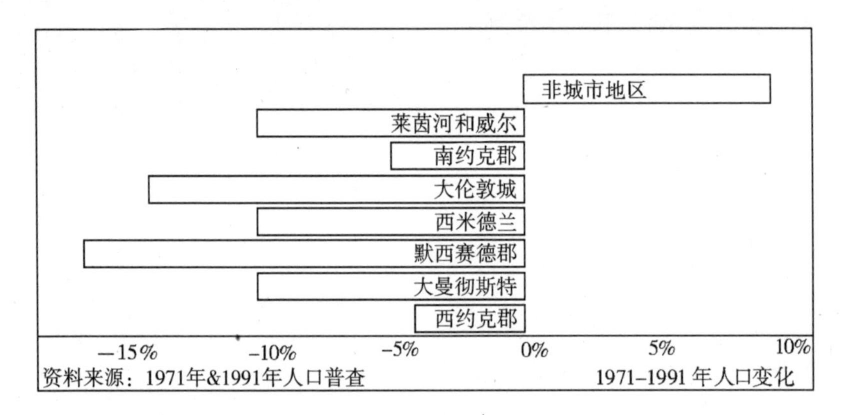

图 1 城市的外迁移民
资料来源：1971 – 1991 年人口普查

在新住宅区的开发、公路和商业设施的建设等问题上，农村地区出现的许多矛盾都是城市带来的压力的结果，这些问题原本可以在英格兰城市地区得到更妥善的解决。农村的土地不可能再承受城市居民的工作与生活持续分散的重担了。我们需要将一种新的城市生活方式引入城市，并为那些搬往农村的人提供一种更积极的选择——一个高质量的城市居住环境。

城市与可持续性

城市在环境的可持续发展问题的议程中处于核心地位。所有的学者都承认，城市是安居、提供工厂、办公室、商店、休闲设施和其他社会所需要的东西的最具有环境的可持续性的地方。城市能比农村更好地吸纳发展。它们有助于减少对资源的利用、节约土地、降低对小汽车的依赖并改善地方环境。

我们可以在不破坏农村的前提下满足社会的需要与期望，我们也不得不这样做。在容纳任何希望搬到农村去住的人的同时又不去破坏最初吸引了这些人的那些宝贵资源，这样万全其美的事是不存在的。我们要找到一种新的改革方向，它告诉我们，城市之所以存在是因为它可能保护农村的美丽风光。

为城市生活的美景高唱颂歌，也许可以促进这一新方向的发展。城市与农村是截然不同的两种地方。城市代表了一种不一样的生活方式，城市是紧缩的，依靠步行你就可以在不同的地方穿梭。小汽车也不是必需品。城市环境是由建筑式样和建筑设计所主导的。这里是人们聚会的地方，其丰富的文化设施提供了不同的休闲机会。城市的确是个好地方，它值得我们赞美和歌颂。

我们可以更好地利用城市，而且还不必在游乐场地及野生物栖息地上修楼盖房，或者将楼房盖成塔楼的样子。很多人担心城市的开发将意味着以优质的环境为代价压缩城市并因此而厌恶那些主张提高开发密度的建议。这些担心值得理解和认可，不过我们完全可以克服他们所担心的这些问题。游乐场地及开阔地需要更好的保护，它们事关优质的城市生活方式的根本。即使占用了每一块游乐场地或城乡结合部的那一小方土地，也只不过能满足极小部分的新开发项目的需要，而且这还是以巨大的代价换取的！无论如何也不应该认为，为了满足开发的需要，我们就必须牺牲重要的开阔空间。其实还有其他更好的选择。

塔楼给我们留下的挥之不去的阴影也是人们所担心的问题之一。但它并不是高密度的城市居住方式的必然形态。塔楼的环境效益极小，而且它常常还没有被它取代的旧式住宅的容纳量大。低矮的开发项目及其变形也可以提供我们所需要的住宅容量。居民仍旧可以拥有花园，街上的树木也能得到保护，而且如果我们减少用于公路和小汽车的大片土地的话，还能为改善街道环境释放额外的空间。可不要小看了我们的城市，从满足我们的需要来看，城市现有的结构仍有大量的改造余地，郊区的潜力也比我们所设想的要大得多。但是这需要规划人员、开发商和政府做出新的承诺。

规划在先

规划人员需要反省他们用于鼓励高密度的综合开发并扫清政策障碍（如最低密度限制政策和停车标准就不利于对现有的城市建筑加以更好的整修和改造）的办法。工商界和房地产投资商也应该认识到在市中心加强长期性投资的基础所能带来的经济利益。公众和社会组织也应该对决策者施加更大的压力，着重指出问题的所在，并将人们的注意力引向城市生活的积极面上去。

中央政府需要采取更加强硬的政策手段。值得注意的是，目前还没有任何针对各大城区的国家性规划指令的出台，尽管大城市是大多数人居住的地方，也是大多数的规划决策被制定下来的地方。政府应设法堵住这个规划体系中的缺口。同时它还应当采取一定的经济刺激手段以协助规划政策的实施，并将开发从绿地引向荒废土地。那些违背了公众的利益而聚敛土地的私有产权者也应该受到相应的经济制裁。地方政府还应拥有必要的资源和行政机制以解决在改造计划中出现的土地闲置和土地所有权争端的问题。

这是一些值得一试的办法。它们既是一个远景规划又可以被看作是能够在未来发挥效用的现实可行的步骤。改善城市环境的战役是极具挑战的。但其重要性也恰恰在此。无论是农村还是我们的生活与环境的质量的未来都取决于我们是否抓住了城市现在为我们提供的更轻松地解决环境问题的机会。

政府：完善规划控制、政策及税收刺激手段以鼓励建筑业和商业活动集中在城市地区，允许地方政府采取更多的措施处理空置的和利用不善的土地的问题，为城市及可持续性发展制定全国性的规划指令，提供更多的资金，建立减少转化为新开发项目的农村土地的比率的国家性的或区域性的目标——打击囤积空置土地和建筑的个人。

地方议会：积极规划英国城市的每一块土地，撤消障碍（如限制性的停车标准，最大密度政策）以更好的利用城市土地，支持基于社区的解决方案，协助将开发引向所需要的地方，保护开阔空间，改善地方休闲设施的条件，保卫市中心，提供就业机会、购物场所以及其他郊区没有的设施，提供行人优先和汽车免费的区域。

发展商、土地所有人及工商业：巩固过去在市中心投资的利益基础；从经济效益和环境效益两方面出发，为城市空间的管理和公共设施的提供做出贡献；对政府改造的动议做出回应；以整修和改建来取代新建，释放空置土地，避免基于小汽车的开发项目。

公共服务：改善城市公共交通，提供高质量的地方健康服务和教育条件，把未来的战略与土地利用规划更紧密的联系起来。

人民：督促地方议会和你所在区的下院议员制定新的政策并提供资金以改善城市环境；为你所在社区提供社区发展战略；重视闲置的和衰落的地区以及提高与发展的机会；要求得到积极的响应；为城市生活的积极面而感到欣慰。

图2　我们能做什么?

最好地利用稀缺的土地资源；提高公共交通的费用效率；减少农村土地的流失；积极地改变破坏景致和居住环境的建筑；维持城市人口；支持城市设施与服务；降低小汽车的出行需要；更有能效；缩短旅程；改善大多数人口的地方环境；处理城市荒废的问题；提供住房；使空置建筑重获生机；使不适宜的住房得到有效利用；支持现有的商业投资；积极利用空置的办公楼和工厂；改善市中心的质量；支持现有的公共基础设施。

图3　城市开发的益处

本文节选自CPRE的《城市的足迹》，CPRE出版社，白金汉宫大道25号，伦敦，SWIW OPP。

紧缩城市和出行的需要：英国规划政策指导的实施

迈克尔·布雷赫尼，艾德里安·古尼和詹姆斯·斯泰克

引言

在谈到可持续发展的问题时，世界上许多国家的政府都把规划体系视为一种至少可以达成某些环境保护和提高目标的适宜策略。而土地利用和交通之间的关系也就成为了一个关键性的问题，因为正是交通带来了大量的汽油消耗和尾气的排放。因此，大部分关于可持续发展的讨论（无论是在政策上还是学术上）都聚焦在：土地利用政策是否有助于减少私家车的使用并能提高其他交通形式的使用率。人们基本达成了一个共识：取得更紧缩的城市形态的政策有可能就是为了减少小汽车的使用，并由此而降低污染。尽管还存有争论，但这一政策立场已为许多国家所认可。

跟许多西方国家的政府一样，英国政府在政策领域对这一争论做出了响应。对政府意图最完整的声明体现在《英国的可持续发展战略》（作为对1992年里约热内卢宣言的响应）中。在其中，政府强调了规划体系的重要地位以及制定与土地使用和交通相关的政策的必要性。

《规划指导政策13》（PPG13：交通，1994年3月版，环境部1994年）对这一关系作了详细的解释。PPG13被认为是战后英国关于规划政策的最激进的声明。该报告着重介绍了国家政策所发生的主要改变，并特别强调了土地利用规划与交通之间的相互关系，作为一种可以减少机动车数量及交通路程的增长；鼓励采用对环境影响较小的替代交通方式；并由此减少对私家车的依赖的途径的重要意义。

在介绍了这一意义深远的政策变革之后，人们紧接着关注的就是这

一新政策被地方政府所接受的程度。因此英国的环境部、交通部委托奥维·阿鲁普联合事务新研究所与瑞丁大学，开展了一项旨在了解PPG13的执行情况，检验其对地方政策和决议的影响，以及在这一过程中地方政府和私营开发商所面临的困难的研究。

接下来的一个部分将解释研究的目标和方法。而随后，我们将阐述课题第一阶段的研究成果，分为以下几个部分：对政策的普遍反应；有关一些特殊政策领域的发现；将这些政策整合为规划文件或程序的细节等等。所有这些部分都将围绕着在本课题研究中需要被回答的问题而展开。

研究的目标和方法

研究的目标

这一研究的目的在于：

• 了解地方政府、企业和发展商对PPG13的反应；

• 评估规划指导对开发规划政策、开发控制决议以及私人投资规划和决定的影响；

• 评价那些用来贯彻PPG政策的方法的有效性，包括对这种有效性进行监控的行动。

• 确定那些执行起来有困难或可能存在误解的政策领域，并为提高其可行性提出建议。

研究方法分为两个阶段。第一步将收集有关各方面的人士对PPG13的反应的信息。第二阶段至今还没有完成，它将会对研究中所提出来的问题进行更深入的探讨。这篇文章对所使用的方法和第一阶段工作所获得的信息进行了概括。

研究方法

有关对PPG13政策的反应的信息来源于四个方面。首先，我们对所有英格兰的地方政府进行了问卷调查。这份问卷主要是递交给首席规划长官，我们要求他们的回答应代表所在地区的政府的意见，而不是他的个人意见。这一调查问卷的主要目的是收集人们对PPG13的大体反应，也包括一些关于个别的政策领域的发展的详细信息。PPG13主要涉及24个政策区域。但为了陈述的方便，我们将这些政策分成“土地利用政策”和一些与“交通”政策直接挂钩的领域。

这些调查问卷分发到了英国所有的409个地方政府，收回245份，返回率约为60%。其中，郡县的议会和伦敦的自治市镇的议会比大城市的自治市镇议会、行政区议会和国家公园的问卷返回率高。同时，不同地区的政府的问卷返回率也不同，来自英国东南、西北、和中、西部地区政府的返回率高于来自西南部和东部地区的返回率。这可能也部分的反映了不同地区对 PPG13 政策的兴趣和意识，但是也有其他一些因素，如可利用的资源、当地政府部门的工作量等都会影响这一结果。

第二，收集信息的方式是对近期出台的一些开发规划、交通政策和方案（TPPs）进行回顾。研究者从 1994 年 3 月到 9 月之间出台的 75 项开发规划中抽取了 44 项作为样本进行研究。这一研究过程主要是考察 PPG13 政策是否能融入到开发规划之中（无论是在项目规划的形式、计划中的部分策略、或通过特殊的政策和渠道）。另一项平行开展的调查是对 1994 年 7 月出版的所有关于 1995 年至 1996 年度的开发规划的文献（TPPs）进行总结，以确认 PPG13 政策是如何被地方政府的交通方案所执行的。

第三，我们举办一个来自企业、开发商、规划官员和专家代表参加的座谈会。这一座谈会的目的与其说是了解各方面对于 PPG13 政策最终的反应，还不如说是要提出一些值得探索和验证的问题来进行研究。在研究的这一初期阶段中，的确出现了各种各样的有趣的观点。

最后，研究者考察了来自方方面面的呼吁意见，主要是为了了解规划审查者对 PPG13 政策中所包含的内容是如何进行解释的。这一研究考察了 1994 年 3 月到 1995 年 3 月所有有关 PPG13 政策的申请案例，这些信息都来自于 COMPASS 数据库。

文章的下一个部分从研究的关键问题出发，介绍了四个研究来源中所发现的结果。

总体的反应

对 PPG13 政策的认识

研究之初，我们有必要了解政府官员、私人企业主、发展商等人对 PPG13 政策的了解有多深，以及他们是如何认识自己的决策的重要性和关联性的。

研究结果表明 PPG13 政策已经成为技术新闻和相关会议中讨论得最充分的指导策略。地方政府的官员和其他一些相关代表团体（包括那些参加讨论的企业和发展部门）都对该政策有充分的了解。

然而，只有 30%的政府官员参与了对 PPG13 政策的深入讨论，只有 15%的企业代表、专家团体参与了讨论，其余大部分的与会者，除了交通和规划部门的人以外，对 PPG13 政策的影响的认识都不够，例如教育和垃圾管理等。另外，在大部分的地区，当地的开发商和企业主对 PPG13

政策是如何影响他们自己的决策变化的也了解得不够。

显然，PPG13政策的实施的确促进了一些地方管理者改变他们的工作方式，以便把将土地利用政策和交通发展策略融合在一起。自PPG13政策颁布以来，已有20%的地方管理者改变了他们的工作安排，尽管还很少有人与其他的利益团体，如交通运营者和专家开展合作。显然，许多管理者已经开始致力于政府之间的联络与合作工作，早在PPG13政策颁布之前这些合作就开展了起来，因此对于他们来说改变并不会太大。

座谈会的结果显示出不同的企业和开发商对PPG13政策有着不同的认识，并且住宅开发商对PPG13及其含义的理解比商业楼盘的开发商要深刻得多。而在企业界，零售商和娱乐商比制造业的代表掌握了更多的关于该政策的信息。在讨论中，研究者发现不同领域的人对政策的了解程度所存在的差异与经营者对当前政策的敏感度有关，因为企业都需要具备一定的政策知识以确保自己不受到PPG13政策的直接影响。另外，某些经营者可能更富有创新精神，而另一些企业可能更加保守。以那些零售商为例，他们面临着有限的资本和更大的竞争压力，这使得他们对该政策带来的影响必须有所认识。

反映PPG13的一般变化

研究的第二个问题主要关注于在PPG13的影响下，一般的政策立场所发生的改变。我们主要研究了地方政府、开发商和企业的政策立场。

大部分地方官员（65%）认为，PPG13政策与现有的一些政策基本匹配。然而，在1994年3月到9月之间，只有一半处于实施中的开发规划明确地提到PPG13在开发决策中所扮演的角色。事实上，三分之二的地方官员都意识到现有的规划政策需要根据PPG13进行调整，有相近数量的人也表示同意将政策变化整合到开发规划中去。

相反，在现有的交通政策与方案中，PPG13中的典型政策得到了较好的体现，这可能是因为这些交通方案的出台的较晚，并且很多负责方案的官员也正力图使交通框架与PPG13中的政策目标相匹配。因此，只有少部分官员（32%）觉得有必要根据PPG13重新审核交通政策与方案。

看起来，似乎大部分的开发商和企业都尽可能地避免对自己的投资计划和发展规划进行修改。大部分的人企图继续执行现有的策略，直至产品使用者或消费者改变他们的期望（如停车场的设施建设），或现有的开发许可已经用尽，又没有其他的投资与商业机会的时候。然而，在零售业和房地产业，那些需要发展和开拓市场的经营者却为此作了一些改变（如城市中心的地下商铺、城市住宅和公寓等）。

发现的问题和建议的解决办法

本研究的另一个目的是要了解是否存在阻碍变革的因素，如果有，可以采取什么样的措施克服它，是通过组织还是其他方式。无论是地方问卷调查还是座谈会，都给了我们一个了解 PPG13 实施过程中的普遍性问题，并考虑可能的解决方法的机会。

开展集体讨论会的目的是给那些受到 PPG13 政策影响的个人和团体提供一次机会，以深入地探讨由 PPG13 引发的问题。参加这次讨论会的主要有四个群体：包括商业团体、发展商、地方政府和一些特殊的利益群体。

工商业代表团体表达了对这一巨大变化的关注，他们认为政府需要做出许诺，对全国的交通政策做统一安排部署（包括一些重大的公共交通投资），并在商业事务中进行深刻的变革（如即时送达政策）。另外，政府还需要考虑一些特殊的问题：包括由于政策实施时间上的不同所带来的变数，如一些地区和行业可能会先受到影响（在一些率先实施政策的地区）。在优先性的问题上，他们建议改革的重点应该落在一些现有的重建项目上，如郊区和工商业区的重建，而不是控制增建项目（对这些地方即使采取中等规模的投资也只能带来有限的效益）。

开发商们则强调将土地利用问题和交通政策联合在一起的计划需要适应地方的开发规划，并且应该通过一些财政措施来鼓励全民交通行为的改变。他们提到的具体问题包括：对被污染地区的开发计划面临的资金短缺问题（由于责任制的不明确），混合开发所带来的效益问题（由于投资的不同时间周期）等等。如果有可能，通过征收税费来支撑那些公共交通不发达地区的发展倒不失为一种直接募集资金的方法，这些资金可以用来鼓励对有困难的城市地区的发展，当然，这一点仍然值得斟酌。

地方政府官员也认为：从中期或长期来看，通过规划进行改革十分重要，但如果要在短期内实现可持续发展的目标的话，这种变革就需要与其他方面的改革（如提高房屋能源的使用效率等）相适应。为了与区域规划指导相适应，他们还考虑了一些特殊的措施以便使 PPG13 适应不同地区的具体情况。由于关注的内容不同，政策的平衡在每个地区也有不同的体现，不是所有的 PPG13 政策在每个地区都适用。毕竟那些对城市进行再建设、规划周边环境以及建立新的定居点的动议比 PPG13 获得了更多的关注。

特殊的利益群体也注意到：如果发展商和地方政府有足够的信心去对现有政策进行必要的改动，那么就应该保持 PPG13 在实施过程中的连贯性和一致性（包括一些仲裁决议）。他们同时还认为，一些地区在实施政策的过程中，受到了破坏性的影响，如不断增长的密度对城市贫民区的影响。然而，那些将城市复兴、休闲和完善的社会供给连在一起的适宜的乡村定居计划却倍受欢迎。

表 1 概括了影响 PPG13 实施的主要障碍和被调查者提出的愿望和解

决问题的办法。根据讨论和问卷调查的情况，我们建议优先考虑三组行动方案。

表1 PPG13——发现的困难和解决措施

问　题	受影响方	建议的解决措施	实施者
1. 竞争			
1.1 担心在投资了PPG13指定的开发场址后会失去竞争优势	企业和开发商	确保政策的长期稳定	政府和地方行政机构
1.2 害怕政策的改变会使自己丧失与其他地区相竞争的吸引力	地方行政机构	制定区域性政策作为辅助（如建立统一的停车标准）	政府
2. 现在的承诺			
2.1 更偏向于在目前的开发场址继续投资	企业和开发商	需要通过税收担保来筹措替代场址的开发资金	政府
2.2 对防止变化所做出的大量承诺	地方政府	改变或更新许可的范围、条件	地方政府
3. 跟其他政策的冲突			
3.1 其他PPGs政策（如2、3、4、6、7条）会限制PPG13的实施(如公共交通走廊、绿化带的建设等等)	企业和开发商 地方政府 其他利益群体	阐明PPG13在其他政策中的优先权，或为其建立评估的步骤	政府
3.2 对地方经济的发展和就业问题的关注，对投资的需要	地方政府	阐明PPG13与地方的关系（或如1.2的方法）	政府
4. 影响不明晰			
4.1 对不同的开发方案在交通方面的影响了解有限	地方政府	需要进行研究和项目展示	政府、地方行政机构、专业研究机构
4.2 在实行新的交通政策（如调整停车标准）的地方，缺乏对影响或机制的理解	地方政府 企业和开发商	需要进行深入的研究	政府、地方行政机构、专业研究机构 企业
5. 城市/乡村的开发场址			
5.1 缺乏可利用的城市空间	地方政府	通过研究，挖掘一些废弃的城市土地的利用价值	政府、地方政府
5.2 城市地区的开发带来的额外指出	企业和开发商	需要从非城市地区的发展中获取担保基金	政府
5.3 害怕在较偏远地区，田园式生活方式会遭到削弱	地方政府；其他利益群体	对偏远地区的可用性和建立公共交通系统的可能性进行研究	政府、地方行政机构 企业和开发商、其他利益群体

续表

问　题	受影响方	建议的解决措施	实施者
6. 执行			
6.1 缺乏政策的具体实施方案（如公共交通系统的问题）	地方政府	将一些重要的元素带入规划进程中。（如建设主干道，提供公共交通系统）	政府、地方行政机构
6.2 需要对财政预算做较大的调整，以改变人们对政策的看法（如比较能源价格，改变能源方式/增长关系等）	企业和开发商 地方政府	对汽油价格、修路费等费用的上限进行研究	政府、专业研究机构
6.3 在一些重大决策上存在不连贯性。（权威性证据的负担）	企业和开发商 地方政府	充分参考研究的结果，重新审视申请决议。（参照4.1和4.2）	政府

首先，一个牢固的政策框架（尤其是在地区水平上）应当涉及以下几方面的问题：

• 应该有一个长期的许诺以保证那些对PPG13的建议方案（如城市场址的开发）进行投资的人不会因为短期政策的改变而受到影响。

• 政策变革应保持连贯性，以保证那些接纳PPG13的政策（例如低密度的小汽车泊位计划）的企业不会在未来面临不利的竞争因素。

• 应该建立一个区分不同的政策解决方案的优先地位的框架，把PPG13和其他领域的政策（例如，城市部分地区改造的需要）包含进去。

其次，一项研究和展示项目的方案应当说明我们缺乏对那些影响政策和计划的发展及其实施的连贯性的知识的了解。

• 当前，我们缺乏对不同开发模式下的交通行为特征的了解，也不了解这些特征是如何被停车、公共交通供给等因素所影响的。

• 人们还有必要了解土地利用政策的改变（居住密度、住房-就业之间的平衡、居住面积等）将会如何影响交通及其发展模式的特点。

最后，还需要制定一套提供了具体的权力及资源的补充措施，使之与PPG13政策相互协调，改变投资决议的背景和人们的生活方式。这主要包括：

• 一些具体的交通供给的要素，这些要素不受地方政府的控制或影响，但却是制定PPG13的解决方案的核心成分（尤其是在主干道的投资和公共交通体系的建立上）。

• 一些特别的财政措施（例如汽油价格，路费）能够改变人们交通费用的认知，从而影响交通行为。

• 通过一些附加的优惠条件（如土地价格、土地分配、污染问题），可能是一套不同的税收体系（例如通过抵押担保基金的使用来鼓励开发非城市地区）来提高城市发展对开发商的吸引力。

具体的政策领域

政策领域的重要性和困难

研究同样致力于了解地方政府、开发商和企业利益集团是否有这样一种意识，即 PPG13 中提到的哪一个问题是造成变化的最重要的因素，以及哪一些政策领域是特别难以实现的。

调查问卷提供了有关具体政策的主要信息来源，并通过集体讨论中提出的观点得到了丰富和修改。其中，土地利用政策和交通政策是单独呈现的（见图 1、图 2）。为了便于理解，问卷对它们进行分别的统计，因此，通过这些表格不能直接比较政策的困难或其重要性。下图代表了提出了某项具体政策的重要性或困难的地方官员在回答者中所占的比例。回答者不需要对这些政策领域进行等级划分。

就人们意识到的政策领域的重要性而言，土地利用和交通问题表现出类似的模式。一共有 6 个领域的政策被半数以上的回答者提到很重要，他们包括从现有中心区的零售业到当地小区环境的供给设施在内的领域(图 1)，还包括从公共交通供给到具体的交通措施和治理方法在内的领域(图 2)。

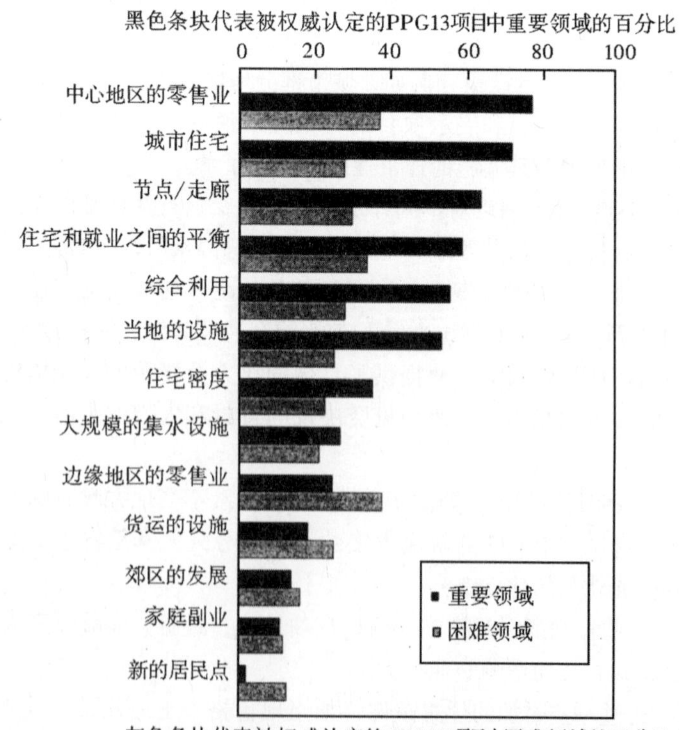

图 1　被认为是重要和困难的土地使用政策

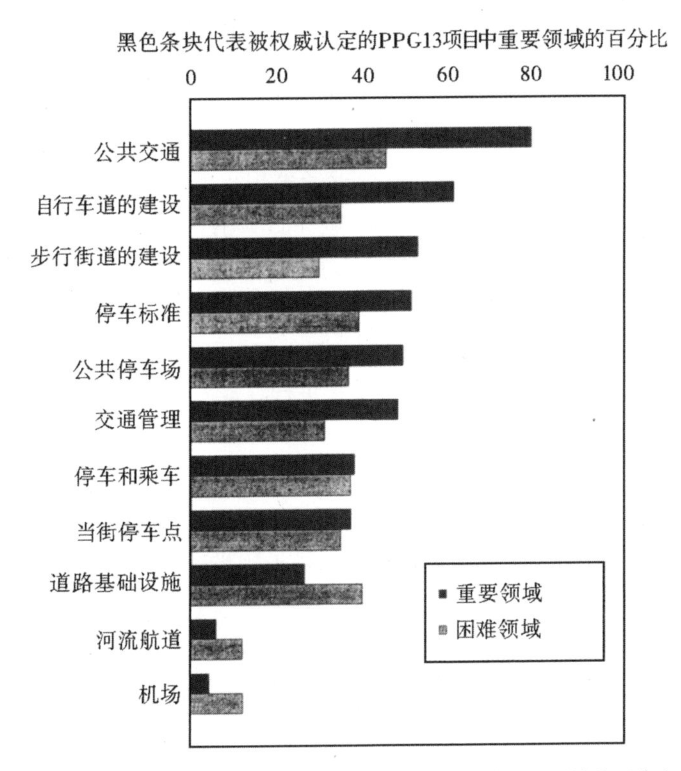

图2　被认为是重要和困难的交通政策

其余的政策领域被不到40%的回答者认为很重要，因为这些政策只与个别的行政机构有关（如郊区的小型开发项目、机场、航道和船运等）。从集体讨论会的情况来看，人们是否认为其重要，主要取决于这些政策的应用广泛性。

某些政策之所以被认为很重要，可能是因为从理论上讲它们可以作为减少交通量的措施。例如：就业的集中和公共交通的节点和走廊的交通密集化利用（图1）；公共交通的供给（图2）等政策被普遍的认可，可能就是因为他们是可持续发展政策中重要元素。其他领域的一些政策也被认为很重要，可能是因为他们正是当前关注的焦点。例如，对未来城市中心的关注可能会使城市中心零售业的发展成为一个重要的政策，城市中心的综合利用问题也是如此。这些政策获得关注的另一个原因可能是因为这些领域有利于专家取得研究成果，如现有城区的住宅建设问题（图1）和自行车和步行道的建设问题（图2）等等。

对其他一些政策领域来说，一些特殊的困难限制了它们的重要性。例如，它们在实践中的有效性可能存在争议：如为了改变交通模式而提高城区的住宅密度，新居民区的适宜规模，新技术或家庭副业将会在多大程度上改变交通量（图1）等等。也有一些政策领域可能一开始就是富有争议的，它们也许本身就暗含着对改变规模的限制；例如，提升住宅密度、发展新的住宅区（图1），或对当街停车场的控制等等（图2）。其他的政策领域可能要依赖于特殊的地方发展的机遇，如乡村货运的发展需要铁路系统的建设；零售业的发展需要城市中心场址的边缘区域（图1），而停车或乘车地点的筹划也需要城镇挤出专门的地方来（图2）。

就困难情况而言，有意思的是所有被认为不那么重要的政策领域（如图1、图2所示）其困难度都接近于、甚至超过其重要性。那些被意识到更重要的政策也同样被认为是困难，如缺乏改善公共交通系统的权力，或者难以让开发商对综合开发项目进行投资。

政策发展所取得的进步

在对政策领域的重要性进行评估之后，研究试图进一步了解这些政策领域的发展过程，同时考察是否能通过一项平衡策略有效地推进这些新的政策领域的发展。

图3和图4显示了在土地利用和交通政策中，被认为重要的政策和这些政策的推进程度之间的相关。纵坐标代表了政策的重要性，横坐标代表了当地政府推进这些政策的比例（对开发政策和选址标准做出决议的程度；确认具体的政策、计划和场址）。

通常，对于土地使用和交通政策来说，那些发展进程较快的政策也是被认为重要的政策，发展较慢的则被认为不那么重要。可能在这些回答中有自我判断的成分在内，尽管在调查问卷中，政策发展和政策重要性的问题是被分开的，然而，我们仍能从这些相关图表中得出两个具体的结论。

首先，有一些被认为重要的政策其发展情况并没有期望中的那么好。如集中就业和在公共交通节点和通道的交通密集化利用对许多官员来说是一个新的领域。对一些开发规划的回顾表明，大部分的规划都鼓励对市中心的交通资源进行集中使用，但只有不到30%的计划将其与交通政策直接联系，而对其他的一些节点和通道关注就更少了。如图4所示，公共交通供给被认为是最难以实现的领域。集体讨论的结果揭示了两点：一是缺乏足够的权力以保证这些设施能处在一个适宜的水平和层面上；二是一些开发商不愿意承认他们自己有足够的政策空间，除非在一些特殊的节点上。同样，制定停车标准的政策的发展（图4）也发展较慢。一些回答者提出了特殊的要求，希望在停车标准上有更多的指导意见，有不到20%的新开发计划被要求进行修改，不到25%的交通政策和项目可能需要进行重新审核。那些与PPG13密切相关的重要政策得不到应有的发展，必须得到特别的关注。

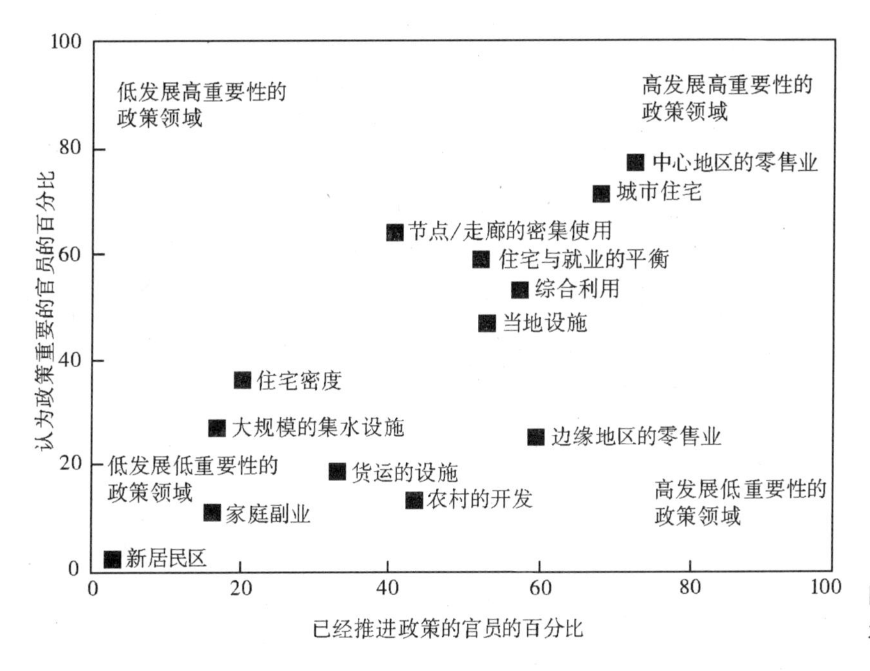

图3 土地使用政策的发展情况

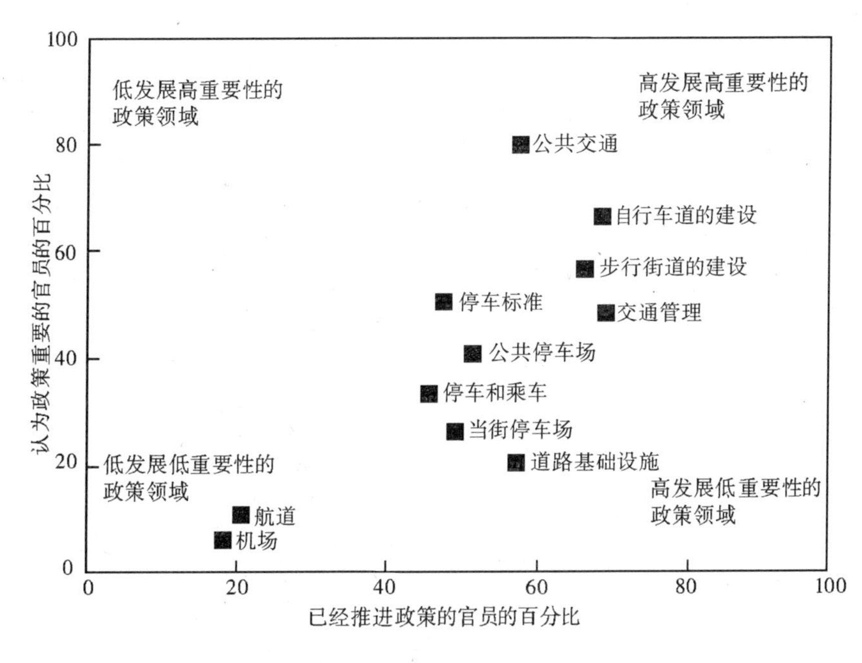

图4 交通政策的发展情况

第二，也有一些政策领域被认为比地方政府所意识到的更加重要，这些领域需要额外的努力使其能被政策执行机构所重视。例如，实施提高房屋密度和在公共交通节点建设大型的集中区（如学校、医院）的政策都需要对现有城区结构做大规模的长期改造。当前政策的发展水平要低于对它们的重要性的一般认识。就其重要性和发展程度而言，新居民区的分数是最低的（图3）。自从1995年4月以来，已经有一轮又一轮的关于新居民区在满足住宅需求和可持续发展的需要中的潜在角色的争论。如果这些争论使得人们对新居民区解决方案产生了更大的兴趣，那么我们就应该做大量的工作对这一政策进行重新的思考和审度。

政策与监控的整合

这一部分的内容考察了地方政府在通过规划政策和交通投资项目实施PPG13时所取得的主要进展。通过调查问卷，我么可以清楚地看到由于PPG13的重要性和鲜明的姿态，大部分的规划官员都向委员会提交了他们关于PPG13的思考报告。然而，不同的地方政府在这一问题上，仍然有所差别，其中，郡县议会在这一方面走得更好。

开发规划

由于开发规划准备的时间表问题，我们很难看到PPG13对开发规划的影响。从对1994年9月的开发规划的回顾来看，某些PPG13的代表性政策比PPG13的公布出现得还早，特别是关于交通和土地利用的。然而，在对政策的论证中，却很少有人对土地利用政策和交通政策之间的相互关系进行具体的考查。因此，一些长期的规划政策如城市住宅开发的遏制计划可以被看成是PPG13的代表性政策，但是开发规划中具体措施却很少将减少交通需要作为该政策的立论依据。

大部分的建筑规划和整体开发规划（UDPs）对PPG13的处理都表现出有别于其他地方开发规划的几个特征。在整体开发规划的第一部分和建筑规划中，对土地利用和交通政策进行了很好的的整合。UDPs在交通政策上比一般的地方性政策也要贯彻更加深入和广泛（除了关于停车标准的规划以外，这一部分地方规划也处理的较多）。

在大部分的规划中，交通问题仍然是被考虑得较多的。约有一半的规划提到要支持公共交通系统，尤其是有关UDPs的政策。那些与土地利用有关的交通处理方法在规划中表现得不太普遍，它们只是在一些与特殊的土地政策相关的领域中被直接提出来，如零售业等，而在其他的土地政策，如住房或就业等方面就表现得不那么明显了。

在1994年9月以前公布的开发规划中，我们很难发现有关交通供给和土地开发的规划受到了PPG13的影响。一些规划官员提到，PPG13的基础原则需要对那些超过了当前的审查范围的开发规划做重新的考虑，在下一轮的发展规划周期中，这个问题应该充分的展开。

交通政策和方案

概括地说，郡县议会、大城市的自治市镇和伦敦的自治市镇的现有交通政策和方案已经覆盖了 PPG13 中所有关于交通的内容。然而，在政策变化的接受程度和交通政策与土地利用政策的整合程度上，不同的议会却取得了不同的进展。

所有的大城市和伦敦的自治市镇以及大部分的郡县议会都递交了竞标计划，表达了需要通过地方政府和交通经营者之间的广泛而为实现战略性的发展和交通目标筹措资金的项目，其中尤其强调公共交通和自行车道的提供。所有的交通政策和方案都涉及到了公共交通领域，但财政上的保证在很大程度依赖于政府的角色以及一些特殊的投资机会，例如，轻轨高速运输线计划就需要寻找一些私人企业的投资。

一些地方行政机构，尤其是郡县议会，已经发展了或正在发展综合的交通策略或交通规划，这些将作为一项长期的政策框架用来实现每年的交通规划目标和建筑规划政策。这些策略代表了战略水平上的重要倾向目标：即实现土地利用和交通政策之间的整合

申请决议

本研究还考察了 PPG13 是如何影响申请决议的。对 COMPASS 数据库的搜索确定了发生在 1994 年 3 月到 1995 年 3 月之间的 55 个涉及到 PPG13 的申请案例。大部分的案例与零售业有关。三分之一的申请被通过（而同一时期的允许申请案的比例为 1/2），可以确定的一点是，越富有争议的申请越有可能被驳回。

表 2 对不同地区的情况进行了划分：申请是被接受还是被驳回，决议是否与 PPG13 的总体思想保持一致。事实上，所有被接受的申请都受到了 PPG13 的支持。但被驳回的决议的情况则比较复杂。有 37 个申请被驳回，其中只有 23 个驳回决议与 PPG13 相吻合，还有 14 个申请虽然 PPG13 并无反对意见但仍被驳回。这告诉我们，尽管 PPG13 不完全导致驳回决议，但却能确认，PPG13 能使申请被通过。这一结论在图 5 中有所表现，有 8 个申请尽管被审核者认为存在与 PPG13 相一致的效应，但仍然遭到驳回。

表 2　从 1994 年 3 月到 1995 年 3 月与 PPG13 有关的申请

	被通过的申请		被否决的申请	
地点的类型	个案数量	PPG13 政策赞成的意见	个案数量	PPG13 政策反对的意见
中心或中心边缘	3	3	3	0
城镇边缘	10	10	14	10
城外	5	4	20	13
合计	18	17	37	23

有一些与PPG13政策相关的问题，审核人员还无法得出确切的结论。图5显示，有超过10%的被考虑到的与PPG13相关的问题，审核人员无法确定其最终的效果，例如旅行路程的长短和废气的排放水平的改变就是无法确定的两个因素。图6显示了审核人员考虑到的PPG13有关的问题的范围，以及其评议结论是否与申请决议相一致。减少或限制交通占到了有关PPG13的考虑问题的1/3，在这个问题上取得了明确的结论，并且影响了审核人员的决议。相反，对废弃排放量的限制或减少则被很少提到，甚至不那么有影响力。最有可能影响决议的政策问题是否存在替代的开发场址。在传统的规划框架下，是否存在更能满足PPG13要求的替代场址这个问题，比其他的问题更容易验证，也更具有确定性。

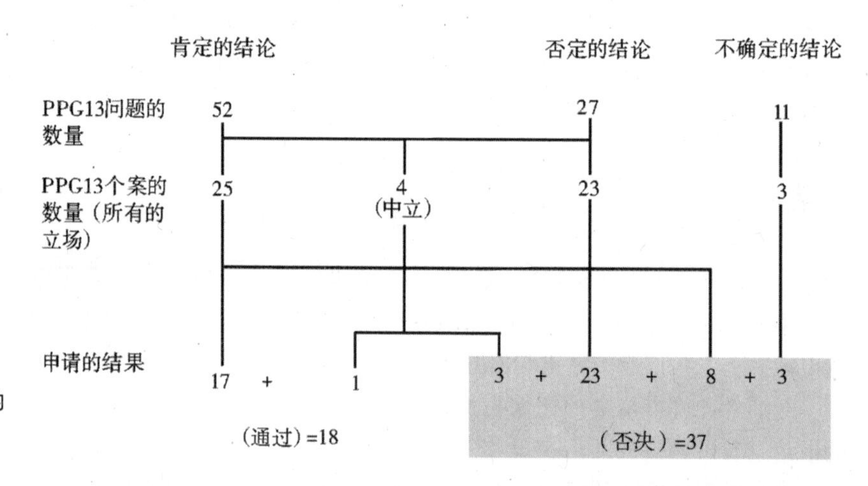

图5 申请中出现的PPG13问题

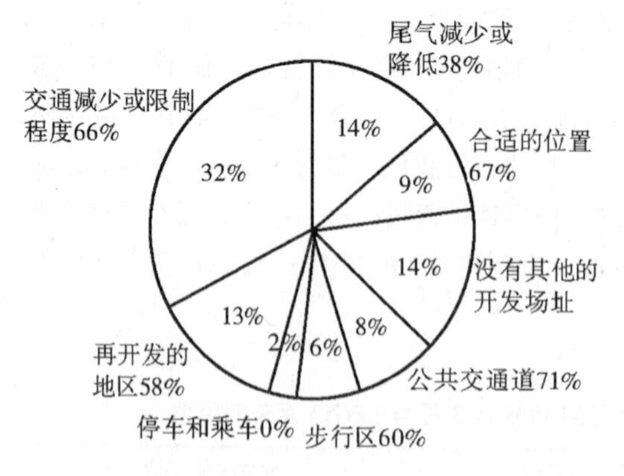

图6 PPG13问题的范围

监控

任何新政策发展的关键因素之一都是建立合理的监控系统。因此本研究也试图发现PPG13政策和方案的效果是否受到了监控。而如果没有建立起监控过程，研究就要找到有助于实施监控的方法。

问卷调查显示，人们政策发展的关注较少，除了城市住宅之外，只有不到20%的改革受到了政府的监控，有时甚至更少。对交通政策和方案的考察也发现缺乏对监控体系的重视。在开发规划方面，郡县议会的目标体系和监控体系建立得更好，尤其是在交通问题上。

在一般的政策发展领域，有三个方面还做得不够，由于其重要性，当地政府特别地将它们提了出来。它们是：在公共交通的节点和走廊的交通密集化利用问题；公共交通供给和停车标准问题。这些问题被进一步强调。

然而，人们对设立目标体系和监控体系的反应冷淡意味着我们需要对政策所涵盖的所有问题进行更深入的考虑。这对于PPG13政策的长期贯彻具有深远的意义。

结论

本研究就人们对PPG13政策的普遍反应加以了深刻的理解：包括对PPG13的意识程度；现有的政策和建议需要做多大的改变，以及有哪些因素限制了PPG13政策的贯彻实施。它同时也尽可能地考察了一些具体政策领域，以了解哪些被认为更重要，哪些更难以实施，以及哪些在政策发展方面需要进一步推进下去。最后，它表明了PPG13的目标在多大程度上融合进了规划文件以及申请过程，并且它审视了地方政府是如何对每一个政策领域建立目标和监控体系的。

研究的确表明，PPG13对政策发展有重要的影响，尤其是那些被当地政府认为最重要的政策领域。然而，有两方面的工作还需要深入。首先，应该仔细考虑那些将带来最重要变化的政策在实施中的困难；其次，如果该政策影响了市场利益的获得，那么它就会遭到开发人员的抵制。

这一研究最主要的结论是：不需要对PPG13做紧急的修改，但如果想使它被顺利地贯彻下去的话，还需要开展一些辅助的行动。如每个地区的区域规划指导条文都需要考虑给予PPG13优先权，并且将PPG13整合到地方政策中去；需要对停车标准做出修改，使之协调一致；需要开展研究提供大量有关交通路程和尾气排放量的变化、停车和公共交通供给的影响的信息；需要提供建立目标体系和监控体系方法的指导意见。

这一章概括了研究第一个阶段的发现。下一个阶段，将主要讨论这些发现所带来的重要问题。然而，更带有普遍意义的是，人们需要对宏观性的问题有更深入的了解：如政策要被发展到什么程度才是适宜的。为什么有些政策需要给予优先权，而另一些却没有；为什么某些困难显得特别重要，我们怎样才能将之克服等等。

参考文献

Department of the Environment and Department of Transport (1994) *Planning Policy Guidance 13: Transport*, HMSO, London.

UK Government (1994) *Sustainable Development: The UK Strategy,* HMSO, London.

苏格兰城市的可持续性：地方管理的两个个案研究

吉姆·托马斯

引言

在学术上和政治上就紧缩城市是最可持续的城市形态所进行的辩论，引发了激烈的争论。但是，有关紧缩城市的许多声言都是有争议的，而持反对意见的一方关注的是城市中日益增加的密度以及活动所带来的危险；尤其是交通堵塞、污染、城市开阔空间的丧失和过度拥挤。

这场有关密度和可持续性的争议特别强调对现有城市形态的案例进行经验研究的重要性。尽管新兴的“绿色”住宅区的开发是最引人注目的话题，但也必须使现有的住宅区在可持续的生活方式上取得实质性进步。可以确定的一点是，我们现在能做出的最有效利用能源的决策，将是阻止建设新的住宅而充分利用现有住宅。本文将把着眼点放在两个地区，其中之一是爱丁堡的旧城，一个分布着学术和文化性建筑的高密度住宅区的典型个案；另一个则是格拉斯哥的南丹尼斯顿，一个传统的苏格兰市中心住宅地区。

南丹尼斯顿，格拉斯哥

南丹尼斯顿位于格拉斯哥市中心以东约1.5公里的地方，占地10公顷，建筑密度非常高。它形成了一个由北边的杜克街和西边的贝尔格鲁夫街所围成的小“岛”，这是两条交通主动脉，其南边和东边则被一条铁路切断。杜克街以北是一个更大的经济公寓住宅和联排式的私人住宅区。往东和往南是工业和仓库建筑区，这是一个在20世纪50年代以前曾经繁荣过的制造业地区所残存下来的为数不多的遗迹（图 1）。

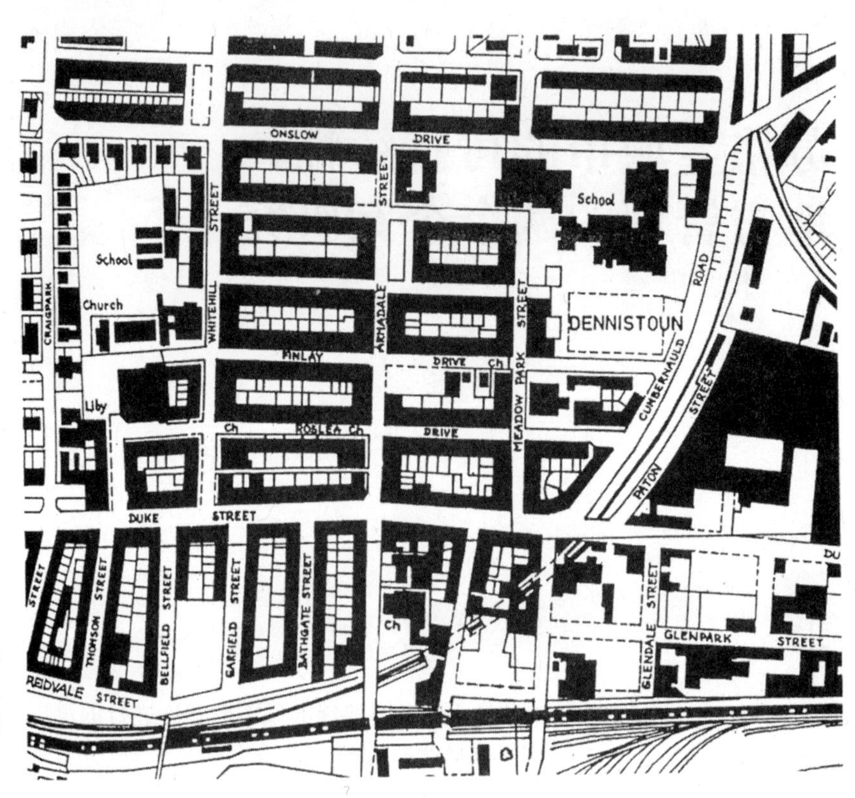

图 1　格拉斯哥的丹尼斯顿地区。研究的地区位于杜克街、雷德维尔街和铁路线之间

南丹尼斯顿由 4 层的石砌经济公寓构成，建成于 19 世纪后半期，是典型的格拉斯哥式设计（Worsdall，1979 年）。联排住宅形成了许多中空的“广场”，将社区的后院包围起来，用于晾晒衣服和废物处理。到达后院的惟一途径是连接街道和后院的通道或者说封闭的小巷，楼梯从那里上升到上一层公寓。这些封闭的场所现在都有门，以防陌生人侵入小区。每个楼梯都通向同一层的两套或三套公寓，那些公寓大小不一，从一个房间到三个房间的都有。当这些地区被林立的高楼完全占据时，其密度有可能会达到每公顷 400 人以上。

最初，这类公寓是由私人土地所有者建造用于出租的，从 20 世纪 50 年代开始，它们中的某些被个别地廉价出售，因此，到 20 世纪 60 年代时，南丹尼斯顿地区就形成了私人租用和业主居住的混杂状态，而大部分公寓都空置了，因为杜克街南边可能会建高速公路，这些房子面临着被拆迁的命运。由于房屋的结构变得越来越危险，已经有一些被零星拆除了。城市规划者们取消了对该地区的拆除和重建。但是当地居民有不同的看法，而且到 20 世纪 70 年代早期，他们的斗争在当时的政治和经济的变革的助长下，升级为要拓宽道路的示威。但问题是如何组织经济公寓住宅的修缮和提供资金的问题。为了利用住房协会和格拉斯哥市对社会住房的大量支持和拨款，居民行动团体自发组成了一个以住房协会为基础的社团。进而，在 1979 年成立了一个完全由当地人民控制的里兹维尔住房协会（RHA）。RHA 取得了大部分公寓并通过经济公寓住宅计划修建了一座新公寓，以尽可能维持在最初的居民人口水平。他们还对公寓的外部结构进行了检修，并重修了其浴室和厨房，而且，为了达到现代居住标准，还进行了重新的布线。这项重建工程持续了 20 年，目前该协会正通过在某些空隙场址新建公寓来彻底完成其开发计划。

人口概况

在 1991 年的人口普查中，这里的总人口约为 2200（由于一些新建设计划的完成，现在的人口已经增加了）。28%的家庭有需要抚养的子女（比格拉斯哥的 25%高）。82%的家庭（正好是 1000 多户）是从 RHA 租房子住，在余下的房屋中，业主居住和私人租住各占一半。据 RHA 估计，它的房客中约有 75%的人享有某种形式的住房补贴。丹尼斯顿·伍德（比南丹尼斯顿大很多）的失业率为 13.2%（格拉斯哥是 19%），其中 19 岁以下的男性占 24%。

工作和服务的提供情况

尽管格拉斯哥东端是一个高失业率的地区，但生活在南丹尼斯顿的每一个人都很容易通过公共交通工具到达该城市的几乎任何一个工作地点。当地的工作主要是在商店、公共饮食业、医院或教育部门。RHA 本身就是集建筑和维修于一体的大雇主，经常雇用的当地承包商就有 18 个。

过去因为杜克街有各种各样的食品和地方必需品商店，在当地购物很方便。然而，自从往东一公里处新建了一个大型的室内街区中心后，杜克街的人就渐渐变少了。许多杂货店、超市和其他食品店都搬走了，只留下一些较小的报刊经销点和普通店铺、慈善商店、酒馆、热食外卖餐馆，而它们也常常是门可罗雀。当然，对于那些迁走的人来说，无论在新中心还是在城里，各种购物需求都可以得到满足。但是，地方服务的衰落却给活动量较少的人、穷人和老人带来很大的不便。

公共交通、小汽车拥有量及交通状况

杜克街是一条东西走向的公共汽车主干道，到达市中心大约需要 10 分钟。贝尔格鲁夫街和杜克街的郊区火车站分别位于南丹尼斯顿的两端，并向东、北和城市中心延伸，从而与外部的郊区铁路网连成一片。

在南丹尼斯顿，只有 17%的家庭拥有小汽车（格拉斯哥是 34%）。这既说明该地区的大部分居民比较贫困，又反映出公共交通工具的廉价。

即便如此，停车位仍然是一个问题，原因在于居住密度太高。RHA已经关闭南丹尼斯顿的许多小道或采取某些静音措施。这的确成功地创造出一些仅限于慢速和服务性车辆通行的安全道路。但是，周边街道的交通堵塞情况依然严重。

娱乐空间

正如最初所设计的那样，除了后院和街道外，南丹尼斯顿没有开阔空间。虽然大部分被拆毁的地区现在已经开发了新的住宅区，但是，该区的中心区已经预留了充裕的空间，并被开辟成了雷德维尔探险游乐场。它由志愿者管理，并已经控制了通往该游乐场的通道和一个带有室内游戏室、办公室、厨房和储藏室。该游乐场为孩子们提供了开展创造性游戏的机会。

所有被围起来的公寓后院都已经由RHA在周围住户的协作下进行了改造。它们已经铺上或种上了烘干的绿草、种植了灌木和树木，而且为垃圾箱安装了适当的围栏，住户的参与以及限制进入措施，使得对环境的破坏降低到最小的程度，而且这个地方还能为家长和幼儿提供舒适的休息环境。这不正是书上所说的“可防御空间”的范例吗?

犯罪情况

有关这一地区犯罪情况的统计资料没有获得，但是RHA认为，在南丹尼斯顿，犯罪率，尤其是入室盗窃率相当低，这主要得益于该社团的监管。虽然夜以继日地忙碌和热闹，杜克街仍被认为是相对安全的。

住宅的质量及需求

无论是修复的住宅还是新建的住宅，质量都很好。RHA有一个循环维修计划，并且会在接到报告后的24小时内完成所有维修任务。漂亮的社区后院、再加上该地区内的安全街道以及在同等住宿条件下低于其他小区房东的租金，使该地区的住宅保持了很高的需求水平，等候的名单拉得老长老长，所以它在房客中非常受欢迎也就不是什么令人惊讶的事了。

爱丁堡老城

这座老城占地112公顷，周围是罗亚尔迈尔，它连接着爱丁堡城堡和霍利鲁德王宫。从16世纪开始，这里的人们就保持着在廉价的高密度公寓（17世纪9层高的石头建筑，至今仍然存在）中居住的传统，所有阶层的人住得都非常邻近，采用的是一种垂直的阶级居住隔离方式（图2)。在新城的建设使城市向北扩展后，老城在18世纪晚期被中产阶级所抛弃。到了19世纪中期，人口剧增到45000人，生活环境十分的拥挤和肮脏。通过修建通往环境最差的贫民区的街道和建设大型的“改善信赖”经济公寓（通常为四五层高，临街有商店），到19世纪后半期，这种情况才有所缓解。尽管这些公寓的外观被装饰得美丽大方，但它们的结构布局通常与南丹尼斯顿的那些公寓相似。

图2　排列在爱丁堡罗亚尔迈尔的五层公寓

居民住宅与遗留下来的国家和地方机构——最高法院、国家图书馆和博物馆、圣伊莱斯教堂、市立法院和大学，以及诸如酿造、印刷、食品批发市场和运输等工业（多数是有害的）混杂在一起。

经历了一个世纪的贫民窟清除运动和工业的逐渐衰败，到1901年这里的人口下降到25000，到1981年又降至3000。那时，老城似乎衰败到了极点，最后只好将其作为苏格兰的历史主题公园，供游览者参观。遗留下来的这类建筑主要由公共部门负责管理。但是，到20世纪70年代中期，地方团体的坚决行动粉碎了将罗亚尔迈尔切成两半，新建一条具有6个车道的高速路的计划。住宅翻新开始在遭到毁坏的地区进行，而且在20世纪80年代早期，市议会开始尝试着恢复老城的社会和经济生活。从那时起，人口下降得到抑制。混合了新用途的重新开发正在填补酿酒厂所留下来的缺口。所有的街道都以建筑革新为目标，而且针对减少交通影响而进行的街道改造也正在进行。

老城有着强烈的文化氛围，这成了爱丁堡和周边地区节日的焦点。这里坐落着许多艺术画廊、图书馆和博物馆，而且，在几步之遥的周边地区还有剧院、电影院和市音乐厅。总之，老城是一个充满活力的市中心区，不同用途的建筑混合在一起，并拥有大量的不断增长的居民。

人口概况

在1991年的人口普查中，这里的人口是6363人，包括1730个常住和不常住的学生。只有8.5%的家庭有需要抚养的孩子（爱丁堡是28%）。老城的失业率是15%，排在该市行政区的倒数第四位，其中男性失业者占21%（爱丁堡是8%）。

表1 土地使用和占有细目分类表

	老城 %	爱丁堡 %
业主占据	44	66
私人租用	25	10
住宅协会	17	4
政府当局	14	20

工作机会和服务的提供情况

这里的工作机会大致可以划分为：当地政府和法院行政部门等大的机构（每天大约有12000人乘车到老城的这些地方上班）、吸引游客的场所——教堂、宫殿、博物馆等——和小规模的零售业、公共饮食业以及为以上两者和当地居民提供服务的服务业等。因而，在老城，可以提供的工作机会范围较广。然而，不要天真地认为所有的居民都在本地工作。有证据表明，在当地可获得的工作与个人所拥有的技能之间存在着不匹配的现象——现在，酿酒业和运输业的许多体力工作都在该市的其他地区。

旅游业给当地的服务性商店带来了压力。格子呢、纪念品和毛织品商店的增值损害了经营食品和其他居民必需品的商店的利益。当地团体经常呼吁，希望建立一个集选择、竞争和竞价于一体的地方超级市场。和南丹尼斯顿一样，公平地说，那些生活舒适、易于移动且富裕的家庭能到附近地区购买食品，而那些穷人和老人却生活得异常艰难。

公共交通、小汽车拥有量及交通状况

老城西部有各种各样的公共汽车路线可以利用，可是，在霍利鲁德的东边却只有一趟不安全的小巴士在苦苦维持。目前，居民人口分布太稀，尤其是东部地区；因此人们希望在旧工业地点开展新的开发项目。老城与一个通达其他城市的火车站相邻，相比较而言，爱丁堡却没有郊区铁路网。

30%的家庭拥有一辆小汽车（相比之下，爱丁堡有54%的家庭拥有小汽车），尽管如此，由于相互竞争，居民要想在街上停车会非常困难，尤其是在节日期间。该地区有三条主要的南北走向的城市交通要道经过，尽管人们努力劝阻在东西方向上的通行，但该地区的道路也支持东西走向的交通。当前爱丁堡在市中心的某些关键道路上（例如，罗亚尔迈尔普利斯大街）采取的限制通行措施必然会给其他路线造成额外的负担。考加特就是这样的一条东西向线的道路，它从一条交通“峡谷”处穿越老城，两边的建筑则加剧了它的峡谷效应。这既给步行者带来了危险，也导致了当前正在监控的较高的污染水平。

适用于诸如荷兰“文勒夫”居民区的巧妙的交通措施不一定适用于综合利用地区，尤其是涉及到旅游业的那些地区。即使对没有实质作用的长途旅游车进行限制，要想去往商店和俱乐部的服务车辆及公共交通工具轻易的消失也是不可能的。

娱乐空间

尽管老城附近有两个主要的公共公园，但它很少有供孩子们嬉戏的小型的绿色游乐场地。该地区惟一的两个大开阔地，都是具有重要历史意义和文化价值的教堂墓地，因此，它们是被限制使用的。由于老城的开发密度所致，还没有任何半私人性质的后院能担当起在南丹尼斯顿的重任。

犯罪情况

警察局的记录表明，老城的犯罪率相当低。犯罪行为都具有随机性

(入店行窃，偷盗小汽车)，但人们对罪犯却有高度的警觉性，这尤其会影响社区中许多老年人。这种情况的产生主要是由爱丁堡非常“慷慨”的酒后特许驾车时间造成的。一般来说，老城的俱乐部被允许开到凌晨一点，而有“休闲娱乐”执照的俱乐部（包括迪斯科和夜总会）可以开到凌晨3点或更晚一些。假如老城有大量俱乐部获得特许（120个俱乐部和饭馆，每53个居民一个），就会导致许多醉醺醺的青年人早上很早就成群结队地在街上游荡，打扰正在睡觉的居民并做出恶意的破坏行为。酒后暴力会阶段性地爆发，虽然目标通常是其他年轻人，而非无辜的过路人。

住宅的质量及需求情况

住宅的质量通常不错。最后几处不合格的住宅在20世纪80年代晚期得到改造，而且住宅协会参与了许多旧房产的改造和修复。为领导该地区的复兴而于1991年成立的旧城复兴托管会，也已经将资金集中放在改善某些关键街道的房产身上，其中许多是由多位业主占有的公寓。

该地区的住宅需求量也很高。旧城住宅协会拥有200所左右需求量相当大的住宅。在1994年到1995年期间，该协会收到300多人的申请，虽然那一年只有17个新房客分到租用的房屋。尽管当地政府和投资机构“苏格兰家园”认为，老城通常不适于家庭居住，但老城住宅协会的名单上却有很多人在排队等候。

私人的需求也趋于上升。自从20世纪70年代和80年代早期这里成为“红线标注”的抵押区后，老城就成为了一个吸引业主的热门，那些被吸引的业主通常愿意出价80000－90000英镑在罗亚尔迈尔或其附近地区购买一个质量好的两居室公寓。

城市管理

这两个进行了个案研究的地区都是相当成功的，因为它们是优质的居住区，并且满足了可持续性的许多标准——良好的公共交通，靠近工作场所（如果有的话)，天生的节能型住宅（很容易通过提高绝缘材料的标准和引入综合供暖供电系统而得到升级)，可防御的开阔空间和自然监控的街道，亲近娱乐、教育和文化的机会。它们否定了这样一种观点：即高密度会创造出一个“疏离的社区”（Breheny & Rookwood，1993年)。它们的问题，如交通和污染、当地购物分散、以及爱丁堡的深夜狂欢对居民的骚扰，在国家层次上只能部分地得到解决（如限制车辆的使用)，但可以通过加强对当地城镇的管理而得到缓解。南丹尼斯顿和爱丁堡老城当前都被推举为城市复兴的典范。二者都有专门负责管理其改善方案的地方组织，这并不是偶然的现象。

虽然，RHA只为改善和管理本地区的住宅提供资金，但该协会一直都把自己的作用看的更广，它相信光是住宅条件的改善还不足以使一个地区在衰败中复兴。它获得了一所学校的空余附属建筑，将它改造成自己的办公室，邀请一个医务所加入，并利用城市援助计划（Urban Aid）建造了一套社团公寓。他们将花园布置成一个小型公园，四周是特别请人制作的雕刻。该管理委员会的成员以及协会的职员也参加其他的地方组织。最重要的是，RHA 是一个民间组织，三分之一的房客是该协会的成员，这就给了他们选举（或成为）管理委员会成员的权利。RHA 正尽其所能地使这个地方性的社团实现自己的愿望。

要成功地运作一座高密度的城市，就需要养成带有一定的公共性的生活习惯，即使有长期高密度生活的传统，就像在苏格兰，邻居间及代际间也难免会有一些紧张和矛盾冲突。在这些情况下，RHA 不得不介入，但该协会的优势在于，它被嵌入了那个地方社团内并受地方委员会成员的领导；它不会以官僚政治、也许是专制武断的方式，来执行全市性的法规。

虽然同样服务于它所在的地区，但爱丁堡的旧城复兴托管会（EOTRT）是一个非常特别的组织。作为修复老城的努力的一部分，它在 1985 年由该市议会建立，最初它是市议会下属的一个“保护与复兴”委员会。在 1991 年，受到地方企业公司（具有经济发展和培训职能）的额外资助，该委员会就转变成了一个托管会，它由一个理事会管理，其成员包括当地居民和企业的代表。提交它审议的事项范围很广：

> 通过促进居民、商业和游客的利益之间的良好平衡，实现爱丁堡老城在环境和经济方面长期的可持续性改进。这种平衡将通过当地社团和开发组织之间积极的伙伴关系来建立(EOTRT,1995 年)。

这涉及到许多的关系网络以及当地政府、公共投资机构，如“苏格兰家园”和“历史的苏格兰”、私人开发商、投资商和代理商等一系列伙伴之间的协作。该托管会通过一年一度进行更新的行动计划集中对老城的投资，行动计划中突出了开发场址以及经济性开发（尤其是和旅游相关的）的场址和社区福利问题。

虽然不能说它具有像 RHA 那样强大的民间基础，但它连接各个层次的政治和官方的能力，可以把有价值的专业性团体和机构性团体集中起来以合作的方式解决问题。例如，有一个“生活质量”团体，该团体中来自托管会的成员在与居民、城市住宅建设与改造部、老城社区发展计划、警察、健康理事会、一个当地医生及其他人进行会谈后，建议该托管会的理事会讨论诸如公共安全、污染、保健宣传以及当地商店新鲜食品的提供等问题。

结论

这两个个案研究证实，高密度综合利用的地区可能是既受欢迎又可持续的，但是需要加强地方管理。如此，我们不就能草拟一个理想的管理机构的原则了吗？

第一，它必须根植于当地社区，了解它的各种愿望并对它们做出回应。随着民主程度的变化，它可以采取许多不同的形式。不应该强制推行一个标准的模式。

第二，必须从整体上看待该地区，寻找不受专业或部门的有色眼镜阻碍的解决方案。值得注意的是，像RHA和EOTRT等组织的专职人员都有不同的背景，或者已经“退出了”传统的地方政府部门。他们珍视上述思想和行动的灵活性。

第三，必须认识到，地方的问题常常只能通过上层的行动才能解决。杜克街或罗亚尔迈尔的交通问题只能通过全市性的计划或国家优先权的变化才能得到缓解。爱丁堡深夜的骚扰问题可以通过规划法和特许法之间更好的衔接得到缓解，但是，它最终会依商业压力而转移，这种压力来自于大的啤酒制造商和国家对酒精消费的态度。当地机构不应该害怕有关此类问题的争论。

第四，对各部门和机构协作行动的需求可能易受对某一地区一致性“看法”的推动，它可以通过一个公共机构和当地社区都赞成的动议或管理计划表达出来。

RHA和EOTRT尽管都是有效的，但它们都明白自己的权限。如果它们不能胜任或听之任之，那些资助它们的组织就会撤回对它们的支持。EOTRT既没有法定的权力也没有得到法律认可。只能通过政治意愿和政治行动实现向更可持续的生活方式转变的正是旅游业。也许尚不确切的一点是：为了使控制能转移到一个地方，政治的重组也是一件必要的事情。当前地方政府的改革错失了向地方管理组织提供一些法律认可的机会。由一些地方政府提出的分散并提供部门间的地区办事处的动议，是在正确的方向上迈出了一步，但对该地区的管理，人们所关心的往往是地方的服务供给而非管理方法向综合整体方向的转变。

参考文献

Breheny, M. and Rookwood, R. (1993) Planning the sustainable city region, in *Planning for a Sustainable Environment* (ed. A. Blowers) Earthscan, London p.155.

Edinburgh Old Town Renewal Trust and Edinburgh District Council Planning Department (1995) *1995 Action Plan Review*, EOTRT, Edinburgh.

Wordsall, F. (1979) *The Glasgow Tenement : A Way of Life*, W. and R. Chambers Ltd, Glasgow.

新的紧缩城市形态：实践中的概念

路易斯·托马斯和韦尔·卡曾斯

引言

> 在走向更可持续的发展形态而非发展本身的过程中，设施的可达性应该是主导性因素。（城乡规划协会，1990年）

本书前面有一章以“紧缩城市：一种成功的、宜人并可行的城市形态？”为题，所探讨的问题是：由地球之友（Elkin等，1991年），农村英格兰保护委员会（CPRE，1993年），以及欧共体（CEC，1990年）的《城市环境绿皮书》所提出的“紧缩城市”是一种不合理的未来城市形态。在那里，我们暗示了它失败的根源在于它不能满足和符合经济需求及能源有效性的标准，而且它还缺乏大众的支持和政治扶持。

为了使城市成为它应该成为的样子——作为各种经常冲突的压力的焦点——紧缩城市的提议似乎仍然有很长的路要走。然而，这一提议的基本愿望是值得称赞的，而且应该被作为任何新的城市形态的首要条件加以考虑。从本质上讲，这些条件包括：规模上的紧缩性，步行、骑自行车和乘公交车的交通便利性，以及对野生动物的尊重。研究已经表明，更加“分散化的集中”开发可以提供一个解决模式，它不仅在环境方面更可持续，更符合公众的愿望，而且也能满足经济发展的需求，因而也就能赢得政治上的支持。

在本章中，我们将描述我们所认为的一个新的紧缩城市形态，它可能在不需要诉诸严厉的城市设计和规划措施（Gorden & Richardson，1989年）的情况下，也能具备紧缩城市的积极品质。

紧凑性

首先我们必须明确我们所指的“紧凑”一词的含义。在城市地区，什么样的特征才能决定一座城市是否紧凑呢？是规模——穿过城市的交通距离和时间吗？那么，是越过100英里还是仅仅1英里？还是容量——它适合容纳什么东西，能容纳多少？紧缩的密集度有多大？它是一个能容纳200万人的大家庭还是5000居民的小社区？或者它就是一种遏制政策——由该形态的严格边界所定义？

丹齐克和萨蒂（Dantzig & Saaty，1973年）提到了许多建造过各种规模和容量的建筑（包括广亩城市、花园城市和拉·维勒·拉迪尔斯）的规划者和“建筑大师”们对紧缩性的不同态度。丹齐克和萨蒂所提供的解决办法是：通过紧缩城市来克服环境恶化、防止庞大的有卫星城的大都市的扩张以及在迅速拆分的“非城市”地区的交通往返对人类生命的摧残。它企图将整个社区的人堆叠到巨大的多层建筑之中去，以寻求时空的四维空间并为5000居民的社区生活造福。根据这种理论形态，圣地亚哥城（1970年人口为131.8万）的面积将从4262平方英里紧缩为一个占地仅9平方英里的建筑物。尽管这一概念显然不可能得到应用，但是它证实了模型固有的危险：对规模、容量和体积之间有效关系的计算达到了忘却人类自身价值的程度。

在彼得·卡尔索普（Peter Calthorpe）的著作（1993年）中将找到一种能解决紧缩性要求和可达性要求之间的潜在矛盾冲突的替代性方案。他的“以交通为导向的开发项目”（Transit Oriented Developments，TODs）把郊区的无计划扩展转变为由公共交通提供服务的适于步行的住宅区。杜安尼和伊丽莎白·普拉特－齐伯克（Andres Duany & Elizabeth Plater-Zyberk，1991年）也倡导更具有地方性的紧缩和适于居住的住宅区，并认为它将是遏制当前遍及美国各州的对能源和土地的无计划使用的灵丹妙药：这些住宅区以“传统的社区开发项目”著称。

在这些有关紧缩城市形态的非常相似的提议中，典型的共同之处包括以下几方面：

• 开发区的中心距边缘的步行距离大约为5－10分钟的路程（400－600米），在此范围内，不同的土地利用收到了良好的效果（见图1）。

• 社区活动集中于中心地区，该地区有一个公共汽车站、几个商店、饭馆和服务设施、一些小商行、一个社区会议厅、一个地方图书馆、也可以是一个托儿所，外加一个小型的公共广场或绿地。靠近该中心地区的边缘，还可以有一所小学。

• 该中心地区的住宅是高密度、层数少的无电梯公寓或市内住宅。

只有超出了该中心地区，低密度的联排住宅才能占据主导地位，但所有的住宅仍然都在距该中心 5 分钟的路程，而且在步行 2 – 3 分钟的距离内还要有一个游乐场。

• 距该中心的公共汽车站 1 英里处应有一家一宅的住宅区、公共的娱乐空间、带有水循环池的公用场地以及受保护的自然村。

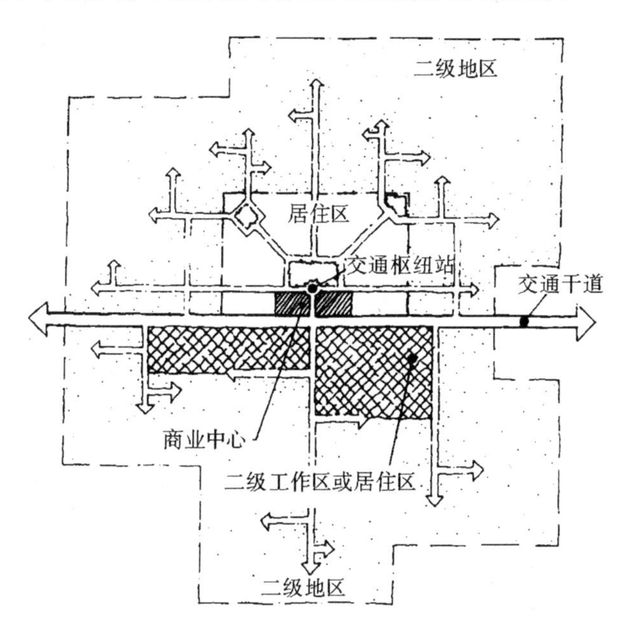

图 1　TOD 区及其二级地区
资料来源：Calthrope (1993 年)。

这些邻近的街区和 TOD 区，结构紧凑，并以在距大部分居民住宅几分钟的范围内满足尽可能多的日常需求为目标。可是，这些模式在应用时也有局限性；它们致力于解决郊区无计划扩展，这意味着占主导地位的土地利用将是与居住有关的，而其他的土地使用则被控制在适应这些街区的形象和它们可能占用土地的总百分比内。

而且，能使这些开发区运转起来的公共交通系统的供给——轻轨或公共汽车服务——并不总是开发过程的内在组成部分；私家车将继续成为每个地方的生命线，直到公共交通通抵城镇。即使在那时，也很难想像如何才能使这些私家车的车主把他们的小汽车留在家里，而去乘坐公共汽车和火车。

不过，"分散化的集中"看上去是最有发展潜力的模式（Owens & Rickaby，1992 年；Rickaby，1992 年）。埃本尼泽·霍华德的社会城提供了一个有效的有着大都市的规模的社会城市形态，它由"城镇丛"构成，"城镇丛中每个城镇的设计都与其他城镇不同，然而整体上就形成了一个巨大的并且经过深思熟虑的开发规划的一部分"（Howard，1985 年）。所有的城市多样性都可以在一个地理上更加分散的而非传统的 19 世纪城市的形态上实现。这一概念化的"区域"城市形态，可以看作是一个能使分散化集中变得比仅仅在小社区内集中的开发模式更加具有城市的生活特点和更富有影响力的典范结构。结合了紧缩和步行城市的优势以及具有能适应经济势力的多种需求的空间灵活性的城市形态，必将是未来的发展趋势。我们认为，通过有形的紧缩和“虚拟的”紧缩，这是可以实现的。

在这个对一切事情的“虚拟化”既感到焦虑又感到乐观的时代，重要的是精确定义我们的“虚拟”紧缩性概念。格雷厄姆（Graham，1995年）在他有关当前互联网和城市关系的报告中，提供了一个有用的术语表：我们的“虚拟”城市不是一个“电脑化的城市”，在电脑化的城市里，公共领域可能不是用脚，而是通过鼠标来探索的，它也和将城市综合成一系列的可在自己家里——一天24小时——私下执行的计算机方程式无关。虚拟紧缩性指的是“魔毯式”交通运输，它将把你迅速运送到你选择的目的地，缩短了旅行时间和距离，这样，旅行就变成一种控制论的体验——而且会感觉到城市紧缩了（North，1993年）。当然，这不排除互联网被编织到我们新兴的紧缩城市的结构网络中去——但它不一定会成为“对抗沉闷的城市生活现实的电子解毒剂”（Graham，1995年）。

因此，这种城市形态的物理表现不一定是传统的大规模开发；相反，它可能会被分割成碎片，每一个碎片的运作都像城市的一个“行政区”，它创造了传统城市的多样性。把城市连接在一起的不是“行动不便”，或者是严格的绿化带——有些绿化带确实太小了。相反，当真实和虚拟，抑或有形和电子之间的通信线路使这样的城市保持着结构上的张力时，它的各个部分之间将形成相互依赖或协作关系，这便是粘合此类城市的“胶水”。

新的紧缩城市

在制定北肯特的一个地区的发展战略时，已经出现了把这些想法付诸实践的一次机会。这是异乎寻常的，因为它提供了一个远比平常的个案能更大规模地检查英国的土地利用和交通运输问题的机会，而且该地区所具有的规模也要求我们对可达性和紧缩性问题做出回应。

肯特泰晤士坐落在泰晤士河入口处的心脏地带——长期以来该地区已经成为公众咨询和后来政府的RPG9a中提出的区域规划指导的主题(美国能源部DoE，1995年)。它最初以东泰晤士河的走廊著称，泰晤士地区位于伦敦东部，它坐落在从多克兰兹到东撒克斯的提伯利，再到肯特的谢佩岛的泰晤士河两岸，如图2所示。在这个地区内，有两个潜在的发展中心：一个在东伦敦的罗亚尔多克斯和斯特拉特福，另一个就是肯特泰晤士。肯特泰晤士从西边的北达尔福特一直延伸到格拉夫森德以东的北肯特马什斯，南边以A2汽车高速公路为界，北边以泰晤士河岸为界，如图3所示。

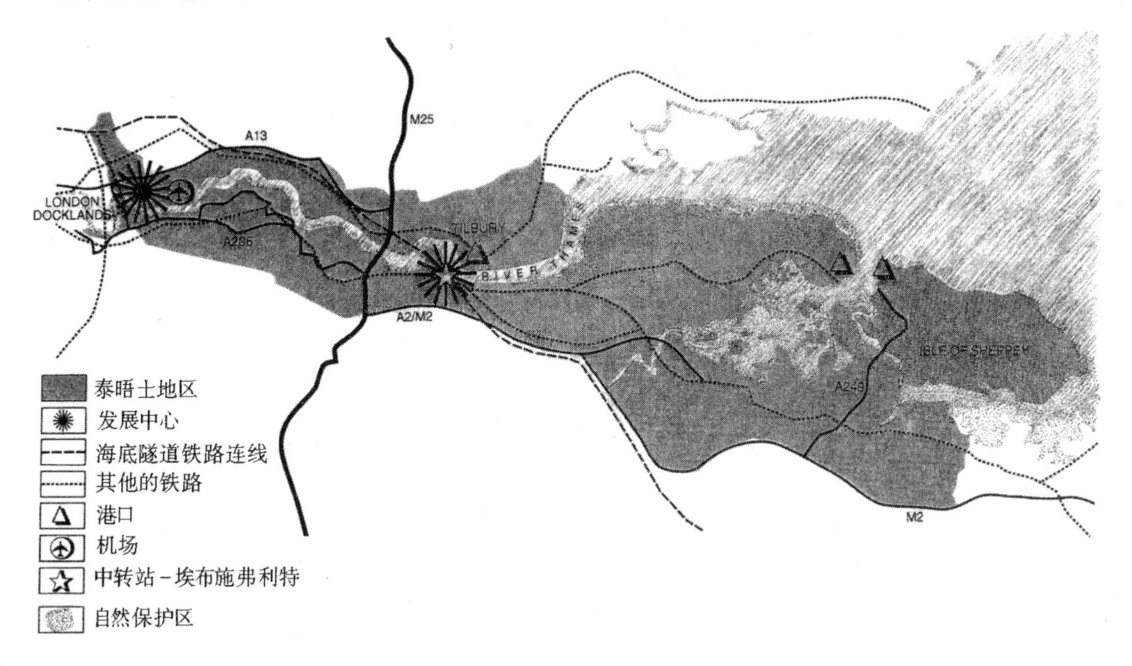

图2 泰晤士地区

资料来源：David Lock Association，1995年。

蓝圈地产——该地区的一个主要的土地所有者——在肯特泰晤士建立了伙伴关系。达尔福特和格拉夫翰自治市议会以及肯特郡议会承担了城市改造的任务。大卫·可里，州环境部部长，在1995年9月发出的肯特泰晤士小组咨询文件《展望未来》，标志着对一个占地约28平方英里地区的改造的开始。

计划建设的肯特泰晤士"社会城"是现有住宅和新提议开发的住宅的混合体，它由居住、商业、零售和教育等土地利用形式综合而成，此外还包括广阔的公共开放空间网络。图4显示了肯特泰晤士的各关键地区中心，其中每一个中心都是一个专用区，而且该图还简要描述了每个中心的特色。该"城"的两端分别是北达尔福特和格拉夫森德。在它们之间是现有的大型住宅和工业村以及达尔福特、斯通、斯旺斯科姆、诺斯弗利特和诺克霍尔等社区。用线将这些新的和现存的所有地点都连接起来，就形成了一个完全连续的重轨线路的公共交通网，它有轻轨环线并一直通往公共汽车服务站。图4显示了建议开发的新项目。

埃布施弗利特位于这个公共交通系统和肯特泰晤士的中心（也是其发展的中心地带）——它是海底隧道铁路连线上的国际国内的铁路枢纽。从这里可以搭乘去欧洲、中伦敦、北肯特城和其他城市以及肯特泰晤士新旧地区的高速列车。2002年该车站的开放标志着铁路旅行新时代的开始，这有可能打破小汽车占主导地位的情形。埃布施弗利特也有作为新的开发方案的旗舰的重要作用，它为城市背景下的新的商用和民用住宅的开发提供了绝好的位置，这里距巴黎和布鲁塞尔仅几小时的路程。该地区计划开发的新区域有：

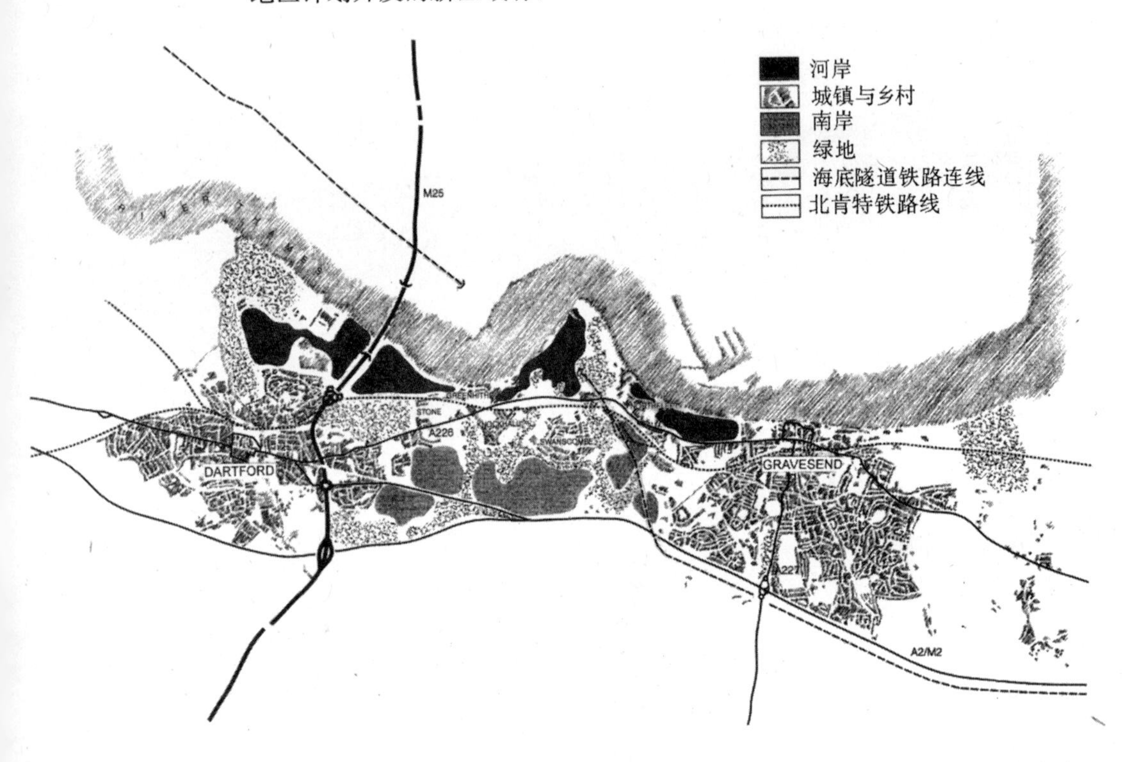

图3 肯特泰晤士的疆界
资料来源：David Lock Associates，1995年。

• 一个由位于达尔福特的伦敦科技园、格林威治大学和利特尔布鲁克湖商业园构成的区域。这是由达尔福特自治市议会、格林威治大学、欢迎基金会和南泰晤士卫生当局提议的。这个综合利用开发的区域被喻为首例新兴科技园，它不是一个孤立的“园区”，而是与附近的达尔福特市中心融为一体的。它包括一个研究与发展中心，高等教育设施和学生住宅，一个作为新科学和生产协作催化剂的商业改革论坛，此外，还有一系列住宅、商店和饭店，所有的这些地方有便捷的公共交通服务。

• 格罗斯维商业园，于20世纪80年代中期开始兴建。建成之后，它将是英国最大的综合化利用的商业和贸易中心，它连接着泰晤士河欧洲港（一个货运渡口终点站）、几个旅馆和饭店，以及在M25高速路上伊丽莎白二世女王桥附近的办公公寓。

• 达尔福特码头区，它将是一个综合多种用途的城市村庄，有一个与格罗斯维商业园相连的繁华的商业区，有各种各样的住宅，从这些住宅可以俯瞰到码头上有序的水上公共汽车服务，还有崭新的通向达尔福特农村的河岸步行道。

• 斯旺斯科姆半岛，它将成为肯特泰晤士的文化之乡，其醒目的地势提供了一块极好的场地用于建设一个新剧院、交响音乐厅和一个环境气象台。有两个城市村庄将跨越其新的运河系统，而且现有的沼泽地将被圈进一个新的自然资源保护公园以得到保护。

• 诺斯弗利特河堤将是混合了一些其他用途并具有鲜明的欧洲高密度城市氛围的主要居民区。旅馆、咖啡馆、商店、办公室和公园的散步场所将是当地居民活动的焦点。

• 蓝水公园地区的购物中心。该中心位于以前的一个白垩矿场内，它将成为高质量的零售活动中心，有一个复合式电影院、健身中心和饭馆，它们的营业时间将比一般商店长。

• 东方矿场，它将是一个更加偏远的花园城市地区，在那里，房子被建在资源丰富的巨大矿场中，其密度比较低，而且周围还有非正式花园和林阴道环绕。

穿越整个社会城将会发现，其活动范围和住宅样式除了能直接对经济、环境、社会和政治等需求相呼应外，还可以与传统城市的多样性相匹敌。回到“紧缩城市”失败的根源上来，正如我们在前一章中所概括的，我们相信，肯特泰晤士会作为一个“新紧缩城市形态”的典范出现，原因如下：

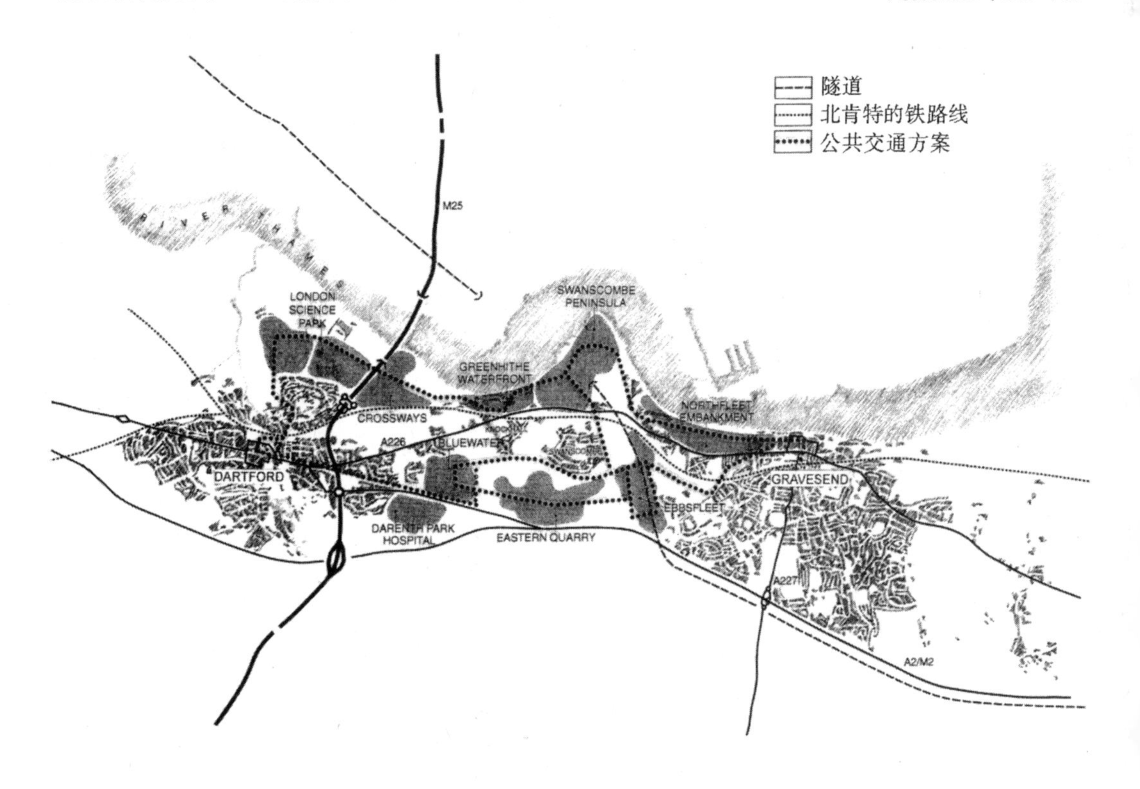

图4 开发方案

资料来源：David Lock Associates（1995年）。

经济需求

在穿越肯特泰晤士时，可以见到各种类型与用途的商业大楼——它们的大小和位置都不同。这个地方既是大型的流通业的所在（它是20世纪80年代典型的商业办公环境），又是一个通达欧洲的世界性的大都市。肯特泰晤士的新兴职业及经济实力，有助于调整该地区的居住和工作之间的平衡，并削减去往伦敦与肯特的其他地方的往返交通流量。这将减少就业成本，并使生活在该地区的人们的闲暇时间增加。这种新的家庭-工作关系也可能会受远程通信或“非物质化技术”的影响，因此，对于某些雇主来说，它们的住所和公寓是如此的异乎寻常，它们会比以前更吸引人、更具可达性，比如能在达尔福特码头区俯瞰泰晤士河。

在“肯特泰晤士地区的规划框架”（DoE，1995年）中确认的经济发展中心是罗亚尔多克斯、斯特拉福特和肯特泰晤士。许多针对肯特泰晤士的开发计划都已经获得了可靠的投资并且已经开始施工建造了。在目睹了伦敦港区的命运之后，它强调增长要稳步，要互相呼应。肯特泰晤士小组咨询文件的发布也将为该地区引来了范围更广的投资。

也可以把肯特泰晤士比作一个技术社会；卡斯特尔斯和霍尔（Castells & Hall，1994年）把这种现象定义为三重力量的结果：区域发展、再工业化和协同作用。这可以通过以下方面来证实：

- 区域发展——肯特泰晤士作为一个发展中心的区域背景，再加上其辽阔的占地。
- 再工业化——伴随着成为新兴的就业中心的潜力的发展，北肯特在逐渐衰落了几十年后开始复苏。
- 协同作用——看似无关的城市各部分之间在共同开创美好未来的氛围中所产生的强大关联。

环境

交通

> 所有的城市都是由它那个时代的交通设施的技术发展水平所塑造的。（Garreau，1991年，第106页）

前面已经描述了这种新紧缩城市形态的交通情况，在这样的城市中，一个城市“区”的规模大小必须适于行人和骑自行车的人到达当地的各项设施。这些地区之间的略微交迭使得当地必须拥有往返于各区域的高效的交通路线。以聚集在埃布施弗利特周围的公共交通系统为基础的铁轨可以避免出现戈顿和理查德森（1989年）所描述的旧金山BART系统那样的窘境。他们宣称，在那里，放射状的铁轨网络鼓励了更大的无计划发展，好像每条线路的延长都是既容易又不可避免的。然而，肯特泰晤士的环线和支线的公共交通都呈现出有计划的而且是整体的发展，它只有在战略规划的安排下才能够延长。有一点可以说明这个公共交通系统的优质，在保证至少每隔10分钟就有一趟有轨电车的情况下，从达尔福特码头区到埃布施弗利特（大约3.5英里）所花的时间大约是8分钟。

在公共交通系统周围，开发项目的相对密集意味着，必须对新开发地区的乘客数量进行限制；谢天谢地，铁路对北肯特并没有造成直接的影响。正如ECE所言“彻底禁止私家车并非解决之道”（1990年），因此，对许多地区来说，控制小汽车的停车需求以吸引投资，并以公共交通和土地的有效利用为主的发展战略，将是一条适宜的行动路线。

建筑材料

将要在肯特泰晤士建立的开发区，形状各异，规模不一，这就使得我们能够广泛地引入能源有效性措施。作为这个新城的主要投资商和开发商，蓝圈地产已经委托大卫·洛克协会拟定未来开发的“环境标准”。在该“城市”生命的最初阶段就做出高标准的承诺是重要的，因为对英国来说，这将是一个大规模地实施此类标准的机会。当这些标准用于土地利用和交通规划的基本战略时，它们就将“绿色”建筑和规划蓝图结合在一起，而这对于投资商来说，既是一个富有前瞻性的营销策略，又是保证其产品具有长期的投资价值的手段。

绿色空间

在肯特泰晤士，重要的陆地地区已经被开辟成矿石场了；在某些地方，这些矿石场被用作垃圾掩埋地，这些地点有过多的工厂建筑。许多新开发项目将在改造这些遭到破坏或荒废的土地的基础上修建起来，此外还必须保护其他的风景名胜。这里计划用许多垃圾掩埋地所产生的沼气发电。许多开发都符合北肯特特有的类似“月球表面的”地形，但也能使绿色空间不受影响。对肯特泰晤士的景致也极大地改善了周围的绿地和水域，其中一些用于公共娱乐场所，另一些作为自然区域。天际出现在其地理边界处，从泰晤士河往北，西边、东边和南边的土地都属于都市绿化带的范围。

社会和政治

“紧缩”一词有两种解释都比较有趣：一种认为它指一种物质（有形）的特性，这是当前争论的基础；另一种认为它是一种协定，一种心灵的碰撞。作为地方当局、其他公共团体以及蓝圈地产之间协作的开始，肯特泰晤士的咨询文件所描述的“紧缩”城市吸纳了当地许多民众的意见，但是它也引起了进一步的公众响应。对肯特泰晤士这一地区的积极改造致力于解决一些最经常出现的问题：住房、就业、新设施、在不破坏野生物栖息地的前提下容纳新的发展以及促进交通的改善。在肯特泰晤士的整个改造中，重点在于为该地区创造一个良好形象，并最大程度地利用它原有的特征，所以，适于居住、多样性和经济的成功发展对于投资商、居民和当地政府来说仍然重要。

结论

当然，肯特泰晤士至今仍然未经大规模的尝试和验证；但它似乎能使许多需求都得到满足，而且，这一概念的适应性非常强，当出现新的主意以及需要优先考虑的事情时，可以对它进行改造。我们认为，许多现象都表明，作为一个功能完善的新“城市形态”，肯特泰晤士在经济、环境、社会和政治方面都是可行的，同样也是一个“可持续的”或持久的模式。然而，我们似乎很难评估它的实际运作状况会怎样，同样，我们也难以估计人们将会怎样看待它。

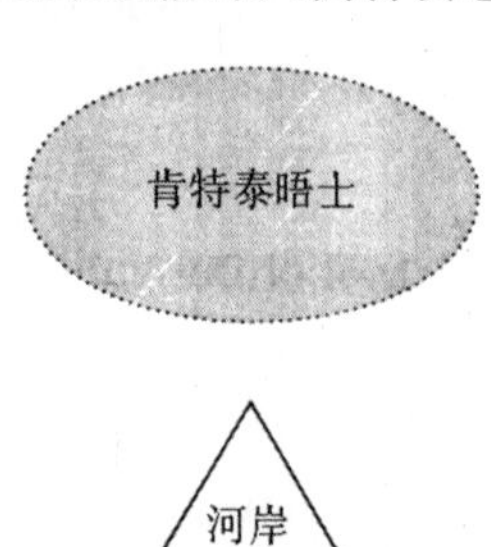

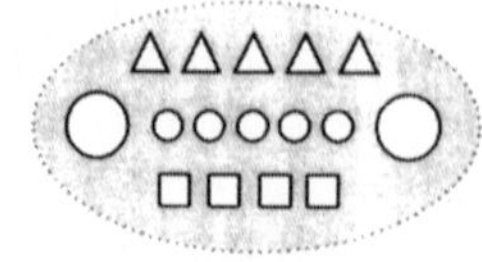

图5　肯特泰晤士的城市印象

图5显示了肯特泰晤士的三种可能特征。从外面看，作为一个营销概念，它可以被看作一个单一的元素。然而，在这个元素内部，又有三个截然不同的地区：

• 河边——由新的和现存的开发区所组成的“利弗泰晤士”；

• 城镇和乡村——现有乡村和小社区的核心地带；

• 南边——该地区主要在增长端所在地。

我们可以想像，这三个地区各自的独特风貌将为其他任何一个地区以及整个肯特泰晤士带来和谐统一的城市形象。而其最终的区域形象则是由肯特泰晤士居民所形成的；这事关肯特泰晤士作为一个整体的“多样性”，以及新的开发项目在多大程度上被视为独立的区域。所有的“城市行政区”都将具有显著的差异，其地形、土地利用状况以及外貌都决定了它在整个社会城中的独特角色。设想一下肯特泰晤士在25年后的演变景象，我们面临的挑战将是在个性与整体的一致形象之间保持平衡，并进一步促使各个分区在这个新“社会城”中发挥行政区的作用。

参考文献

Breheny, M.J. (ed.)(1992) *Sustainable Development and Urban Form*, Pion, London.

Calthorpe, P. (1993) *The Next American Metropolis. Ecology, Community, and the American Dream*, Princeton Architectural Press, New York.

Castells, M., and Hall, P. (1994) *Technopoles of the World. The Making of 21st Century Industrial Complexes*, Routledge, London.

Commission of the European Communities (1990) *Green Paper on the Urban Environment*, EUR 12902 EN, CEC, Brussels.

Council for the Protection of Rural England (1993) *Sense and Sensibility. Land Use Planning and Environmentally Sustainable Development*, CPRE/CAG Consultants, London.

Dantzig, G.B. and Saaty, T.L. (1973) *Compact City. A Plan for a Liveable Urban Environment*, W. H. Freeman, San Francisco CA.

Department of the Environment (1995) *The Thames Gateway Planning Framework, RPG9a*, HMSO, London.

Duany, A. and Plater-Zyberk, E. (1991) *Towns and Town Making Principles*, Harvard University Graduate School of Design/Rizzoli, New York.

Elkin, T, McLaren, D. and Hillman, M. (1991) *Reviving the City: Towards Sustainable Urban Development*, Friends of the Earth, London.

Garreau, J. (1991) *Edge City: Life on the New Frontier*, Doubleday, New York.

Gordon, P. and Richardson, H.W. (1989) Gasoline consumption and cities, a reply. *Journal of the American Planning Association*, **55**, Summer, pp.342-46.

Graham, S. (1995) Cyberspace and the city. *Town and Country Planning Association Journal*, August 1995, pp.198-201.

Howard, E. (1898/1985) *Garden Cities of Tomorrow* (new edition) Attic Books, Eastbourne.

Kent Thames-side Group (1995) *Kent Thames-side, Looking to the Future,* Consultation Document, Dartford, Kent.

North, B.H. (1993) *A Review of People Mover Systems and Their Potential Role in Cities*, Proceedings of the Institution of Civil Engineers of Transport, 100, pp.95-110.

Owens, S. and Rickaby, P. (1992) Settlements and Energy Revisited. *Built Environment*, **18 (4)**, pp.247-52.

Royal Society for the Encouragement of Arts, Manufactures and Commerce (1995) *Tomorrow's Company. The Role of Business in a Changing World*, London.

Town and Country Planning Association (1990) *Commission of the European Communities Green Paper on the Urban Environment, A Response from the Town and Country Planning Association*, 5 October 1990.

关于可持续的城市形态的问题：结论

迈克·詹克斯，凯蒂·威廉姆斯，伊丽莎白·伯顿

本书的书名《紧缩城市——一种可持续发展的城市形态》是作为一个问题来陈述的。既然以问题为起点，自然就可以询问，事到如今是否已经给出了一个肯定的答案。前述各章已经就新的观念、研究及经验展开了广泛的讨论。但正如几乎所有的知识都具有的那种特征一样，当一些问题得到解答之后，新的问题又冒了出来；这本书也不例外。可以确定的一点是，紧缩城市的概念是复杂的，它所包含的主题又是多层次的。从表面上看，本书似乎没有提出什么新的观点，但它确实对我们所面临的问题产生了一些清晰而重要的启迪，从中也许会形成某种一致性的观点并勾勒出未来的发展方向。

可持续性发展需要的存在是无庸置疑的。针对全球变暖、能源的毫无节制的消耗以及对不可再生资源的利用所造成的严重后果而制定的生态法规早已被确立下来，并得到了全世界各国的认可。目前的趋势是人们有强烈的行动愿望，尤其是对城市采取行动的愿望；因为，正是城市被认为是不可持续性的首要元凶，也是能够找到有效的解决办法的地方。然而，讨论仍然停留在理论水平上，而任何旨在实现紧缩城市的行动所产生的影响看来也是不确定的。在此，问题虽然没有全部解决，但讨论的主题却已经发生了转移。不过我们仍然发现了一些明显的共同趋势，而论述的重心已经从理论转移到现实的政策层面，以及实现一个更持续的未来的城市形态的问题身上。

城市形态

目前重要的议题呈现出两个极端：集中化与遏制，以及分散与低密

度开发，二者都反映了城市形态与可持续性之间的某种联系。但是方向却迥然不同。城市中心的集中化被认为可以减少交通行程并改善生活质量，但本书所呈现的文献却表明，它可能还办不到这一点。有的作者从澳大利亚的经验出发提出的反对意见是，低密度也是可持续的（至少不比紧缩城市的不可持续性大），而且其生活质量还高很多。在实现可持续性的问题上，支持和反对这些立场的争论都无法提供任何结论性的论据(除了城市形态的改变所产生的微不足道的效益)，除非它与人的行为方式和生活方式等变量相联系在一起。

发达国家的人口从城市成群迁出的现象对于支持高密度的紧缩的城市居住方式的人来说是一个难堪的事实。但是也有证据表明，某些人群，如尚未生育的夫妇以及年轻的家庭可能更偏爱城市的生活，因此讨论的主题又开始涉及到20世纪末期生活方式的动态变化所产生的种种后果，以及人们在紧缩城市和郊区的生活之间的不同选择，一个人在其生命的不同阶段可能有不同的期望。指望着城市形态一种因素就能左右现实的状况或成为一个可实现的目标，这似乎还只是一种空想。

人们所达成的一致性意见主要是一些包容性较强的想法。城市地区密集化的可能性的存在开始为促进高密度的紧缩居住方式的目标的实现铺平道路。与此同时，人们认识到，一种紧缩政策也许不可能满足所有类型家庭的需要，需要新的开发项目的地方并不只是城市。在这个问题上，折中主义、分散化的集中以及自治权更大的居住区等主张开始为我们提供了答案。这需要一种超越了单个城市的区域性的视野。然而很明显，这样的解决方案在很大程度上取决于交通系统在未来的发展状况。

交通

能带来最高的交通能效和较短的小汽车行程的城市形态是分散化的集中，但是它所能节约的资源也十分有限。显然，它们还不能充分地降低温室效应从而满足环保主义者的要求。集中化的区域如果能成功地实现从小汽车向步行或自行车的交通模式的转型，则无论是分散式的还是在紧缩城市的内部，都能提供各种距离短，交通便利的服务和设施。然而，人们普遍承认，尽管有这样的便捷性，但它仍然达不到煽动人们放弃自己的小汽车的目的。考虑到还有许多路程较长的旅行，从减少短途旅行的小汽车使用量中所能取得的收益也许无法产生多大的全局效应。从这一点来讲，如果有良好的公共交通做辅助，分散化的集中也许能带有一定的帮助。

然而我们很清楚，尽管某些城市形态能够让城市居民采用更可持续的交通方式，但另一些却往往招致不可持续的行为。为满足基本的生活需要（如食品及家庭用品）而不断增加的城外设施就被认为是既不可持续，又不公平的东西，因为它忽视了那些没有小汽车的人群的利益。为了打击这种不可持续的形态，必须在未来采取行动。

还有一种观点认为，尽管城市形态本身就能为降低汽车尾气作出些许的贡献，但很可能更有效的挽救办法是利用更先进的技术去促进私人交通朝着生态适宜性的方向发展。这些解决方案也许比改造城镇还来得有效，而且也能加速实施的进程，但这又取决于政府和工业的支持。由教育和意识运动所促进的，以及由公共交通并可能是紧缩的城市形态所带来的个人行为的转变也可以产生一定的作用。

生活质量

贯穿全书的一个共同主题是城市居民的生活质量。正是各种可持续的城市形态方案所能提供的生活质量的水平决定了它们各自的可行性和受欢迎程度。在民主国家，由于选择是开放的，生活方式的适宜转变只能是教育、经济改善和劝说的结果。关键的问题集中在全球获益和个别地方受损之间存在的矛盾，以及对公众的群体利益所担负的责任和个人的需要之间的对立上。几乎没有人能够接受这种转变，除非取而代之的那种生活方式能带来同等的或更高的生活水平。一种十分明确的观点是，紧缩城市应该为人们提供一个愿意去居住的环境，其服务、设施及交通可以鼓励人们采取更具有生态可持续性的生活方式（尤其与小汽车的使用有关)。

提供这样一种环境需要投资，这可能将依赖于与公共基金同等数额的或更多的民间投资。必须确保阻碍高密度和综合开发的政策壁垒得到了根除，这样此类环境才具有经济上的可行性。苏格兰的例子表明，这并非是某种空中楼阁，因为那里就既是一个受人欢迎的居住场所，又具有经济的和社会的可行性。

一个可实现的目标?

在本书中所出现的覆盖面极广的研究文献指出了许多条未来的发展道路。如果说紧缩城市，或总的来说城市形态在一个可持续的未来中扮演了某种角色的话，那么它不仅应当具有理论上的效力，还应是现实可行的。本书各章对涉及实施的最紧要的问题展开了广泛的讨论，并提出了一系列的解决措施。

首先讨论的是未来发展的总体方案问题。达成的一致意见是，我们需要一种均衡的方案；但是在可持续发展的问题上，“均衡”这个词又已经被滥用到掩盖了缺乏对任何选择做出承诺的事实的地步了。在这里，它意味着承诺在特定的地区采取最适宜的开发方式，目前又出现了许多具有可持续性的形态，而未来的开发应体现这些形态，看来得有一种灵活机动的方案。

在需要新的开发的地方，分散化的集中的方案很受欢迎。目前就已经有一些实际的范例了，如"改造导向的和传统的社区开发项目"，城市农村，以及"虚拟"紧缩城市。但是对于这些开拓性的尝试来说，最核心的要求将是使城区受到未来和现有的城市居民的喜爱。当然，市场对各种区域中的住房和商业活动的需求仍将持续。因此重要的是人们的收入水平允许他们自由选择居住和工作场所。

第二个有关紧缩城市的可行性的问题是，什么时候才能由现有城镇的密集化带来普遍的紧缩性。不幸的是，改革的起点并不是一张空白的面板，而是一套具有历史的、社会的、经济的文化价值的历史建筑遗产。我们需要明白，在可接受的紧缩性与过度拥挤之间存在着某种张力，而且其表现随各地的特点而有所不同。可见，如果能够在保证其社会接纳的前提下实现紧缩性，那么获得积极的效益及某些可持续性发展的成果是完全有可能的。

密集化的实施不仅需要有对生态危机的紧迫性的敏感，还应该关注社会和经济的需要。如果开发得不到那些受其影响的群体的接受，那么它就不是可以持续的。即使从最宏观的角度上看，人们对由英国、欧洲大陆和澳大利亚所折射出来的生活方式也持有明显不同的观点，正如人们对如何实现可持续性也有截然不同的意见一样。因此，紧缩城市的解决方案不可能遵循某一标准模式；不会有什么"普适性"的解决办法。当然可能存在一些共同的主题及技术性的解决思路，但这些都不能代表总体。相反，解决方案必须充分考虑特定地区的独特性。在某些地方，也许需要对建筑环境进行保护和修缮，而在某些地方，开阔空间才需要特别的保护，换到别的区域，开阔地带可能又被认为有大煞风景之嫌，只适合进行密集化的开发。理解了这些差异并做出与之相应的行动，才是找到成功的解决方案的关键。

这样就又产生了紧缩城市应该在何处产生的问题。逆城市化的潮流以及闲置土地的数量之多已经表明，欧洲的许多城市尚能承受过度的紧缩，但同时，也有很多地方的城市开始出现日落西山之势。很明显，在这些地方，城市密集化经常被视为城市复兴进程的一个部分，这种复兴将使城市现有的居民受益并通过推动人们返回城市居住而防止了城市的进一步衰退。但是，在许多地方，进一步的紧缩将导致对某种"容量"的破坏，这些地区将不得不小心谨慎地对待任何活动或开发的增加，这样才不会产生负面效应。

最后，只有当它们有一个支持性的政策做后盾时，可持续的城市形态才有实现的可能。这种政策背景是与全球的可持续性目标相一致的，但又为制定和实施地方性的解决方案留有余地。政策在其中扮演着主角。这种作用也许不是直接的，而且当然不会解决所有的问题。主要的困难在于，尽管我们可以利用增强其在市场中的吸引力及说服教育来鼓励居民回到城市并接受高密度的居住方式，但是在公众利益方面可能也存在许多消极的内容——但为了取得显著的可持续性，又必须将这些政策贯彻到底。这些政策包括限制小汽车使用的政策、撤除不利于高密度和综合利用开发的政策壁垒，释放开发的土地空间并增加对公共交通的投资。

总结

本书提供了大量的研究文献，由于涉及问题的复杂性，它跨越了众多的学科分支。本书还尝试着将这些著作汇集到一起，并提出了一些可以解决在导言中所提到的矛盾的办法。尽管已经取得了一定的进展，但仍然有大量的研究余地留待未来的人们把对可持续的城市形态的探索深入下去，并最终找到问题的解决办法。

然而，有一件事却是确凿无疑的。本书已经说明，在发达国家，急需采取一种有助于降低对资源的大量消耗并能体现城市生活的生机与活力的生活方式。假如拥有全世界不到三分之一的城市人口的发达国家都无法解决其城市问题，那么传达给生活在发展中国家的其余三分之二的城市人口的信息就是，生态灾难的到来将不可避免。对终极的可持续的城市形态的探索现在也许需要进行重新的定向，我们所要寻找的是千姿百态的可持续城市形态，以适应多样化的居住模式和环境。如今，在一段极短的时间之内我们就已经取得了丰硕的成果，寻找可持续的解决方案的旅程也已经蓄势待发。不过伴随着新千年的到来，未来的求索之路仍将是漫长而曲折的。

英汉词汇对照

Abercrombie, Patrick　帕特里克·阿伯克龙比
Acceptability　可接受性
Accessibility　可达性
Adams, J　J·亚当斯
Adams, T T·亚当斯
Adler, T.J.　T·J·阿德勒
Air quality　空气质量
Appleyard　阿普亚
Aristotle　亚里士多德
Consolidation policy　巩固政策
Averley, J.　J·埃夫里
Avon　埃文

Bad neighbour effects　糟糕的邻里关系
Banham, R.　R·班厄姆
Barlow, Sir Montague　蒙塔古·巴洛爵士
Barrett, G.　G·巴雷特
Barton, H.　H·巴顿
Beatley, T.　T·比特里
Bedfordshire　贝德福郡
Bellamy, D.　D·贝拉
Ben-Akiva　本－埃科娃
Bendixson　本迪克斯逊
Berkowicz, R　R·伯克威茨
Berma, M　M·贝尔曼
Betham, M　M·贝瑟姆
Birmingham　伯明翰
Blowers, A　A·布洛克斯
Bourne, L　L·伯恩
Bozeat, N　N·博泽特
Breheny, M.　M·布雷赫尼
Broadacre City　广亩城市
Brundtland Report　布伦特兰德报告
Buchanan, C　C·布加南
Buildings　建筑
efficiency　效率
environmental standards　环境标准
re-use　再利用
Burton, E　E·伯顿
Burton, T　T·伯顿

Ca, V.T.　V·T·卡
Calthorpe, P　P·卡尔索普
Cameron, J　J·卡麦隆
Canyon problem　峡谷问题
Car ownership　私家车拥有率

Scott, R.　R·斯科特
Seed, J.　J·锡德
Sennett, R.　R·森尼特
Services　服务
Settlement　安居
Sharp, T.　T·夏普
Sheih, C.　C·雪佛利
Sheppard, S.　S·谢泼德
Sheridan, K　K·谢里登
Sherlock, H.　H·舍洛克
Shopping　购物
Simmie, J.　J·西米
Sinclair, G.　G·辛克雷尔
Smyth, H.　H·史密斯
Social control　社会控制
Social disadvantage　社会不利
Social polarisation　社会极化
Socio-biology　社会－生态
Sorkin, M　M·索金
Spence, N　N·斯彭斯
Steadman, P.　P·斯特德曼
Stewart, J.　J·斯图尔德
Straw, J　J·斯托
Street canyon modelling　街道峡谷模型
Street design　街面设计
Stretton, H.　H·斯特顿
Strike, J　J·斯泰克
Structure plans　结构规划
Subtopia　城乡一体化
Suburbanisation　郊区化
Surburbs　郊区
Sudjic, D.　D·苏吉奇
Sustainability　可持续性
Sustainable Cities Project　可持续的城市方案
Sustainable Development: UK Strategy　可持续发展：英国的战略
Sustainable Development　可持续性
Swain, C.　C·斯温
Swanwick, C.　C·斯旺尼克
Szepesi, D.　D·塞皮斯

Tarry, S.　S·塔利
Taylor, N.　N·泰勒
Telecommunications　电子通讯
This Common Inheritance　《这个共同的遗产》
Thomas, L　L·托马斯
Thurow, L.　L·瑟罗
Tourism　旅行
Town　小城镇
Town and Country Planning Act　乡镇规划法案
Town and Country Planning　乡镇规划协会
Traditional Neighborhoods Developments　传统社区开发项目
Transit Oriented Developments　以交通为导向的开发项目
Transport　交通
Transport policies and programmes　交通政策与方案
Troy, P.N.　P·N·特洛伊
Turner, J.　J·特纳

Uncertainty　不确定性
underclass　下层阶级
unwin, Raymond　安文·雷蒙德
Urban design　城市设计
Urban form　城市形态
Urban life　城市生活
Urban management　城市治理
Urban renewal　城市更新
Urban space modelling　城市空间模拟

Vale, B　B·韦尔
Ward, B.　B·伍德
Wast management　废物处理
Water　水
Welbank, M.　M·韦尔班克

本书翻译工作得到周玉兰女士和龙军先生的大力支持，肖季川和张雷先生提出了宝贵的意见，唐莉娟和刘冬梅女士参与了本书的文字润色工作，谨表谢意。

——译者